U0185800

保护与发展

——文化遗产学术论丛

（第1辑）

滕　磊　王时伟　主编

科学出版社

北　京

内 容 简 介

本书共收录学术文章30余篇，内容涉及不可移动文物保护的理念、理论与方法，保护技术与实践，预防性及数字化保护以及遗产管理与活化利用等方面。文物保护的理念、理论与方法方面共10篇，包括考古遗址、文物建筑、石窟寺壁画等的理论探讨；保护技术与实践方面共7篇，包括文物建筑修缮、土遗址保护、石质文物保护等技术的应用和实践；预防性和数字化保护方面共7篇，包括不可移动文物预防性保护理论的探索、保护体系建设以及数字化技术实践运用的分析、思考等；遗产管理与活化利用方面的论文共7篇，包括符合国情的文物保护利用之路的探讨、工程规划的管理、国家文化公园和文物利用的创新实践等。这些学术文章为广大读者尤其是文物保护、预防性保护、信息化、活化利用等方面的相关专家学者和爱好者提供了参考和借鉴。

本书适合文化遗产保护与管理、文物保护技术等领域的专业人员以及高等院校相关专业的师生参考阅读。

图书在版编目（CIP）数据

保护与发展：文化遗产学术论丛 . 第1辑 / 滕磊，王时伟主编. —北京：科学出版社，2022.9

ISBN 978-7-03-071285-1

Ⅰ. ①保… Ⅱ. ①滕… ②王… Ⅲ. ①建筑—文化遗产—保护—中国—文集 ②建筑—文化遗产—修复—中国—文集 Ⅳ. ① TU-87

中国版本图书馆 CIP 数据核字（2022）第000813号

责任编辑：孙 莉 吴书雷 胡文俊 / 责任校对：邹慧卿
责任印制：肖 兴 / 封面设计：张 放

科 学 出 版 社 出版
北京东黄城根北街16号
邮政编码：100717
http: //www.sciencep.com

中国科学院印刷厂 印刷

科学出版社发行 各地新华书店经销

*

2022年9月第 一 版 开本：787×1092 1/16
2022年9月第一次印刷 印张：24 1/4
字数：560 000

定价：320.00 元

（如有印装质量问题，我社负责调换）

出版支持单位

中国文物保护技术协会　上海建为历保科技股份有限公司

序　言

中国是世界四大文明古国之一，历史悠久，文化灿烂，文物古迹丰富多彩。根据第三次全国文物普查成果，全国共有各类不可移动文物 76 万余处。其中，全国重点文物保护单位 5058 处，省级文物保护单位 17000 余处，市县级文物保护单位 11 万多处，文物类型涵盖古遗址、古墓葬、古建筑、石窟寺及石刻、近现代史迹及代表性建筑等。它们作为中华民族重要的历史文化资源，是五千年中华文明的见证，是传承中华优秀文化的重要物质载体，不仅蕴含着优秀传统文化的思想精华和道德精髓，还包含着以爱国主义为核心的民族精神和以改革创新为核心的时代精神。

十八大以来，党和国家站在“两个一百年”奋斗目标的历史交汇点上，积极开拓、锐意进取，不断开创文物保护工作的新局面。习近平总书记多次发表重要论述，对文物保护事业做出了一系列的重要指示。例如，2014 年，总书记在北京市考察工作时提出：“历史文化是城市的灵魂，要像爱惜自己的生命一样保护好城市历史文化遗产，搞历史博物展览，要让文物说话，更要见证历史、以史鉴今、启迪后人。”[①]2016 年，总书记强调：“文物承载灿烂文明，传承历史文化，维系民族精神，是老祖宗留给我们的宝贵遗产，是加强社会主义精神文明建设的深厚滋养。保护文物功在当代、利在千秋。要切实加大文物保护力度，推进文物合理适度利用，使文物保护成果更多惠及人民群众。”[②]2020 年，总书记在十九届中央政治局第二十三次集体学习时提到：“要搞好历史文化遗产保护工作，要把历史文化遗产保护放在第一位，同时要合理利用，使其在提供公共文化服务、满足人民精神文化生活需求方面充分发挥作用。”[③]2021 年，总书记对革命文物工作做出重要指示：“强调加强革命文物保护利用，弘扬革命文化，传承红色基因，是全党全社会的共同责任。”[④]“要切实把革命文物保护好、管理好、运用好，发挥好革命文物在党史学习教育、革命传统教育、爱国主义教育等方面的重要作用。”[⑤]这些指示精神无不体现了党和国家对于切实做好文物事业的坚定决心，体现了新时代文化自信、文化强国的国家使命。

新时代，我国的文物事业取得累累硕果，文物保护、管理和利用水平不断提高，文物工作者、专业科研团队展现出来的专业水平、国际视野，在世界范围内得到了越来越多的关注和认可。2022 年 1 月 17 日，国家文物局局长李群在全国文物局长会议上指出：“2021 年文物工作在党和国家事业大局中地位和作用明显提升，文物事业五年规划首次上升为国

---

① 像爱惜生命一样保护好城市历史文化 . 中国共产党新闻网 .http://cpc.people.com.cn/n/2014/0227/c87228-24476263.html.

② 习近平 . 保护文物功在当代利在千秋 . http://theory.people.com.cn/n1/2017/0608/c40531-29327553.html.

③ 习近平：建设中国特色中国风格中国气派的考古学 更好认识源远流长博大精深的中华文明 . http://www.gov.cn/xinwen/2020-11/30/content_5565962.htm.

④ 陆玄同 . 保护革命文物，让红色基因代代相传 https://m.gmw.cn/baijia/2021-04/01/34733259.html.

⑤ 切实把革命文物保护好管理好运用好 . https://baijiahao.baidu.com/s?id=1710855231879848751&wfr=spider&for=pc.

家级专项规划，全社会文物保护意识显著增强。全国文物系统精心组织庆祝建党百年系列工作，扎实开展党史学习教育，加大文物保护和考古工作力度，完善文物安全长效机制，加强革命文物资源保护利用，推进博物馆和社会文物改革发展，拓展交流合作，强化文物科技创新和人才队伍建设‘双轮驱动’，推动治理体系和治理能力现代化，坚持常态化精准化疫情防控，实现‘十四五’良好开局。”同时，我们也要清醒看到，我国正处在城镇化快速发展的历史进程中，文物保护工作仍然面临着很多突出的问题，依然任重道远。正如国家文物局副局长宋新潮在上海国际建筑遗产保护与修复博览会上所讲：“在新形势下，制约我们的主要有三个方面的问题，即对于文物的认识、保护的制度，以及人才问题。”“科学客观的认识好文物保护与社会经济的关系、建立符合文物保护规律和实际的法律规定、培养和提高文物保护方面的人才和专业素质，都势在必行。新形势下要做好文物保护工作的新思考。”“因此，这就需要我们在保护理念、技术以及法规建设上不断发展和完善。”

文物保护工作是时代赋予我们的神圣使命，《国家文物事业发展“十三五”规划》明确提出统筹好文物保护与经济社会发展，切实加大文物保护力度，推进文物合理适度利用，使文物保护成果更多惠及人民群众，广泛动员社会力量参与，切实做到在保护中发展、在发展中保护，努力走出一条符合国情的文物保护利用之路。《保护与发展——文化遗产学术论丛》的策划、结集恰逢其时，编辑委员会希望能够搭建一个探索和研讨文物保护与发展的学术平台，搭建一座保护中发展、发展中保护的和谐之桥。

《保护与发展——文化遗产学术论丛》（第 1 辑）共收录学术文章 30 余篇，内容主要涉及不可移动文物保护的理念、理论与方法，保护技术与实践，预防性及数字化保护以及遗产管理与活化利用等方面。文物保护的理念、理论与方法方面共 10 篇，包括考古遗址、文物建筑、石窟寺壁画等的理论探讨；保护技术与实践方面共 7 篇，包括文物建筑修缮、土遗址保护、石质文物保护等技术的应用和实践；预防性和数字化保护方面共 7 篇，包括不可移动文物预防性保护理论的探索、保护体系建设以及数字化技术实践运用的分析、思考等；遗产管理与活化利用方面的论文共 7 篇，包括符合国情的文物保护利用之路的探讨、工程规划的管理、国家文化公园和文物利用的创新实践等。衷心感谢所有作者，在各自的专业领域耕耘不辍，提供了优质的稿件，发表了真知灼见。

本书的编辑出版是探讨文物保护和发展的一次有益尝试，为广大读者尤其是文物保护、预防性保护、信息化、活化利用等方面的相关专家学者和爱好者提供了参考和借鉴。感谢科学出版社考古分社的编辑团队，克服新冠肺炎疫情的影响，使本书顺利付梓。本书编写过程中难免存在一些不足和缺憾，欢迎广大读者批评指正。我们也诚邀更多的专家学者、同仁、有志之士参与进来、共同努力，不断深化和推动相关的研究工作，积极探索符合国情的文物保护利用之路。

《保护与发展——文化遗产学术论丛》编委会

2022 年 2 月

目　录

理念、理论与方法

保护技术与实践

预防性及数字化保护

遗产管理与活化利用

理念、理论与方法

中华人民共和国成立以来考古遗址保护的发展历程与成就经验*

刘卫红　杜金鹏**

摘要：中华人民共和国成立以来考古遗址保护主要经历了中华人民共和国成立至改革开放的奠基期、改革开放至20世纪末的转型探索期和21世纪以来的创新发展期3个阶段。中华人民共和国成立以来考古遗址保护的实践探索和科学研究，推动考古学科从历史科学之考古学向文化遗产科学之考古学发展；深化了考古遗址保护与利用的关系认知，促进了考古遗址保护工作基本方针和法规制度体系的不断丰富发展；在与国际组织和世界各国学习交流中推动了符合国情的考古遗址保护利用之路的探索，促进了基建考古和科研考古实践，推动了大遗址保护行动专项计划实施、考古遗址公园建设和以大遗址为核心的世界文化遗产申报。中华人民共和国成立以来考古遗址保护的发展历程和成就证明，先进的保护理念是考古遗址保护健康发展的方向指引，考古学科的发展是考古遗址保护的理论基石，服务国家大局和公众需求是考古遗址保护的动力之源，扎实的基础工作是考古遗址保护的根本保障。

关键词：考古遗址；文化遗产；保护理念；路径模式

考古遗址是我国文化遗产的重要组成部分，综合并直观地体现了中华文明和中华民族的起源与发展，是建设文化强国的重要战略资源，肩负着坚定文化自信、传承优秀传统文化、建设共有精神家园和推动实现中华民族伟大复兴的中国梦的重任。中华人民共和国成立以来，考古遗址保护取得的辉煌成就直观地反映了我国文化遗产保护事业的发展水平。回溯历程、总结成就、寻找规律，对于构建符合国情的考古遗址和文化遗产保护利用之路具有重要的意义。

---

* 基金项目：本文系陕西省社会科学基金年度项目“乡村振兴战略视域下秦雍城遗址保护利用模式研究”（项目编号：2018H01）和陕西省教育厅科学研究计划项目“田园综合体视域下乡村型大遗址保护利用模式研究”（项目编号：18JZ059）的阶段性成果。

** 刘卫红：西北大学文化遗产学院，西安，邮编710127；杜金鹏：中国社会科学院考古研究所，北京，邮编100710。

1 中华人民共和国成立以来考古遗址保护的发展历程

中华人民共和国成立以来，我国经济社会、文化发展的中国化道路和基本样态，揭示了我国考古遗址保护演进的历程与发展脉络。中华人民共和国成立以来考古遗址保护的70多年是中国经济社会快速发展和民生福祉不断提高，中国考古学和文化遗产保护事业不断发展演变和跨越式发展的阶段。中华人民共和国成立以来考古遗址保护经历了中华人民共和国成立至改革开放的奠基期、改革开放至20世纪末的转型探索期和进入21世纪以来的创新发展期3个阶段。

1.1 第一阶段（1949—1978年）：考古遗址保护的奠基期

1949—1978年是我国考古遗址保护的奠基期。基于我国向工业化社会主义社会发展过程中工农业生产与考古遗址保护的矛盾，在学习借鉴苏联文物保护经验的基础上，确立了我国遗址考古和保护工作“两重两利”的方针，提出并实施了文物保护单位制度，建立了分级属地管理的文物保护管理体制机制，推进了我国考古遗址的保护实践。

1.1.1 “两重两利”保护理念基本形成

中华人民共和国成立后，国家高度重视文化遗产保护工作，随着国家建设事业的不断发展，在1949年11月成立中央人民政府文化部文物事业管理局的基础上，迅速推动建立起自中央到地方的文物行政管理机构，逐步建立起全国性的文化遗产保护行政管理体系，并颁布实施了一系列文化遗产保护法规制度[1]。针对建国初期工农业生产过程中考古遗址保护的问题，形成考古发掘是主要保护措施手段的理念；基于基本建设与文物保护的矛盾，以及受到在不具备相应技术水平的条件下对定陵进行发掘从而造成损失等因素的影响，国家文物局把配合基本建设进行考古发掘作为整个文物保护工作的重点，并通过《古文化遗址及古墓葬之调查发掘暂行办法》（1950年）、《关于在基本建设工程中保护历史及革命文物的指示》（1953年）、《文化部关于不属于配合建设工程的考古发掘问题的通知》（1962年）等法规政策确定了在国家经济建设发展时期考古发掘工作必须以配合基建为主的具体工作方针。为有效解决基本建设和考古遗址保护之间的矛盾，1954年结合当时具体国情形成了基于考古发掘的“重点保护，重点发掘；既对文物保护有利，又对基本建设有利”的“两重两利”理念，并在《关于进一步加强文物保护和管理工作的指示》（1961年）中将其确立为文物保护工作方针。

1.1.2 “分级属地”管理和“文物保护单位”等保护制度和法规体系基本建立

这一阶段以文物保护工作方针为指导，在学习苏联文物保护经验的基础上开展了实践探索。保护制度方面,《文化部文物局1955年工作计划草案》(1955年)提出坚持“分级管理”的原则,并在《关于在农业生产建设中保护文物的通知》(1956年)中提出开展全国第一次文物普查和实施文物保护单位制度。基于第一次全国文物普查,1961年发布了《关于公布第一批全国重点文物保护单位名单的通知》,开始实施“文物保护单位”制度。至此基本建立起以文物保护单位制度(四有制度)和分级属地管理为核心的文物保护管理制度体系,文物保护管理工作进一步纳入了计划管理的轨道。法规制度方面,初步构建起以《文物保护管理暂行条例》(1960年)为核心,包括考古发掘、保护管理、保护修复等内容的法规体系。

1.1.3 提出“遗址博物馆”和“遗址公园”等保护利用实践模式

基于保护理念和法规制度等的初步建立,配合基本建设和落实文物保护单位“四有”工作为主的考古遗址考古工作有序开展,实施了侯马考古大会战,重启周口店、殷墟等遗址考古工作,并有组织地在楚纪南城、临淄齐国故城及西安丰镐、大明宫、汉长安城和洛阳二里头等遗址进行调查试掘,了解遗址范围、遗存分布和保存状况等,为大遗址保护奠定了重要基础[2]。在考古遗址保护利用实践方面,提出了“遗址博物馆”和“遗址公园”两种新模式,并通过建立北京猿人陈列馆、半坡遗址博物馆和西安兴庆宫公园等进行实践探索。

1.2 第二阶段(1979—1999年):考古遗址保护的转型探索期

1979—1999年是我国考古遗址保护的转型探索期。十一届三中全会后,党中央把全党工作的着重点和全国人民的注意力转移到以经济建设为中心的社会主义现代化建设上来,经济体制上由计划经济向市场经济转型,力争到20世纪末期解决温饱、实现小康,由此掀起了新一轮以城镇化和产业园区为带动的大规模经济建设高潮。城镇的大规模扩张、大型基础设施的建设和土地资源的日趋紧张,对考古遗址造成了直接的威胁和破坏;同时,考古遗址在经济社会建设和文化发展中的作用问题引发了讨论,最终演变为关于考古遗址保护和利用关系的探讨,直接影响了这一阶段考古遗址保护的理念和法规制度的建设及实践。

1.2.1 保护理念的转变和保护方针的拓展

基于对考古遗址在经济社会建设和文化发展中的作用及考古遗址保护与利用关系等问题的探讨,1987年国务院在《关于进一步加强文物工作的通知》中提出“加强保护、改善管理、搞好改革、充分发挥文物的作用,继承和发扬民族优秀的文化传统,为社会主义服务,为人民服务,为建设具有中国特色的社会主义作出贡献”的文物工作方针和任务;针对经济建设背景下,快速城镇化等建设与考古遗址保护之间矛盾的加剧,于

1992 年 5 月在西安召开的全国文物工作会议上，李瑞环同志提出了“保护为主、抢救第一”的文物工作方针；1995 年的全国文物工作会议上，李铁映同志提出“有效保护、合理利用、加强管理”的文物工作原则，相对解决了公众在文物保护与利用关系问题上的争论。

1.2.2 以《中华人民共和国文物保护法》为核心的法规制度体系基本建立

建立起了以《中华人民共和国文物保护法》（1982 年）为核心，以《中华人民共和国水下文物保护管理条例》（1989 年）、《考古发掘管理办法》（1998 年）等法规、规章为支撑，以《北京市周口店北京猿人遗址保护管理办法》《河南省古代大型遗址保护管理暂行规定》《西安市周丰镐、秦阿房宫、汉长安城和唐大明宫遗址保护管理条例》等大遗址保护专门性地方法规为辅助的考古遗址保护法规体系。1997 年 3 月国务院印发的《关于加强和改善文物工作的通知》中首次使用“大遗址”这一专有名词，并对其进行了相对的概念定义，使得“大遗址”保护在前期实践探讨的基础，开始正式出现在政府部门的政策文件中。

1.2.3 配合基建为主、科研为辅的遗址考古工作有序推进

这一时期在“保护为主，抢救第一”方针的指引下，古城址和聚落等大遗址的考古工作得到了前所未有的重视。一方面，由于城市化进程加快，一些叠压在现代城市下的古城址受到的威胁日益严重；另一方面，在学术研究上，考古学界也越来越强调考古遗址中大遗址考古的重要性，“将若干处大遗址——古城市当作大课题，有计划、有步骤地开展工作，目的性更明确，计划性也加强了”[3]。例如，20 世纪 80 年代，苏秉琦提出了“古文化、古城、古国”和“古国、方国、帝国”理论，20 世纪 90 年代末实施的“夏商周断代工程”，都结合相关大遗址开展了科研考古工作。同时，为摸清“文化大革命”后我国文物古迹的真实现状，加强考古遗址保护，国务院组织实施了第二次全国文物普查；从 1982 年至 1996 年，国务院又陆续公布了第二批至第四批全国重点文物保护单位，共 570 处。为配合和落实文物保护单位“四有”工作的要求，以及考古遗址保护规划和保护工程的兴起与推进，针对遗址的考古调查和发掘也逐渐增多，考古工作的基础地位进一步得到提升[4]。

1.2.4 以旅游为导向的考古遗址保护利用在争议中推进

旅游开发带来了经济效益，促进了考古遗址的展示利用，但对于遗址安全的影响，引发文博领域专家学者和社会各界有关文物保护与旅游利用关系的大讨论，直接影响到 21 世纪文物保护利用思潮。这一阶段陕西在考古遗址保护利用方面步伐相对较大，引起各方关注。同时，20 世纪 50 年代提出的对重要遗址进行规划的思想在这一阶段得到

践行，1985年编制完成了我国有关考古遗址保护的第一个规划文件——《圆明园遗址公园总体规划（提纲）》；此后，各地陆续编制了《良渚遗址群保护规划》《唐大明宫遗址保护规划》等，展开了对此类规划编制的探索。

1.2.5 与国际组织及欧美等国家的交流学习加强

随着改革开放，我国与国际文化遗产保护组织及欧美等国家的文化交流逐渐增多。20世纪80年代后，我国陆续加入了联合国教科文组织和国际古迹遗址理事会等国际组织，同时，“申遗”工作的开展，推动了我国世界文化遗产保护制度的建立，以及基于考古遗址保护的先进文化遗产保护理念、技术方法的引进与实践。例如，1996年对大明宫麟德殿实施保护展示工程时，首次探索以地上模拟展示的方式对前殿部分台明立壁和一层台台面做包砌展示；其后在偃师商城宫殿遗址、大明宫含元殿进一步开展了相关实践[5]。

1.3 第三阶段（2000年至今）：考古遗址保护的创新发展期

2000年以来是我国考古遗址保护的创新发展期。21世纪我国经济社会发展的目标是到2050年建成富强民主文明和谐美丽的社会主义现代化强国，实现第一个百年奋斗目标，形成比较完善的社会主义市场经济体制。在此背景下，基于经济社会内涵式创新发展的驱动和科学技术的发展，在学习国际和欧美等发达国家保护理念、技术方法等的基础上，明确了保护和利用的关系，开始结合前期实践探索符合国情的考古遗址保护利用之路，全面实施大遗址保护规划制度、考古遗址公园制度等，推动考古遗址保护在实践基础上从法理探讨开始向学理研究深化；文化遗产科学体系、实验室考古、大遗址考古、文化遗产保护类考古、考古资产保护等新概念及理论方法研究不断提出并拓展深化。

1.3.1 保护理念创新发展和法制化建设逐步完善

进入21世纪，随着文物工作方针的发展，文物工作中出现的新情况、新问题，都迫切需要法律法规予以调整和解决。与时俱进地对《中华人民共和国文物保护法》进行周期性修订势在必行，这也是民主立法、科学立法的必然要求[6]。2002年修订通过了《中华人民共和国文物保护法》，第一次以法律的形式明确了“保护为主、抢救第一、合理利用、加强管理”的“十六字”文物工作方针，为新时期考古遗址保护提供了根本遵循。21世纪前20年是我国以考古遗址为核心的文化遗产法规体系的完善期，针对考古发掘、大遗址保护、考古遗址公园建设等不同类型体系及长城和大运河等具体大遗址出台了一系列法律规范，系统构建起考古发掘、大遗址保护、考古遗址公园建设等制定基本法规体系框架。这一阶段法规建设最鲜明的特色就是加强对专项法规体系的建设。例如，针对长城保护，国务院颁布了行政法规《长城保护条例》（2006），同时还制定实施了一系列规范性文件，如《长城保护员管理办法》（2016）、《长城执法巡查办法》（2016）和《长城保护总体规划》（2019）。

1.3.2 推进以大遗址为核心的考古遗址保护利用工作

针对大遗址保护在经济发展中的地位作用和存在的保护问题，基于 2002 年《“大遗址”保护“十五”计划》和 2004 年《“十一五”国家重要大遗址保护规划纲要》的前期探索，2005 年 8 月启动实施了大遗址保护专项行动，在三个“五年计划”里，先后遴选了 150 多处大遗址，率先进行保护。大遗址保护行动计划的实施，加强了大遗址保护，促进了大遗址考古工作，改变了以往“死看死守”的保护方式，促进了保护利用模式方式的创新和区域经济社会、民生福祉的改善，获得了公众的认可[7]。为促进社会主义先进文化建设，提高我国文化遗产保护管理水平，根据《国家“十一五”时期文化发展规划纲要》，从 2007 年到 2011 年开展的第三次全国文物普查，基本摸清了我国遗址的数量和分布情况，为考古遗址保护利用奠定了重要基础。同时从 2001 年至 2019 年实施批准了第五批到第八批全国重点文物保护单位 4304 处，占到了八批国保单位的 85%。配合“大遗址保护专项行动”“中华文明探源工程”“考古中国”等科研课题的主动性考古增加。在这一过程发现了许多新的大遗址，并深化了对良渚遗址、石峁遗址、凌家滩遗址、海昏侯遗址等已有大遗址的认知。为进一步推进大遗址保护的科学化、规范化和系统化，进入 21 世纪，结合大遗址保护行动计划的提出和推进，国家开始全面实施以大遗址为核心的文物保护单位保护规划制度。在规划内容架构方面，已经开始将本体保护与管理、展示、土地利用调整等相结合，有的大遗址不仅编制了总体保护规划，还编制了更详细的专项规划，如汉长安城遗址先后编制了《汉长安城遗址保护总体规划》《汉长安城绿化规划方案》《汉长安城道路遗址保护规划》《汉长安城遗址考古遗址公园》等。国家层面，2019 年国家发改委和国家文物局相继编制了《大运河文化保护传承利用规划纲要》《长城保护总体规划》，规划逐渐成为指导、管理大遗址保护工作的重要手段。

1.3.3 考古遗址保护利用模式方式不断创新发展

为进一步推动考古遗址保护利用工作，启动了“国家考古遗址公园”项目。2010 年、2013 年和 2017 年分三批共审批建立了 36 处国家考古遗址公园和 67 处立项单位，这种全新的模式为国内考古遗址保护提供了更为开阔的思路，同时也为考古遗址保护和文化推广传承搭建了平台，产生了良好的社会影响，并将形成长远的经济效益和社会效益。同时，地方政府充分发挥统筹协调的作用，也开始探索大规模遗址保护的工作模式。例如，进入 21 世纪后，陕西省不断创新和完善文物保护利用新模式，探索出考古遗址保护与经济社会发展相结合、与群众生活水平提高相结合、与城乡建设相结合、与遗址区环境改善相结合的“四个结合理念”，国家遗址公园模式、集团运作模式、城市公园模式、退耕还林模式及吸纳社会资本投资模式等“五种保护利用模式”，大遗址保护与经济社会发展形成了相互促进、和谐发展的新局面[8]。

2 中华人民共和国成立以来考古遗址保护的成就

中华人民共和国成立以来，考古遗址保护经过70多年的探索发展，在学科建设、保护理念、法规制度、对外学习交流及实践探索等方面都取得了一系列的成就。

2.1 学科体系从历史科学之考古学向文化遗产科学之考古学发展

中华人民共和国成立以来，考古遗址保护的最大的成果就是推动考古学科从历史学之考古学向文化遗产科学之考古学发展，推动了考古学科和文化遗产保护事业的发展。任何学科的发展，都离不开社会的发展，时代的进步和国家的需求[9]。中国考古学从建立之初就决定了其服务国家经济社会发展和推进考古遗址保护利用的使命担当。历史之考古学从学科发展角度的基本任务和目标主要是“根据古代人类活动所遗留下来的实物遗存研究当时人们的生活及其社会的状况，并进而解析人类文化与社会发展的历史过程，探索其发展变化的背景、原因和规律”[10]。最根本的就是研究复原古代社会，探讨人类社会发展规律；对于当前中国而言即在重建中国古代史的基础上阐释中华文明发展。在这一学科架构中，忽略了考古遗址保护是考古学应有之义，考古发掘是考古遗址保护的基本手段措施这一实际。文化遗产科学是随着考古学和文物保护事业的发展而形成的，关于“文化遗产调查、发掘、整理、研究、阐释、保存、保护、展示、传承和发展的科学体系”[11]。在“大遗址考古”“文保类考古”“实验室考古”“考古资产”等理论实践探索中，将考古科学研究和文化遗产保护传承研究相结合，以实现考古学在复原社会、阐释文明的同时，保存保护、展示利用好大遗址，促进大遗址的保护传承发展和价值弘扬传播。文化遗产科学体系下考古工作的类型、目标任务和基本任务形态不断丰富完善[12]。中华人民共和国成立以来考古遗址保护的发展历程证明，考古发掘是考古遗址保护的基本手段措施之一，配合基本建设的考古发掘是考古遗址保护最基本的手段和措施。不管是被动考古还是主动考古，不管是形式上考古发掘完的回填保护，还是后来为了考古遗址价值认知和保护利用之考古，其实质都是为了保护考古遗址，实现文化遗产的传承弘扬。

2.2 保用关系从单纯保护向保用结合发展

中华人民共和国成立以来，考古遗址在保护理念方面的核心是关于考古遗址保护、利用与发展关系的探索，对三者关系的认知，直接决定了考古遗址保护理念、方针政策、法规制度体系的完善和保护实践的推进。我国关于保护和利用关系的讨论经历了中华人民共和国成立至改革开放的保护为主、重点利用的无争议阶段；改革开放至 20 世纪 90 年代末的保护为主、适当利用的发展阶段，但是具体在保护为主、还是保用并重等问题上，仍然有各种不同的认识；进入 21 世纪后保用结合是主线，在保护中发展、在发展中保护是路径，“活起来”是要求，传承弘扬和创新发展是目标、目的的保护和利用关系已经相对明确。这种变化主要由不同阶段的国情国力和对考古遗址在国家发展中的地位作用决定，并直接影响到相应阶段考古遗址保护方针政策和法规制度体系的建设。

2.3　保护方针从“两重两利”向“十六字方针”发展

中华人民共和国成立初期，针对文物资源丰富、基本建设任务繁重和考古工作人员不足等现实问题，形成了以“两重两利”为指导，以配合基本建设、进行考古发掘工作为中心的文物保护工作方针。随着改革开放和旅游业的发展，针对考古遗址在经济社会建设中如何发挥作用这一问题的探索和实践，在《关于进一步加强文物工作的通知》（1987 年）以及 1992 年和 1995 年全国文物工作会议的基础上形成了“保护为主、抢救第一”的文物工作方针和“有效保护、合理利用、加强管理”的文物工作原则。进入 21 世纪，随着社会主义市场经济的确立，针对新时期文物保护的新形势，在 2002 年全面修订《中华人民共和国文物保护法》时，上述方针和原则以法律的形式确立为“保护为主、抢救第一、合理利用、加强管理”的文物工作方针。十八大以来，随着对考古遗址利用和传承弘扬的重视，在“十六字方针”基础上，重点针对合理利用进行了明确和阐释，要求“合理适度利用”[13]，“统筹好文物保护与经济社会发展，统筹推进文物保护利用传承，在保护中发展、在发展中保护”[14]，开始更加强调考古遗址保护的“活用、传承弘扬和创新发展”。

2.4　保护法规建设从基础法规体系向专项法规体系发展

中华人民共和国成立以来文物保护理念和文物工作方针的形成、发展和确立，有力地推动了以考古遗址为核心的文物法制工作的健全、完善与进步。从法律架构和内容体系上分析，基本构建起以《中华人民共和国文物保护法》（2002）为基础，以《中华人民共和国文物保护法实施条例》（2003）、《长城保护条例》（2006）等法规为支撑，以考古发掘、大遗址保护、考古遗址公园建设等部门规章、地方性法规、地方规章、各种规范性文件和行业标准规范为重要组成部分的考古遗址保护法规体系框架。最重要的是针对专项遗产保护利用开始构建系统性法规体系，如针对考古遗址公园建设和管理，制定颁布了《国家考古遗址公园管理办法（试行）》（2009）、《国家考古遗址公园评定细则（试行）》（2009）《国家考古遗址公园规划编制要求（试行）》（2012）、《国家考古遗址公园评估导则（试行）》（2014）、《国家考古遗址公园创建与运行管理指南（试行）》（2017）等法规文件，为国家考古遗址公园的发展提供了指引。

2.5 保护管理制度从集权向监管发展

中华人民共和国成立以来以考古遗址为核心的文化遗产保护，推进了我国文化遗产保护管理制度的发展与完善，构建起了以文物保护单位制度和世界遗产保护制度为核心的双轨并行的分级管理保护体制。其中最具特色的就是文物保护单位制度和基于此的分级属地管理体制。

文物保护单位制度是基于中华人民共和国成立初期以大遗址为核心的不可移动文物保护面临的严峻形势，基于我国固有的“单位思想”和苏联相似管理制度所提供的可资借鉴的经验，在实践探索中提出的具有中国特色的文物保护制度[15]。1956年提出，1961年实施，并经过近70年的发展演变基本构建起以考古发掘制度为基础，以文物认定制度为支撑，以保护规划制度为核心，以文物保护工程制度为保障，以保护利用模式——遗址博物馆、考古遗址公园等为重要传承弘扬模式方式的保护措施制度体系，进一步丰富完善了文物保护制度的法规体系和保护管理内容，对于促进以大遗址为核心的考古遗址的保护利用起到了重要作用。

实行双轨并行的分级属地管理体制。从管理体制来看，基于文物保护单位制度的实践，在管理体制方面形成了双轨并行的分级属地管理体制。这种体制一方面是在业务上接受自下而上的行业部门指导；另一方面在行政上接受所属省、市、县的分级领导，并在具体实践中最终形成以属地管理为核心的条块化、高度分化的文物管理体制。分级属地管理的特征是政府主导、条块结合、分级管理、属地为主。这种体制模式随着我国经济社会发展和行政体制改革及全国重点文物保护制度的发展演变，包括了中华人民共和国成立初期到改革开放前的属地管理下的中央集权；改革开放后到20世纪90年代末“基于财政体制改革的属地管理下的高度分权阶段”[16]；进入21世纪后“放管服”背景下属地管理的监管阶段3个阶段。新时期随着“放管服”政策的实施，地方文物保护管理和保护利用的自主权相对加大，有助于通过多种模式开展文物保护利用；但是分级属地管理使得国家文物行政管理部门对于地方文物的直接管理相对越来越弱，各地经济建设迅猛发展与考古遗址保护矛盾日益尖锐，在考古遗址不能发挥最大经济效应背景下，地方政府迫于发展压力和财政压力可能难以顾及考古遗址保护。

2.6 学习交流从对外学习借鉴向提供中国方案发展

中华人民共和国成立初期在全面学习苏联的过程中，借鉴苏联文物保护的先进理念、经验等，构建起了我国考古遗址保护调查、登录、文物保护单位制度以及分级属地管理体制机制和法规制度体系。改革开放后，我国与欧美国家及国际组织的交流与合作日益紧密，并逐步引进国际前沿性文物保护理念、手段和技术，形成以真实性、最小干预、可逆性等原则为核心的保护理念，实施了世界遗产保护制度、考古遗址保护规划、保护工程制度等。21 世纪以来，开始结合欧美国家和国际保护理念及我国国情，系统探索符合我国国情的保护理念和保护利用模式体系，形成了《苏州宣言》《西安宣言》《绍兴共识》等国际文件，为世界各国文化遗产保护提供了指导。最重要的是形成了中国化的《中国文物古迹保护准则》，有效促进了我国考古遗址保护理念、法律法规和技术手段等与国际的接轨。

2.7 保护实践从单一考古发掘保护向多元保用结合发展

考古发掘保护从单一被动考古逐步向结合主动考古发展。我国考古工作从中华人民共和国成立初期以配合基本建设、抢救保护的被动考古，随着经济社会发展变化逐渐开始向以科研和考古遗址保护为主的主动考古发展，如配合三峡工程、南水北调、西气东输等国家重点建设工程的基建考古，这些项目的实施，确保了国家大中型重点建设工程的顺利进行，同时也抢救保护了一批珍贵的文化遗产。随着改革开放后大遗址在服务国家经济社会发展大局和阐释中华文明认知方面地位作用的增强，结合国家重点科研课题开展的主动性考古也取得了一系列丰硕成果，最具代表性的是 20 世纪 90 年代的“夏商周断代工程”、21 世纪初的“中华文明探源工程”和进入新时代实施的“考古中国”项目，这些项目一方面促进了考古遗址保护和科学研究，另一方面也促进了经济社会发展。考古遗址保护实践从文物保护单位制度向世界遗产制度、大遗址保护专项行动计划等拓展。随着考古事业的发展，一大批各个时期十分重要的遗址被发掘，所承载的历史文化信息被揭示，很多古遗址和古墓葬被列入国家级或省、市级文物保护单位，使这些遗址得以依法受到保护[17]。

考古遗址保护利用模式方式从单体向整体，从单一向多元融合共生发展。单体保护模式方式上，从保护大棚或大厅向遗址博物馆（如半坡遗址博物馆）、考古遗址公园（大明宫国家考古遗址公园）发展，未来将向综合型景区（融合型的生态博物馆、国家生态文化区）或国家文化公园发展演变；空间模式上，从单体或点性保护利用向遗址整体全面保护利用发展，同时向以大遗址保护为基础的区域文化旅游综合体发展；产业模式上，在遗址保护基础上开始形成“考古遗址保护 + 自然生态 + 农业 + 商贸 + 文旅”；区位分析上，城镇区域开始和新型城镇化建设结合，乡村和乡村振兴战略相结合，而生态文明建设和经济建设贯穿始终。

3 中华人民共和国成立以来考古遗址保护的基本经验

先进保护理念的指导、考古学科的丰富完善、服务国家大局和扎实的保护基础工作是中华人民共和国成立以来考古遗址保护健康、可持续发展的保障。

3.1 先进的保护理念是考古遗址保护健康发展的方向指引

保护理念决定了保护思路和保护发展道路。从中华人民共和国成立以来考古遗址的发展历程和成就可见，其发展始终离不开先进保护理念的指导。我国不同发展阶段的国情和文物保护的现状直接影响了我国考古遗址保护的指导思想，在保护利用关系方面主要体现为：保护为主，还是利用为主；是保护利用并举，还是保护为主、利用为辅等。如何处理好这些关系，成为不同阶段考古遗址保护首先需要探索、解决的问题。基于思想认知的不同，形成正确的考古遗址保护工作方针，才能真正解决问题，才能促进考古遗址保护始终沿着正确方向健康发展。

3.2 考古学科的发展是考古遗址保护的理论基石

中国考古学建立在遗址考古的基础上，遗址考古构成了中国考古学的基本框架，尤其是以大遗址为核心的遗址考古是中国考古学的脊梁。考古遗址保护利用实践及理论发展丰富了考古学理论体系，考古学理论体系及实践的发展推动考古遗址保护实践及理论的进一步完善。从历史科学之考古学到文化遗产之考古学的发展，使得考古学在重视考古遗址调查、勘探、发掘的基础上，开始关注考古遗址价值认知、保存保护、展示利用和传承发展，为考古遗址保护提供了基础理论指导。

3.3 服务国家发展战略和公众需求是考古遗址保护的动力之源

文化是一个国家、一个民族的灵魂。文化兴国运兴，文化强民族强。没有高度的文化自信，没有文化的繁荣兴盛，就没有中华民族伟大复兴[18]。考古遗址是中华民族生生不息发展壮大的实物见证，是传承和弘扬中华优秀传统文化的历史根脉，是培育和践行社会主义核心价值观的深厚滋养。其保护利用对于传承中华优秀传统文化、满足人民群众精神文化需求、提升国民素质、增强民族凝聚力、展示文明大国形象、促进经济社会发展具有十分重要的意义。因此，在考古遗址的保护利用中，首先应将坚持服务大局和服务国家发展战略需求作为基本使命。始终把保护文物、传承优秀传统文化、建设共有精神家园作为文物工作服务大局的出发点和落脚点，统筹协调文物保护与经济发展、城乡建设、民生改善的关系，充分发挥文物资源传承文明、教育人民、服务社会、推动发展的作用。其次应坚持公益属性。人民群众是考古遗址保护的可靠基础和力量源泉。政府在文物保护中应发挥主导作用，必须紧紧依靠人民群众，发挥考古遗址公共文化服务和社会教育功能，坚持把实现好、发展好、维护好最广大人民的根本利益作为考古遗址保护利用的出发点和落脚点，保障人民群众基本文化权益，拓宽人民群众参与渠道，共享考古遗址保护利用成果。

3.4　扎实的基础工作是考古遗址保护的根本保障

中华人民共和国成立以来三次全国文物普查是考古遗址保护的基础。中华人民共和国成立以来，针对不同阶段的国情开展的三次全国不可移动文物普查工作，为全面掌握考古遗址的数量、分布、特征、保存保护现状等基本情况，为准确判断考古遗址保护形势、科学制定不同阶段考古遗址保护政策和规划提供了依据。

考古工作和保护为考古遗址利用提供了基本支撑。考古工作是认知考古遗址的基础工作，保护有助于考古遗址的保存传承。只有充分认识考古遗址价值、保护好考古遗址，才能实现以本体为载体的历史文化价值的传承，也才能有效地实现承载价值的弘扬，发挥资政育人、服务经济社会的衍生价值和效能。

法规制度体系的建立健全是考古遗址保护的根本保障。中华人民共和国成立以来，以《中华人民共和国文物保护法》为核心，由法律、行政法规、部门规章、地方性法规、规划和标准构成的中国特色文化遗产法律体系框架基本形成。这些与考古遗址保护相关的法规制度的颁布实施，为考古遗址保护提供了根本保障。

总之，中华人民共和国成立以来，我国考古学和文化遗产保护事业取得了辉煌成就，其中，考古遗址保护的成果是考古学和文化遗产保护事业辉煌成就之重要部分。回顾总结中华人民共和国成立以来考古遗址保护的中国道路，构建考古遗址保护理论方法与实践体系，推进考古遗址保护跨学科、跨领域多元融合，完善考古遗址保护相关法规制度应成为考古遗址保护未来发展的着力点。

参 考 文 献

[1] 姚远 . 新中国文物保护的历史考察（1949-1965）. 江苏社会科学，2014（5）；李春玲 . 全国重点文物保护单位制度研究 . 北京：文物出版社，2018，30.
[2] 中国文化遗产研究院 . 大遗址保护行动跟踪研究（上编）. 北京：文物出版社，2016：13、14.
[3] 苏秉琦 . 华人・龙的传人 . 中国人——考古寻根记 . 沈阳：辽宁大学出版社，1994.
[4] 中国文化遗产研究院 . 大遗址保护行动跟踪研究（上编）. 北京：文物出版社，2016：17.
[5] 中国文化遗产研究院 . 大遗址保护行动跟踪研究（上编）. 北京：文物出版社，2016：18.
[6] 国家文物局 . 文物法制工作改革开放 30 年 // 国家文物局 . 中国文物事业改革开放三十年 . 北京：文物出版社，2008.
[7] 中国文化遗产研究院 . 大遗址保护行动跟踪研究（上编）. 北京：文物出版社，2016：43.
[8] 赵荣 . 陕西省大遗址保护新理念的探索与实践 . 考古与文物，2009（2）.
[9] 孙庆伟 . 中国考古学七十年，中国社会科学网，http://www.cssn.cn/dsdj/dsdj_dsgs/201908/t20190813_4956902.shtml.
[10] 王巍 . 中国考古学大辞典 . 上海：上海世纪出版股份有限公司辞书出版社，2014：1；中国大百

科全书总编辑委员会《考古学》编辑委员会．中国大百科全书·考古学．北京：中国大百科全书出版社，1986：2、3.

［11］杜金鹏．文化遗产科学研究．北京：科学出版社，2017：31.

［12］杜金鹏．试论文保类考古．考古，2010（5）.

［13］国务院关于进一步加强文物工作的指导意见，国发〔2016〕17号.

［14］中央全面深化改革委员会．关于加强文物保护利用改革的若干意见，2018-7-6.

［15］王运良．中国“文物保护单位”制度研究．上海：复旦大学博士学位论文，2009：17.

［16］于冰，波斐里奥·海莱妮，斯卡罗纳·卢伊吉．文物保护管理制度与改革——意大利与中国比较视野．中国文化遗产，2018（5）.

［17］王巍．新中国70年考古学回顾与思考．光明日报，2019-8-19（14）.

［18］习近平．决胜全面建成小康社会 夺取新时代中国特色社会主义伟大胜利．北京：人民出版社，2017.

试论作为建筑遗产保护学术根基的建筑考古学*

徐怡涛**

摘要：本文通过对建筑遗产本质的分析指出，建筑遗产保护的关键在于能否准确判断建筑遗产的历史价值，而判断建筑遗产历史价值最基本的学术工具是建筑考古学。本文从研究对象及学科目标等角度，分析了建筑考古学、考古学和建筑史学的关系，由此对建筑考古学进行定位，并明确其当前主要研究任务。最后，本文介绍了北京大学考古文博学院文物建筑专业的建筑考古学学科发展概况，并以山西万荣稷王庙大殿和长子韩坊尧王庙大殿为例，介绍了建筑考古学的研究实践，论证了经过历史检验的建筑考古学形制断代所能达到的精度水平，以及在年代研究精细化之后，建筑遗产的历史价值、研究价值及史料价值所能出现的巨大改变，以及由此衍生出的研究潜能。

关键词：建筑考古；建筑史；遗产保护

1　建筑遗产保护的内涵和基础

建筑是人类社会的产物，是承载人类生产和生活的一种重要物质载体，建筑的物质形态和空间环境，记录了人类社会的文化、宗教、科技、经济等各类信息，建筑遗产也因此成为我们认识历史，衔接过去、现在与未来的重要纽带。

建筑遗产保护，虽然会因国家、时代、地域、类型、等级、需求等因素的变化而多有不同，但万变不离其宗之处在于，任何类型的建筑遗产保护，都是对建筑物及其环境中见证人类历史的载体的保存。建筑遗产所承载的历史，我们称为建筑遗产的“历史信息”，保护建筑遗产，就是保存建筑物的历史信息。但问题在于，建筑的更迭具有必然性，无法做到全部保存，即一个时代的建筑不可能全部保存下来，一座建筑上的所有组成部分也不可能全部保存下来。所以，建筑遗产保护，就是在建筑更迭的必然性前提下，对建筑进行有选择性的保存，那么，选择的标准又是什么呢?

从建筑遗产保护是为了保存建筑历史信息从而见证人类历史的角度分析，选择的标

---

* 本文受国家自然科学基金资助，项目编号：51478005。

** 徐怡涛：北京大学考古文博学院，北京，邮编 100091。

准显然是对建筑物所蕴含的历史信息价值的衡量。即在一个时代的建筑物中，选择最有历史价值的建筑物及其环境予以保存，在一座建筑上，必须保存最能体现历史价值的部分。所以，建筑遗产保护工作的基础与成功的关键，是尽可能准确地判断建筑的价值，特别是作为建筑遗产价值体系核心的历史价值[1]。

2 建筑考古学的定义与核心问题

研究建筑的历史价值，离不开建筑学、历史学、考古学、地理学、社会学等多学科的合作，其中，考古学的主要作用是精确地确定建筑物的历史沿革，其核心是建筑年代问题，包括创建、重建与重要修缮更迭的年代。

日本学者滨田耕作在其著作《考古学通论》一书中明确指出："研究考古学最重要的，且为最终的目的，就是资料时代的决定。"[2] 虽然，中国考古学把还原古代社会、阐发文明起源作为自身学科的研究目的，但显然，支撑科学还原和阐发历史的基础，是对考古材料尽可能准确地断代和建立尽可能精密的时空框架体系。

中国考古学在建立之初，曾计划把一切人类有意识和无意识的遗迹、遗物均作为考古研究的对象，"用科学的方法调查，保存，研究中国过去人类之物质遗迹及遗物。一切人类之意识的制作物，与无意识的遗迹、遗物，以及人类间接所遗留之家畜或食用之动物之骸骨、排泄物……等均在调查、保存、研究范围之内"[3]。

但时至今日，中国考古学界的大多数考古学家尚未把古代建筑作为其重要的研究对象，对古代建筑缺乏必要的认识，因此，也无法将古代建筑的知识充分运用于田野发掘之中，由此带来的建筑相关遗迹、遗物的错挖、误判、漏判等问题，必然不在少数。

从建筑史学和考古学的学术需求情况分析，"建筑考古"实际面临着两方面的问题，一方面，对于地面现存的古代建筑，应以考古学的理论方法，深化年代问题研究，提出更加精确的时空框架，明确建筑形制的区系类型，渊源流变。另一方面，对于各类考古工作所揭示的建筑遗存，可运用古代建筑的知识，辨识遗迹遗物，指导发掘，复原遗址[4]。

综上，建筑考古学的定义应是：综合运用历史学、考古学和建筑学等相关学科的理论、知识与方法，以现存建筑或建筑相关遗迹、遗物等建筑史料为研究对象，研究其年代问题，明确建筑形制的区系类型和渊源流变；辨析建筑遗址，复原建筑的历史面貌。

3 建筑考古学与建筑史学的区别与联系

建筑考古学与建筑史学，既有联系也有区别。联系之处在于，它们有着相同的研究对象，有部分相同的研究内容；主要区别在于，因两者所服务的上级学科不同，而衍生出不同的研究目标、理论和方法。

建筑考古学为考古学的下级学科，势必要为考古学、历史学服务，其执着于建筑年代研究的意义在于，只有建立精细的时空框架，才能将建筑上所蕴含的历史信息更准确和更充分地解读出来，建筑只有具备了尽可能精细的时空尺度，才可以和历史研究的时空尺度相衔接，使建筑成为历史研究的可靠史料，丰富历史研究的领域，更好地认识和还原古代社会，以及考古遗址。

建筑史学作为建筑学的二级学科，必然要满足建筑学的核心学术需要，即无论建筑史的教学还是科研，都要服务于建筑学的主体——建筑设计。中国建筑史学重要奠基人之一、清华建筑学学科创始人梁思成先生曾撰文明确表达，研究中国建筑除认识和保护历史的作用之外，“更重要的还有将来复兴建筑的创造问题”，“研究实物的主要目的则是分析及比较冷静的探讨其工程艺术的价值，与历代作风手法的演变。知己知彼，温故知新，已有科学技术的建筑师增加了本国的学识及趣味，他们的创造力量自然会在不自觉中雄厚起来。这便是研究中国建筑的最大意义”[5]。

基于服务建筑设计、为建筑师增添设计创造力的学科基本定位，建筑史注定要更注重于研究古代建筑在设计规律、设计手法、建筑技艺、审美情趣等方面的内容，建筑年代虽然也是建筑史必然涉及的问题，但由于建筑师在进行建筑创作时，并不需要精准的古代建筑时空尺度，所以，建筑史对于建筑年代问题也缺乏深入探讨的动力，纵然有少数建筑史学者曾致力于此，但学科的局限，依然使建筑史学的建筑年代研究，无论在成果还是方法上，均未能有效突破营造学社时期所取得的成就。

我国文物部门的古建筑保护研究机构，主要任务是勘察、评估并主要以工程手段修缮古代建筑，其学术也大体源自建筑学、工程学领域，在建筑年代研究上，承袭营造学社成果，如祁英涛先生提炼营造学社成果和方法编写的《怎样鉴定古建筑》[6]一书，成为文物系统古建部门广泛采用的古建筑断代手册。

由于 1952 年中国高等院校进行了学科分类调整，原综合性大学被切分为专门性大学，理工和人文学科就此分离，在不同学校内发展。例如，清华大学的历史学并入北京大学，而北京大学的建筑学并入清华大学，专门性大学的优势在于单一学科可聚焦发展，劣势则在于加深了学科之间的壁垒，加大了学科之间进行交流碰撞、融合创新的难度。对建筑史学这种特别需要多学科融合的学科来说，不利影响尤为突出。

虽然院系调整后，我们仍可以看到建筑史学与历史学、考古学在一定程度上的交流，但基本已是成果层面的交流。例如，最常见的是考古成果被建筑史学研究所引用，但是，学科间普遍缺乏研究理论和方法的交流，工作过程中的交流亦凤毛麟角。那么，建筑史所引用的考古成果是如何获得的？解读是否真实可靠？在缺乏工作层面及理论方法交流的情况下，建筑史学家难以辨析其所引用的考古成果的可信度，而不能对研究史料进行有效辨析，是史学研究的大忌。因此，仅从学理上分析，长期以来，建筑史学依靠考古成果所进行的研究，大多只能停留在点到为止的水平，或立论于不充分的考古材料之上，所以其成果的价值也就难以超越营造学社在四川地区以一手考古材料所取得的研究水准。

北京大学宿白先生于20世纪50年代撰写了考古报告《白沙宋墓》，该报告撰写过程中有建筑史、美术史的学者参与研究工作，加之宿先生具有深厚的考古学和历史学素养，故成为跨时代的学术典范。或许，正是相关学科长期泾渭分明的时代背景，造就了基于多学科综合研究的《白沙宋墓》至今仍难以被超越的现实。

20世纪50年代至今，在文物部门主导下，我国共进行了三次全国不可移动文物普查，加上1949年以前营造学社的古建调研成果，构成了我国当前官方公布的文物建筑年代成果。如前所述，这些涉及各级文保单位的建筑年代成果，基本出自营造学社的研究方法，即建筑史学的古建筑断代方法。以笔者及研究团队对晋东南地区宋金建筑[7]、晋西南地区宋金元建筑[8]、北京明清官式建筑[9]等建筑年代分期研究结论来看，官方所公布的古建筑朝代，在某些地区和时期内，存在20%—30%的错误，且不仅仅是早期建筑，明清官式建筑亦存在不少朝代误判的现象。

此类问题的出现恰是学科研究目的和学科壁垒的局限所致，建筑史学的断代方法，未能在继承营造学社方法的基础上进一步更新优化，未能吸收借鉴考古学不断发展的研究理念和方法，且逐渐失去了早期建筑史学者较为扎实的历史学功底。或许，笔者对《营造法式》镂版年代的研究[10]，可说明建筑史学已长期疏于历史学探析的问题。

综上所述，建筑考古学实际是考古学与建筑史学的交集，即考古学中不以建筑遗址为研究或发掘对象的部分，建筑史学中不以文物建筑历史存在的客观真实性为研究对象的部分，皆不属于建筑考古学的范畴。

基于我国古代建筑断代精度不高的现实，当前建筑考古学的主要研究任务是，根据中国古代建筑遗存的类型和特点，综合相关学科研究优势，提出适合中国建筑遗存的形制类型学研究方法，解决因学科分野而产生的建筑年代问题，建立尽可能精确的建筑形制时空框架。

4 北京大学建筑考古学研究现状

目前，北京大学考古文博学院文物建筑专业经过近20年的学科建设，已完成了建筑考古学的基础理论和基本研究方法的建设，形成了一批建筑形制区系类型学研究成果，并运用建筑研究成果，参与考古遗址的发掘和复原研究，初步形成了建筑考古学研究的完整体系。

在建筑形制类型学理论方法建设方面，提出了“同座建筑原构共时性原理”，依据这一原理，研究者在一个已完成建筑形制分期研究的地区内，可以通过解析待鉴定建筑的原构和非原构形制，框定其始建年代区间和各次修缮年代区间，揭示建筑的层累关系（图1），辅以相关文献研究，则可以尽量精确地确定建筑始建年代，以及详细还原建筑的更迭演变历程[11]。

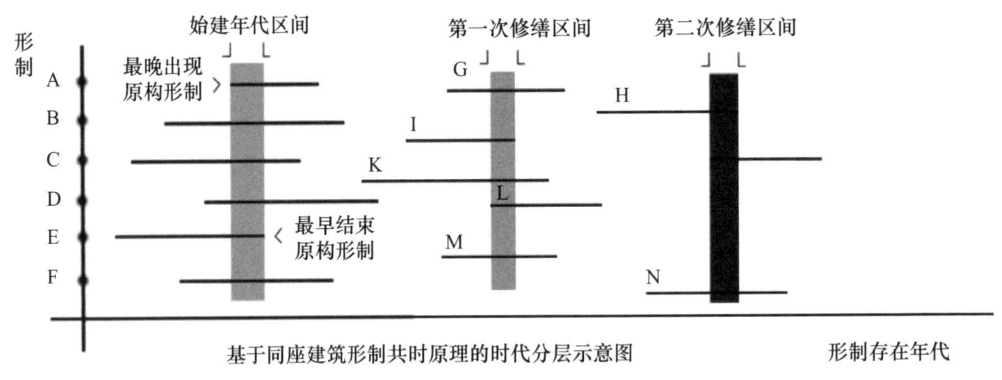

图 1　以建筑形制考古类型学研究建筑修建史的原理图

运用以上方法所能取得的古建筑断代精度，可用北京大学考古文博学院在晋东南、晋西南地区所进行的建筑考古研究为例加以说明。

晋西南建筑断代案例如下。

在万荣稷王庙建筑考古研究中，首先以晋西南地区的木构及仿木构标尺形制，对该地区的一批宋金建筑形制进行了分期研究，以此成果对万荣稷王庙大殿的原构形制进行了断代，得出万荣稷王庙大殿的始建年代为北宋中前期，下限不晚于熙宁时期（1068—1077）[12]，否定了第五批国保公布该处为“金代”建筑的结论（图 2）。

图 2　山西万荣稷王庙大殿

2011 年，北京大学文物建筑专业在国家文物局“指南针计划”的资助下，对万荣稷王庙大殿进行了精细测绘，在精细测绘研究中，分别选取原构和非原构形制采样，进行了 ^{14}C 测年[13]和树种鉴定，同时，对寺庙进行了考古勘探，并用精细测绘所获得的大量数据进行了营造尺复原研究，以上研究结论，均指向该座建筑和寺庙格局的年代不晚于北宋[14]，同时，在测绘中，北京大学团队于万荣稷王庙大殿的襻间枋上发现了北宋“天圣元年”（1023）的题记，且题记年代与形制断代的区间相吻合，题记年代与形制断代区间下限年代的距离为 40 余年，此误差小于目前 ^{14}C 测年所能达到的 ±50 年的理论误差值[15]。

晋东南建筑断代案例如下。

2007年，北京大学文物建筑专业师生在山西长子进行了早期木构建筑教学测绘实习和考察，依据2003年对晋东南地区五代宋金建筑形制的分期结论[16]，对韩坊尧王庙大殿进行了断代，结论为金代中后期。2009年，北京大学文物建筑专业受长子县文物局委托，为长子县编制了申请第七批全国重点文物保护单位的申报书，其中，对韩坊尧王庙大殿的年代明确鉴定为金代中后期。此后，残破的韩坊尧王庙经历了大修，在大殿换下的一根乳栿的上皮，保存着金代的创建题记，年代为金明昌五年十月（1194）（图3），此题记年代与形制断代所给出的金代中后期的区间相符，并可确认2007、2009年所做形制断代的最大误差在30年之内。

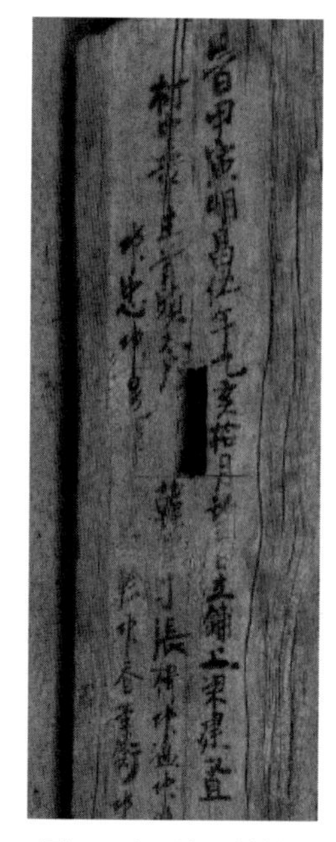
图3　山西长子韩坊尧王庙乳栿题记

除山西南部地区外，北京大学文物建筑研究团队运用所创立的建筑考古学研究方法，还对四川、山东、河北、河南等地的木构建筑、仿木构建筑、仿木构砖石墓、石窟寺中的仿木构因素、墓葬中的建筑史料等，进行了分期分区研究，得出了一系列研究成果[17]。

以上研究，建立起部分地区较为精细的建筑形制（包括仿木构建筑形制）的时空框架，进而探讨了相关地区建筑形制的区系类型、渊源流变，为进一步的历史学研究奠定了基础。

在配合建筑遗址考古发掘和遗址建筑复原研究方面，截至目前，北京大学文物建筑专业已在重庆钓鱼城范家堰遗址、河北崇礼太子城遗址、浙江绍兴兰若寺遗址、宋六陵遗址、黑龙江阿城金上京遗址、重庆老鼓楼遗址、陕西西安栎阳遗址、咸阳秦咸阳宫遗址、湖南澧县鸡叫城遗址，与多地的国家级、省级考古部门合作，开展了建筑考古研究工作。

我们改变了以往建筑学者与考古学者仅限于成果交流的研究模式，强调建筑研究者介入考古发掘现场，参与遗迹、遗物的辨识和整理，将对建筑的整体认知运用到田野发掘之中，将建筑遗址复原的阶段性成果作为指引进一步考古发掘的线索和待验证问题，在考古发掘过程中，形成多学科合作研究的动态推进。同时，我们提出了运用文物建筑专业所掌握的精细测绘记录方法，尽可能全面记录考古遗址发掘中的各阶段信息，提出了“考古遗址数字化可逆”的概念，改变了以往考古遗址一经发掘，本体消失，成果无法校验辨析，影响后续研究深度的问题。

经过多处考古工地的实践，上述理念得以部分体现，取得了良好的效果，为建筑史学和考古学的深度融合、协同创新探索了途径。

5　建筑考古学对建筑遗产保护的价值体现

前述，建筑遗产保护工作的基础与成功的关键，是尽可能准确地判断建筑遗产的历史价值，而历史价值判断离不开对年代的研究，则在构建建筑遗产价值体系的过程中，可精确研究建筑年代的建筑考古学，显然能发挥关键性作用。

本文再以万荣稷王庙为例，试论建筑考古学研究成果对建筑遗产价值的提升作用。

万荣稷王庙，官方公布为金代建筑，其大殿为面阔五间、进深三间的单檐庑殿顶建筑，若为金代，则在国内现有遗存中不具唯一性，也非体量最大者。但经建筑考古学研究将其年代改为北宋，则成为国内已知唯一的北宋木构庑殿顶建筑遗存[18]，其历史价值无疑将因此而大幅提升。

在研究价值上，若万荣稷王庙大殿为金代建筑，则其为《营造法式》海行颁布后的实例，但建筑年代改为天圣元年后，早于《营造法式》镂版 81 年[19]，其上原构形制的年代由《营造法式》之后变为《营造法式》之前，这一颠覆性改变，将对认识中国唐宋时期建筑的流变产生巨大影响，对《营造法式》所记录建筑形制的渊源研究产生巨大影响。年代的改变，也彻底改变了这处建筑遗产的研究价值和史料地位。

建筑年代发生改变，对该处建筑的历史解释也将有所不同。例如，在建筑考古学研究中，研究者利用精细测绘所获得的大量数据推算，得出万荣稷王庙大殿营造尺的最大可能值为 31.4 厘米[20]，此亦北宋官尺长度。宋真宗朝，在今万荣境内扩建了一处规模宏大的寺观——汾阴后土祠，据《宋史》卷 104，大中祥符三年（1010），真宗皇帝下旨明年有事于后土祠，令一干重臣准备，并建后土坛，宋史中详细记载了一系列建置的具体尺寸，大中祥符四年（1011）二月，真宗至汾阴祭后土。而在此后仅十余年兴建的万荣稷王庙，无论时间上还是空间上，都与北宋官建的汾阴后土祠相距不远，那么，万荣稷王庙所使用的北宋官尺，是否证明了北宋官方营造制度对民间建筑活动的影响？万荣稷王庙是否是一座见证了北宋中前期社会运行机制的建筑？

再从考古角度看，如未来对北宋时期的汾阴后土祠遗址进行考古学研究，即可用获得于万荣稷王庙大殿上的尺长校验遗址的相关尺度，如能与文献对应，则可在很大程度上落实上述推论。

综上，此例体现了建筑考古学的形制年代研究成果应用于价值分析、考古遗址和相关历史研究时的多种可能性。万荣稷王庙大殿的年代更改，并不简单停留在具体时间的变化上，而会带来建筑遗产价值的系统性改变，使我们对建筑遗产的整体价值产生不同的判断，而建筑遗产上的历史信息，也将会因断代的改变而产生不同的历史阐释和不同的研究呈现。

6 结语

当我们面对一处建筑遗产，希望以建筑遗产保护的手段，使它得以保存和延续时，我们应该首先自问，我们要保存和传承的究竟是什么？如果我们不能很好地回答这一问题，实际上，我们将不会知道，我们付诸行动的后果，究竟是保护还是破坏。而建筑考古学，正是那把解开命题之门的钥匙。

参 考 文 献

[1] 徐怡涛，郑好．不可移动文物经济价值影响因素及其理论描述模型初探 // 北京论坛（2007）论文选集文明的和谐与共同繁荣——人类文明的多元发展模式．北京：北京大学出版社，2007：6.

[2]〔日〕滨田耕作著，俞剑华译．考古学通论．上海：商务印书馆，1922：77.

[3] 古迹古物调查会启事．北京大学日刊．第 1265 号，1923 年 6 月 14 日第一版．

[4] 杨鸿勋．略论建筑考古学．时代建筑，1996（3）：31、32.

[5] 梁思成．中国建筑史为什么研究中国建筑（代序）．天津：百花文艺出版社，2005：1-7.

[6] 祁英涛．怎样鉴定古建筑．北京：文物出版社 .1981.

[7] 徐怡涛．长治、晋城地区的五代宋金寺庙建筑．北京大学博士学位论文 .2003.

[8] 徐新云．临汾、运城地区的宋金元寺庙建筑．北京大学硕士学位论文 .2009.

[9] 徐怡涛．明清北京官式建筑角科斗栱形制分期研究——兼论故宫午门及奉先殿角科斗拱形制年代．故宫博物院院刊，2013（1）：6-23，156.

[10] 徐怡涛．对北宋李明仲《营造法式》镂版时间的再认识．故宫博物院院刊，2017（6）：6-14，156.

[11] 徐怡涛．文物建筑形制年代学研究原理与单体建筑断代方法 // 清华大学建筑学院中国建筑史论汇刊（第二辑），2009：487-494.

[12] 徐新云．临汾、运城地区的宋金元寺庙．北京大学硕士学位论文 .2009.

[13] 徐怡涛．论碳十四测年技术测定中国古代建筑建造年代的基本方法——以山西万荣稷王庙大殿年代研究为例．文物，2014（9）：91-96，70.

[14] 徐怡涛等著．万荣稷王庙建筑考古研究．南京：东南大学出版社 .2016.

[15] 在实际 ^{14}C 测年中，可能会遇到用旧料、取样部位不接近外皮等实际问题，真实误差往往大于 ± 50 年的理论误差。

[16] 徐怡涛．长治、晋城地区的五代宋金寺庙建筑．北京大学博士学位论文 .2003.

[17] 详见 2009—2016 年，北京大学考古文博学院学生王书林、王敏、郑晗、崔金泽、俞莉娜、梁源、朱柠、吴煜楠的硕士学位论文。

[18] 徐怡涛．任毅敏．仅存的北宋庑殿顶建筑——山西万荣稷王庙大殿．中国文物报，2011-7-15（004）.

[19]《营造法式》镂版于 1104 年，参见徐怡涛．对北宋李明仲《营造法式》镂版时间的再认识．故宫博物院院刊，2017（6）：6-14，156.

[20] 俞莉娜，徐怡涛．山西万荣稷王庙大殿大木结构用材与用尺制度探讨．中国国家博物馆馆刊，2015（6）：128-146.

基于价值评估的中国建筑遗产保护理论框架内涵探析

田　林*

摘要：本文在回顾我国建筑遗产保护理论发展历程的基础上，结合历史修缮案例分析，梳理了文物保护修缮理念与原则的演变过程，从普适性和多样性两个维度分析了中国建筑遗产的价值评估体系，并在总结前人大量理论与实践经验的基础上，对中国建筑遗产保护理论框架内涵进行解析。

关键词：价值评估；遗产；保护理论框架

1　建筑遗产的保护理论发展历程

1.1　建筑遗产保护理念的前期探索

我国建筑遗产保护研究工作起步于20世纪20—30年代，朱启钤创办中国营造学社，并提出了“修旧如旧”的修缮方法。以梁思成、刘敦桢为代表的第一代遗产保护专家，开始用现代科学的方法研究中国古代建筑，对大量古建筑进行实地调查测绘和文献考证研究，1932—1937年中国营造学社调查了华北和华东2700余处古建筑，测绘206组建筑遗产，出版了《营造学社会刊》《营造法式注释》[1]，并编辑了我国第一部《中国建筑史》；其中最为重要的是对《营造法式》[2]和《清式营造则例》[3]的整理出版与研究，第一次用现代语汇与科学绘图方法解析了两大古典巨著，取得了突出成就。这些研究开中国古建筑现代研究之先河，启蒙了后来的大量学者。营造学社还首次提出对古建筑的保护要保持其历史原貌，对古建筑的维修要“修旧如旧”、恢复原状的观点，形成了我国早期保护建筑遗产的维修原则。其间实施的修缮项目不多，1935年开工的天坛祈年殿修缮工程是不可多得的修缮实例，工程由杨廷宝总负责，施工方为“恒茂木厂”，聘请朱启钤、梁思成、刘敦祯以及林徽因作技术顾问；聘请参加过故宫修葺的老工匠和师傅参与施工。施工人员广泛查考文献资料、详细进行现场拍照测绘。采用“修旧如旧”的方法，按原样补齐构件、调配色彩，使建筑整体色彩较为协调。1934年浙江省建设厅邀请梁思成到杭

* 田林：中国艺术研究院建筑与公共艺术研究所，北京，邮编100012。

州商権重修六和塔事宜，就如何修复与保护六和塔，梁思成提出，必须恢复初建时的原状，方对得住钱塘江上的名迹。这一时期的修复观念体现在对历史古迹重修的重视。

1.2 建筑遗产保护原则的多方影响

1949年苏联颁布《属于国家保护下的建筑纪念物的统计、登记、维护和修理工作程序的规定》，对建筑遗产的保护原则和目的做了具体说明，目的是“恢复或重新建立纪念物原来的形状，或是恢复其肯定的有科学依据的早日期的形式”，从而“大限度地把它从那些后来添建修改的部分之中解放出来，以复原它原来的面貌”。这与梁思成的保护理念十分接近，梁先生在1935年就六和塔修复提出“我以为不修六和塔则已，若修则必须恢复塔初建时的原状”的观点。此种复原性修缮理念得到国内学界的广泛接纳，也对建国初期的遗产保护相关法规的确立产生了影响。

中华人民共和国成立后，北京文物整理委员会等大量文物保护机构进行大量工程实践活动，在营造学社原来“修旧如旧”的基础上，梁思成提出了“整旧如旧”的基本原则，并阐释了其核心内涵：保护文物建筑应以“整旧如旧”为原则，避免“焕然一新”，应该“老当益壮”，而不要“返老还童”。也就是说，修缮后，文物建筑要保持其历史面貌，新修复的部分和原有部分要保持外观协调。保护措施应该维持文物建筑的原貌。避免修缮完后像一座新建建筑，也要避免制作假古董；文物建筑修复必须以调查、研究为基础，所采用的修复措施必须经过必要的验证，即证明这些措施不会对文物建筑的重要价值造成损害；文物建筑的修复和维护工作，要充分考虑周边环境；保护文物建筑应注意古为今用；但利用的方法要加以区分，不可一概而论。这一原则在工程实践中被广泛加以运用，如20世纪50年代正定隆兴寺转轮藏殿的修缮工程中，拆除了清代所加的“腰檐”，局部“恢复原状”，按“宋代原状”予以恢复；尤其是70年代对五台山南禅寺大殿的维修，几乎可以认为是全面“恢复原状”，类似于法国派风格修复的做法。五台山南禅寺大殿建于唐建中三年（782），是我国目前已知年代最早的木结构建筑，南禅寺大殿为面阔三间、进深三间、单檐歇山顶建筑。但由于历代改动，面貌改变较大，门窗、瓦顶、出檐等部分均被改为晚期做法。20世纪70年代的修复方案选择了“恢复原状”的方式，对台明、月台、檐出、椽径、殿顶、脊兽、门窗等各个部分采取了全面“恢复原状”的修缮方式[①]。

---

① 1964年梁思成在《闲话文物建筑的重修与维护》中说：“重修具有历史、艺术价值的文物建筑，一般应以‘整旧如旧’为我们的原则”，“把一座文物建筑修得焕然一新，犹如把一些周鼎汉镜用擦桐油擦得油光晶亮一样，将严重损害到它的历史、艺术价值”。文中还强调了文物的当代利用：“我们保护文物，无例外地都是为了古为今用，但用之之道，则各有不同——文物建筑不同于其他文物，其中大多在作为文物而受到特殊保护之同时，还要被恰当地利用。”文中还强调，对于文物建筑的维修，“除了少数重点如赵县大石桥、北京故宫、敦煌莫高窟等能得到较多的‘照顾’外，其他都要排队，分别轻重缓急，逐一处理。但同时又必须意识到，这里面有许多都是危在旦夕的‘病号’，必须准备‘急诊’、随时抢救……各地文物保管部门的重要工作就是及时发现这一类急需抢救的建筑和它们的‘病症’的关键，及时抢修，防止其继续破坏下去，去把它稳定下来，如同输血、打强心针一样，使古建筑‘病情’稳定，而不是‘涂脂抹粉’，做表面文章”。

1973 年完成南禅寺大殿修缮方案编制工作，在广泛征求意见的基础上，1974 年至 1975 年实施了复原工程，其主要修缮内容见表 1。

表 1　南禅寺大殿修缮内容概要表

序号	修缮内容	备注
1	除后建台明，恢复唐代台明和月台	依据考古发掘资料
2	复原被后代锯短的檐椽和角梁	依据资料研究成果
3	拆除后代维修时改变的门窗，恢复唐代装修	依据资料研究成果
4	复原被后代更换的瓦兽件	依据资料研究成果
5	于檐墙内和木构架的隐蔽处增加抗震构件	根据结构抗震需要
6	用高分子材料对劈裂的大梁、斗拱进行加固	依据现状残损程度

这种在充分调研、分析法式特征基础上，将后代维修或改造的不同时期构件全部拆除，按照唐代风格进行统一的做法，使其建筑风格达到统一，主要思路类似法国的风格修复，不同之处在于对考古资料的补充调查和对历史文献的系统研究，与意大利文献修复学派的做法雷同，其优点是能够展现统一的唐代建筑风采，使观众能够直观地感知唐代建筑的整体特征；缺点是在设计依据不充分的条件下设计者的主观臆断无法避免。

1961 年颁布了《文物保护管理暂行条例》[4]，在总结之前修缮经验、结合保护工程实践的基础上，明确了建筑遗产的修缮原则："一切核定为文物保护单位的纪念建筑物、古建筑、石窟寺、石刻、雕塑等（包括建筑物的附属物），在进行修缮、保养的时候，必须严格遵守恢复原状或者保存现状的原则，在保护范围内不得进行其他的建设工程。"其成为我国最早的具有法定意义上的建筑遗产保护原则。1963 年《革命纪念建筑、历史纪念建筑、古建筑、石窟寺修缮暂行管理办法》重申了"保持现状或恢复原状"的原则，以充分保护文物所具有的历史、艺术、科学价值。1961 年条例的出台在我国遗产保护历程中具有里程碑的意义，在我国建筑遗产保护过程中发挥了重要作用。其所确定的保护理念，明显受到了苏联和梁思成保护理念的影响。客观而言，梁思成提出的"整旧如旧"的修复原则，很容易混淆建筑遗产的新旧关系，可能使建筑遗产历史的真实性遭受一定损失，与《威尼斯宪章》主要精神有相佐之处。《威尼斯宪章》中历史真实性强调，修复"目的不是追求风格的统一"，"补足缺失的部分，必须保持整体的和谐一致，但在同时，又必须使补足的部分跟原来部分明显地区别，防止补足部分使原有的艺术和历史见证失去真实性"。

营造学社早期提出的"修旧如旧"的原则，对后来的研究者及社会各界影响较大且传播深远，概因其文字通俗易懂，言简意赅。中华人民共和国成立后至改革开放前，受到苏联强调复原保护影响和中国传统对完美的追求，形成了中国独特的保护意识和观念。业界对"修旧如旧"的理解逐渐发展为"保持现状，恢复原状"的修缮原则，这时期"保持现状"特指"保持古建筑应有的健康面貌，而不是歪闪、残破的状况"[5]，而"恢复原状"被视为维修古建筑的最高原则，是一种维修的理想状态，但"恢复原状"

被视为十分复杂的科研工作，强调充分科学的设计依据，因此大部分修缮工程只能采用“保持现状”的维修原则，而非“恢复原状”。这里的“保持现状”并非不实施保护工程，采取静态保持或日常养护。其在概念上已不同于我们当代人对保持现状的理解，在内涵上却类似于《中国文物古迹保护准则》中的现状修整和重点修复。这里的“恢复原状”特指在原址上进行复建，其要求“首先对原基址进行考古发掘，然后查找有关文献资料，进行校核研究，然后根据所得资料，按原来的造型、结构做出设计，经有关文化主管部门批准后才能施工，施工时并要求对原来的造型、结构、材质、工艺不得变更”。因此在该原则指导下，少量建筑得以复建，如永定门城楼等。

关于修缮原则的把握，梁思成有精辟的论述：“应当表现得十分谦虚，只做小小的‘配角’，要努力做到‘无形中’把‘主角’更好地衬托出来，绝不用改喧宾夺主影响主角地位。这就是我们伟大气概的伟大的表现。在古代文物的修缮中，我们所做的最好能做到‘有若无，实若需，大智若愚’，那就是我们最恰当的表现了。”[6]例如，在木结构建筑修缮中，对添配木构件进行断白、随色做旧处理时，要求添配木构件遵循“总体上与邻近旧构件色调相仿，质感相近”的原则。这种方法在永乐宫、南禅寺、佛光寺、崇福寺、正定隆兴寺、浙江宁波报国寺、金华天宁寺等早期建筑遗产修缮中被广泛使用。该做法符合中国的文化理念和审美观点，符合当时对建筑遗产保护理念的理解。

1.3 建筑遗产保护原则的初步形成

1978年12月党的十一届三中全会后，开始实施对外开放政策，国际文化遗产保护理念被逐步引进中国。“他山之石，可以攻玉”，我国自古以来就有不断引进吸收国外成果的优良传统，经过吸收改造为我所用。国际保护理论逐渐与我国的遗产保护实践相融合。随着改革开放的深入开展，劳动力得到释放，国家经济实力显著增强，为遗产保护工作奠定了较好的基础条件。建筑遗产保护工作得以迅速发展，取得了显著的成就。在这个时期，大量重要建筑遗产保护工程得以实施，如西藏布达拉宫、罗布林卡、萨迦寺、山西云冈石窟、北京故宫等保护工程。但不可否认，随着全国城镇化脚步的加快，大规模房地产开发和资源掠夺式旅游开发，许多历史文化名城被实施大规模旧城改造，肆意开发带来的“建设性破坏”严重冲击着城市历史文化遗产，同时，建筑遗产周边历史环境也遭到了严重破坏。例如，济南老火车站被拆除。该火车站由德国建筑师赫尔曼·弗舍尔（Hermann Fischer）设计，由中国工程队伍施工，于1912年建成并投入使用，具有浓郁的日耳曼风格，是当时远东地区最为著名的火车站之一，也是中国早期欧式火车站建筑的成功案例，该火车站曾经是济南市地标建筑，是建筑学教科书中的范例，1992年被拆除。

值得庆幸的是，随着文物保护意识的增强，这种大拆大建行为逐步得到了有效抑制。文化遗产管理和城市规划部门已逐步认识到，妥善处理文物保护与城市建设二者之间的关系，使其紧密配合、相得益彰的重要性。随着法规体系的完善，中国遗产保护理论体系也在发展中逐渐走向成熟。

大量学者基于古建筑理论的深入研究与实践也为保护理论体系构建提供了有效支撑。在建筑遗产保护理论框架下，经专家学者不断努力，取得了较丰富的研究成果，尤其以陈明达的《营造法式大木作制度研究》[7]、郭黛姮的《南宋建筑史》[8]、刘致平的《中国建筑类型及结构》[9]等著作为代表。在工程实践方面也是成绩斐然，如刘大可的《中国古建筑瓦石营法》[10]按照建筑基础、台基、地面、墙身、屋面等不同建筑部位，分部分类阐述了瓦作、石作的营造方法；马炳坚的《中国古建筑木作营造技术》[11]对明清官式建筑木作进行了系统研究。文化部文物保护科研所主编的《中国古建筑修缮技术》[12]从木作、瓦作、石作、油漆作、彩画作及搭材作等方面阐述了古建筑维修技术；《祁英涛古建论文集》更是涵盖类型广泛，既涉及木结构古建筑的保养与维护，还涉及油饰彩画维修、脚手架搭设及工程预算等诸多方面。经过几代人的努力，建筑遗产保护行业取得了较为突出的成就。

1982 年颁布《中华人民共和国文物保护法》，其第十四条规定："核定为文物保护单位的革命遗址、纪念建筑物、古墓葬、古建筑、石窟寺、石刻等（包括建筑物的附属物），在进行修缮、保养、迁建的时候，必须遵守不改变文物原状的原则。"这是在不断发展背景下，首次将"不改变文物原状的原则"以法律的形式予以明确。但业界对其中原状的理解尚未达成共识，对原状的理解不尽相同，或曰建筑遗产建成之日为原状，或曰建筑遗产最辉煌时期为原状，或曰从建筑遗产建成至以后历代维修的过程均为原状，更有认为现状即原状。例如，有学者对原状这样分类：实施保护工程以前的状态；历史上经过修缮、改建、重建后留存的有价值的状态，以及能够体现重要历史因素的残毁状态；局部坍塌、掩埋、变形、错置、支撑，但仍保留原构件和原有结构形制，经过修整后恢复的状态；文物古迹价值中所包含的原有环境状态等。不管哪种分类方式，总之，针对这个问题的讨论各执一词、林林总总、永不休止。实际修缮项目中对原状理解不一致，造成采取修缮措施不同。总之，这一时期我国建筑遗产保护修缮原则已初步形成，认知尚有差异。

2　建筑遗产的价值评估体系形成

2015 年出版的《中国文物古迹保护准则》[13]，对价值认知做了新的调整，在原来历史价值、艺术价值和科学价值等三大价值基础上，增加了文化价值和社会价值内容，并对其内涵进行了阐释。五大价值构成了我国建筑遗产评估的核心内容。价值分为普适性价值和多样性价值，所谓普适性价值是指人类对于价值认识的基本共识和基本需求有着一致性。所谓多样性是指人类由于存在多种民族、文化多种多样、生存地域千差万别而对价值认知存在不同性。

建筑遗产的五大价值均应该从普适性和多样性两个维度进行考量，不可偏废（图 1）。建筑遗产是人类文明的共同财产，具普适性的人类价值。尤其是我国加入保护世界文化和自然遗产公约，是对世界遗产评价体系的认可与融入。遗产的普适性价值是多样性价值的基础，是在普适性价值这一尺度下，对文化多样性及区域价值差异性的认同和尊重，是各种相异的文化独特性得以保持的前提，离开了这一普适性价值谈多样性是毫无意义的。

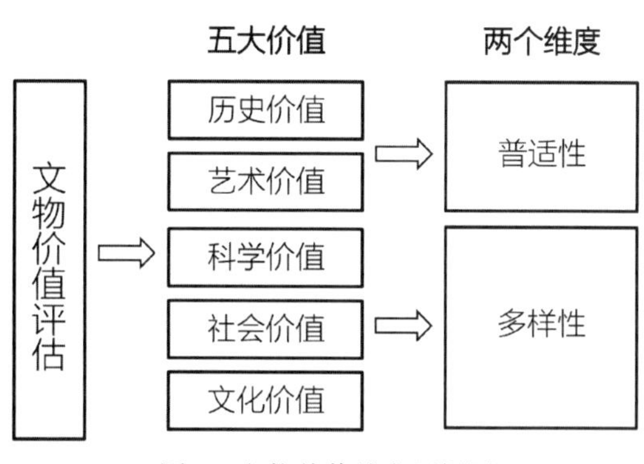

图 1 文物价值维度逻辑图

建筑遗产保护的各个环节，均是以价值评估为基础的，是基于价值评估体系的保护。认定文物保护单位本体的过程，是基于价值评估的结论，目前我们将文物保护单位分为四个等级，全国重点文物保护单位、省级文物保护单位、市县级文物保护单位和登记不可移动文物等，确定文物等级的依据就是价值评估结论。明确每个建筑遗产的核心价值是保护修缮工作的重点，修缮措施选择的前提和依据是确保建筑遗产的核心价值不降低、不缺失，修缮措施应当有利于核心价值的提升。

3 建筑遗产的中国特色理论体系框架构建

判断建筑遗产原状（也就是文物原状）应从价值认知方面考量，应当从全面尊重建筑遗产的角度展开，应尊重建筑遗产的初建原始构件，也应客观分析后代改造和增加的构件。初建原始构件作为原状的组成部分不容置疑，而针对后代增加构件既要考虑其与原构的协调性、材料的真实性，更应考虑其对建筑遗产整体价值的作用，历史上每次修缮总要留下不同的历史烙印，烙印本身的价值也是需要统筹考虑的范围；同时对不改变文物原状的理解，不是机械的、静止的，不应简单定义在历史的某一节点，修缮过程中，针对不同历史时期的构件均应给予其应有的尊重；且在强调传统工艺的基础上，也不应排除现代科学技术的应用。

我们通过解构的方式进一步展开研究，可将“不改变文物原状”原则分解成“文物原状”和“不改变”，这里的“文物原状”是更多带有文物自身属性的性质，其内涵恰恰包含了真实性和完整性，而真实性与完整性则属于文物自属性原则。这里的“不改变”，是动词性质，代表行动与执行的过程与状态，影响“不改变”的直接因素是最小干预原则和可识别原则；间接影响因素是可逆性和延续性等原则，由此形成了各个原则之间较为清晰的逻辑框架（图 2）。

罗哲文先生提出应“构建有中国特色文物保护理论体系”，这是一个几代人为之努力的目标。中国建筑遗产保护理念从“修旧如旧”发展到“保持现状，恢复原状”，再到“不改变文物原状”，是一个逐渐科学理性发展的过程（图 3）。

近年来，遗产保护理论体系框架逐渐成熟，基于前人大量理论与实践经验，笔者认为可将中国特色文物保护理论框架归结为：以价值评估为前提、以全面尊重为基础、以恰当措施为手段、以代际传承为目标等四个方面为主要内涵；以不改变文物原状原则为总指导，以真实性和完整性原则、最小干预原则、可逆原则、可识别原则等各种原则为补充的，基于价值评估与认知、尊重传统工艺做法、结合现状残损病因分析、实事求是确定优选保护措施与方法的保护修缮体系，详见中国建筑遗产保护理论框架图（图 4）。

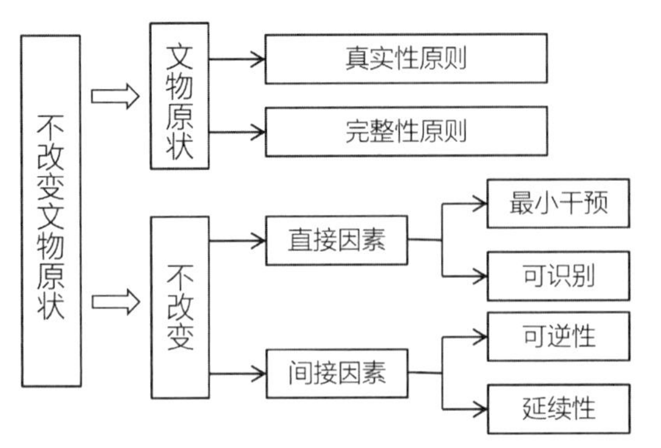

图 2　文物保护原则之间逻辑关系图

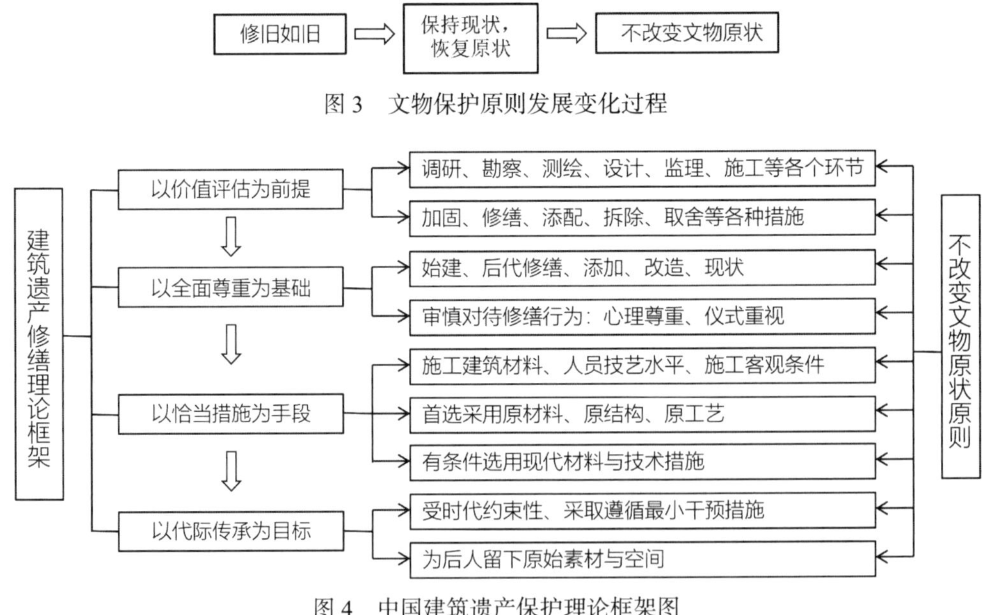

图 3　文物保护原则发展变化过程

图 4　中国建筑遗产保护理论框架图

所谓“以价值评估为前提”是指建筑遗产保护的调研、勘察、测绘、设计、监理、施工等各个环节，针对建筑遗产本体及其构件的加固、修缮、添配、拆除、取舍等各种措施的实施均以价值评估为依据，价值评估既是前提也是依据，可以说没有价值评估就没有建筑遗产保护修缮工程。

所谓“以全面尊重为基础”是指对建筑遗产始建、后代修缮、添加、改造以及建筑遗产的保存现状等全过程的全面尊重，即使是后代看似无意义的或者不良的添加，也应当认真对待，不能随意拆除，应给予建筑遗产自身应有的尊重，这里既要有心理上的尊重，也要有仪式上的重视，只有以全面尊重为基础，才能审慎地对待每一个修缮行为，才能杜绝修缮性破坏。

所谓“以恰当措施为手段”是指修缮措施的甄选受到施工建筑材料、人员技艺水平、施工客观条件等多种因素影响，修缮措施应当选择当前科技水平下最为恰当的措施。首先应考虑使用原材料、原结构、原工艺，但当传统材料、结构和工艺不能满足排除遗产本体安全隐患的需要时，可以考虑采用现代材料与技术措施，因此，现代材料与技术措施的运用在特定条件下也是恰当的。既不唯旧也不唯新，在限定条件下采取的最优措施即是恰当的。

所谓“以代际传承为目标”是指建筑遗产保护工作总会受到所处时代的约束，当代人不可能穷尽所有的遗产保护工作，也不能指望一劳永逸。因此应当遵循最小干预或称“最低限度的干预”，只要不存在安全隐患，就应当保持现状，当代人干预越少，给后代人留下的真实遗产就越多。随着科技的发展，将来会有更为科学合理或者更为恰当的修缮方式，因此，建筑遗产保护工作应当为后人留有研究的原始素材，为后人留有研究的空间，遗产保护工作需要代际传承，建筑遗产保护工作的代际传承与建筑遗产本体的传承同样重要。

4 结语

建筑遗产保护修缮原则从“修旧如旧”，经过“保持现状，恢复原状”，发展到“不改变文物原状”，近年来又在建筑遗产保护以价值评估为前提方面达成了普遍共识。经过几代人的努力，逐步形成了中国特色的建筑遗产保护理论框架体系，成为新时代文化遗产保护工作者的行动指南和国家文化自信的重要基石。

参考文献

[1] 梁思成 . 营造法式注释 . 北京：中国建筑工业出版社 .1983.9.
[2]（宋）李诫撰，方木鱼译注 . 营造法式 . 重庆：重庆出版社 .2018.12.
[3] 梁思成 . 清式营造则例 . 北京：清华大学出版社 .2006.
[4] 1960 年 11 月 17 日国务院全体会议第 105 次会议通过 . 文物保护管理暂行条例 .
[5] 中国文物研究所 . 祁英涛古建论文集 . 北京：华夏出版社 .1992：310.
[6] 梁思成 . 闲话文物建筑的保护 • 梁思成全集（第五卷）. 北京：中国建筑工业出版社 .2001：446.
[7] 陈明达 . 营造法式大木作制度研究 . 北京：文物出版社 .1981.
[8] 郭黛姮 . 南宋建筑史 . 上海：上海古籍出版社 .2018.
[9] 刘致平 . 中国建筑类型及结构 . 北京：中国建筑工程出版社 .1957.
[10] 刘大可 . 中国古建筑瓦石营法 . 北京：中国建筑工业出版社 .1993.
[11] 马炳坚 . 中国古建筑木作营造技术 . 北京：科学出版社 .2003.
[12] 文化部文物保护科研所 . 中国古建筑修缮技术 . 北京：中国建筑工业出版社 .1983.
[13] 国际古迹遗址理事会中国国家委员会制定 . 中国文物古迹保护准则（2015 年修订版）. 北京：文物出版社，2015.

基于紫禁城保护的考古理念、方法与实践

徐海峰*

摘要：主要基于紫禁城古建筑科学、有效的保护需要而开展紫禁城考古，在实践中摸索出了紫禁城考古的理念、方法与手段。“最小干预”“真实完整的保护”是考古工作的前提和核心原则。秉持紫禁城考古的理念，在故宫院内多个地点开展了考古调查、发掘及信息记录工作。主要考古成果有宫殿等大型建筑基址、城墙基础、排水设施、器物埋藏坑及元代遗存等。通过考古实践完善了紫禁城考古的理念、方法，丰富了考古手段，包括跟踪调查、严密监控、精细化手段、“保护性回填”方式。基于紫禁城考古的一系列成果，对紫禁城地下遗存有了基本了解，也加深了对紫禁城考古理念、方法的认识，更加明确文物保护思路贯穿紫禁城考古的始终。

关键词：紫禁城；地下遗存；考古理念；最小干预

明清两代都城之宫城——紫禁城，迄今保存着世界上规模最大、格局最完整、规制最完备的宫廷木构建筑群，是中国历代宫城规划、设计、建筑技术、建筑艺术、建筑思想的集大成者。

1925年以紫禁城及皇家收藏为基础成立了故宫博物院，既是一座集保护、研究、传承、利用于一体的大型博物馆，又是一座具有使用功能的“城中之城”。为了防控自然和人为对其造成的侵害，不可避免地要持续进行各种保护、维修工程和基础设施建设。按照相关规定，在扰动地下原有文化遗存之前进行必要的考古调查、发掘与研究就成为故宫文物保护的重要工作之一，而为了实施更为有效、更有针对性的古建保护措施，对地下遗存的把握和科学认识是必不可少的，这也是地上地下一体的古建修缮保护的根本要求。同时，紫禁城是中国古代宫城的最高典范，利用考古遗存揭示和阐释建筑历史变迁，具有不可替代的学术价值，此为紫禁城考古的必要性。

紫禁城考古从空间属性看，即在明清两代皇都之宫城内开展的考古工作，又由于皇城是宫城礼仪空间的拓展，也是其格局、功能、配置的延续，与宫城密切关联，故亦包括皇城、宫城在内；而从时间属性看，元明清宫城相沿的历史格局，则为元明清三代。由于宫城沿袭的历时性变迁，紫禁城考古之遗存性质亦属古今重叠型建筑类遗存。从文

* 徐海峰：故宫博物院考古研究所，北京，邮编100009。

化遗产保护角度看，原真性、完整性、系统性的保护是其根本。因此，在实践中，我们逐步摸索出紫禁城考古的理念、方法、手段，概括起来就是“最小干预、微创发掘、见面即停、拼缀复原”[1]。

“最小干预”是文物保护的核心原则，紫禁城历600余年，建筑群基本格局、结构、路网肌理、功能配置等留存至今，基于文物保护、研究与利用的需要，任何触及文物本体、影响建筑组群格局风貌、干预结构功能等行为，都要严格遵循非必要性不干预、必要性最小化干预的原则，且采取科学论证、制定有效保护方案预案、风险预判评估等措施，因此，真实完整的保护是所有工作的前提，也是紫禁城考古的基本理念；“微创发掘”是基于层叠型遗存的属性，不同时代（阶段）叠加的遗存形态，均以不同类型、不同性状的遗迹呈现，需要辨析式、解剖式手段，以最小的遗迹单位获取尽可能多的遗存信息；“见面即停”是基于遗存格局的完整性原则，对于年代、性质、层位关系等较明确的，同一时期且有一定的平面分布范围，则最大程度保留此类遗迹，展现其原真性；“拼缀复原”是基于建筑考古的复原理念，将碎片化的古代遗痕逐步“拼图式”复原平面格局。

一直以来，故宫的古建筑保护等有关部门在水文地质勘查中，在动土施工中注意对相关遗存的观察和记录，并从自身学科角度有所阐释和研究，为紫禁城考古提供了许多重要的线索和信息。2007年和2010年，为配合故宫院内西河沿区域文物科技保护用房建设工程，经国家文物局批准，北京市文物研究所在此开展了正式考古发掘，分别发现了明代廊下家遗址和西华门以北西城墙内侧明代基槽、排水沟等遗迹，这是紫禁城内第一次通过科学考古发掘所获的地下遗存资料[2]。

2013年故宫博物院成立考古研究所并获得团体考古领队资质，即把紫禁城考古作为首要工作内容和大型综合课题，以北京古代都城的城市考古为宏观指导，以逐年配合院内工程建设进行的考古发掘为切入点，逐步拼缀、完善紫禁城地下文化遗存地图，深入解读其分布、结构和关联，力争构建地上与地下为一体的紫禁城建筑历史变迁体系。2014—2021年，在紫禁城内共计35个地点相继开展了考古调查、发掘及信息记录工作，获得包括大型宫殿基础、城墙基础、排水道主线与支线、院落、地面、桥基、器物埋藏坑等遗存信息，从功能区来看，包括外朝西路武英殿区宝蕴楼区、南薰殿区南大库，外朝西路内务府署区断虹桥区，内廷外西路慈宁宫区，外朝中路午门南区之端门、东南角楼、东城墙，外朝东路三座门内南三所区，内廷外东路南北十三排区及紫禁城坛庙之大高玄殿区等，取得一批重要考古成果。

1 宫殿等大型建筑基址

在配合故宫院内消防、热力、电力等管沟工程及环境整治工程中，相继对院内多个地点开展了考古发掘工作，发现了多处大型建筑基址。

清宫造办处旧址，位于紫禁城外西路武英殿以北、右翼门以西、慈宁宫花园以东区域。在造办处旧址南部偏东处发现一处大型砖砌磉墩（图 1），为大城砖砌筑，白灰勾缝，平面近方形，边长为南北 4.45 米，东西 4.4 米，现存高度为 1.6 米，底部垫一层数块错缝平铺的石板。通过对其东侧的解剖式发掘，石板以下还发现有横纵木桩叠砌的筏式桩基，根据其结构及以往的发现推断桩基下亦应有地钉，为了文物保护的需要地钉暂未揭露。磉墩周边是以与其夯筑为一体的碎砖与黄土交互夯层作为拦土，此为一个完整的大型建筑之基础，据层位关系、结构及工艺，结合以往在紫禁城内其他地点的类似发现判断，其年代属明早期。该砖砌体是目前国内发现的体量最大的明代早期砖砌磉墩。在磉墩东侧 1.15 米处还发现一道南北向砖砌的墙基，从砌法和走向看应为台基东侧台明的基础。目前在此磉墩南、西、西南方位亦分别发现了一个形制结构完全相同的磉墩，且四个磉墩中心点等距 11 米，平面呈方形排列，布局严整。此类磉墩的发现对于揭示明早期紫禁城西路大型建筑格局、性质、功能，重新认识明早期大型建筑基础结构及工艺等具有重要的意义。

图 1　造办处遗址明早期磉墩

慈宁宫花园以东遗址，位于揽胜门以东，东与造办处遗址相邻。此区域自明嘉靖十七年（1538）后，也即慈宁宫、慈宁宫花园建成后便为一片狭长的开阔地，一般认为是清代举行万寿庆典陈设皇太后仪驾的区域。

此区域也发现了一个完整的大型建筑基础。该基础由磉墩（图 2）、石板、桩基（图 3）、边桩、地钉、夯土夯砖层（拦土）等遗迹构成。磉墩平面为长方形，边长 2.42—2.44 米，残存 21 层，残高 2.8 米，错缝平铺叠砌，最下一层砖底部铺石板，边沿比砖砌立面外扩 0.3 米，石板下为厚约 0.2 米的致密高岭土夯层，再往下为膏状石灰泥，其下即横纵排木叠砌的筏式桩基，桩基以下为地钉，侧边还发现一个竖立的与石板面齐平的木桩。桩基内缝隙及周围夯筑厚 0.6—0.9 米的碎砖层。桩基和磉墩的总高度为 4.1 米，最深处距地表 4.5 米。砖砌磉墩周边与其一体的拦土亦为一层黄土一层碎砖交互夯层，根据层位关系及包含物判断此遗迹也属明早期[3]。

此外，在对慈宁宫花园以东长信门西北侧基建勘探坑进行的考古调查中，发现了一道东西向墙基及其底部由地钉、筏式桩基、黄土碎砖交互夯层、建筑基槽等构成的一组遗迹（图 4）。在东西宽 2.5、南北长 5.4 米的探坑内，距地表深 0.3 米以下，发现慈宁宫区域普遍存在的明后期砖铺地面和厚约 0.3 米的夯土层。在探坑南壁上可以看到明后期的夯土层下为残存 20 层、残高 2.8 米的砖砌墙基。墙基的北侧是拦土，仍为黄土碎砖交互夯层。墙基的底部是在生土层直接下挖的斗形基槽。在探坑底部北距墙基约 3 米、距地表深约 4.4 米的基槽内发现 4 根东西向排列的地钉，地钉之上为横纵排木叠砌的筏式桩基。桩基向南延伸于墙基之下，向北明显伸展出墙基边缘，桩基周边基槽内夯筑厚约 0.8 米的碎砖层。此处厚实的墙基在层位关系、建筑方式、出土遗物等方面均与慈宁宫花园以东发现的明早期大型宫殿建筑基址基本一致，故亦判定其始建代为明早期，与南侧慈宁宫花园以东遗址明早期大型建筑基础在功能上或具有密切关系[4]。

图 2　慈宁宫花园以东遗址发现的明代早期磉墩

图 3　慈宁宫花园以东遗址发现的明代早期磉墩之桩基

图 4　长信门西北明早期墙基桩基及碎砖黄土交互夯层

在配合城墙保护工程中，对东南角楼台基北侧基础进行了勘探和局部清理。在台基北侧发现明代建筑基址，包括砖铺地面、排水沟、夯土层、台基及桩基（图 5）等遗迹。沿台基北壁向下距现地表深 0.9 米发现了土衬石及砖铺地面，因经年的踩踏和风化，多为半砖和砖块，凹凸不平，砖铺面下即为黄土碎砖交互夯层，夯筑不规整、夯层厚薄不均。在夯层下发现了大型砖砌体，在探沟内暴露的一段东西长 2 米。砖砌体系素面青砖一顺一丁错缝平砌，以白灰勾缝，共 9 层，高 1.3 米。其北侧即以黄土碎砖交互

图 5　角台桩基

夯层加固，夯层均匀、夯筑规整，共 14 层，深 1.9 米，其中黄土层厚 0.1—0.14 米，碎砖层厚 0.06—0.13 米。砖砌体下发现有向北伸展出砖边的木桩，为一层南北向并排的木桩，因处地下水位线，依城墙保护方案不做进一步清理。从此处木桩推测，其下还应有东西向并排的木桩，也即筏式桩基，桩基下还应有地钉，从该砖砌体及桩基的构筑方式判断应为明早期的角楼台基之基础。

上述建筑基础，是在紫禁城内首次通过考古手段揭示的明代早期的大型建筑基础，其发现使我们对于此类建筑基础的结构、技术和工序有了深入的了解。砖、石、木结构，重叠营造技术，自下而上的地钉、桩基、石板、砖砌磉墩、碎砖和黄土层交替夯层（拦土）的建筑工序，是中国古代宫城大型建筑基础成熟和完备阶段的实证。

2　城墙、排水设施等建筑遗迹

除大型建筑基址外，在紫禁城内不同建筑功能区还发现了多处重要的建筑遗存。

（1）在故宫南三所院落以东的东城墙墙根内侧，揭露出东城墙内侧的墙基、铺砖地面、排水沟及大型夯土基础等一组较为完整的遗迹。东城墙墙基包括墙内壁包砖及墙基底部压于包砖之下的土衬石、上下两层砖铺地面、排水沟及土衬石、下层铺砖地面下的夯土基础。根据地层关系与出土遗物判断，夯土基础年代不晚于明代早期，应属于明永乐建宫城时的基础工程遗迹；下层铺砖地面应与土衬石相连，在城墙内侧构成完整的地面，起散水作用，其与城墙基础年代相同，是明永乐建城时的原始地面遗迹；上层砖铺地面应不早于明初，可能是明代城墙内部散水地面、排水沟二次整修的遗迹。这是在故宫院内首次通过考古发掘揭露的明代早期的城墙墙基、原始地面及地下夯土基础，而下层铺砖地面则是在紫禁城内首次经考古发现的明确的明早期地面埋深[5]。

（2）在故宫神武门内以东、东长房后院东端、北城墙内侧以南 4 米、兆祥所西邻的距室内地表 1.2 米深处，发现早晚两期东西向砖砌暗渠式排水沟（图 6）。其中早期排水沟砌筑规整，沟底方砖与长条砖错缝平铺，沟帮以一顺一丁式砌筑，沟盖用条石铺盖；北侧沟帮以北发现疑似城墙的散水砖面，南侧沟帮经解剖发现背里砌筑较厚的倒梯形砖砌体。西部区域还发现在早期排水沟盖板之上叠砌一晚期排水沟，两侧沟帮用残砖砌筑，残留的石沟盖板有沟漏的现象。在早期排水沟南侧以外筑有多层夯土，层次分明，西部区域的夯土层还发现有碎砖黏土交替夯层，碎砖层里出土有元明时期琉璃建筑构件，包括孔雀蓝釉、绿釉及黑釉、黄釉板瓦、筒瓦等。结合以往紫禁城内的发现以及沟底垫土中的琉璃构件，推测早期排水沟为明初砌筑，晚期排水沟为清代增砌。这是紫禁城内第一次较完整揭示并解剖的明初排水沟遗迹，对于了解明清时期紫禁城干线排水设施布局、结构、工艺等以及了解北城墙区域地平变迁等均提供了珍贵的第一手资料。

图6 东长房后院明清时期排水沟

（3）为配合大高玄殿修缮工程，对大高玄殿内规划复建的位置进行考古发掘工作，发现了东、西值房遗址及相关遗址（图7），发掘面积500平方米。其中西值房遗址与东值房遗址相对，位于大高玄门西南方向，钟楼南侧，发掘面积250平方米，遗址大多被现代建筑所破坏，遗迹无存。东值房位于大高玄门东南方向，紧邻东院墙，北靠鼓楼，南接二道琉璃门，发掘面积为146平方米，地表以上墙体部分已被破坏，现仅存值房基础及院落遗迹，共清理出基本完整的一列七间清代值房基址，包括柱础、围墙、散水、踏跺、地面等遗迹，另发现大高玄门东院墙遗址。

此次发掘工作基本掌握了东、西值房的建筑规模、做法特征，为今后的保护和复建工作提供了重要的历史依据。通过此次发现的遗迹推断，东、西值房的建筑形制应为硬山小式抬梁式构架，遗址形制基本延续了清末以来的平面格局。据所用的建筑构件及地层关系分析，东、西值房应是清代建造，晚于大高玄殿始建年代。各处均有人为修葺、改造的使用痕迹，特别是东值房院落里的三道隔墙，明显为晚期砌筑而成。

图7 大高玄殿东值房遗迹

在大高玄殿首次尝试将考古类型学及地层学的理念运用到古建筑修缮中，对修缮历史过程信息进行记录与研究。借鉴田野考古发掘办法，在屋顶进行解剖、“发掘”记录灰背信息，对灰背进行取样与检测分析，运用类型学方法对瓦泥分类并进行检测，对斗拱进行考古类型的排比、记录与研究，进而指导修缮工艺，达到优化传统修缮工艺的目的，在实践上有效推动了考古学与建筑学研究的密切结合。

3　器物埋藏坑

南大库区域位于故宫西华门内南侧，南熏殿院落以南。为配合院内消防管线铺设施工及南大库管理用房建设工程，2014 年和 2015 年分别对此区域内发现的两座器物埋藏坑进行了抢救性考古发掘。

2014 年发掘的瓷器埋藏坑 H1（图 8），北壁保存完整，东、南、西壁均遭到不同程度的破坏，残存部分开口平面呈圆角长方形，东西长约 2.6 米，南北长约 1.4 米，坑深约 1 米，坑壁较直，底部较平整。坑内集中出土数万件瓷器残件，其中 80% 有年代款识，自明洪武至清光绪年间均有分布，清代瓷片占比约 90%。根据故宫博物院藏品分类，坑中瓷器可分为青花、釉里红、黄釉、红釉、白釉、蓝釉、黄地绿彩、绿地紫彩、豆青釉及粉彩等共计 20 个品种，其中明代瓷器标本占比约 5%，包括 4 个品种；清代标本占比 95%，包括全部 20 个品种。器形主要有碗、盘、杯、瓶，少有罐、缸等大器，也有少量尊、豆、爵、香炉等礼祭器与陈设器（图 9、图 10）。根据出土遗物及历史背景判断，埋藏坑的形成年代应在光绪后期至宣统退位之前。其形成应与清代宫内库房定期清点制度直接相关。此外，坑出还出土了较多的玉石器、玉石料、水晶饰件、骨蚌器、法螺及嘎巴拉碗残件等[6]。

图 8　2014 年瓷器埋藏坑（H1）

2016 年发掘的埋藏坑 H1 位于南大库西南角，东距 2014 年发现的瓷器埋藏坑 8 米。H1 开口距地表深 0.3 米，平面呈椭圆形，东西长 1.82 米，南北宽 1.24 米，深 1 米。斜壁，壁面不规整，底部凹凸不平，底部东西长 1.6 米，南北宽 1.2 米。发掘分层逐面进行，共计清理填土堆积 13 层。出土瓷器残件近 8000 片，以青花瓷为大宗，约占 90%，器形主要是碗类生活用器，均有康熙年款。青花瓷纹饰主要有缠枝莲纹、牡丹、宝相花

图 9　2014 年瓷片出土现状

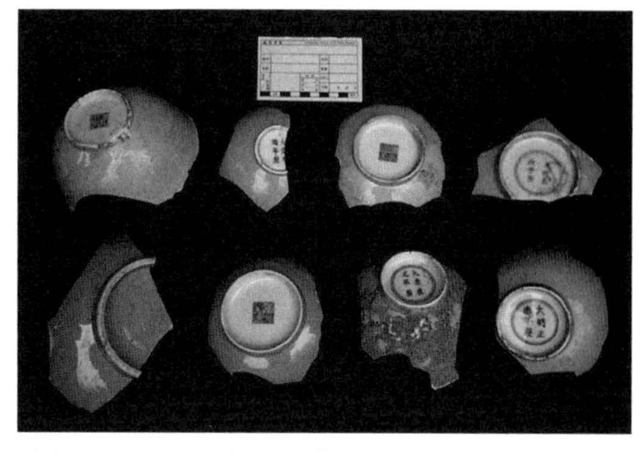

图 10　2014 年瓷片埋藏坑出土的黄釉瓷碗残件

纹、香草龙纹、海水江崖云门龙纹、龙凤纹等；另发现少量黄釉龙纹、白地绿彩龙纹、黄地绿彩龙纹、绿地紫彩龙纹及紫釉、天蓝釉、白釉、豇豆红釉、珊瑚红釉等器，绝大多数是景德镇御窑产品（图 11、图 12）。从瓷片平面分布及分层堆积性状初步判断为一次性堆积倾倒而成的瓷片坑，是清康熙时期集中埋藏御用瓷器之坑。

图 11　2016 年 H1 瓷片出土现状

图 12　2016 年 H1 出土康熙款黄釉碗

在紫禁城内首次发现的有意识埋藏御用瓷器的遗迹，补充了文献档案对库房御用瓷器处理情况记录的缺失。此种迹象表明宫廷（皇室御用）使用过的瓷器在破碎后均依规集中掩埋，不可随便处理，和民窑瓷器的随意处置明显不同，充分显示了御用瓷器所蕴含的皇权威严。这与在景德镇御窑遗址发现的御用瓷器落选品或废品打碎瘗埋坑的性质相同，后者是皇帝对御用瓷器垄断以及维护皇家特权的措施。二者相互对应，表明了御用瓷器从生产、甄选、运输、入宫、使用、残破销毁的全部管理制度，即从生产初端到使用末端都处于严苛的管控之下，补证了相关文献记录的阙如，为探讨明清时期宫廷用瓷管理制度、清代内务府御用物品管理制度等提供了新的实物资料。

4　元代遗存

为配合隆宗门以西至断虹桥一带消防管道铺设工程，于此布方发掘 110 平方米，发现一组重要建筑遗存。其层位关系由晚及早分别为：清中期的砖铺地面和砖砌排水沟；明后期的墙和门道基址、铺砖地面、砖砌磉墩；最下层的素土夯筑层和夯土铺砖层基槽（图 13），该层遗存从层位关系判断为该遗址最早的一组堆积，结合其包含物推断其年代不晚于明早期，或进入元代时期。此类地层堆积是紫禁城内考古首次发现，对探究元代遗存性质、建筑工艺、元大内格局、紫禁城发展历史和中国古代建筑技术等具有重要意义[7]。

图 13　隆宗门以西地层剖面

在造办处遗址发掘区中部偏东清代晚期灰坑底部、距现地表深 2.5 米处发现有遗物堆积层，出土较多绿琉璃构件脊兽和角兽残件、鸱吻（鸱尾）部位残片、绿琉璃勾头（瓦当）及绿琉璃滴水（重唇板瓦）等，均为红陶胎，绿釉为低温铅釉，剥落严重；还出土数块模印花纹砖残件（图 14），纹饰有龙纹、卷草、花卉等。从器形、工艺、装饰看与元上都、元中都、元大都及紫禁城内等已发现的元代同类遗物极为相近，且规格、等级、工艺均极高，应是与元大内宫城相关的遗存，这是紫禁城第一次通过考古手段发现的有明确地点和层位关系的元代遗物，对于研究元大内宫城建筑布局、形制、工艺等具有极高价值。在隆宗门以西地点、明早期建筑基础黄土与碎砖交互夯层、西河沿遗址及清宫内务府旧址附近和神武门以西北城墙区域也出土有元代遗物，而除隆宗门以西地点根据层位关系判断进入了元代的遗迹外，其余遗物主要发现于明早期地层堆积中。

图 14　造办处遗址出土元代模印龙纹砖残件

前述考古实践进一步完善了紫禁城的考古理念与方法，同时，也进一步丰富了紫禁城考古的手段。

（1）跟踪调查，严密监控。在配合故宫博物院实施“平安故宫”工程和各种基础设施建设过程中，主动跟踪动土施工工程，提前介入，随工调查，随工记录测绘，视发现遗迹现象的不同情况分别进行短期清理调查和长期考古发掘。在短期考古调查中，主要依靠观察、记录各种施工沟的遗迹现象，认真采集出土遗物，将遗迹的位置、范围以全站仪测绘，标注在故宫平面图上。对重要遗址进行一定时间段的考古发掘时，主要依靠施工沟发现的遗迹确定布探方、探沟，严格按照《田野考古工作规程》进行考古发掘，针对故宫特有的院落格局，运用 RTK 进行测绘，完善考古遗址地理信息系统。

（2）精细化手段。在有限的发掘面积内只能实行“精耕细作”，采用多学科协同采样分析，提高单位面积信息的采集量。例如，对建筑遗址采取特有的田野发掘手段、认真提取砖石灰土等各种遗物，同时开展计量考古和数据库建设等。第一，重视出土建筑遗构的堆积，视其为遗址组成部分认真记录层位之后予以原状保留。对于保存倒塌原状的遗址，尤其要将堆积层的情况记录清楚。对于印有木构等痕迹的泥土、炭痕、朽木痕以及砖、瓦、土坯等，准确记录其出土层位、部位等情况和必要的数据，并要保留足够的标本。第二，对遗址出土的砖、瓦以及木构件、金属构件等遗物，采取科学提取和现场保护措施。将建筑材料、构件等所粘的泥土、灰浆、油漆等“污渍”，作为标本本身组成部分和重要的遗址现象，进行记录、照相和实验室分析化验，为了解遗存的结构、构造以及装修工程等保存可靠资料。第三，把类型学的方法引入出土遗物的记录中，对灰坑中的建筑材料堆积进行数量、重量统计，对夯砖层的各类建筑材料和遗物进行抽样统计，为复原建筑营造工艺、研究人类活动对建筑遗迹的影响提供定性与定量相结合的资料。第四，现场提取各类夯土、灰土、石灰、砖瓦等出土遗物，为建立建筑材料产地、成分、工艺等数据库积累资料。第五，进行建筑学的精准测绘，于有限的遗存内最大限度地提取信息是我们首要的任务，测绘就是其中一个不可或缺的方面。紫禁城是中国古代宫城的最高典范和集大成者，布局法度严整，对于测绘的精度要求自是应有之义。故在紫禁城现有测绘控制网中，我们将每一处遗迹点置于一个分区内，相当于在一个严密的已有坐标控制体系内，设置高精度的测量基点，利用全站仪对各个建筑遗存的关键点和细部进行测量，重点记录建筑上所有的人工痕迹和不同时期改建所叠加的历史信息，通过微小痕迹的观察和记录累积，从而还原建筑的历史过程和工艺技术。在测绘记录中尤其重视人的关键作用，三维激光扫描、摄影测量都只能是一种辅助手段，仪器并不能取代人眼观察，用人眼去敏锐地观察建筑构件的加工改动痕迹、结构细部、残损或变形等信息，对于清理出的建筑遗存本体必须在现场完成三维的测绘和现场手绘工作，而为了最大限度减少误差，我们手绘使用的是硫酸纸而不是普通的米格纸，因为普通米格纸会随气温热胀冷缩，而硫酸纸性状较为稳定。用不同比例的图纸表达不同的遗存细节，并在图纸上以文字标注观察到的更多的信息，最后结合全站仪和摄影测量等数字辅助手段做到不亚于三维激光扫描的精度，同时还保留有手工图纸的质感和清晰易读性。通过对每个小区域内遗存进行的这种高精度测绘，不断拼图式地嵌入整个紫禁城平面图中，从而逐步复原紫禁城地下遗存的平面格局，尽可能准确地把握遗存的历史演变过程，成为经得起时间检验的建筑考古史料。

此外，不同时期的舆图、各类文献、历史图像、历史地理信息等也是解读、阐释和研究的不可或缺的手段。

（3）“保护性回填”方式。区别于郊野型城址，古今重叠型城址由于历史沿袭和不间断的使用，调查或揭露出的遗迹，多数情况下不具备可视性强的展示条件，因而“保护为主”是其基本要义。我们在紫禁城宫殿考古实践中即贯彻这一理念，采取的基本方式就是“保护性回填”。此种回填就是在保持故宫整体风貌一致的情况下，先进行科学保护、原址回填，为将来条件许可下的展示利用或进一步研究留有余地。例如，在隆宗门以西发现的“元明清遗存”区域，一方面，该区域地处古永定河冲积扇沉积区，地基之下多为泥沙堆积，地质结构不稳定，使此区域或更大范围内现存古代建筑基础的安全存在隐患；另一方面，该区域是开放线路上的内廷中路隆宗门通往内廷外西路慈宁宫区及外朝西路的必经区域，因此，目前不具备原址展示条件。那么，我们在利用各种手段全面提取或记录信息后，在原址范围内埋设永久坐标点标识，然后实施原址回填。保护性回填是基于对揭露出的遗迹现场进行保护的前提下，采取隔离措施以不触及和干预遗迹本体的方式，以近似于原材料、原工艺的方法来回填。具体做法：①先以套箱方式提取一小块元明清三代标准地层剖面异地保存。②用塑料薄膜对探沟四壁表面进行蒙盖，达到隔离效果。③探沟底部则以木板平铺隔离。而为了增加牢固程度，以间隔 0.5 米距离为准，向下钉入 0.2 米深木桩，木桩之上再平铺木板。隔离措施完成后，以经过筛选的不留任何土块、小石块的纯净黄土回填。回填过程中，也采用层层夯实的做法。每层填土厚 0.3—0.4 米；每回填一层，夯实平整后方进行下一层回填，探方全部回填至顶部时再用电夯进行大面积统一夯实。④在最上一层夯层表面根据探方深度的不同分别以砖块、碎砖和原砖块按原铺设方式进行铺垫而与夯层相隔；铺垫砖块之后，在其表面也就是最上一层再用 30% 白灰和 70% 沙子均匀掺和以水和成的三七灰浆浇筑；对现代施工沟表面以渣土铺垫。如此，既做到现代施工沟与古代各类遗迹的可识别性，又可防止地面下沉。实施这种保护性回填后，原地表得以完全恢复，整体建筑风貌、区域环境保持一致。而设立的永久坐标点无论何时都便于相关研究人员快捷、准确地找到原有遗存的位置[8]。

5　结语

通过紫禁城考古所取得的一系列成果，我们对紫禁城地下遗存有了基本了解，同时，也加深了对紫禁城考古理念和方法的认识。

（1）紫禁城内地下遗存由上及下基本层叠关系为清代遗迹—明代遗迹—明代基础，遗存的历时性关系较为明确，从明早期直至清晚期，可有效地把握明清建筑遗存的动态演变轨迹。其基本遗迹类型为宫殿基础、墙基、台基、门址、院落、地面、排水沟及器物埋藏坑等，结合文献及舆图等的记载，可基本厘清建筑分布、功能与性质；而文献记载模糊或空缺的区域，这些遗存的发现则可“证经补史”，同时，不同类型的遗迹现象，也扩充了重叠型建筑考古遗存的内涵，特别是在紫禁城内因并非主要功能区故往往被忽略的区域，其建筑格局也非清晰，考古的实证就为全面把握紫禁城地下遗存的状况提供了唯一而有效的途径，从而为构建具有建筑史学意义的立体的紫禁城提供了重要资料。

（2）这些地点普遍发现的黄土碎砖交互夯层，进一步明确了明早期紫禁城肇建时的地基状况，这种隔层打筑碎砖夯土、打筑地钉的方式和工艺也证实了《营造法式》所记载的“筑基之制”“造卷輂水窗之制”，为了解宋以来宫城建筑地基的做法提供了重要的例证，也是判断紫禁城建筑遗存年代的一个重要标尺，为更准确把握紫禁城营建的地基规划与构筑提供了科学资料。而发现的这些遗存也并不完整，有的性质并未完全揭露，只是提供了一个线索，更重要的是为今后的工作提出了新的问题和新的思路，这也是紫禁城考古不断完成“拼图”的学术泉源。

（3）不同类型的遗迹现象丰富了我们对紫禁城地下遗存的认知，对紫禁城内局部建筑功能的改变，地面建筑的改建、增筑等有了新的认识。作为中国古代唯一完整保存至今的宫城，对其地下遗存的了解，使我们比较清晰地认识到紫禁城规划设计的严格，对其充分利用自然地理条件，总体规划，先地下后地上科学营建的认识，有助于理解中国古代宫城规制、宫廷建筑变迁的动态过程，从而提供建筑考古的可靠史料，以复原真实的古代宫城的历史面目。

（4）紫禁城作为世界文化遗产地，是现存中国古代宫城的唯一实例和都城制度的最高典范，是地处中心位置的城中之城，维护其宫廷建筑整体历史风貌，保持其庭院肌里完整格局，保护其不同类型建筑的原状，保留其承载的历史信息等，是我们遵循的根本原则。因此，紫禁城考古始终树立以文物保护为核心的原则，故我们将其考古控制到“最小化干预”，这也是我们在不断的实践中总结出的紫禁城考古的核心理念。

紫禁城建成近600年来，自明永乐时期奠定宫殿的基本格局，至正统、天顺朝宫城规制始完备。有明一代，嘉靖朝是重建、扩建、新建最多的一个时期。清承明制，大规模的修缮、改建、复建、增建主要在康熙和乾隆朝时期，且集中于外朝东路，使部分建筑和建筑群的形制、布局发生改变，功能也随之发生变化；乾隆朝之后，紫禁城内再无大规模的营缮工程，但是小规模的改扩建活动一直持续到清末，也就是其内部各种宫殿、房屋、院落、围墙、道路、集水排水系统等的局部重建、改建、迁移、废弃等从未停止，特别是地面建筑不存的区域，其地下基础、集水排水等遗存的历史变迁，传统文献记载或语焉不详或阙如，并未被研究者、保护者所掌握，而运用考古学的方法对紫禁城建筑地下遗存进行考古揭示所获之实物资料，是对古代官式建筑体系开展科学研究和有效保护的重要途径。

相较其他古今重叠型城址，紫禁城地下遗址具有较高的完整性和真实性，因此，是研究中国古代宫殿建筑、中国建筑史及中国建筑技术不可多得的珍贵遗产。同时，紫禁城考古所揭示的遗存变迁，也是反映明清宫廷史确凿的实物证据，以建筑考古遗存提供新的史料和新的启示。紫禁城考古按照地下建筑基址与地上建筑群为一体的保护理念，努力实现故宫建设工程与文物保护的良性结合，因此，文物保护思路贯穿紫禁城考古的始终。

附记：照片提供者为王琎、徐华烽、冀洛源、吴伟、赵瑾、单莹莹、王光尧。

参考文献

[1] 李季 . 紫禁城考古：微创与拼缀 . 中国文物科学研究，2017（1）；徐海峰 . 再议古今重叠型城址建筑遗存考古——以紫禁城宫廷建筑考古为例 . 故宫学刊 . 北京：故宫出版社，2020，21.

[2] 李永强，李华 . 故宫西河沿遗址 . 北京皇家建筑遗址发掘报告 . 北京：科学出版社，2009：1；李永强著 . 北京考古史（明代卷）. 上海：上海古籍出版社，2012：17.

[3] 徐华烽 . 故宫慈宁宫花园东院遗址 . 紫禁城——揭秘紫禁城“地下宫殿”，2017（5）.

[4] 故宫博物院考古研究所 . 故宫长信门明代建筑遗址 2016—2017 年发掘简报 . 故宫博物院院刊，2021（6）.

[5] 故宫博物院考古研究所 . 故宫东城墙基 2014 年考古发掘简报 . 故宫博物院院刊，2016（3）.

[6] 故宫博物院考古研究所：《故宫南大库瓷片埋藏坑发掘简报》，《故宫博物院院刊》2016 年 4 期。

[7] 故宫博物院考古研究所 . 故宫隆宗门西元明清时期建筑遗址 2015—2016 年考古发掘简报 . 故宫博物院院刊，2017（5）.

[8] 徐华烽 . 历史时期建筑遗址原状性回填保护的探索——以北京故宫隆宗门、长信门遗址为例 . 故宫考古文集（一）. 北京：故宫出版社，2020.

铁路桥梁遗产保护与利用的思考

滕 磊 王 辉*

摘要：近些年来，铁路桥梁遗产作为一种新兴的工业遗产类型，正受到越来越多的关注。铁路桥梁遗产保护与利用工作虽然起步较晚，但发展迅速。世界各国纷纷掀起了对本国铁路桥梁遗产保护研究的热潮，而国内目前对于铁路桥梁遗产的研究还比较少。本文试图通过对国内外铁路桥梁遗产保护与利用的现状总结与典型案例对比分析，研究其保护利用的类型和特点，思考最大限度延续其价值的对策，期望对我国铁路桥梁遗产保护和利于工作提供参考和借鉴。

关键词：铁路桥梁遗产；工业遗产；保护与利用

自18世纪英国工业革命以来，社会生产力得到了飞跃式发展，伴随着技术革新，桥梁建造技术也得到了大幅度的提升。1779年，在英国赛文河上诞生了世界上第一座铸铁拱桥，随后在欧洲掀起了一阵修筑铁拱桥的热潮[1]。1825年，世界上第一条现代意义的铁路在英国开通，这标志着人类正式迈入了铁路时代。此后欧美各国纷纷效仿开始修建铁路，随之产生的还有各大铁路桥梁，如1874年在美国圣路易斯建成修建的世界上第一座公路、铁路两用钢拱桥；1946年，在英国威尔士梅奈海峡建成的世界上第一座大跨度铁路大桥等。但是直到1998年，世界第一条铁路遗产——奥地利境内的塞默灵铁路才被正式列入世界遗产名录。这条拥有众多桥梁和隧道的、穿越高山地区的铁路线，被视作人类征服自然的象征，人们也逐渐认识到铁路作为工业遗产的价值以及铁路及铁路桥梁遗产保护的重要性。目前印度的高山铁路以及意大利通瑞士的雷塔恩铁路的阿尔布拉至伯尔尼纳段也先后被列入世界遗产名录。

近些年来，铁路桥梁遗产作为一种新兴的工业遗产类型，正受到越来越多的关注。铁路桥梁遗产保护与利用工作虽然起步较晚，但发展迅速。世界各国纷纷掀起了对本国铁路桥梁遗产保护研究的热潮，而国内目前对于铁路桥梁遗产的研究还比较少。本文试图通过对国内外铁路桥梁遗产保护和利用的现状总结与典型案例对比分析，研究其保护利用的类型和特点，思考最大限度延续其价值的对策，期望对我国铁路桥梁遗产保护和利于工作提供参考和借鉴。作者水平有限，文中不当之处，敬请指正。

---

* 滕磊：中国文物保护技术协会，北京，邮编100009；王辉：首都师范大学，北京，邮编100048。

1 铁路桥梁遗产的界定

1.1 工业遗产和铁路遗产

国际工业遗产保护联合会（The International Committee for the Conservation of the Industrial Heritage，TICCIH）是保护工业遗产的世界组织，也是国际古迹遗址理事会（International Council on Monuments and Sites，ICOMOS）在工业遗产保护方面的专门顾问机构。2003 年，国际工业遗产保护联合会在俄罗斯下塔吉尔通过了《下塔吉尔宪章》，将工业遗产定义为是具有历史价值、技术价值、社会意义、建筑或科研价值的工业文化遗存。包括建筑物和机械、车间、磨坊、工厂、矿山以及相关的加工提炼场地、仓库和店铺、生产、传输和使用能源的场所、交通基础设施，除此之外，还有与工业生产相关的其他社会活动场所，如住房供给、宗教崇拜或者教育[2]。

铁路遗产是 20 世纪新兴的文化遗产类型，隶属工业遗产。国外学者对于铁路遗产的研究主要有美国的“遗产廊道理论”和欧洲理事会的“文化线路理论”。从广义上来说，其指与从铁路建设到铁路的运营、管理等整个过程密切相关的人员以及具有历史价值、社会文化价值等的一切建构筑物。近年来铁路遗产作为一种新型遗产类型也受到了国内诸多学者的关注和讨论。李海霞在其文章《京张铁路的遗产保护与传承之思》中认为铁路遗产是指与从铁路建设到铁路运营、管理等整个过程密切相关的人员以及具有历史价值、社会价值等的一切建筑物和构筑物[3]。滕磊、缴艳华在其文章《中东铁路建筑群（辽宁段）保护对象认定与遗产价值评估的思考》中提出从铁路运营管理的五大系统和涉及人员出发，将与这些设备和人员息息相关的设备、设施、建构筑物都被认定为铁路建筑群[4]。吴杰在《基于城市文化的铁路遗产转型研究——以南京市为例》中提到，铁路遗产既是工业遗产也是一种线性文化景观，且铁路遗产的构成要素种类繁多，包括车站、桥梁、隧道、路基等建筑物和机车、轨道、信号等运行设备，其遗产类型、项目总量和复杂程度堪比任何行业的遗产总和[5]。此外，张冬宁认为，铁路遗产还包括铁路沿线的山峦等自然景观以及村镇等人文景观[6]。

1.2 铁路桥梁遗产的定义

国际上对于桥梁遗产开始持续的关注始于 1996 年国际古迹遗址理事会和国际工业遗产保护协会首次针对桥梁遗产发布的详细研究报告，即《世界桥梁遗产报告》，该报告虽未对桥梁遗产的概念进行明确的定义，但对其价值、入选世界遗产名录等条件进行了详细的说明，认为桥梁遗产的价值应从工程、技术、交通、交流、工业、历史或文化等方面来阐述或解释。不同时期、地域和类型的桥梁，在价值的偏向上具有一定的差异性，但在具有一个或多个突出的普遍价值上，又是统一的，即桥梁遗产必须具备真实性和完整性。《世界桥梁遗产报告》还筛选记录了120多处具有世界遗产价值的桥梁遗产[7]。我国桥梁遗产众多，学者的关注主要集中在古代桥梁的综合研究保护方面，对于铁路桥梁遗产，大多是将其看作铁路遗产的组成部分，未将其作为独立的门类进行研究，研究成果相对还比较少。

2005年出版的《交通大辞典》从交通运输角度对铁路桥梁进行了定义，认为其是铁路跨越河流、湖泊、海峡、山谷或其他障碍物，以及为实现铁路线路与铁路线路或道路的立体交叉而修建的构筑物[8]。铁路桥梁按结构可分为梁桥、拱桥、钢构桥、悬索桥、斜拉桥和组合体系桥等。

借鉴工业遗产、铁路遗产和桥梁遗产等的概念界定，我们认为所谓“铁路桥梁遗产”就是产生于工业时代，具有特定的历史价值、技术价值、科研价值、美学价值及社会意义的铁路建筑，属于铁路运营管理的建构筑物。其本身是工业新材料、新技术在结构形式上集中表现的产物。铁路桥梁遗产作为工业遗产的一部分，展现了18世纪以来世界工业技术的发展，以及工业革命之后至近代的钢铁结构的桥梁建筑发展的历程。

2　我国铁路桥梁遗产概述

根据第三次全国文物普查统计数据，我国纳入文物保护名录的铁路桥梁遗产约有266处。据不完全统计，目前全国重点文物保护单位名单中有10处涉及铁路桥梁遗产，省级文物保护单位中有5处涉及铁路桥梁遗产（详见表1）。

我国的铁路桥梁遗产分布在全国22个省、直辖市、自治区。其中，东三省现存铁路桥梁遗产数量最多，仅吉林一省便高达106处，辽宁省19处，黑龙江省18处。除东三省外，河南省、云南省境内铁路桥遗产数量也较多，前者现存34处，主要分布于郑州、南阳以及驻马店等地区，后者现存32处，主要分布于红河哈尼族彝族自治州。众所周知，铁路桥梁遗产与铁路关系密切，如地处云南省红河哈尼族彝族自治州弥勒县巡检司镇拉里黑村的28座铁路桥均位于滇越铁路沿线，修建于1909年；地处湖南省湘潭市桥雨湖附近及岳塘地区的铁路桥均位于湘黔铁路沿线，修建于1954年；地处河南省三门峡市陕县大营镇的黄村铁路桥和吕崖村铁路桥旧址均位于陇海铁路沿线，修建于20世纪60年代。

纵观这二百多处铁路桥梁遗产，不仅有铁路桥梁，还有部分与铁路桥梁共存的桥头堡、纪念碑等建筑。从结构形式上来看，绝大多数铁路桥都是钢筋混凝土结构，还有一些是钢筋水泥结构、砖拱结构、石拱结构、钢制箱梁结构等。值得注意的是，滇越铁路沿线的28座铁路桥大部分都为石砌结构。从建设年代来看，19世纪后半叶到20世纪三四十年代修建的铁路桥梁最多，其绝大多数都是日军侵华和掠夺我国物质资源的重要史证。20世纪70年代国家开始大力兴建铁路，随之产生的一系列铁路桥梁也见证了我国社会主义事业的发展和地区开发、经济建设及交通发展的历史。

表 1 文物保护单位中重要的铁路桥梁遗产

省份	名称	级别	年代	地区
天津市	唐官屯铁桥	省保	清	静海区
河北省	滦河铁桥	国保	清	滦县
	乏驴岭铁桥	省保	1905 年	井陉县
辽宁省	鸭绿江断桥	国保	1950 年	丹东市
	上河口鸭绿江铁路桥和隧道旧址	省保	1938 年	丹东市
吉林省	下解放桥头堡遗址	省保	1938 年	集安市
黑龙江省	霁虹桥（中东铁路建筑群）	国保	1926 年	哈尔滨市
	滨洲线松花江铁路大桥	国保	1900 年	哈尔滨市
浙江省	钱塘江大桥	国保	民国	杭州市
安徽省	津浦铁路淮河大铁桥	国保	1911 年	蚌埠市
山东省	泺口黄河铁路大桥	国保	1909 年	济南市区北部
湖北省	武汉长江大桥	国保	1957 年	武汉市
重庆市	白沙沱长江铁路大桥	省保	1958 年	白沙沱和江津区珞璜镇之间
云南省	滇缅铁路禄丰炼象关桥隧群	国保	1942 年	禄丰县
	五家寨铁路桥	国保	清	红河哈尼族彝族自治州

3 国内外铁路桥梁遗产保护与利用案例

铁路桥梁遗产原有设计最重要的功能就是沟通铁路跨越河流、湖泊、海峡、山谷或其他障碍物，以及为实现铁路线路与道路的立体交叉。当铁路废弃或不再通车后，桥梁便失去了其原有的功能和作用，很多桥梁没能保存下来，成为永远的遗憾；还有很多经过改造得以再利用，成为承载一座城市和人们日常生活的工业遗迹。从铁路桥梁遗产保护和利用的现状看，按功能可分为“铁路交通延续型”和“改造再利用型”两种类型。顾名思义，“铁路交通延续型”指铁路桥梁遗产经过日常的保养维修加固，依然发挥着铁路桥梁的功能，为当代社会的生产生活贡献着力量。“改造再利用型”则指铁路桥梁的原始功能已经丧失，但是经过改造和维修保护，发挥着展览展示、旅游观光等新的功能，成为重要的人文历史景观。现将其分别举例如下。

3.1 铁路交通延续型

（1）钱塘江大桥。始建于 1934 年，全长 1453 米，由中国桥梁专家茅以升主持设计建造，是中国自行设计、建造的第一座双层铁路、公路两用桥。1937 年为阻断侵华日军南下而炸毁，1948 年修复。2000 年以后，为缓解钱塘江大桥的交通压力，还修建了多座公路桥等实现交通的分流[9]（图 1、图 2）。

图 1　钱塘江大桥

图 2　钱塘江大桥纪念馆

如今的钱塘江大桥已经和钱塘江大桥纪念馆、桥头广场、六和塔景区、茅以升铜像、蔡永祥烈士事迹陈列馆等共同组成了杭州市著名的旅游景点。游客们在纪念馆中参观大桥的建设历史，聆听大桥设计者和建造者的艰辛故事，感受和体会当时建设大桥的种种艰辛和不易。2006 年 5 月被国务院公布为第六批全国重点文物保护单位。

（2）武汉长江大桥。始建于 1955 年，全长 1155.5 米，是中华人民共和国成立后修建的第一座公路、铁路两用的长江大桥，素有“万里长江第一桥”美誉。经历了 50 多年的风雨沧桑，武汉长江大桥依旧巍然立于长江之上，肩负着每日万次的通行车流量和百余次的火车车次。与武汉长江大桥一并落成的还有武汉长江大桥观景平台、纪念碑及公园等，游客们在此观赏长江，眺望城市远景。它不仅是长江上一道亮丽的风景，而且也是一座历史丰碑，在人们的生活中留下了不可磨灭的印象。2013 年 3 月被国务院公布为第七批全国重点文物保护单位（图 3、图 4）。

图 3　武汉长江大桥

图 4　武汉长江大桥桥头公园

（3）哈尔滨霁虹桥。始建于 1926 年，全长 51 米，是哈尔滨早期桥梁史上真正意义上的立交桥，作为中东铁路沿线的一座铁路跨线桥，无论在艺术风格、建筑规格还是地

图 5　哈尔滨霁虹桥

理位置上都有着极其重要的意义。2013 年 3 月被国务院公布为第七批全国重点文物保护单位（图 5）。

（4）福斯铁路桥。建成于 1890 年，全长 2.5 千米，是跨越苏格兰爱丁堡福斯湾海峡上的第一座桥梁，也是世界上最长的多跨悬臂桥，在铁路作为长途陆路运输主要手段的年代，福斯铁路桥是桥梁设计和建筑史上的一个里程碑。经历了 130 多年福斯湾的强风海潮和两次世界大战，福斯铁路桥仍然岿然不动。2015 年，被世界教科文组织列入《世界遗产名录》(图 6)。

图 6　福斯铁路桥

今天，福斯铁路桥仍然作为苏格兰最大的交通枢纽，承担着东海岸铁路系统的运输工作。不仅如此，在福斯铁路和公路桥之间还修建有桥梁博物馆、福斯桥访客中心、纪念碑以及配套的餐厅、旅馆等服务设施，游客们在此可以直观地了解到大桥修建时的历史以及那些为修建桥梁做出突出贡献的人们。

（5）雷塔恩铁路桥。连接瑞士和意大利的雷塔恩铁路于 1904 年开通，阿尔布拉段长 67 千米，其中包括 42 条隧道和封闭式地道以及 144 座高架桥和桥梁；伯尔尼纳线全长 61 千米，包括 13 条隧道和地道以及 52 座高架桥和桥梁。瑞士境内的石砌螺旋攀升式高架桥，就以最大高达 70‰ 的坡度在 12 千米的路段内持续攀升约 700 米。这段石砌螺旋攀升式不仅在当时的铁路建筑界绝无仅有，也成为该铁路的一个重要象征性符号[10]。时至今日雷塔恩铁路仍然正常运营，不仅仅是连接瑞士和意大利的重要铁路干线，这个有着红色窄轨火车的铁路还发挥着重要的文化价值：它是一条穿越格劳宾登州历史文化的铁路，也是一条欧洲最受欢迎的旅游观光铁路。2008 年，被世界教科文组织列入《世界遗产名录》(图 7)。

3.2 改造再利用型

图7 雷塔恩铁路桥

（1）滨洲线松花江铁路大桥。始建于1900年，全长约1015米，是中东铁路跨越松花江的第一座桥梁，见证了中东铁路的通车，也见证了哈尔滨的城市历史。1962年，东北铁路工程局实施了桥梁加固工程，全部抽换8孔钢桁梁，加设两侧人行道，加固11孔钢桁梁，铲除17号桥墩身，9号桥墩用混凝土加固。2014年停止火车交通。2016年，改作中东铁路博物馆观光步行桥，对其进行路面整修，供游人参观游览。此外，火车主题广场的修建以及大桥中部的玻璃栈道也能让游客们更好地体验和还原当时的场景。经过整修改建和展示利用的大桥，现在已经成为哈尔滨市最热门的旅游线路之一。2013年3月被国务院公布为第七批全国重点文物保护单位（图8、图9）。

图8 松花江滨州铁路桥

图9 如今的松花江滨州铁路桥

（2）鸭绿江断桥。始建于1909年，是鸭绿江上第一座铁路大桥。1950年大桥被美国空军炸断。抗美援朝战争胜利后，朝鲜将断桥朝方所属的6孔及中方2孔的铁路残骸拆除，保留了桥墩。中方一侧所剩4孔残桥完整保留。1993年，大桥经修整后被辟为旅游景点，命名为“鸭绿江断桥”。桥身被漆为浅蓝色，意为不忘殖民统治和侵略战争，祈盼和维护世界和平[11]。至今断桥上遗留的成千上万处弹痕与炮楼、抗美援朝纪念馆、抗美援朝纪念馆纪念塔展区、鸭绿江公园共同组成了抗美援朝沧桑历史的见证。2006年5月被国务院批准为第六批全国重点文物保护单位（图10、图11）。

（3）乏驴岭铁桥。始建于1905年，是河北井陉正太铁路上的一座窄轨铁路桥，构件全由铆钉固定，全桥无一处焊接。1940年，铁桥成为百团大战破袭重点之一。1943年日本人在正太铁路旁又修建了一座双线的标准轨道，铁桥随之停止使用。尽管中华

图 10　鸭绿江断桥（一）

图 11　鸭绿江断桥（二）

人民共和国成立后，乏驴岭铁桥不再作为铁路桥使用，但当地对桥面进行硬化修整后，一直作为村民进村的必经之路。如今，抗日战争时期被炸毁的地方已经重新用铁板固定，桥头当年战斗中留下的弹痕仍清晰可见。铁桥与村中的乏驴岭战役纪念馆、古老民居院落、骡马古道、寺庙关阁、古家具、千年古槐等共同构成的传统村落的历史与风光，向世人展示着这悠悠古韵。2018 年被河北省公布为省级重点文物保护单位（图 12、图 13）。

图 12　乏驴岭铁桥（一）

图 13　乏驴岭铁桥（二）

（4）五家寨铁路桥。始建于 1907 年，全长 67.15 米，是云南红河滇越铁路上一座大型肋式三铰拱钢梁桥，是滇越铁路的标志性工程。大桥全用钢板、槽、角钢、铆钉连接而成。1960 年以来，大桥进行过数次维护与加固，整治病害和隐患，包括除锈油漆，更换桥面钢板、人行护栏、铆钉、梁部腹杆，增设避车台及扶梯、扶栏等。五家寨铁路桥见证了中国一系列的重大事件，其承载的荣辱与沧桑、丰富多元的历史文化内涵，成为永远无法抹去的浓墨重彩。2006 年 5 月被国务院公布为第六批全国重点文物保护单位（图 14）。

近年来屏边县政府依托铁路桥开展一系列文旅项目建设，如 2018 年开始建设滇越铁路人字桥中法越文化走廊项目，包括建设集滇越铁路人字桥观光旅游、文化体验、休闲娱乐为一体的旅游产品。2020 年又通过了滇越铁路桥南溪河风光体验区建设项目等。其与周边的自然环境、水域等相结合，通过适度的环境整治和规划建设，使得前来参观的游客在感受沧桑历史的同时也得到了身心的愉悦。

图 14 五家寨铁路桥

（5）金诸高架桥。始建于 1822 年，是宾夕法尼亚前伊利铁路线上美国第一座钢铁高架铁路桥，是铁制系杆支持系统桥的典型代表。2003 年，金诸高架桥被一次龙卷风破坏。当地政府决定原址原状保护，把它残存的部分作为一个观光景点并结合当地的自然环境建设为一个桥梁主题的金诸桥州立公园，以此来向世人展现大自然的力量。据统计，金诸桥州立公园在桥梁倒塌后已经吸引了二十多万名观光客前来参观，并且被宾夕法尼亚政府列为“20 个不能错过的宾夕法尼亚州立公园”之一（图 15）[12]。

图 15 金诸高架桥

4 铁路桥梁遗产保护与利用的思考

通过上述国内外铁路桥梁遗产保护与利用典型案例的分析和研究，我们可以看出，每一座桥梁背后承载的历史、文化、艺术、社会价值等都被很好地保留下来，并通过不同的方式向世人呈现出来，很值得我们借鉴和思考。

首先，铁路桥梁遗产的价值应得到最大限度的保护和传承。任何文化遗产必然具有相应的遗产价值。不同时期、不同地域、不同类型与特点的铁路桥梁遗产也呈现出不同的价值，不管是工程、技术、交通、工业，还是历史、科学艺术或者社会文化方面的价值都应该经过充分的评估，尽可能地予以保护传承。比如鸭绿江断桥在炸毁之后并没有像钱塘江大桥一样进行修复，这是因为前者的价值重点并不是在铁路桥梁的工程、技术和交通方面，而是在它的社会纪念性方面，提醒中朝两国人民不忘殖民统治和侵略战争，祈盼和维护世界和平。再如美国金诸高架桥同样在毁坏后没有进行修复，这是因为当地政府并不希望它继续发挥桥梁的交通价值，而是希望以它被龙卷风破坏的残状来向世人展现大自然的力量。这种基于遗产价值的保护利用，在国内外都得到了很好的秉持和遵循，最大限度地保护好铁路桥梁的“真实性”和“完整性”，既是对文化遗产价值最好的保护和延续，也是发挥文化遗产价值、展示和利用的最佳方式。

其次，铁路桥梁遗产作为工业遗产，定期进行维护、保养、检查、加固是保护其价值必不可少的举措。“铁路交通延续型”桥梁遗产在发挥交通价值和当代功能方面显得尤为重要，安全问题往往是首要考虑的。因此在尽可能保护真实性、完整性的基础上，对桥梁结构、材料等进行适度更新也是可以接受和理解的。如钱塘江大桥进行了数次维修加固工程，主要包括更换主桥公路桥桥面板；重新安装排水系统、伸缩缝、路灯等；对钢桁梁锈蚀严重的杆件进行更换、除锈、涂装；桥墩裂缝修补及压浆封闭；桥墩局部冲刷抛石加固等。武汉长江大桥也多次进行维修加固，1996—1998 年完成更换大桥纵梁上盖板大修工程；2002 年进行了第一次桥面维修工程；2016 年进行了第二次桥面维修工程，2018 年完成了路灯照明的更换工程以及铁路桥面的钢轨更换工作；2019 年再次进行桥面维修工作和桥头堡电梯维修工作；2020 年完成受损护栏修复工程。福斯铁路桥建成 130 年仍然正常运转，这也与它历年来的保护修缮有很大的关系。1996 年对桥梁结构进行检测评估；1998 年对钢桁架构件修理、构件表面防腐蚀处理、改善和提升泛光灯照明设备；2002 年为钢桁架构件中露出金属处进行喷抛清理；之后表层进行镀锌处理防止腐蚀[13]。此外，今天的铁路技术、材料、车辆形式、规模、重量、速度，运营频率等与百年前不可同日而语，因此限制“铁路交通延续型”桥梁遗产的交通通行量、实行分流政策也是很好的使之延年益寿的方式。

第三，铁路桥梁遗产作为一种交通设施，其最基本和重要的功能就是交通通行功能，因此这应是保护传承其价值首要考虑的重点。分析和总结上述国内外铁路桥梁的维修保护经验，我们不难看出，绝大多数的桥梁都很好地保留和延续了桥梁的通行功能，即使有些桥梁不再通行火车、汽车，能够通行非机动车以及行人无疑也是最好的选择，如乏驴岭铁桥将桥面硬化使之成为村民来往的重要通道就是最好的例子。当与社会发展的其他问题如城市改造、交通扩容、通航行洪等发生矛盾冲突，无法保护铁路桥梁遗产的全部价值和真实性、完整性时，哈尔滨霁虹桥的改造方案就是在保护桥梁主体价值的基础上，适度调整和改变，以此来满足城市发展、交通建设的需要。2009 年，哈尔滨火车站“7 台 13 线”改造，8 条铁路线将从霁虹桥下引入哈尔滨火车站。而霁虹桥的孔跨、净高、承受能力都无法满足需要。由此，针对霁虹桥的保护问题以及后续改造方案是否合理引发了社会众议。最终改造方案保证桥梁长度、宽度、三跨结构形式、四个桥台相对位置不变，通过适度调整和干预措施，解决了桥下过4条高铁线的技术要求和桥梁本身存在的结构安全问题。沿道里方向新建一座新桥与霁虹桥相连，顺接霁虹桥6车道通行能力[14]。尽管学界在霁虹桥的保护利用方式上仍有分歧，但是在面对当下社会发展、交通建设与文物保护之间必须有一方让步，并做出一定牺牲的情况下，霁虹桥坚持了“原址保护”的原则，为将来城市交通运输调整后恢复文物原状保留了希望。

最后，保护中发展，发展中保护，铁路桥梁遗产的展示利用都得到了充分的重视。铁路桥梁遗产作为一个时代的见证，其本身就是地方不可或缺的历史人文景观，再加上周边或多或少留存下来的其他历史文化遗存和自然景观，往往形成独具特色的旅游资源，产生重要的社会价值。桥梁遗产作为沟通人与自然的通道，其与周边的自然环境、水域融为一体，通过适度的环境整治和改造利用，便可以成为市民休闲娱乐，游憩参观的绝佳场所。如前文所提的美国金诸桥、鸭绿江断桥、滨洲线哈尔滨松花江大桥等“改造再利用型”铁路桥梁遗产经过统一规划、环境整治、管理运营，利用铁路主题公园、博物馆展览等形式，不仅可以将桥梁遗产的历史、科学、艺术和社会文化价值、内涵展示给前来参观的游客，同时也是保护和利用桥梁遗产最有效的方式。而如武汉长江大桥、钱塘江大桥、福斯铁路桥等“铁路交通延续型”桥梁遗产也在不影响交通功能的前提下，尽可能发挥展示利用的功能。武汉长江大桥与附近的黄鹤楼景区联动，加上观景平台，纪念碑及沿江的公园等，游客们在此观赏长江，眺望城市远景。钱塘江铁路大桥与附近的西湖景观、六和塔、钱塘江观潮等相结合共同组成了杭州市著名的旅游景点。福斯湾铁路和公路桥之间还修建有桥梁博物馆、福斯桥访客中心、纪念碑以及配套的餐厅、旅馆等服务设施。参观两种类型的铁路桥梁遗产，游客们既能怀古又能叹今，继而展望未来，真正收获到不同的体验和感受。

参 考 文 献

[1] 任晓婷．工业遗产中桥梁建筑的保护与更新研究．长沙：长沙理工大学硕士学位论文，2008.

[2] 工业遗产之下塔吉尔宪章．建筑创作，2006（8）：197-202.

[3] 李海霞．京张铁路的遗产保护与传承之思．建筑，2018（24）：48、49.

[4] 滕磊，缴艳华．中东铁路建筑群（辽宁段）保护对象认定与遗产价值评估的思考 // 张兴斌，张文革：文物建筑——预防性保护技术与工程实例，北京：中国建材工业出版社，2020.

[5] 吴杰．基于城市文化的铁路遗产转型研究——以南京市为例．广西社会科学，2013（12）：71-74.

[6] 张冬宁．世界铁路遗产研究及其对我国铁路遗产保护的启示．郑州轻工业学院学报（社会科学版），2012，13（4）：44-49.

[7] Eric DeLony. Context for World HeritageBridges. ICOMOS and TICCIH, 1960.

[8]《交通大辞典》编辑委员会．交通大辞典．上海：上海交通大学出版社，2005：1.

[9] 空中鸟瞰图．浙江档案网 .http://www.zjda.gov.cn/col/col1402047/index.html

[10] 张冬宁．世界铁路遗产研究及其对我国铁路遗产保护的启示．郑州轻工业学院学报（社会科学

版），2012，13（4）：44-49.

[11] 抗美援朝纪念馆 .http://www.kmycjng.com/h5/cont?id=1546.

[12] 项贻强，刘成熹 . 西方近代桥梁的杰作及对文化遗产的贡献 . 世界桥梁，2010（02）：70-73、78.

[13] Forthbridge.http://www.forthbridges.org.uk/railbridgemain.htm，2007-12-25.

[14] 温婧璐 . 霁虹桥的“现实”与“未来”. 哈尔滨日报 .2016-4.

文物价值体系下的高校建筑遗产识别与保护
——以武汉大学为例

陈 飞 邓蕴奇 陈 娟*

摘要：教育建筑遗产是校园历史文脉和人文精神的重要载体，是校园风貌特色的集中体现。在我国高等教育快速发展的现实背景下，如何对高校建筑遗产进行有效保护和有机更新，发挥其在传承校园文化、促进校园建设健康发展等方面的积极作用，已成为非常紧迫的问题；以武汉大学教育建筑遗产的保护为例，基于对其校园建筑遗产价值的认知和识别，探索建筑遗产保护与更新的有效路径，可为高校建筑遗产保护提供参考。

关键词：建筑遗产；遗产价值；保护利用；武汉大学

1 高校建筑遗产概况

中国近代教育始于 19 世纪 60 年代，1895 年建立的北洋大学堂（天津大学前身）是中国人自己创办的最早的大学。百余年间，高校校园建设经历了从传统到中西结合再到现代化的发展历程，留下了大量珍贵的高校教育建筑遗产。

1.1 高校建筑遗产的范畴

在我国现行文化遗产保护体系下，高校建筑遗产属于不可移动文物建筑和历史建筑两个大的范畴。不可移动文物建筑又包括已公布为各级文物保护单位的文物建筑及尚未核定公布为文物保护单位的不可移动文物；“历史建筑，是指经城市、县人民政府确定公布的具有一定保护价值，能够反映历史风貌和地方特色，未公布为文物保护单位，也未登记为不可移动文物的建筑物、构筑物”[1]，这些是法规层面的建筑遗产范畴，除此之外，建筑遗产还是一个不断增长、传承和延续的过程。随着时代的变迁、遗产价值的不断“增值”和人们对价值认知的不断深入，过去一些未被列入保护单位的一般性传统建筑或近现代建筑在未来也有可能成为法律法规层面的保护对象。对于高校来说，它们

* 陈飞：湖北省文化和旅游厅，武汉，邮编 430071；邓蕴奇：湖北省古建筑保护中心，武汉，邮编 430077；陈娟：湖北省水下文化遗产保护中心，武汉，邮编 430063。

同样是反映校园深厚文化沉淀的可贵历史文化资源。在这种认知基础上，本文所研究的高校建筑遗产是一个相对开放的范畴，它不仅仅包括被纳入保护对象的部分建筑遗存，还包括具备一定价值但尚未被列入保护对象的部分。

1.2　高校建筑遗产价值体系

文物价值体系是进行一切文物保护活动的根本，通过对高校建筑遗产价值的认知和评判，进而确定保护对象，厘清保护思路，对于制定高校建筑遗产保护策略、协调保护与发展之间的矛盾具有重要的实践意义。“保护是指为保存文物古迹及其环境和其他相关要素进行的全部活动。保护的目的是通过技术和管理措施，真实、完整地保存其历史信息及其价值。”[2] 对建筑遗产价值的认知和评判是我们确定建筑遗产、开展保护工作的基础，也是我们制定保护措施的重要依据，经过近百年的发展，我国已根据现实状况构建了文物古迹保护价值体系，作为指导遗产保护工作的基础。因此，校园建筑遗产的识别和保护需要以建筑遗产的价值体现为辨别标准。

《中国文物古迹保护准则》对文物古迹价值的阐述为：“文物古迹的价值包括历史价值、艺术价值、科学价值以及社会价值和文化价值。社会价值包含了记忆、情感、教育等内容，文化价值包含了文化多样性、文化传统的延续及非物质文化遗产要素等相关内容。”这一价值标准普遍适用于建筑遗产的价值评估，为我们提供了评估的标准框架。同时，我们也认识到，任何遗产都有自身的独特性，是在特定历史和文化背景下形成的，遗产价值的评估需要充分理清建筑所蕴含的历史特性、文化特性和设计理念等信息。在此基础上，根据各高校的发展历程以及校园选址、建筑特征，可以发现高校建筑遗产的价值主要体现为：①历史价值——见证校园发展的重要历程；与重大事件或重要人物相关联；在建筑史、教育史、校园建设史上占据重要地位。②艺术价值——是校园建筑中的艺术品（包括空间构成、造型、装饰、形式等）；与自然景观相辉映，能丰富校园整体环境，体现景观艺术；使校园周围环境具有一种时间上的延续感觉。③科学价值——选址和规划布局方面，体现的科学性及传统理念或先进思想等，是某一特定时期特殊或具有代表性的建筑风格；结构、材料及工艺上，代表当时的科学技术水平，或科学技术发展过程中的重要环节。④社会、文化价值——是校园乃至城市的文化载体和精神象征；在社会发展、教育方面具有积极作用[3]。

1.3　高校建筑遗产保护现状

1.3.1　重“精英”轻“一般”

2001 年，清华大学早期建筑、武汉大学早期建筑等一批校园建筑被列为全国重点文物保护单位，这是中华人民共和国历史上第一次将高校建筑遗产纳入国家级文物保护单位[①]，高校建筑遗产的价值逐渐受到重视。截至2013年第七批全国重点文物保护单位公布，已有30余处高校建筑遗产被列入其中而受到保护。然而，相对高校建筑遗产的整体数量而言，它们仅为其中一小部分（表1），属于极具文物价值的“精英”遗产。校园的建设是一个延续的发展过程，一所校园历史越悠久，所凝结物化的表现就越深厚，很多未列入保护对象的校园建筑，从建筑特色、建筑功能、情感价值等方面仍体现了校园传统，也是校园历史环境和历史记忆的一部分。同时，由于并未被列入保护单位或历史建筑，这些校园建筑往往成为现代校园建设的拆除更替对象，造成高校文脉的割裂。

表1　部分高校建筑遗产列入保护名录情况

序号	保护名称	保护级别	批次或公布时间	主要组成	建筑年代	地址
1	清华大学早期建筑	全国重点文物保护单位	第五批 2001年	现存清华学堂、清华大学图书馆、体育馆、清华大学大礼堂等20座建筑	1909—1936	北京市
2	北京大学红楼	全国重点文物保护单位	第一批 1961年	原北京大学校部、文科及图书馆所在地，现为北京新文化运动纪念馆	1916—1952	北京市
3	未名湖燕园建筑	全国重点文物保护单位	第五批 2001年	原燕京大学校门、办公楼、图书馆、现为北京大学管理使用外文楼、体育馆、南北阁、一至六院男女生宿舍等。现由北京大学管理使用	1920—1926	北京市
4	北京大学近现代建筑群	北京优秀近现代建筑保护名录	第一批 2007年	未公布，构成不详	1930—1952	北京市
5	京师大学堂分科大学旧址	全国重点文物保护单位	第六批 2006年	现存建筑均坐北朝南排在一条东西向马路的北侧，其中位于中央两栋为主楼，东西两栋为配楼	1905—1911	北京市
6	北京大学地质学馆旧址	全国重点文物保护单位	第七批 2013年	建筑平面为曲尺形，地上南翼三层，东翼二层，砖混结构	1935	北京市
7	辅仁大学本部旧址	全国重点文物保护单位	第七批 2013年	现存辅仁大学教学楼及涛贝勒府花园部分建筑	清至民国	北京市
8	通州近代学校建筑群	全国重点文物保护单位	第七批 2013年	包括潞河中学、富育女校、北京护士学校3校的近代建筑，潞河中学现存重要建筑有卫氏楼、谢氏楼、文氏楼、潞友楼、教士楼、饭厅、博学亭等；富育女校现存映竹楼、翠柏楼、图书馆和百友楼，均为砖木二层结构；北京护士学校现存4座洋楼，为民国建筑，保存基本完好	清至民国	北京市

① 1961年，北京大学红楼被公布为首批全国重点文物保护单位，但其是以“革命遗址及革命纪念建筑物”的属性列入。

续表

序号	保护名称	保护级别	批次或公布时间	主要组成	建筑年代	地址
9	京师女子师范学堂旧址	全国重点文物保护单位	第六批 2006 年	由 6 栋二层楼房组成，现为北京市鲁迅中学管理使用	清至民国（1909 建成）	北京市
10	国立蒙藏学校旧址	全国重点文物保护单位	第六批 2006 年	西路有三进院落，主要由府门、正厅、过厅、后厅、东西跺殿、东西配殿等建筑组成；东路有四进院落，建筑相对较小，包括大门、正殿、北房、东西配殿、东西耳殿	清	北京市
11	协和医学院旧址	全国重点文物保护单位	第六批 2006 年	医学堂旧址、娄公楼、哲公楼、文海楼 3 座主体建筑和后期所建的“A”至“P 号楼	1904—1925	北京市
12	东北大学旧址	全国重点文物保护单位	第五批 2001 年	东北大学教职员住宅、图书馆大楼及其后面红墙、体育场等	1923—1930	辽宁省沈阳市
13	武汉大学早期建筑	全国重点文物保护单位	第五批 2001 年	图书馆、文学院、男生寄宿舍、宋卿体育馆、理学院等 17 处	1930—1936	湖北省武汉市
14	金陵大学旧址	全国重点文物保护单位	第六批 2006 年	今存东大楼、西大楼、北大楼、图书馆、东北大楼、礼拜堂、学生宿舍等	1921—1936	江苏省南京市
15	中央大学旧址	全国重点文物保护单位	第六批 2006 年	原中央大学体育馆、图书馆、江南院、金陵院、中大院、大礼堂、南校门、生物馆、科学馆、梅庵等	1922—1933	江苏省南京市
16	金陵女子大学旧址	全国重点文物保护单位	第六批 2006 年	7 幢宫殿式的建筑（100 会议楼、200 科学楼、300 文学馆、400—700 栋学生宿舍）和图书馆、大礼堂	1922—1934	江苏省南京市
17	上海市交通大学历史建筑群	上海市文物保护单位	2014 年	中院、新中院、老图书馆、北四楼、五卅纪念柱、体育馆、执信西斋、工程馆、总办公厅、一号门房、史穆烈士墓、科学馆、新上院	1898—1936	上海市
18	圣约翰大学历史建筑群	上海市文物保护单位	2014 年	韬奋楼、办公楼、科学馆、宿舍楼、东风楼	1894—1909	上海市
19	沪江大学历史建筑群	上海市文物保护单位	2014 年		1906—1948	上海市
20	集美学村和厦门大学早期建筑	全国重点文物保护单位	第六批 2006 年	群贤楼群、芙蓉楼群、建南楼群共 15 幢建筑（只计算厦门大学建筑早期建筑群）	1916—1927 1951—1954	福建省厦门市
21	湄潭浙江大学旧址	全国重点文物保护单位	第六批 2006 年	包括湄潭办公室图书室旧址（文庙）、谈家桢等教授住处（天主堂）、研究生院旧址（义泉万寿宫）、湄江吟社旧址（西来庵）、理学院物理系旧址（双修寺）、永兴分校教授住处、农学院畜牧场实验楼旧址、文艺活动旧址（欧阳曙宅）、学生住处（李氏住宅）	1940—1946	贵州省湄潭县

续表

序号	保护名称	保护级别	批次或公布时间	主要组成	建筑年代	地址
22	之江大学旧址	全国重点文物保护单位	第六批 2006 年	钟楼、慎思堂、图书馆、都克堂等建筑 22 幢	民国	浙江省杭州市
23	浙江大学龙泉分校旧址	全国重点文物保护单位	第七批 2013 年	浙大分校旧址芳野曾家大屋坐南朝北，共二进七开间，门楼欧洲风格，内厅土木结构，中西合璧。现内设浙江大学校史馆和龙泉历代名人馆	1939	浙江省龙泉市
24	国立西南联合大学旧址	全国重点文物保护单位	第六批 2006 年	国立西南联合大学纪念碑，国立西南联合大学原教室、“一二·一”运动烈士墓，石雕火炬柱，国立昆明师范学院纪念标柱	近代	云南省昆明市
25	湖南省立第一师范学校旧址	全国重点文物保护单位	第六批 2006 年	旧址建筑共 36 栋，包括主体连廊建筑、一师一附小和工人夜学等三大部分	创始于清光绪二十九年（1903）	湖南省长沙市
26	岳麓书院	全国重点文物保护单位	第三批 1988 年	书院主体、附属文庙及中国书院博物馆	清	湖南省长沙市
27	湖南大学早期建筑群	全国重点文物保护单位	第七批 2013 年	二院（今物理学院实验楼）、科学馆（今校办公楼）、工程馆（今教学北楼）、大礼堂、老图书馆、胜利斋教工宿舍、第一学生宿舍（今基建处办公楼）、第七学生宿舍（今离退休处办公楼）、老九舍等 9 幢	20 世纪 20 年代至 50 年代	湖南省长沙市
28	北洋大学堂旧址	全国重点文物保护单位	第七批 2013 年	现存有南楼、北楼、团城 3 座建筑	1902	天津市
29	山西大学堂旧址	全国重点文物保护单位	第七批 2013 年	现存建筑为西学西斋及部分围墙	1904	山西省太原市
30	吉林大学教学楼旧址	全国重点文物保护单位	第七批 2013 年	主楼、东楼、西楼 3 座建筑组成	1929	吉林省吉林市
31	东吴大学旧址	全国重点文物保护单位	第七批 2013 年	林堂、孙堂、葛堂、维格堂、子实堂、健身房、女生宿舍、6 座小楼	清至民国	江苏省苏州市
32	安徽大学红楼及敬敷书院旧址	全国重点文物保护单位	第七批 2013 年	书院包括门坊、长廊、斋舍与碑廊，红楼	清至民国	安徽省安庆市
33	原齐鲁大学近现代建筑群	全国重点文物保护单位	第七批 2013 年	原齐鲁大学、齐鲁大学医学院及附属医院的近现代建筑	1905—1924	山东省济南市
34	四川大学早期建筑	全国重点文物保护单位	第七批 2013 年	华西校区第一、二、四、五、六教学楼，老图书馆，办公室，华西钟楼，四川大学办公大楼	1913—1954	四川省成都市

1.3.2 重“点”轻“面”

“历史古迹的要领不仅包括单个建筑物，而且包括能从中找出一种独特的文明、一种有意义的发展或一个历史事件见证的城市或乡村环境。”[4] 近几十年来，随着我国文化遗产保护理念的不断成熟和保护体系的不断完善，已形成文物保护单位、历史建筑等多种层次和保护类型。但是这些遗产类型，通过表 1 不难发现，在高校建筑遗产保护中，往往以“点”为基本单位，在保护过程中往往只注重对建筑遗产本体的保护，与建筑遗产息息相关的环境要素却得不到应有的重视。环境要素不仅包括体现选址和营造理念的地理自然环境、建筑遗产功能补充的各类构筑物等，还包括体现高校文化连续性和延续性的相关遗存，建筑遗产一旦与这些环境要素脱离，将导致遗产价值的直接损失。

1.3.3　保护与发展矛盾突出

过去的 20 年间，由于高校大规模调整和扩招，老的校舍和教室从数量和功能上均已不能满足现代教学的要求，为满足发展需要，校园进行了飞速扩张与建设。一方面，文物保护建筑由于法律的约束得到绝对的保护，利用和更新反而受到限制；历史建筑又由于保护观念的淡薄，缺乏改造更新的指导性和规范性文件，更新难度大，且在实用性上（容积等方面）较弱，从而未被重视。另一方面，历史上高校学生少，建设容积率要求较低，规划布局大多采取了分散式园林化布局；在此既定的空间格局基础上，加之用地范围的限制，现代校园建设往往是见缝插针，哪里有空地就建哪里，整体上呈现出无序的状态。同时，新建筑在建筑尺度上，向体量更大、高度更高的方向发展；在建筑创作上，缺乏对校园历史建筑的研究，“拿来主义”现象普遍，新建筑千篇一律而缺乏历史文化的延续性，不能形成自己独特的风格。在这种背景下，保护与发展只能相互矛盾，传统校园的历史格局和整体风貌得不到彰显，造成校园历史文脉的断裂。

2　武汉大学建筑遗产的整体特征

武汉大学肇始于清末湖广总督张之洞创办的自强学堂以及 1913 年创办的国立武昌高等师范学校①，经过百年的发展历程，留下了数量众多、类型丰富、独具特色的建筑文化遗产，他们共同记忆和传承了武汉大学的历史文脉，是武汉大学乃至整个城市的人文精神象征。

“我们不能囿于传统的思维模式，不能就事论事，以物论物，特别是对文化遗产价值的认知要避免狭隘性、片面性、主观性和封闭性，应客观、全面、真实地反映文化遗产的故有特质，从而对文化遗产资源丰富的内涵和外延进行科学辨识。”[5] 从整体上对建筑遗产进行识别至关重要，这个整体观包括空间上的、时间上的、类型上的等。为减

---

① 武汉大学的创办时间存在争议。2012 年，武汉大学启动为期一年的 120 周年校庆年活动，并将 2013 年 11 月 29 日定为该校 120 周年庆典日。此举招致包括老校长刘道玉在内的众多校友质疑，他们认为武汉大学的历史只能追溯至 1913 年创建的国立武昌高等师范学校，而与张之洞 1893 年创办的自强学堂并无传承关系。

少疏漏，可以时间为线索，通过对武汉大学建设发展不同历史阶段的梳理，进行建筑遗产的识别。

2.1 1893—1928 年自强学堂至国立武昌中山大学时期

1893—1928 年，武汉大学从自强学堂设立，到方言学堂，再到武昌军官学校、国立武昌高等师范学校、国立武昌师范大学、国立武昌中山大学，经历了开创的重要历史时期，这也是其校园文脉的起点。这一时期的校园建设主要为武昌三佛阁大朝街及武昌东厂口两处校址。由于历史的变迁，旧址早已不存，2004 年搬迁至武汉市黄陂区木兰湖畔（雨霖村）的方言学堂外籍教员别墅是该时期唯一的建筑实物遗存。

方言学堂外籍教员别墅旧址位于武昌区首义路 71 号，为一栋中西结合式建筑，平面呈方形，面阔三间 25.5 米，进深二间 23.3 米，下设砂岩台基，高约 1.2 米（内空为地下室），四周设有外廊，内有西式壁炉，木结构屋架，庑殿顶，屋面以小青瓦覆盖。1926 年，国民革命军第四军叶挺独立团攻克武昌后扩编为国民革命军第二十四部，叶挺任师长兼武汉卫戍司令，设师部于此。1998 年，旧址因其在大革命时期突出价值被公布为武汉市文物保护单位；2008 年，旧址作为雨霖古建筑群的组成部分被公布为湖北省文物保护单位。一直以来人们对该建筑的认知在于其革命文物的价值，而作为武汉大学建筑遗产的价值却并未被重视，而从高校建筑遗产的身份而言，该建筑同样具有重要的文物价值和社会价值。首先，在历史价值方面，该建筑为武汉大学开创时期的唯一建筑遗存，具有重要的史证价值；其次，在科学价值和艺术价值方面，该建筑设计合理，功能先进，造型沉稳、简洁，体现了这一时期中西文化融合的校园建筑设计思想，也是中国传统建筑向近代建筑过渡转型时期的重要实物遗存；最后，在社会价值方面，它又承托了武汉大学开创的记忆，是中国近代教育史发展的重要例证。

2.2 1928—1949 年武汉大学早期校园规划建设时期

1928 年，蔡元培先生亲自提议并任命地质学家李四光为国立武汉大学新校舍建筑设备委员会委员长，负责新校舍的选址、规划工作，美国建筑师凯尔斯负责设计，自此堪称中国近代校园建筑杰作的武汉大学建设拉开序幕。同年 8 月，国立武汉大学新校舍建筑设备委员会成立，11 月，选定罗家山（后改为珞珈山）、狮子山一带为新校址。1929 年 3 月，开始校园的勘测规划，勘定校园主轴线，并完成新校舍的测量工作，10 月，校园总设计图获得通过。1930 年 3 月，新校舍工程开工。校园建设共分为两期建设工程，一期工程（1930 年 3 月—1932 年 2 月）主要包括文学院、理学院、男生寄宿舍、学生饭厅及俱乐部、教工第一住宅区、教工第二住宅区、运动场、国立武汉大学牌楼等共 13 项；二期工程（1932 年 2 月—1937 年 7 月）主要包括图书馆、体育馆、华中水工实验所、珞珈山水塔、实习工厂、电厂、部分生活用房、法学院、理学院（扩建）、工学院、农学院（未竣工）等共 17 项，共计完成早期建筑建设工程 30 项 68 栋，建筑面积 78596 平方米。1938 年 4 月，武汉被日军三面包围，武汉大学被迫西迁乐山，1946 年 10 月，迁回，1947 年，农学院办公楼竣工，1948 年，建立了六一惨案纪念亭等建筑及设施。

武汉大学早期建筑的建设按照建筑筹备委员会“实用、坚固、经济、美观、中国民族传统式外形”的设计要求，融中西文化之所长，显地理环境之美与人文建筑之美，由此成就了武汉大学规划建设史上最为耀眼的时期。在选址上，遵循了中国古代书院选址、相地的优良传统和“仁者乐山，智者乐水”的传统理念，依山就势，背倚珞珈山，面临东湖，构成了风光旖旎、环境优美的校园自然环境。1932 年 11 月下旬，胡适在武汉大学讲学后称“校址之佳，计划之大，风景之胜，均可谓全国学校所无”[6]。在规划布局上，遵循“轴线对称、主从有序、中央殿堂、四隅崇楼”的中国传统建筑原则，以图书馆为整个校园的规划中心和制高点，结合自然环境采用散点、放射状布局，构成丰富多样、变化有序的建筑群体。在建筑形式上，引入西方古典样式，融合中西建筑之长，形成了造型优美、极具特色的早期建筑群。在建筑功能上，工学院玻璃屋顶的通高中庭、宋卿体育馆大跨度钢结构、理学院大钢筋混凝土穹顶等设计手法以及众多新材料新技术的应用，均代表了这一时代先进的建造技术，至今仍能在一定程度上满足教学使用需求。同时，随着历史的变迁，它们更是校园历史文脉和这一历史时期相关人物和重大事件的见证。

武汉大学之美在于地理环境之美与人文建筑之美的有机融合和相互增益，它们共同营造出“流泉自清泻，触石短长鸣。穷年竹根底，和我读书声”的美好意境，体现了校园的人文精神，两者缺一不可，这些环境包括建筑所依存的山形水系、视线通廊和规划格局等，除此之外，早期建设的运动场、防空洞等构筑物也是其中的重要内容，具有重要的价值。例如，建于 1931 年的运动场，从校园空间布局上，运动场为校园两条主轴线的交汇点，为聚气之所；在功能上，为校园举行运动会，进行体育锻炼所必需的场所；抗战期间，蒋介石曾在此阅兵，其见证了抗战时期一系列重大事件；中华人民共和国成立后，毛泽东曾在此接见学子，其寄托了党对莘莘学子的关怀和期望。因而，这些环境要素（表 2）也应作为校园遗存和历史文脉的重要组成部分纳入保护对象范围。

表 2　武汉大学早期建筑文物环境列表

序号	类别	主要对象
1	构筑物	运动场、防空洞、水厂
2	山体	珞珈山、狮子山、团山、乌龟岭、小龟山、火石山、扁扁山、侧船山及由其构成的山行地貌和山体轮廓线
3	水体	中心湖
4	植物物种	树龄 50 年以上的古树名木及樱园、梅园、桂园等的时花配置格局

续表

序号	类别	主要对象
5	动物物种	鸟、松鼠、獾
6	早期道路	大学路、始基路、湖滨路、火石山路等建校初期的道路与路名
7	天际轮廓线和空间视廊	由武汉大学早期建筑与珞珈山形成的天际轮廓线，武汉大学早期建筑的第五立面，图书馆与东湖、图书馆与工学院、图书馆与水塔等空间视廊

目前，这一历史时期的 17 处 47 栋建筑遗产已被纳入全国重点文物保护单位（表 3），根据《省人民政府办公厅关于公布文物保护单位保护范围和建设控制地带的通知》（鄂政办发〔2015〕29 号）所公布的武汉大学早期建筑的保护范围和建设控制地带，这些遗产的保护范围大多为各保护建筑边界外扩 20—50 米，从而形成了一连串被保护的“点”，而与其息息相关的历史环境要素却大多未被纳入其中，造成典型的重“点”轻“面”的保护现状。

表 3　武汉大学早期建筑保护对象列表

序号	建筑名称	竣工年代	数量 / 栋	建筑面积 / 平方米	建筑结构	设计师	营造者
1	国立武汉大学牌坊	1933	1	40.5	钢筋混凝土		
2	工学院	1936	5	8140	钢筋混凝土框架	F. H. Kales	上海六合公司
3	理学院	1931—1936	5	13110	钢筋混凝土框架	F. H. Kales R. Sachse	汉协盛营造厂 袁运泰营造厂
4	文学院	1931	1	3840	钢筋混凝土框架		上海六合公司
5	法学院	1936	1	4613	钢筋混凝土框架	F. H. Kales	汉协盛营造厂
6	图书馆	1935	1	4760	钢筋混凝土框架	F. H. Kales	上海六合公司
7	男生寄宿舍	1931	4	13908	砖混	F. H. Kales R. Sachse	汉协盛营造厂
8	华中水工试验所	1936	1	2282	钢筋混凝土框架 钢构屋架	A. Leverspiel	上海六合公司
9	学生饭厅及俱乐部	1931	1	2220	钢筋混凝土框架 钢架	F. H. Kales	汉协盛营造厂
10	体育馆	1936	1	2748	钢筋混凝土框架 三拱钢架	F. H. Kales	上海六合公司
11	六一纪念亭	1948	1	18	钢筋混凝土	缪恩钊	蔡广记营造厂
12	半山庐	1933	1	450	砖木		胡道生合记营造厂
13	十八栋教师宿舍	1931—1942	20	7666	砖木	R. Sachse、沈中清	汉协盛营造厂

续表

序号	建筑名称	竣工年代	数量 / 栋	建筑面积 / 平方米	建筑结构	设计师	营造者
14	水塔	1931	1	162	钢筋混凝土	R. Sachse	汉协盛营造厂
15	团山女生宿舍	1932	1	2653	钢筋混凝土框架	R. Sachse	永茂隆营造厂
16	农学院办公楼	1947	2	5868	钢筋混凝土框架	沈中清	袁瑞泰营造厂
17	李达故居	1952	1	168	砖木	李达	
合计				72646.5			

2.3 抗战时期武汉大学临时校舍

1937 年，日本帝国主义全面侵华，为确保正常的教学活动，根据国民政府教育部《战区内学校处置办法》有关规定，经过先期派人考察，时任校长王星拱决定将武汉大学迁往岷江边的乐山。1938 年 2 月 3 日，武汉大学致函四川省政府，请求将乐山文庙等处拨为校舍。2 月 21 日，武汉大学召开校务会议议决迁校问题，26 日，教育部批准武汉大学迁校方案。3 月 31 日，四川省政府回复武汉大学，已电商四川省第五区专员公署遵照执行，该署也表示努力照办并予以协助。4 月 2 日，武汉大学迁校委员杨端六等到达乐山，8 日，校务会议决定，迁川临时校名暂定“国立武汉大学嘉定分部”，校牌悬挂于文庙校本部门前。文庙为第一校舍，第二校舍定在三育学校，文庙为总办公处，正殿为图书馆，三清宫为印刷所。7 月，珞珈山本部教职员工随校长王星拱抵达乐山，“国立武汉大学嘉定分部”正式易名为“国立武汉大学”。抗战结束后，1946 年 10 月 31 日，武汉大学师生在校礼堂举行开学典礼，结束了西迁 8 年离乱之苦。

乐山文庙位于乐山老城区，老霄顶和月儿塘之间，始建于唐朝武德年间，宋、元、明屡有搬迁，天顺八年（1464）定于今址。现存建筑为清康熙年间遗构，坐西向东，占地面积 1.13 公顷，建筑面积 3136.97 平方米。建筑布局基本完整，依山就势，主轴线上依次为泮池、棂星门、大成门、大成殿、崇圣祠，另有南北庑廊。1991 年，四川省人民政府将乐山文庙公布为四川省文物保护单位。

武汉大学在乐山的这一段历史虽然时间不长，校园建筑也是临时借用，但“在民族危亡的极端苦难中，能在四川乐山这个山清水秀的小县城读大学极为难得。一所著名大学在一个几万人的县城，充分利用了当地的文庙作为校本部及文学院、法学院的教学位址……武大的师生是太幸运了”，这段时期在武汉大学教育史上具有特殊意义。2008 年，在纪念西迁乐山 70 周年大会上，顾海良校长说，武汉大学轰轰烈烈的壮举“无不浸含着武汉大学乐山时期众多杰出校友的聪明才智和辛勤汗水”。因此，乐山文庙是武汉大学发展历程中特殊阶段的重要见证，具有特殊的历史价值和文化价值。

2.4 20世纪五六十年代武汉大学校园发展建设时期

20世纪50年代初，中华人民共和国改变了国民政府时期以美国高等教育制度为主流的教育模式，借鉴苏联社会主义教育模式，对武汉大学进行院系调整，包括水利学院在内的多个院系被分出，校园建设由核心区逐步转向两翼，这一时期的建筑风格受到“民族风”和苏联建筑风格的影响，大多为大屋顶式建筑，红砖系建筑逐渐增多，呈现出明显的时代风格。

这一时期建筑现存共计23处，除1952年建造的李达故居被公布为全国重点文物保护单位外，其余22处（表4）由于建成年代较晚、价值相对较低，而未被纳入保护对象，如今它们普遍存在保护和更新不足的问题，由于实用性较差，部分建筑甚至面临拆毁的危险。基于对这些未被保护建筑的调查评估，笔者认为，它们在外形风格上体现了典型的时代特征，并能与自然环境和早期建筑群相协调，在校园空间上延续了武汉大学早期校园规划的布局，在校园发展史上记录了这个时代校园的变迁，体现了校园历史文脉的延续，因而总体上仍具有一定的历史、艺术和科学价值，虽不能作为“精英”遗产，但也应当作为“一般”遗产得到相应的保护。

表4 武汉大学20世纪五六十年代建筑

序号	名称	位置	建造年代	建筑结构	建筑层数/层	原使用功能	现使用功能	建筑面积/平方米
1	老物理楼	枫园	1959	混凝土结构	4	教学楼	教学楼	4500
2	老生物楼	樱园	1956	混凝土结构	3	教学楼	教学楼	7740
3	梅园一舍	梅园	1952	混凝土结构	3	学生宿舍	行政办公	2154
4	梅园三舍	梅园	1952	混凝土结构	3	学生宿舍	学生宿舍	2154
5	文理学部教一楼	梅园	1955	混凝土结构	3	学生宿舍	教室	2013
6	文理学部教二楼	桂园	1952	混凝土结构	3	教室	教室	1213
7	桂园2—5舍	桂园	1961	砖混结构	3—4	宿舍	宿舍	12348
8	武汉大学附属小学	东中区	1954	砖木结构	1、2	教室、办公	教室、办公	1582
9	铁疗门诊部	枫园	1952	混凝土结构	1	门诊部	实验室	213
10	铁疗小楼一号	枫园	1956	砖木结构	2	医院	教学	447
11	铁疗小楼二号	枫园	1956	砖木结构	2	医院	教学	236
12	湖滨四 -- 五舍	湖滨	1955	混凝土结构	3	宿舍	宿舍	4306
13	地面观测站	湖滨	1951	砖木结构	2	观测站	空置	372
14	工学院老体育馆	工学部	1957	混凝土结构	1	体育馆	体育馆	1323
15	木工厂	工学部	1958	砖木结构	1、2	木工厂	空置	672

续表

序号	名称	位置	建造年代	建筑结构	建筑层数/层	原使用功能	现使用功能	建筑面积/平方米
16	机械厂（金工实习车间）	工学部	1959	钢混结构	1	机械厂	机械厂	1336
17	沙泥水槽试验室	工学部	1963	钢混结构	1	试验室	试验室	1091
18	教工7--12舍	工学部	1957	砖木结构	3	教工宿舍	教工宿舍	7224
19	教工38舍	工学部	1967	砖木结构	3	教工宿舍	教工宿舍	780
20	教工30、31舍	工学部	1953	砖木结构	2	教工宿舍	教工宿舍	814
21	教工1、3、6舍	工学部	1955—1957	砖木结构	3	教工宿舍	教工宿舍	3596
22	原武水主教	工学部	1956—1961	混凝土结构	1—6	教学楼	教学楼	37904

2.5 20世纪70年代以后武汉大学校园发展建设时期

1976年，“文化大革命”结束，随后中断了十年的高考制度得以恢复，高等教育进入全新时代，武汉大学校园建设也逐渐进入高速发展时期，大体量建筑逐渐增多，建筑风格也呈现出新的时代特征，新图书馆、人文馆、工学部主楼等为其中的代表建筑。目前，20世纪70年代以来建筑的数量和体量已远远超过校园历史建筑。在校园建设高速发展、遗产保护手段相对滞后的背景下，新建筑对历史建筑空间的挤压、对历史环境和格局的破坏等情况时有发生，保护与发展之间的矛盾也越发凸显。

3 武汉大学建筑遗产的保护策略

从弘扬校园文化的角度出发，武汉大学建筑遗产保护的目的在于，对建筑遗产及相关要素进行有效保护，使武汉大学的历史文脉得以保存和延续，人文精神得以弘扬，并为武汉大学的教学和建设发展提供服务和支撑。因此，基于武汉大学建筑遗产的认知和识别，可以从四个方面实现保护与利用的良性循环。

3.1 整体保护策略

建立保护的整体观，拓展保护的广度和深度。根据武汉大学建筑遗产的不同类别和不同价值体现，划定多个性质的保护区域，有针对性地制定保护和管理措施，全面保护武汉大学的建筑遗产及其存有环境，维护高校文脉的完整性、真实性和延续性[7]。

依据建筑周围环境特征，结合早期（20世纪30年代）校园规划分区及布局，化

“点”为“面”，适当扩大调整核心区保护范围，将运动场、防空洞等构筑物纳入保护对象，有效保护早期建筑及其周边环境安全；以珞珈山、狮子山、团山等构成武汉大学山水格局的山林水体为对象，设置一般保护区，严格控制区域内相关建设，保护高校环境形态格局、景观风貌、环境生态等；适当扩大建设控制地带，尤其是临东湖区域，对区域内环境现状予以整治，对相关建设活动在建筑形式、风格、体量、色彩和高度等方面予以控制，保护由武汉大学早期建筑与珞珈山共同形成的优美的天际轮廓线，保护其与东湖风景名胜区的对话关系。

对反映武汉大学历史脉络、重要变革、人文精神的建筑予以保护，将方言学堂外籍教员别墅、乐山文庙等建筑遗产扩展申报为全国重点文物保护单位武汉大学早期建筑的组成部分，从文物级别上，保护武汉大学历史文脉的完整性。制定武汉大学建筑遗产的评价标准，实行动态的价值评估，启动20世纪五六十年代建筑遗产的评估和识别工作，争取将这一时期建筑遗产列入历史建筑予以保护。

3.2 分级保护策略

根据武汉大学建筑遗产的价值导向，按现行文化遗产体系不可移动文物和历史建筑的分级，制定不同的保护措施，进行分级保护。

对17处47栋全国重点文物保护单位，严格按照不改变原状、真实性、完整性及最低限度干预等保护原则进行保护和利用，全面保护其建筑形制、结构体系、平面格局、立面外观及内部装饰等，利用必须以文物建筑安全为前提，并须坚持突出社会效益。

对22栋50—60年代建设的建筑，可在遵循《武汉市历史文化风貌街区和优秀历史建筑保护条例》“保护优先、修旧如旧、安全适用”原则的基础上，参考优秀历史建筑保护相关要求，按其建筑价值体现及完好程度，分为四个级别进行保护。

（1）不得改变建筑外部造型、饰面材料和色彩；不得改变建筑内部结构体系、平面布局和装饰；建筑用途应当尽可能恢复原设计功能并符合保护图则的要求[8]；建筑的立面、结构体系、平面布局和内部装饰不得改变。

（2）不得改变建筑外部造型、饰面材料和色彩；不得改变建筑内部主要结构体系、平面布局和有特色的装饰，建筑内部其他部分允许做适当改变；建筑用途应当符合文物保护准则的要求[9]。

（3）不得改变建筑的立面和结构体系，建筑内部允许改变[10]。

（4）不得改变建筑的主要立面，其他部分允许改变[11]。

其中（1）、（2）两个级别对应《武汉市优秀历史建筑分级保护及评审管理办法》中一、二级优秀历史建筑；（3）、（4）级对应价值低于优秀历史建筑价值标准，又属于建筑遗产范畴的部分建筑，通过历史建筑的分级，以建筑价值体现的保护标准，从而使保护更有针对性和适应性。

3.3 可持续发展保护策略

可持续发展是使历史校园在时代变迁中保持校园活力的重要策略，建筑遗产的保护不单单是为了留存历史文脉，更是为校园的建设和发展、文脉精神的传承和发扬创造条件。从武汉大学建筑遗产保护的角度，可持续发展主要包括两个方面的内容，一方面，按照上述建筑遗产分级保护的原则和标准，进行遗产的更新和利用，充分发挥其作为校园建筑属性的使用功能和建筑遗产属性的历史文脉传承作用；另一方面，在校园的更新发展中保持历史校园和现代建设和谐相处，促进校园建筑的有机生长。

根据对武汉大学建筑遗产的价值评估和遗产分级，笔者认为，应遵循不同的更新策略，解决建筑遗产结构老化、设施陈旧及功能不适用等问题。对于 17 处文物保护单位，由于其价值较高，并体现在建筑本体的方方面面，因此，应选择不损害文物本体及其环境并能充分展示其价值的更新和利用方式，任何新的添加都需要进行评估，并具有可逆性，确保不会对历史信息造成破坏或干扰，在使用功能上以延续原有功能或辟为展示、研究场所为主，突出公益性和可持续性。对于 22 处历史建筑，则不再强调全面的保护，而更加突出使用价值，根据对历史建筑的分级，一级优秀历史建筑可参照文物保护单位的利用方式，控制利用强度，只进行必要的改善或添加；二级优秀历史建筑，在对其价值体现的部位进行严格保护的前提下，可对建筑内部进行适当的更新。其他两类历史建筑，在保护历史风貌的同时，以能满足现代使用需求为主，提高利用效率。

文物保护单位保护规划是实施文物保护单位保护工作的法律依据，是各级人民政府指导、管理文物保护单位保护工作的基本手段。针对武汉大学校园无序建设的发展状态，为正确处理文物保护与学校教学发展的关系，促进文物建筑的有效保护与合理利用的可持续发展，使文物建筑本体及其环境得到有效保护，笔者建议，武汉大学应在文物保护管理部门的指导下，按照“保护为主、抢救第一、合理利用、加强管理”的文物工作方针，对浙江省古建筑设计研究院编制的《武汉大学早期建筑保护规划》尽快进行完善，并按程序公布后纳入武汉市国民经济和社会发展规划、城乡建设发展规划。为确保保护规划的科学性、前瞻性和可操作性，规划内容应该与武汉大学校园总体发展规划、区域相关的生态保护、环境治理、土地利用等各类专门性规划相衔接，在规划措施设定上合理划定保护范围、建设控制地带和建设发展区，制定切实符合实际的保护、管理和利用措施，以利于以后的工作有章可循。

4 结语

以文物价值体系来评价高校建筑遗产，并非将高校建筑遗产泛遗产化，相反，它是确保建筑遗产在高校这一动态发展的系统中保持活力的重要体系标准；在此体系标准下，对高校建筑进行动态的、积极的价值评价，并制订有针对性的保护措施，对于相关保护工作具有十分重要的意义。

参 考 文 献

[1] 中华人民共和国国务院．历史文化名城、名镇、名村保护条例．2008-04-22.

[2] 国际古迹遗址理事会中国国家委员会．中国文物古迹保护准则（2015 修订）．北京：文物出版社，2015.

[3] 吕舟．从第五批全国重点文物保护单位名单看中国文化遗产保护面临的新问题 // 张复合．建筑史论文集（第 16 辑）．北京：清华大学出版社，2002：196-198.

[4] 国家文物局法制处．国际古迹保护与修复宪章 // 国家文物局法治处．国际保护文化遗产法律文件选编．北京：紫禁城出版社，1993.

[5] 单霁翔．从“文物保护”走向“文化遗产保护”．天津：天津大学出版社，2008：86.

[6] 胡适著，曹伯言整理．胡适日记全编 6. 合肥：安徽教育出版社．2001：178.

[7] 邵甬．胡力骏．赵洁．区域视角下历史文化资源整体保护与利用研究——以皖南地区为例．城市规划学刊．2016（3）.

[8] 武汉市人民政府办公厅．武汉市优秀历史建筑分级保护及评审管理办法．2013-12-30.

[9] 杨曦．我国高校传统校园及历史建筑保护更新研究．华南理工大学硕士学位论文．2011：84.

[10] 武汉市人民政府办公厅．武汉市优秀历史建筑分级保护及评审管理办法．2013-12-30.

[11] 武汉市人民政府办公厅．武汉市优秀历史建筑分级保护及评审管理办法．2013-12-30.

（本文原载《中国文化遗产》2017 年第 5 期）

我国石窟壁画保护实践与理论探索

汪万福[*]

摘要：在5000多年的文明化进程中，优秀的中华民族创造了种类繁多、内容丰富、数量极大的珍贵文化遗产，石窟寺就是其中规模宏大、分布广阔、体系完整，也是最具中国特色的文化遗产类型之一。本文以《中国文物古迹保护准则》和相关行业规范为指导，以敦煌研究院七十多年来在石窟壁画保护修复方面的实践为主线，系统总结了我国石窟壁画保护取得的成就，并就石窟壁画保护的一般程序、遵循的基本原则等理论和为人所普遍关注的补色等关键技术问题进行了有益探讨。提出了稳定专业队伍的建设，坚持科学研究贯穿文物保护工程的全过程，建立专家咨询制度和多学科有机结合的工作协调机制，贯彻“动态设计、信息化施工”的科学理念，健全的科学管理制度，构建预防性保护体系，以及树立全社会参与文化遗产保护事业，不断提高全民文物保护意识，保护成果务必惠及全体老百姓是文化遗产事业高质量发展的重要保障。

关键词：石窟壁画；保护实践；预防性保护

1　基本概况

我国是一个石窟寺文化非常丰富的国度，石窟主要分布在古丝绸之路、长江流域和黄河流域，数量达几千处。根据宿白先生《中国石窟寺研究》一书，按照石窟形制和造像学划分，可分为新疆地区、中原北方地区、南方地区、西藏地区4区；按石窟岩体性质则可分为砂岩型、砾岩型、灰岩型、结晶岩型等。石窟寺内所包含的文物种类主要有石刻造像、雕塑、摩崖、碑刻、岩画、壁画、塑像彩绘等，其中石窟壁画为石窟文物彩绘中最精美、最能代表石窟价值的部分。不同地域、不同时代的石窟壁画的制作材料、工艺、绘画艺术等均有较大差别，具有地域和时代特点。石窟壁画经过上百年甚至上千年的历史变迁，受所处气象环境、地质环境、水文环境等多种自然因素和人为因素的共同影响，产生多种类型的病害，其中颜料层龟裂起甲、粉化、脱落，地仗层酥碱、空鼓等是典型的壁画病害。如何更好地延长石窟壁画的寿命并传于后世，是摆在文物科技工作者面前的主要任务，需要不同领域的专家形成合力集中攻关，破解石窟壁画科学保护

---

* 汪万福：敦煌研究院，敦煌，邮编736200。

中的关键科学问题和技术难题。

21 世纪以来，随着我国综合国力的日益增强，国家在文化遗产保护传承利用方面的投入逐年加大，新时代中国特色的石窟文物保护理念不断完善，保护技术逐渐成熟，管理水平有较大提升，形成了石窟壁画保护的成套技术，并开始将之推广应用到丝绸之路沿线的同类遗产保护中。以敦煌石窟壁画保护为例，总体上经历从 20 世纪 40 年代的看守防护时期的“不偷不盗”“不塌不漏”，到 60 年代抢救性保护时期的“先救命，再治病”，再到 80 年代的科学保护时期的“究病理，治根本”，以及到 21 世纪初的预防性保护理念时期的“险情可预报，防护可提前”的过程。从保护工作程序上，由最初的“发现病害—直接加固修复”的过程逐步转为“发现病害—分析病害成因—实验室研究试验—现场试验—加固修复—效果评估”的全过程。对典型的石窟空鼓病害壁画的保护技术经过“边沿加固—揭取回贴—十字铁板锚固—十字有机玻璃板锚固—灌浆结合锚杆锚固加固”的发展演变，以及对石窟壁画酥碱病害保护技术从最初的“酥碱病害壁画渗透加固—多次脱盐加固，发展至壁画修复的全部介入材料需进行脱盐处理”的全过程，基本做到全过程的科学控制，确保壁画保护修复质量。

可以说，先进的保护理念是石窟壁画科学保护的灵魂，科学系统的保护程序和成熟的保护技术是先进理念体现到保护实践全过程的前期基础。本文在《中国文物古迹保护准则》的指导下，全面总结我国石窟壁画保护 70 多年的发展历程，通过对几个典型病害案例的剖析，阐述我国石窟壁画的特点，以及保护程序和技术工艺，旨在为丝绸之路沿线国家同类文化遗产的保护提供参考和借鉴。

2 我国石窟壁画保护实践与创新

2.1 石窟壁画保护研究的代表机构——敦煌研究院

敦煌研究院（前身为国立敦煌艺术研究所）成立于 1944 年，文物的保护工作从那时就已经开始。从保护的阶段来看，大致可以分为看守式保护、抢救性保护、科学保护、预防性保护 4 个阶段。敦煌石窟壁画的保护始于 1956 年，当时常书鸿先生等用一种特别的合成胶与丙酮溶液在壁画残片上做了第一次保护壁画的试验，随后的 1957 年，文化部邀请捷克专家戈尔（图 1）来莫高窟开展壁画修复试验，传经送宝，引进“打针修复法”，这也是今天的大国工匠李云鹤先生学习壁画修复的开始。1962—1963 年，在中国文物研究所胡继高先生的帮助下，段文杰先生、李云鹤先生等用聚乙烯醇和聚醋酸乙烯乳液进行对起甲病害壁画等的修复加固，一直沿用到 20 世纪 80 年代。直到 1997 年，在国家文物局的指导下，敦煌研究院与美国盖蒂保护所合作开展莫高窟第 85 窟保护项目，这应该说是敦煌莫高窟壁画保护修复的一个里程碑，取得了一系列的重要进展。

图 1　捷克专家戈尔在莫高窟第 474 窟修复壁画（1957 年）

据不完全统计，截至 2017 年，敦煌研究院文物保护技术服务中心（敦煌研究院管理的文化科技创新企业）先后完成 60 多项壁画保护修复项目，包括西藏三大重点文物（布达拉宫、罗布林卡和萨迦寺）保护维修工程壁画修复工程、敦煌莫高窟第 130 窟壁画保护工程、甘肃武山水帘洞石窟群壁画彩塑浮雕保护修复工程、山西太原北齐徐显秀墓原址保护工程等全国重点文物保护维修工程，分布在甘肃、新疆、青海、西藏、内蒙古、山西、山东、河南、河北、浙江等 18 个省（自治区）。

2.2　石窟文物赋存环境研究

文化遗产的保存常常受到自然因素和人为活动的影响，自然因素包括地震、降水（强降雨、山洪）、风沙尘（大风、沙尘暴）、崖体坍塌等，人为活动有战乱、采矿、大气污染、过度旅游等，而石窟寺作为旅游胜地，随着游客的日益增多，人为活动的影响愈加明显，必须引起管理者的高度重视。

敦煌研究院与美国盖蒂保护研究所合作，于 1989 年在莫高窟窟顶建立世界一流的全自动气象站，对莫高窟区域环境温度、湿度、地温、降雨量、蒸发量、辐射强度、风向、风速、气压等指标进行监测，随后在洞窟内安装微气象观测站，开展洞窟温度、湿度、空气交换速率、水分、盐分等指标的监测工作，为壁画病害成因、机理研究提供基础数据支撑。

2.3 壁画结构及工艺分析

一般来讲，一个洞窟从开始开凿到完工，大体要经过整修崖面、凿窟、绘制壁画塑像、修造并装饰窟檐或殿堂等一系列的营造程序。莫高窟的营造者一般由窟主、施主、工匠组成。工匠是在窟主或者施主的雇佣下从事洞窟的营建活动，有凿窟的“良工”和绘制壁画的“巧匠”，如打窟人、石匠、泥匠、木匠、塑匠、画匠等。古代各个行业的工匠，按照技术分为都料、博士、师、匠、生等级别。

完整的壁画结构由内部向表层一般包括支撑体、地仗层、底色层和颜料层等（图 2）。支撑体一般由崖（岩）体、木（竹）板、砖、土墙等为材料；地仗层一般由泥层组成，包括粗泥层（一般在和泥时加入麦草、粗麻等粗纤维）和细泥层（一般在和泥时加入棉、细麻、毛、纸筋等细纤维）；底色层是为了衬托壁画主题色彩在地仗层所涂的底色，一般材料为熟石灰、石膏、高岭土等；颜料层就是用各种颜料绘制而成的壁画画面层。有时后来人会在前人绘制的壁画上继续作画，从而出现重层壁画，这种情况也很多见，如敦煌莫高窟第 220 窟。

壁画制作的工序一般是先对开凿好的洞窟崖面通过抹粗泥进行适当找平，基本干燥后再上细泥，然后做底色，最后绘画。

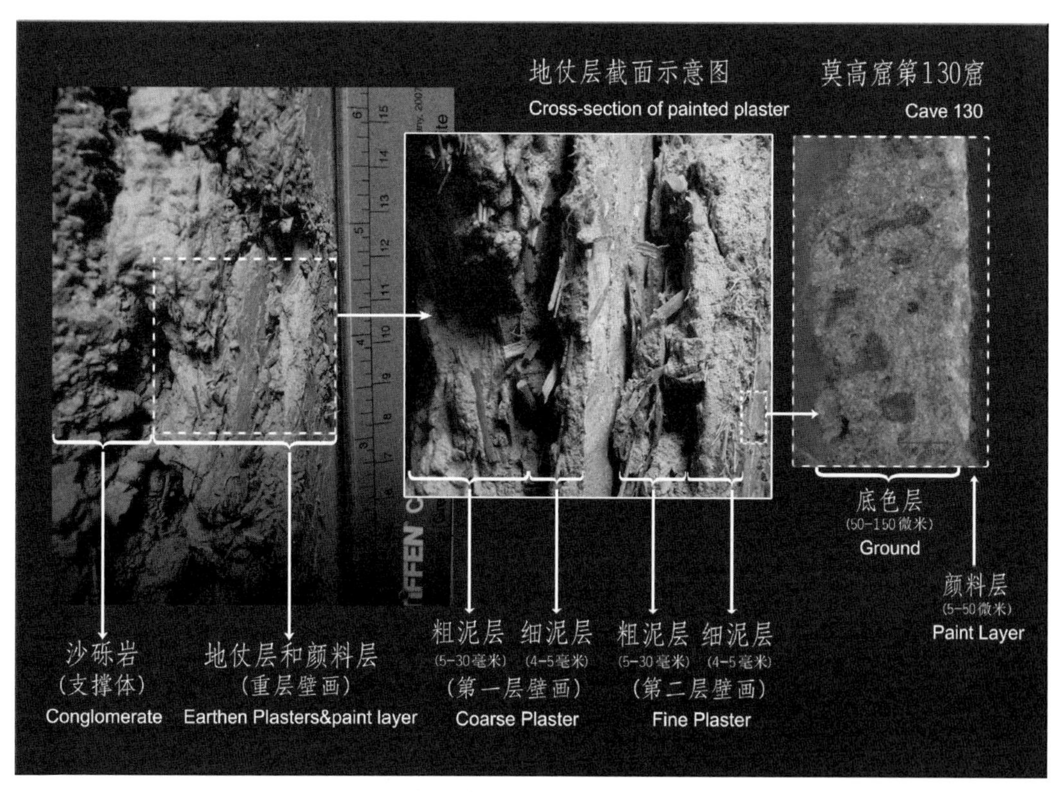

图 2 敦煌莫高窟第 130 窟壁画结构

2.4　石窟壁画制作材料分析

颜料是构成壁画画面的主要元素，研究发现，不同时代的壁画颜料使用的特点也不一样（表 1、表 2）。

表 1　石窟壁画颜料分析

颜料颜色	显色矿物	主要成分
白色	高岭土	$Al_2Si_2O_5(OH)_4$
	方解石	$CaCO_3$
	云母	$KAl_2Si_3AlO_{10}(OH)_2$
	滑石	$Mg_3Si_4O_{10}(OH)_2$
	石膏	$CaSO_4 \cdot 2H_2O$
	硬石膏	$CaSO_4$
	碳酸钙镁石	$Mg_3Ca(CO_3)_4$
	氯铅矿	$PbCl_2$
	硫酸铅矿	$PbSO_4$
	角铅矿	$PbCl_2 \cdot PbCO_3$
	白铅矿	$PbCO_3$
	石英	α-SiO_2（大部分样品中之石英作为杂质带入）
黑色	墨	C
	铁黑	Fe_3O_4
	二氧化铅	PbO_2
红色	朱砂	HgS
	铅丹	Pb_3O_4
	土红	α-Fe_2O_3（包括赭石、铁丹、煅红土等）
	雄黄	AsS
蓝色	石青	$2CuCO_3 \cdot Cu(OH)_2$
	青金石	$(Na, Ca)_8(AlSiO_4)_6(SO_4, S, Cl)_2$
绿色	石绿	$CuCO_3 \cdot Cu(OH)_2$
	氯铜矿	$Cu_2(OH)_3Cl$
黄色	雌黄	As_2S_3
胶结材料		动物胶
染料		目前只发现了少数几种，如虫胶、靛蓝、藤黄等

表 2　敦煌壁画颜料不同时代使用特点

时期	朝代	颜料颜色	显色矿物	含量
早期	十六国 北魏 西魏 北周	红色	大量为土红	朱砂、朱砂 + 铅丹、土红 + 铅丹
		蓝色	大量青金石	少量石青
		绿色	大量氯铜矿	少量石绿
		棕黑色	主要 PbO_2	其次 PbO_2+Pb_3O_4
		白色	主要高岭土	其次滑石、方解石、云母和石膏
中期	隋代 初唐 盛唐 中唐 晚唐	红色	主要朱砂	铅丹、土红、朱砂 + 铅丹和土红 + 铅丹
		蓝色	石青和青金石	少量石青 + 氯铜矿
		绿色	主要石绿	其次氯铜矿、石绿 + 氯铜矿
		棕黑色	大量 PbO_2	极少量 PbO_2+Pb_3O_4
		白色	主要方解石	其次滑石、高岭土、云母、石膏，少量氯铅矿和硫酸铅矿
晚期	五代 宋代 西夏 元代 清代	红色	主要土红	土红 + 铅丹、朱砂 + 铅丹，少量雄黄 + 铅丹
		蓝色	青金石、石青和群青	少量石青 + 石绿
		绿色	绝大量氯铜矿	其次石绿 + 氯铜矿
		棕黑色	主要 PbO_2	少量 PbO_2+Pb_3O_4，极少量铁黑
		白色	主要石膏	方解石、滑石、云母、氯铅矿和硫酸钙镁石

壁画地仗的材料一般是由粉状黏土（简称粉土）、沙以及少量的植物纤维（如麦草、麻等）按照一定的比例加水调和而成。以敦煌莫高窟第 44 窟为例，采用蒸馏水浸泡分离法对土和沙进行分离，地仗组分见表 3。地仗的成分与元素则用 XRD 及 EDXRF 来进行分析，结果见表 4 与表 5。

表 3　莫高窟第 44 窟壁画地仗组分

编号	时代	总重 / 克	土重 / 克	沙重 / 克	含沙比 /%	土沙比	麦草比 /%
44-dz1	五代	40.79	24.03	16.76	41.09	1.43 ∶ 1	—
44-dz2	盛唐	35.13	17.22	17.91	50.98	0.96 ∶ 1	—
44-dz3	中唐	45.95	25.47	19.46	43.31	1.31 ∶ 1	2.27
44-dz4	中唐	16.87	7.47	9.09	54.89	0.82 ∶ 1	1.87
44-dz5	中唐	29.41	9.63	19.06	66.43	0.51 ∶ 1	2.51

注：含沙比指沙的质量与沙土质量和之比；麦草比指麦草质量与沙土质量和之比，44-dz1、44-dz2 因麦草太少而无法分离。

表 4　莫高窟第 44 窟地仗样品的 XRD 结果

编号	时代	分析结果
44-dz1	五代	石英、方解石、云母、绿泥石
44-dz2	盛唐	石英、云母、方解石

续表

编号	时代	分析结果
44-dz3	中唐	石英、云母、方解石
44-dz4	中唐	石英、方解石、云母、钠长石
44-dz5	中唐	石英、方解石、钠长石

表5　莫高窟第44窟地仗样品的EDXRF分析结果（质量分数wt%）

编号	时代	CaO	SiO_2	Fe_2O_3	CuO	K_2O	Al_2O_3	BaO	TiO_2	SO_3
44-dz1	五代	27.9	27.5	22.9	1.1	6.3	9.1	—	2.2	2.5
44-dz2	盛唐	25.4	33.3	20.4	—	6.0	10.0	1.2	1.6	1.8
44-dz3	中唐	26.7	36.7	17.7	—	6.1	8.3	—	1.5	2.0
44-dz4	中唐	25.7	34.9	16.6	—	6.4	11.2	—	1.9	2.9
44-dz5	中唐	28.9	36.0	17.1	—	4.9	8.9	—	1.1	2.3

由XRD结果（表4）可知，第44窟壁画的地仗成分主要为石英、云母、方解石及钠长石等。因所选取的地仗分属三个时代，因而该结果说明不同时代制作的壁画地仗所使用的材料基本相同，但相对比例则有所不同。

由EDXRF结果（表5）可知，这五个地仗样品的CaO含量基本一致（25.4%—28.9%），SiO_2含量差别较大（27.5%—36.7%），Fe_2O_3含量亦有区别（16.6%—22.9%），其他成分则变化不大。较大差别的SiO_2含量反映了地仗中沙土比例的不同，而Fe_2O_3含量不同则可能导致地仗颜色的差异。

2.5　壁画病害类型及成因研究

《古代壁画病害与图示》（GB/T 30237—2013）中壁画病害有起甲、泡状起甲、粉化、颜料层脱落、点状脱落、疱疹、疱疹状脱落、龟裂、裂隙、划痕、覆盖、涂写、烟熏、盐霜、酥碱、空鼓、地仗脱落、褪色、变色、水渍、泥渍、动物损害、植物损害、微生物损害等21类（图3、图4），其中起甲、酥碱、空鼓是最为严重的3种壁画病害类型，有时同一处壁画多种病害并存，保护修复难度极大（图5—图8）。

举个例子，像我们平常说话交流的时候，如果靠近这些病害十分严重的壁画，由于局域空气的扰动，有可能会加速它的损害、掉落。导致壁画病害产生与发展的原因也是多方面的，但环境因素是至关重要的。如研究表明，在任何极端干燥环境甚至真空条件下，壁画中硫酸钠的形貌、结构是动态变化的（图9、图10）。环境因素如温度、相对湿度的变化只是加剧了这一变化的进程。硫酸钠结晶析出时，其体积膨胀约4倍。如莫高窟第98窟维修始于1999年，1998年敦煌一场大雨后第98窟出现严重问题，随后停止开放。2007年开始壁画彩塑修复，2013年结束，2015年2月通过甘肃省文物局组

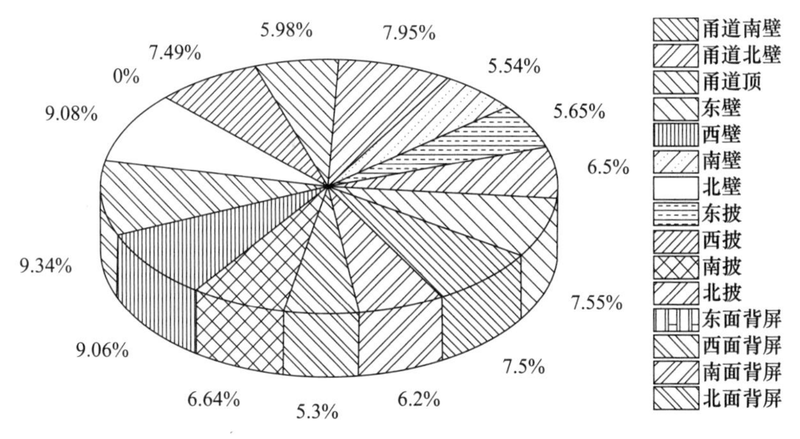

图 3 敦煌莫高窟第 98 窟壁画病害分布图

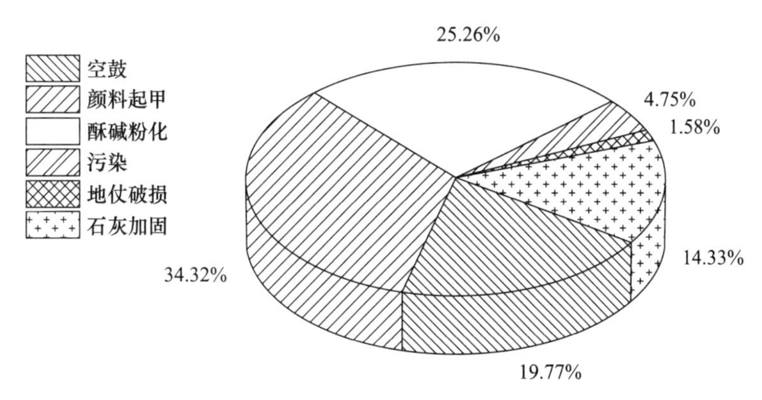

图 4 敦煌莫高窟第 98 窟壁画病害类型图

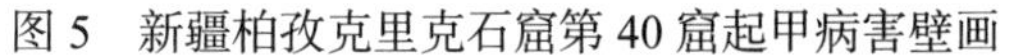

图 5 新疆柏孜克里克石窟第 40 窟起甲病害壁画

图 6 敦煌莫高窟第 85 窟酥碱病害壁画

织的专家验收。而 2016 年 8 月 16—19 日莫高窟地区总降雨量达到 33 毫米，第 98 窟相对湿度超过 80%，壁画酥碱问题又反复出现，所以控制环境变化是十分必要且有效的办法。

图 7　甘肃武山水帘洞石窟群拉稍寺壁画虫害

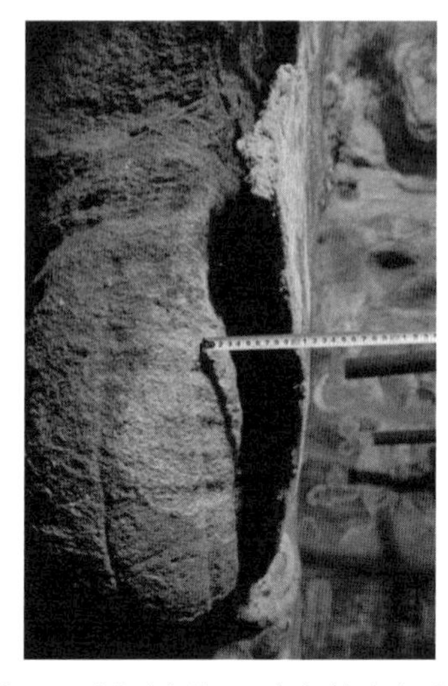

图 8　云冈石窟第 10 窟空鼓病害壁画

图 9　硫酸钠侵蚀破坏的模拟试块盐害演变进程

1. 新制备的试块　2. 50 天　3. 80 天　4. 120 天

（采自靳治良，陈港泉，夏寅，等. 硫酸盐与氯化物对壁画的破坏性对比研究——硫酸钠超强的穿透、迁移及结晶破坏力证据 . 文物保护与考古科学，2015（1）：29-38）

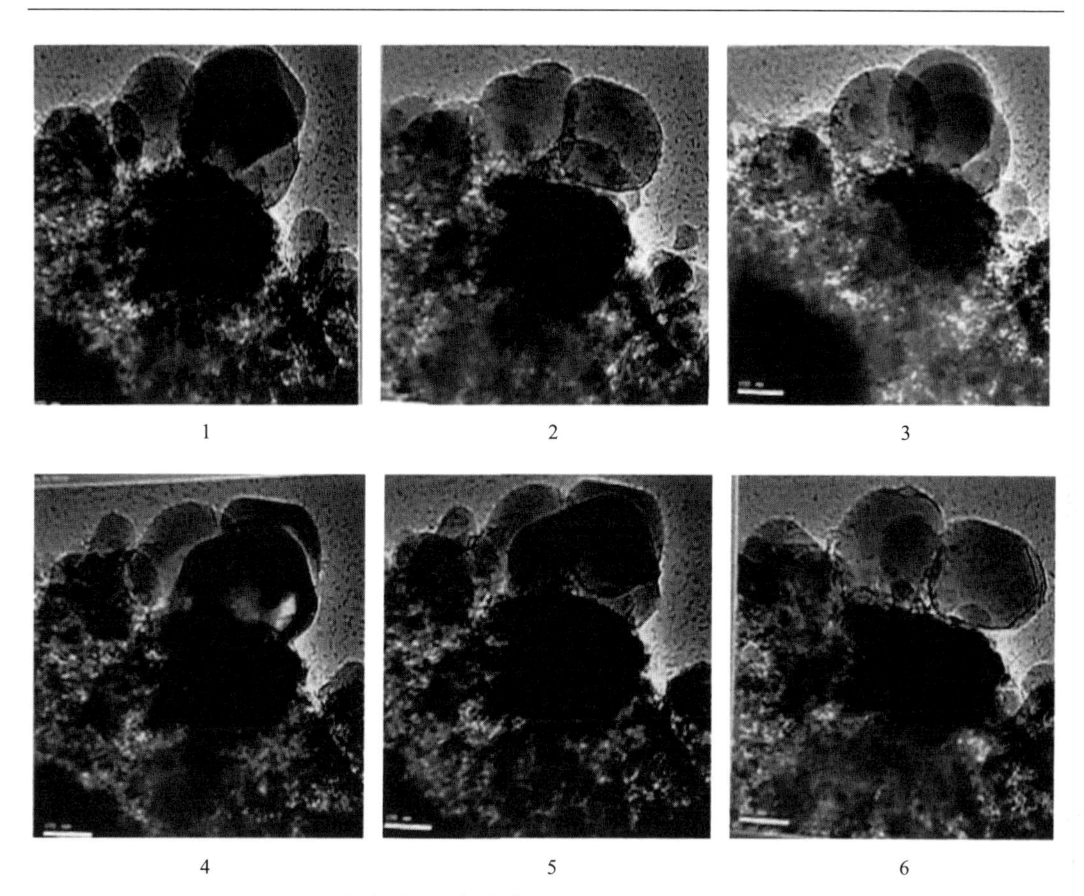

图 10 硫酸钠在超高分辨透视电镜上形貌变化视频截图
1. 0秒 2. 1秒 3. 2秒 4. 3秒 5. 4秒 6. 5秒
（采自靳治良，刘端端，张永科，等. 盐分在文物本体中的迁移及毁损机理. 文物保护与考古科学，2017（5）：102-116）

2.6 壁画保护修复材料研究

壁画保护修复材料的筛选应当遵循最大兼容的原则，材料筛选时应尽可能使用传统材料，首选该领域通过鉴定或已推广使用的材料，再以壁画保存现状调查、壁画制作材料与工艺研究、病害机理研究等成果为基础，分室内筛选研究和现场试验研究两个阶段进行。

对起甲病害壁画保护修复材料的筛选，一般关注材料的毒性、腐蚀性、渗透性、黏结性、色度、透气性、耐老化性、光泽度、稳定性等指标，并从黏结性、色度、光泽度、渗透性、透气性、稳定性、耐久性等几个方面做出评估。常用的起甲病害壁画修复材料有胶矾水、聚乙烯醇溶液、聚乙烯醇缩丁醛溶液、乙基纤维素溶液、鱼膘胶、聚丙烯酸酯乳液、聚醋酸乙烯酯乳液等。同样，对空鼓壁画保护修复材料的筛选，一般关注重量、收缩率、含水率、流动性、干燥时间、透气性、强度等指标，并从干燥时间、析水性、透气性、收缩率、含水率、密度、强度（抗压、抗折、抗剪）、黏结力、灌浆前后壁画含盐量、吸水材料的吸水脱盐能力等几个方面做出评估。如英国壁画保护修复专家 Rickerby S. 等通过对敦煌莫高窟第 85 窟环境特征、壁画制作材料、工艺及空鼓病害产生的机理等方面的综合研究，经过室内模拟实验与现场试验，筛选出以澄板土、玻璃微珠、浮石、蒸馏水和蛋清组成的灌浆材料，按照澄板土：玻璃微珠：浮石：蒸馏水 = 1 ∶ 2 ∶ 1 ∶ 0.66（体积比）的配比，再按干物质 5% 的体积比加入搅拌过的蛋清配制成浆液，对空鼓病害壁画进行治理后效果良好。

2.7　壁画保护修复工艺研究

起甲壁画的保护修复工艺流程依次为：表面除尘、软化表面涂层、注射黏合剂、回压、检查。

酥碱壁画的保护修复工艺流程依次为：除尘、填垫泥浆、注射黏结剂、回贴颜料层、再次注射黏结剂、滚压、压平壁画、敷贴吸水脱盐垫、更换吸水脱盐材料、二次脱盐、封闭采样孔。

空鼓壁画的灌浆加固工艺流程（图 11）依次为：除尘、用探地雷达探测空鼓范围及空鼓程度、钻注浆孔、用内窥镜观察空鼓壁画内部状况并清除碎石、埋设注浆管、灌浆前支顶壁板、灌浆、灌浆后回压支顶、锚杆补强、用探地雷达检测灌浆效果、封堵裂缝及注浆孔、补色。

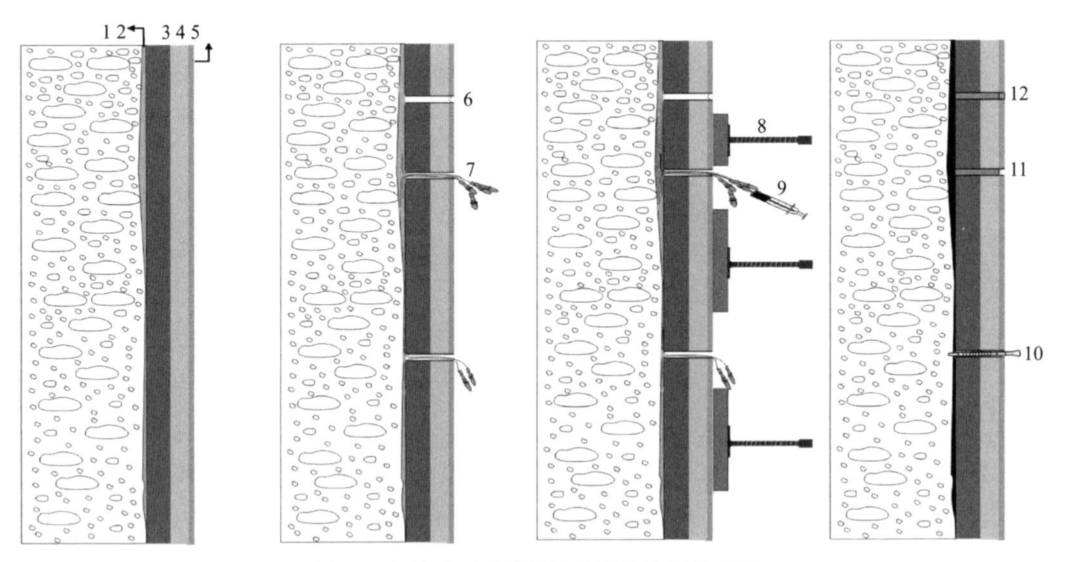

图 11　空鼓壁画地仗结构及灌浆流程示意图

1. 支撑体　2. 空鼓部位　3. 地仗（粗泥层）　4. 地仗（细泥层）　5. 颜料层　6. 注浆孔（或锚孔）　7. 插入注浆管　8. 支顶壁画　9. 注浆　10. 打锚杆　11. 修补注浆孔（或锚孔）　12. 补色作旧

2.8 壁画保护修复效果监测与评估

壁画修复工作完成后，对其修复效果的监测与评估是非常重要的。我们在保护效果的监测评估方面取得一些进展，如通过一些实验的数据分析灌浆材料性能质量控制情况；如如何去评判修复的过程和质量，就是要靠修复的技术。类似的技术使用情况如使用美国 Bsison1580 型浅层信号增强型地震仪对甘肃榆林窟崖体裂隙灌浆效果进行了监测，使用加拿大 SENSORS AND SOFTWARES 公司生产的高频探地雷达对莫高窟壁画的厚度进行了试验性测试，采用红外热像仪在莫高窟第 85 窟来检测浆液到达的范围，采用 CX10&11 探地雷达系统在西藏布达拉宫持明佛殿等处进行了灌浆效果的检测试验等。这些技术的应用和仪器的使用给壁画灌浆效果的检测提供了很好的思路。而针对壁画修复过程的时间要求，可以参照《中国文物古迹保护准则》，对壁画所采取的保护措施必须经过研究、分析和试验，保证切实有效。要把《中国文物古迹保护准则》精神落到实处，应该有时间保障。如以一个中级壁画修复师为例，修复 15 厘米 ×15 厘米的起甲壁画大概需要 11—14 分钟。

3 石窟壁画保护理论探索

3.1 壁画保护程序

《中国文物古迹保护准则》中将文物古迹的保护工作总体上分为六步，依次是文物调查、评估、确定各级保护单位、制定保护规划、实施保护规划、定期检查规划。原则上所有文物古迹保护工作都应当按照此程序进行，当然古代壁画的保护也不例外。在过去 70 多年的大量壁画保护修复实践中，形成了一定的壁画保护工作程序（图 12）。

3.2 不改变文物原状与最小干预原则

应当把干预限制在保证文物古迹安全的程度上。为减少对文物古迹的干预，应对文物古迹采取预防性保护。图 13 是笔者在捷克教堂考察时拍摄到的照片。

3.3 关于补色的问题

补色是壁画修复过程中的最后一个环节，对修复效果的整体评价具有重要作用。为什么要补色与补色到什么程度是壁画保护中重要的理念与原则问题，补色标准也是学术界颇具争议的问题之一。可以说，不同的国家、民族、地区存在不同的认识，在实践中凝练出不同的技术标准。一般而言，补色的范围仅限于维修工程中对壁画分割的锯缝、注浆孔、锚固孔等。按照我国文物保护修复的理论与实践，补色应遵循“不改变文物原状”的原则，达到远看无差异，近看有区别的效果。

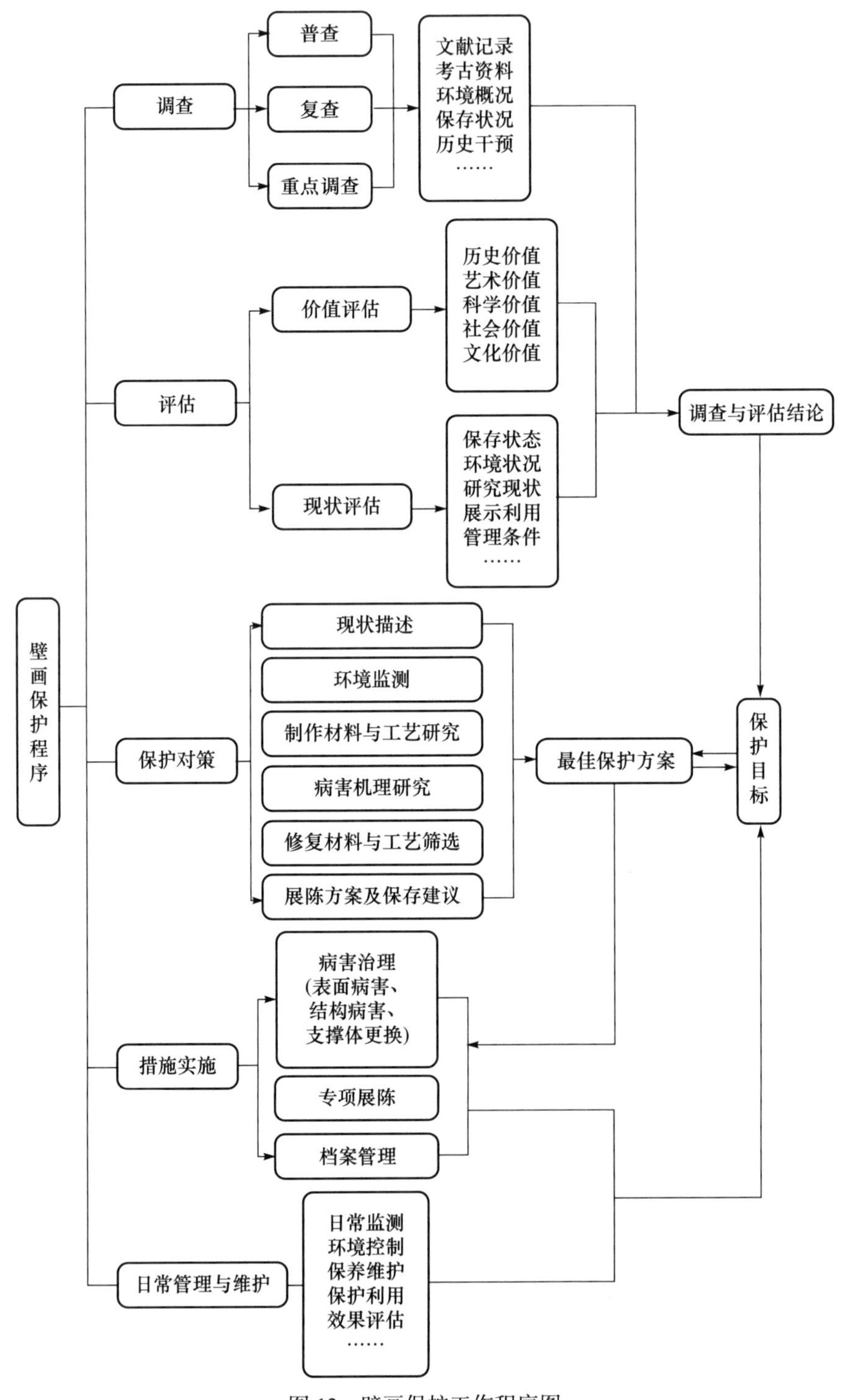

图 12　壁画保护工作程序图

图 13　捷克教堂壁画

4　值得关注的几个问题

4.1　对文物要有敬畏之心

我们从事的壁画保护工作是基于价值真实性与完整性的保护，即基于价值的保护。充分认知文化遗产的价值是做好文化遗产保护工程的基本要求。文化遗产作为历史的物质遗存是人类文化的载体，是历史的重要见证。保护文化遗产，就是对历史负责，就是要使这个载体延年益寿，传于后世。

4.2　要有稳定的专业队伍

文化遗产保护是一项十分复杂的系统工程，需要多学科交叉、多角度融合的专业力量来共同完成，涉及历史学、文学、理学、工学、农学、艺术学、管理学等（图 14），几乎所有的专业都可以在文化遗产保护中发挥重要作用。同时，要以老一辈为榜样，“坚守大漠，甘于奉献，勇于担当，开拓进取”，用实际行动坚守和践行“莫高精神”，“择一事，终一生”，甘于坐冷板凳，淡泊名利，为文化遗产保护事业发光发热。2019 年 8 月 19 日，习近平总书记在敦煌研究院主持召开座谈会时发表重要讲话，指出：“要

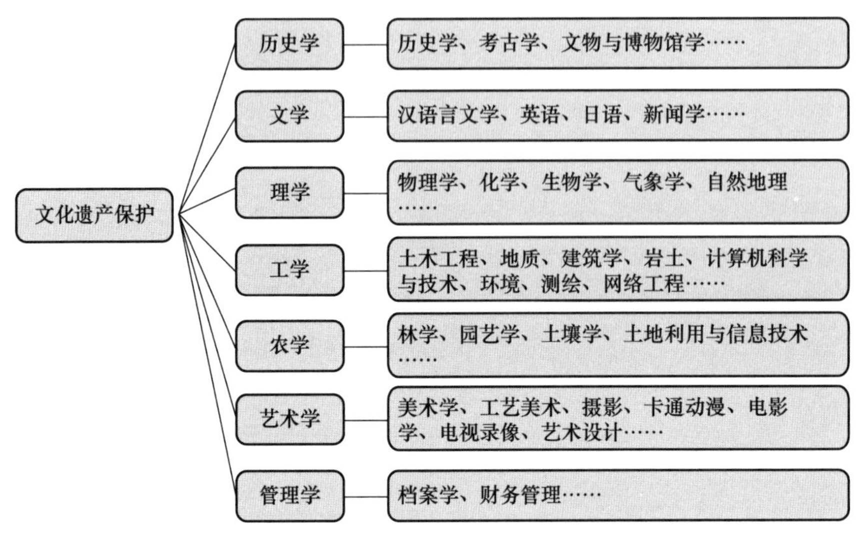

图 14　文化遗产保护所涉及专业类别（以敦煌研究院为例）

关心爱护我们的科研工作者，完善人才激励机制，支持和鼓励更多优秀专业人才从事这项工作。要持续加大投入，运用先进技术加强文物保护和研究，不断改善工作生活条件，为科研工作者开展研究、学习深造、研修交流搭建更好平台，提高科研队伍专业化水平。”[①] 未来需要加强多学科联合攻关和协同创新，加强与高校、科研院所间的合作交流，不断推进文化遗产保护事业向前发展。

4.3　科学研究工作必须贯穿文化遗产保护工程的全过程

文化遗产保护工程与一般工程不同，无论在方案设计阶段还是工程施工阶段，都有其固有的特点。文化遗产保护工程是在设计理念的指导下，通过大量的资料搜集、勘察测绘、前期研究、方案制定、针对性的保护措施的设计，形成宏观的概念性设计。通过室内实验、现场试验，实现深化设计，具体形成实施保护措施。因此，加强现场试验研究，是确保工程施工质量，在技术上进一步创新的基础。文化遗产保护工程的性质就决定了针对不同地域、材质、分布位置的病害，应采取相适应保护对策，所有的实施措施都需要大量的科学试验分析论证其可行性。材料选取、配比、工艺、操作环境条件等都需通过不同的试验，观察各种措施的保护效果，经专家评审后，方可进行大规模施工。因此，加强现场试验研究是拓宽和延展文化遗产保护领域材料研发、工艺梳理、丰富措施的最有效途径和平台。

① 习近平 . 在敦煌研究院座谈时的讲话 . 求是，2020（3）.

4.4 建立专家咨询制度和多学科的有机结合

专家咨询制度和多学科的合作在解决复杂、多样、多学科的工程技术难题中发挥了重要的作用。文化遗产的保护涉及面广泛，采用手段多样，保护的对象需要认知的内容相当丰富。因此，借助多学科手段，从不同角度认知保护对象，准确把握保护对象的属性和特点，从不同角度、不同层面分析论证保护措施的可行性，通过咨询长期从事文化遗产各专业领域的专家，凭借他们多年来总结和凝练的丰富经验，深入探讨、评价和研究论证具体的保护措施，解决工程实践中遇到的技术难题，从而最大限度地促使保护措施趋于合理化、科学化、规范化。

4.5 贯彻落实“动态设计、信息化施工”的科学理念是做好文化遗产保护工程的主要保证

以先进的保护理念指引文化遗产保护工程发展方向，以相关法律法规与行业标准、规范的重要性内容为依据约束文化遗产保护工程，以工程实践经验为工程项目管理模式和专业技术的发展基石，不断丰富和拓展文化遗产保护工程的视野和领域，使文化遗产的一切有价值的信息得到真实、完整的保留，实现目标的最大化。

4.6 构建预防性保护体系

1930 年在意大利罗马召开的“关于艺术品保护国际研讨会”第一次提出预防性保护（preventive conservation）的概念，即对馆藏文物保存环境实施有效的管理、监测、评估和控制，抑制各种环境因素对文物的危害，努力使文物处于一个“稳定、洁净”的安全生存环境，尽可能阻止或延缓文物的物理和化学性质改变乃至最终劣化，达到长久保护和保存馆藏文物的目的。当时主要是指对文物保存环境的控制，尤其是对温、湿度的控制。通过监测信息管理，建立预防性监测机制，制定应急处置方案，实现变化可监测、风险可预报、险情可预控、保护可提前的保护管理目标，从而进一步提升文化遗产的保护、监测和管理水平。

4.7 健全的科学管理制度是工程顺利实施的组织保障

在建设单位的统一组织管理下，勘察设计单位、施工单位、监理单位各司其职，明确责任分工，建立有效的协商沟通机制，确保工程质量和进度。

参考文献

樊锦诗.《中国文物古迹保护准则》在莫高窟项目中的应用——以《敦煌莫高窟保护总体规划》和《莫高窟第 85 窟保护研究》为例 . 敦煌研究，2007（5）：1-5.

付有旭，牛贺强，马竞，等 . 敦煌莫高窟第 98 窟壁画的保护与修复 // 中国古迹遗址保护协会石窟专业委员会、龙门石窟研究院 . 石窟寺研究（第 6 辑）. 北京：科学出版社，2016，6：424-439.

郭宏，李最雄，裘元勋，等 . 敦煌莫高窟壁画酥碱病害的机理研究之二 . 敦煌研究，1998（4）：159-172.

郭宏，李最雄，裘元勋，等 . 敦煌莫高窟壁画酥碱病害机理研究之三 . 敦煌研究，1999（3）：153-175.

郭宏，李最雄，宋大康，等 . 敦煌莫高窟壁画酥碱病害机理研究之一 . 敦煌研究，1998（3）：153-158.

郭宏 . 古代干壁画与湿壁画的鉴定 . 中原文物，2004，116（2）：76-80.

黄克忠 . 中国石窟保护方法述评 . 文物保护与考古科学，1997（1）：48-54.

黄克忠 . 中国石窟的保护现状 . 敦煌研究，1994（1）：18-23.

黄理兴，高鹏飞，肖国强，等 . 采用地质雷达探测莫高窟壁画厚度的试验研究 . 辽宁工程技术大学学报（自然科学版），2001（4）：457-459.

靳治良，陈港泉，夏寅，等 . 硫酸盐与氯化物对壁画的破坏性对比研究——硫酸钠超强的穿透、迁移及结晶破坏力证据 . 文物保护与考古科学，2015（1）：29-38.

靳治良，刘端端，张永科，等 . 盐分在文物本体中的迁移及毁损机理 . 文物保护与考古科学，2017（5）：102-116.

李云鹤，李实，李铁朝，等 . 聚醋酸乙烯和聚乙烯醇在壁画修复中的应用研究 . 敦煌研究，1990（3）：101-112.

李云鹤 . 莫高窟壁画修复初探 . 敦煌研究，1985（2）：174-184.

李最雄，汪万福，王旭东，等 . 西藏布达拉宫壁画保护修复工程报告 . 北京：文物出版社，2008.

李最雄，汪万福，杨韬，等 . 西藏罗布林卡壁画保护修复工程报告 . 北京：文物出版社，2015.

李最雄，王旭东 . 榆林窟东崖的岩体裂隙灌浆及其效果的人工地震检测 . 敦煌研究，1994（2）：156-170.

李最雄 . 丝绸之路石窟壁画彩塑保护 . 北京：科学出版社，2005.

马清林，陈庚龄，卢燕玲，等 . 潮湿环境下壁画地仗加固保护材料研究 . 敦煌研究，2005（5）：66-70.

马赞峰，汪万福 . 敦煌莫高窟第 44 窟壁画材质及起甲病害研究 . 敦煌研究，2014（5）：108-118.

祁英涛 . 永乐宫壁画的揭取方法 . 文物，1960（增刊）：83-86.

祁英涛 . 中国古代壁画的揭取与修复 . 中原文物，1980（4）：43-58.

宿白 . 中国石窟寺研究 . 北京：生活 · 读书 · 新知三联书店，2019（2021 重印）.

铁付德，孙淑云，王九一 . 已揭取壁画的损坏及保护修复 . 中原文物，2004（1）：81-86.

汪万福，李波，樊再轩，等 . 甘肃武山水帘洞石窟群壁画保存现状及保护对策 . 敦煌研究，2010（6）：17-22.

汪万福，马赞峰，李最雄，等 . 空鼓病害壁画灌浆加固技术研究 . 文物保护与考古科学，2006（1）：52-59.

汪万福，马赞峰，赵林毅，等 . 壁画保护修复工程设计程序的理论实践与应用 . 敦煌研究，2008（6）：13-18.

汪万福，武光文，赵林毅，等 . 北齐徐显秀墓壁画保护修复研究 . 北京：文物出版社，2016.

汪万福，赵林毅，裴强强，等 . 馆藏壁画保护理论探索与实践——以甘肃省博物馆藏武威天梯山石窟壁画的保护修复为例 . 文物保护与考古科学，2015（4）：101-112.

汪万福，赵林毅，裴强强，等 . 文化遗产保护工程理论实践与应用 // 中国古迹遗址保护协会石窟专业委员会、龙门石窟研究院 . 石窟寺研究（第 3 辑）. 北京：文物出版社，2012：315-331.

汪万福，赵林毅，杨涛，等 . 西藏古建筑空鼓病害壁画灌浆加固效果初步检测 . 岩石力学与工程学报，2009（S2）：3776-3781.

王进玉 . 高分子粘合剂在壁画保护上的应用 . 自然杂志，1987（1）：31-34.

王旭东，苏伯民，陈港泉，等 . 中国古代壁画保护规范研究 . 北京：科学出版社，2013.

王旭东，汪万福，俄军 . 馆藏壁画保护与修复技术培训理论与实践研究 . 兰州：甘肃民族出版社，2018.

习近平 . 在敦煌研究院座谈时的讲话 . 求是，2020（3）.

于宗仁，赵林毅，李燕飞，等. 马蹄寺、天梯山和炳灵寺石窟壁画颜料分析 . 敦煌研究，2005（4）：67-70.

赵林毅，李燕飞，于宗仁，等. 丝绸之路石窟壁画地仗制作材料及工艺分析 . 敦煌研究，2005（4）：75-82.

S Rickerby, L Shekeale, FAN Zai-xuan, et al. Development and testing of the principal remedial treatments of Cave 85: injection grouting and soluble salt reduction. Conservation of ancient sites on the Silk Road// In: Second international conference on the conservation of Grotto sites, Secession 5, june 28-July 3, Dunhuang, 2004, 35.

科技引领，传承经典
——云冈石窟的开凿与保护

杭　侃*

摘要：云冈石窟代表了五世纪至六世纪时期，中国高超的佛教艺术成就。来自各地的工匠在开凿云冈石窟时创建了“云冈模式”，在北魏产生了广泛的社会影响，对于促进北魏民族的共同体意识起到了积极的推动作用。对于云冈石窟的保护，需要研究与保护相结合，即在保护中充分考虑研究的需要，在研究中提出需要保护的遗迹现象，使得在制定保护方案的时候，能够对这些需要关注的遗迹现象给予格外的重视。在今后对各地石窟的维修保护工作中，有必要对各种遗迹现象予以充分研究，然后制定相关的保护措施。

关键词：云冈石窟；石窟保护；石窟病害；遗迹

1　云冈石窟的重要地位

云冈石窟开凿于大同城西 16 千米的武州山南麓，东西绵延 1 千米，现存大小窟龛 254 个，石雕造像 5.9 万余尊。其中主要洞窟 45 个，佛像最高者超过 17 米（图 1）。《水经注·㶟水》称赞云冈石窟“真容巨壮、世法所稀”，可见云冈石窟给时人带来的视觉冲击。初唐高僧道宣在《续高僧传·昙曜传》盛赞云冈石窟“龛之大者，举高二十余丈，可受三千许人。面别镌像，穷诸巧丽。龛别异状，骇动人神。栉比相连，三十余里”[1]。

439 年，新兴的北魏王朝迅速统一了中国北方，在此过程中，北魏政权特别注重对人才、伎巧的搜求，陆续迁往首都平城一带的人口，据文献的记载有百万人以上，其中许多人来自山东六州、关中长安、河西凉州、东北和龙（即龙城）和东方的青齐等当时北中国经济、文化最发达的地方。正是有了这样的基础，460 年起，北魏皇室集中全国的技艺和人力、物力所兴造的云冈石窟，才能成为艺术史上的经典。

北京时间 2001 年 12 月 14 日 0:25，在芬兰首都赫尔辛基举办的联合国教科文组织世界遗产委员会第 25 届会议上，中国政府申报的大同云冈石窟被列入《世界遗产名

---

* 杭侃：云冈研究院，大同，邮编 037036。

图1　云冈石窟全景图
（来源：云冈研究院）

录》。由此，云冈石窟成为中国第28处世界遗产。在申报世界文化遗产时，云冈石窟被评价为“代表了5世纪至6世纪时期中国高超的佛教艺术成就，昙曜五窟整体布局严整，风格和谐统一，是中国佛教艺术发展史的第一个巅峰”。

2021年恰逢云冈石窟成功申报世界遗产20周年。对于云冈石窟的重要性，宿白先生在《平城实力的集聚和“云冈模式”的形成与发展》一文中进行了高屋建瓴的论述[2]：“云冈石窟是新疆以东最早出现的大型石窟群，又是当时统治北中国的北魏皇室集中全国技艺和人力、物力所兴造……它所创造和不断发展的新模式，很自然地成为魏国领域内兴凿石窟所参考的典型。所以，东自辽宁义县万佛堂石窟，西迄陕、甘、宁各地的北魏石窟，无不有云冈模式的踪迹，甚至远处河西走廊西端、开窟历史早于云冈的敦煌莫高窟亦不例外。”

云冈石窟中最先开凿的5座洞窟由当时的沙门统昙曜负责营造，这5座洞窟一般认为是为道武、明元、太武、景穆、文成五帝雕凿的5座大像窟。《魏书·释老志》载：“和平初，……昙曜白帝，于京城西武州塞，凿山石壁，开窟五所，镌建佛像各一。高者七十尺，次六十尺，雕饰奇伟，冠于一世。”[3]这5座洞窟即现编号第16—20窟，形制上的共同特点是穹隆顶，椭圆形平面、主佛形体高大，占窟内主要位置，其造像题材主要是三世佛（过去、未来、现在）。

这种窟型过去多认为“应是仿印度草庐式的”。杨泓先生认为，印度和中国境内比云冈石窟开凿时间早的诸石窟，并不见这种窟型。佛传中也不见有释迦牟尼在草庐中传道说法的记述。结合山西太原、河北磁县、河南洛阳等地发掘的北朝墓随葬陶驼模型的驮载物中的穹庐部件，尤其是大同北魏墓葬出土的陶穹庐和壁画中表现的成群的穹庐，杨泓先生指出[4]，昙曜五窟椭圆形平面穹隆顶的窟形，并不是效仿鲜卑族并不知晓的域外的草庐，而是将象征皇帝的佛像供奉进鲜卑民族在长期游牧生活中的传统居室——穹庐中。穹庐又象征着天穹，也就意味着将佛像供奉在天地之间，显示出浓郁的民族文化特征。所以，昙曜五窟的新样式“应是 5 世纪中期平城僧俗工匠在云冈创造出的新模式”，可称之为“云冈模式”的开始。

这样一处“真容巨壮”的石窟群，会给匍匐在其脚下的苍生以巨大的心灵震撼。这也恰恰就是大像窟所追求的艺术效果。北魏在太武帝时期通过征伐迅速统一了中国北方地区，但如何有效地凝结社会共识尚待探索。北魏的统治者看到了佛教“益仁智之善性，助王政之禁律”的作用，于是，“令沙门敷导民俗”[5]，而僧人也将皇帝奉为“当今如来”，认为“能弘道者人主也”[6]，云冈石窟就产生在这样的时代背景之下。从历史的进程来看，云冈模式也的确在北魏产生了广泛的社会影响，对于促进北魏民族的共同体意识起到了积极的推动作用。

2　云冈石窟的开凿与保护

石窟寺的保护主要针对不同石窟存在的具体病害，而对洞窟开凿次第的探究往往被视为考古学的工作领域，因此在实际的工作中，保护和研究分属于不同的部门。但实际上，一些具体的保护对象与研究的内容之间存在着密切的联系。所以，在保护中需要考虑到相关研究的需要，而研究也须提出需要保护的遗迹现象，以便于在制定保护方案时，对这些需要关注的遗迹现象予以格外的重视。

开凿云冈石窟这样的大型石窟，需要有巨大的山体。云冈石窟位于大同侏罗纪沉积盆地西缘的低山上，雕琢在侏罗系云冈组的一个砂岩透镜体上，岩性为中粗粒长石砂岩夹有泥岩、砂质泥岩。解廷凡指出[7]，云冈石窟开凿在侏罗纪的厚层砂岩中，该砂岩为黄褐色并夹有紫色砂质页岩。岩石的主要成分为长石和石英，胶结物多含钙质和泥质，岩体交错层理发育岩性纵横不一。云冈石窟的岩层厚约 40 米，东西两段逐渐减薄。岩性变化规律大致是：上部石英含量多，东段长石含量多，因此这层砂岩上部比较坚硬；下部比较疏松，中西段比较坚硬，东段比较疏松。

引起石质文物破坏的原因可以分为两大类：一类是自然界各种营力的作用引起的病害，如石雕溶蚀、风化剥蚀、渗水、崩塌等；另一类是人类活动引起自然环境的改变，在改变后的自然环境营力作用下，引起原有病害的加剧或诱发新的文物环境蚀变等[8]。

云冈石窟常见的 2 种自然破坏现象是岩体的崩塌和岩石的表面风化。这种自然破坏的现象与云冈地区的地质、气候、不同来源水的侵蚀、空气污染、地层震动等因素相互作用，加大了云冈石窟的保护难度。云冈石窟区域内原生构造裂隙多，大型洞窟群的开凿又破坏了原来的岩体结构，容易引起岩体内应力变化，进一步加剧了云冈石窟的裂隙发育，石窟崩塌的情况时有发生。日本学者在讨论昙曜开凿石窟时写道[9]：

昙曜始终得到世人的信赖，又在石窟营造方面倾注了毕生的精力，然而开窟的大事业无疑是极其艰难的。同时差遣众多工人施工，可就19窟千佛龛的营造推知梗概。

但这一大事业最关键的难题在于石窟构造上的脆弱性，就未曾营造过巨制大佛而言，云冈的岩壁过于脆弱。

水成岩上脆弱岩层随处可见，遍布第16窟至第20窟，因此借由嵌入石材进行若干的修补，相较之下，第7、第8双窟以及第9、第10双窟等中央位置则提供了更坚固的岩壁，不过随处又引发大裂隙。因为在岩壁上急速地挖掘出巨大的空洞，自然破坏了山体的稳固结构，所以屡屡引发大裂隙是无可避免的。常驻石窟寺的昙曜大概不时能体验到裂缝大开时令人悚然的音响。所幸，似乎未曾发现崩塌，但每座洞窟皆存在着东西走向的大裂隙，大概是自开窟以来就存在的现象。

这段文字对于昙曜开凿石窟时的艰辛和可能遇到的工程上的难题进行了推测，实际上，在昙曜开凿石窟的过程中就出现过严重的崩塌现象。最明显的就是第20窟前壁的坍塌和西壁立佛的损坏与复建。昙曜五窟原本有着一致的布局特征，即立面具有明窗和窟门[10]、椭圆形平面、穹隆顶，主佛形体高大，占据窟内大部分空间，造像题材以三世佛为主（图2）。第20窟原来也是同样的布局设计，现在第20窟的前壁和西侧立佛已经不存。笔者认为，云冈第20窟西壁在开凿的过程中就出现了崩塌，并导致昙曜不得不调整了原来的规划设计[11]。

近年来，云冈研究院的考古人员在对第20窟窟前遗址发掘和保护工程过程中，陆续发现了第20窟西壁立佛的残块。从复原的情况来看，其风格与东立佛一致，但其残

图2　云冈石窟第20窟主佛与东部立佛

（来源：云冈研究院）

块呈几何形，并且背面都是平整的。也就是说在 20 窟西壁坍塌之后，昙曜组织力量对第 20 窟进行了工程上的补救，用预先雕刻好的石块重新补砌了西立佛。现在看到的西立佛残块是西立佛再次坍塌后的遗存，再次证明云冈第 20 窟在昙曜时代就已发生了坍塌。

图 3　云冈石窟第 19 窟主尊胸部的补修遗迹
（来源：《云冈石窟・十六卷本（日本）》）

云冈石窟的岩体中普遍存在构造裂隙、风化裂隙、断裂面和软弱夹层等结构缺陷，这些结构缺陷与岸边卸荷裂隙等互相切割，使石窟岩体出现了变形、滑移、错落、坠落现象。从现存的遗迹现象看，一些问题在石窟开凿时就已发生，且采取了一定的补救措施。例如，第 19 窟主尊胸部有一道水平状的软弱夹层，古代的工匠在取出软弱夹层的岩体之后，又用比较坚硬的石块进行了填补，并且在填补的石块上顺着造像整体的衣纹走向进行了雕刻（图 3）。不同的裂隙在云冈石窟随处可见。这些裂隙对石窟的稳定性产生了破坏，但有些裂隙对于判断造像年代起到了辅助作用。例如，云冈第 18 窟明窗西侧有一道明显的裂隙，这段裂隙用腰铁进行了加固，在裂隙的周围布满了北魏时期补凿的小龛，但这些小龛在开凿时明显避让了原来已经存在的裂隙，说明这道裂隙存在于周边的小龛开凿之前。

石窟稳定性问题曾经是云冈石窟保存面临的最大考验，裂隙和层理发育带来的洞窟崩塌随处可见，尤其是前壁、顶板等处（图 4）。1973 年，遵照周恩来总理“云冈石窟 3 年要修好”的指示，按照“抢险加固、排除险情、保持现状、保护文物”的原则，对云冈石窟一些主要洞窟进行了大规模的抢险加固。这些工程主要是从保护的角度采取的加固措施，并取得了明显的成效。“石窟危岩裂隙灌浆黏接加固”的研究成果还曾获得国家科学大会奖，并且推广到国内一些石窟的加固工程中。

保护工作在对危岩体加固的同时，也存在一些遗憾之处。由于没有充分考虑到研究的需要，部分遗迹现象被掩盖了。如云冈第 19 窟外壁明窗之上，原有较为明显的人字槽（图 5），这种人字槽在第 7、8 窟外壁也有。宿白先生推测：“第 7、8 窟两窟的上方崖面，存有清晰的木构建筑物两坡顶的沟槽与承托两坡顶端和左右檐下的 3 组梁孔。这些迹象可以表明，第 7、8 窟的前面曾建有 1 座山面向前的木建筑物。”[12] 云冈石窟外壁的人字槽是讨论云冈石窟历史上曾经存在的“十寺”的重要材料，中国古代的石窟寺有一些存在前接木构的形式，因此，在今后的维修保护工作中，有必要对各种遗迹现象予以充分研究，然后制定相关的保护措施。

图4 20世纪60年代的云冈石窟
（来源：云冈研究院）

1

2

图5 云冈石窟第19窟维修前后对比
1. 维修前［来源：《云冈石窟・十六卷本（日本）》］ 2. 维修后（来源：云冈研究院）

2021年，云冈研究院对云冈第1、2窟进行了日常维护。云冈第1、2窟在20世纪60年代就进行过维修。自1960年7月，古代建筑修整所和文物博物馆研究所对该窟进行勘查、测绘工作，于1962年4月确定了修整方案。1963年7月正式施工，至10月底完成主体工程，又于1964年6月进行罩面仿旧及环境修整等工作[13]。也可以说，云冈第1、2窟的维修工作为云冈后来的保护工作积累了经验。

第1、2窟是1组双窟，2座洞窟共用1个斩山的崖面，在第1窟之东和第2窟之西，分别有1座突出于岩体的单层塔，塔的3面开龛，另外一直与山体相连，2座单层塔残损严重，在20世纪60年代的保护工程中也加以过维修，但是在工程简报中对于这2座塔并没有予以相关的报道。实际上这2座塔对于认识第1、2窟的内涵具有重要的价值（图6）。

图 6　第 1、2 窟和东西两侧的单层塔
（来源：云冈研究院）

图 7　云冈石窟第 2 窟西侧塔顶部的凹槽
（来源：作者自摄）

在 2021 年的搭架维护工作中，在第 2 窟西侧塔的顶部发现了为搭建木结构窟檐而留下长方形凹槽（图 7），在第 1 窟东侧塔的顶部也发现了残损严重的凹槽，因此推知，2 处单层塔上原来还有木构的塔檐；第 1 窟东侧塔的顶部还发现塔刹的底座，应该是须弥座的下部。

东侧单层塔与山体之间，在维护的过程中清理出来一道裂隙。云冈石窟由于开凿在十里河北岸武周山南麓陡峻的边坡岩体之上，岸边卸荷裂隙发育，这类裂隙走向平行于崖壁走向，倾向与边坡一致，构成了石窟寺所在岩体失稳的滑移面和崩落破坏面。第 1 窟的这处裂隙原本计划灌浆加固，但分析了以往的保护措施之后，笔者认为以往的保护措施已经对残存的塔体进行了有效的支护，综合考量研究和保护所涉及的内容，计划采取其他的保护措施。

综上所述，石窟寺历经岁月的沧桑，存在着多种病害，需要采取不同的保护措施，但是保护需要采取的不仅是岩体加固和防止风化等技术措施，还应当考虑将开凿过程中的各种信息纳入整体保护的视野之中。因此，保护是一个综合性的工作。在实施保护措施的不同环节都有必要强调多学科、多部门的协作，从而最大限度地对石窟寺的本体信息进行有效的保护。

3 云冈石窟的未来工作重点

1500多年的岁月沧桑，使云冈石窟不同程度地经受了自然风化和人为破坏，洞窟和雕像损毁严重，文物保护工作任重而道远。中华人民共和国成立后，党和国家高度重视云冈石窟的保护工作，半个多世纪以来，政府投入巨资，先后实施了“3年保护工程”“八五保护维修工程”“109国道云冈段改线工程”“云冈石窟防水保护工程”“云冈石窟周边环境综合治理工程”“五华洞窟檐建设工程”等一系列重大的保护措施，通过多次大规模的维修保护、景区建设，云冈石窟的面貌焕然一新。

2021年12月7日，国家文物局发布了《“十四五”石窟寺保护利用专项规划》，为“十四五”期间石窟寺的保护、管理、研究和展示利用制定了远景目标。在保护规划中特别强调了要“加强科技创新，发挥科技支撑和引领作用”。云冈石窟在以往的保护工作中取得了一定的成绩，这些保护工作离不开科技的支撑和引领，其中“3年保护工程”采用的围岩裂隙灌浆加固技术，还荣获我国首届全国科学技术大会嘉奖。近年来，云冈研究院的数字化信息采集和展示工作也不断有新的进展，但是，对照《“十四五”石窟寺保护利用专项规划》的要求，我们还有大量的工作需要开展。对于云冈石窟而言，保护是第一位的。云冈石窟的保护工作不仅需要多学科的交叉，也需要不同部门之间的相互协作，保护、研究、展示、利用是一个有机联系的整体。回顾中国石窟寺的保护历程，在肯定工作成绩的同时，也不难看到，有的石窟保护工程只重视了本体的加固，却忽视了一些同样应该保护的遗迹现象，这些问题原本是可以通过部门之间的相互协调而得到解决的。保护绝非单纯是技术部门的事情，保护、研究、展示、利用不同环节之间的有效协作在石窟寺管理中还有待加强，强调“加强科技创新，发挥科技支撑和引领作用”，我们要关注的就不仅是学科之间的交叉，还有必要强调不同部门之间的协作。

科技手段在石窟寺领域的运用，还有很重要的一个方面就是石窟寺的数字化采集。这项工作已经历了20多年的探索，大专院校、科研院所，甚至一些公司都采集了大量的石窟寺数据信息。但是，与实际的产出需求相比，无论是在石窟寺的保护工程上，还是在石窟寺本体的研究和石窟寺田野报告的编写上，这些数据都没能够充分发挥应有的作用。以石窟寺的测绘为例，在传统的测绘过程中，测与绘是一体的，只是呈现给读者的是根据测绘稿清绘的图纸，这个测绘的过程有研究人员参与，测绘过程也是对研究对象认识的过程。现在的数字化信息采集，设备越来越先进，但是完成的只是“测”的部分，和“绘”之间有相当程度的脱节，人认识不到的遗迹现象，机器是不会自动识别的。现在数字化采集中测与绘脱节的现象，使我们一方面需面对海量的数据信息，另一方面科技的力量难以充分发挥其在石窟寺不同领域的作用。

科技是第一生产力，云冈石窟未来的工作重点，就是要在科技的支撑和引领下，保护好经典、研究好经典、阐释好经典、传播好经典，让广大的人民群众感悟到经典的魅力，真正发挥经典在构筑文化自信过程中的作用。

时值云冈石窟申遗成功 20 周年之际，云冈研究院与北京大学考古文博学院、联合国教科文组织亚太地区世界遗产培训与研究中心（北京）合作，共同组织了本期石窟寺遗产专题。专题内容既涉及以云冈石窟维修工程为核心的保护史和理念评述、云冈石窟申遗亲历者访谈，也包括了来自龙门石窟、麦积山石窟等国内其他石窟寺遗产的保护和发展问题。希望以本期专题为契机，进一步推动国内石窟寺保护机构的交流与发展。

参 考 文 献

[1]（唐）道宣撰，郭绍林点校．续高僧传（卷第一）：译经篇初．北京：中华书局，2014：12.

[2] 宿白．平城实力的集聚和“云冈模式”的形成与发展 // 宿白．中国石窟寺研究．北京：生活·读书·新知三联书店，2019：130-167.

[3]（北齐）魏收．魏书（卷一百一十四）释老志．北京：中华书局，1974：3037.

[4] 杨泓．从穹庐到殿堂：漫谈云冈石窟洞窟形制变迁和有关问题．文物，2021，72（8）：62-80.

[5]（北齐）魏收．魏书（卷一百一十四）释老志．北京：中华书局，1974：3030.

[6]（北齐）魏收．魏书（卷一百一十四）释老志．北京：中华书局，1974：3031.

[7] 解廷凡．云冈石窟的加固与保护 // 云冈石窟文物保管所．中国石窟：云冈石窟（一）．北京：文物出版社，1991：202-208.

[8] 黄继忠．云冈石窟主要病害及治理．雁北师范学院学报，2003，19（5）：57-59.

[9] 京都大学人文科学研究所，中国社会科学院考古研究所．云冈石窟（第十三、十四卷）．北京：科学出版社，2014：7.

[10] 云冈石窟第一期的特点之一是明窗的尺度大于窟门。明窗的作用，一是在开凿过程中方便从上到下进行取石作业，二是为了满足信众从窟外观瞻的需要。

[11] 杭侃．云冈第 20 窟西壁坍塌的时间与昙曜五窟最初的布局设计．文物，1994，45（10）：56-63.

[12] 宿白．《大金西京武州山重修大石窟寺碑》的发现与研究：与日本长广敏雄教授讨论有关云冈石窟的某些问题 // 宿白．中国石窟寺研究．北京：生活·读书·新知三联书店，2019：96-129.

[13] 杨玉柱．大同云冈石窟第一、二窟实验保护工程简报．文物，1965，16（5）：43-45.

（本文原载《自然与文化遗产研究》2021 年第 6 期）

我国馆藏壁画保护历程的简要回顾

苏伯民[*]

摘要：壁画是依附于建筑墙壁的绘画，是人类在历史发展中为宣传宗教信仰、体现民间风俗和寄托美好愿望而进行的绘画艺术创作，具有重要的历史、艺术和科学价值，我国博物馆现存的馆藏壁画绝大部分来自揭取的墓葬壁画、殿堂壁画和石窟寺壁画。将揭取后的古代壁画搬迁至博物馆中进行保护修复和展示，成为馆藏壁画。我国的馆藏壁画保护修复始于20世纪50年代，主要采用了揭取搬迁和加固修复两大类技术，随着文物保护科学技术的不断发展，揭取搬迁和加固修复过程中的工艺方法和保护材料也持续得到改进和提升。本文简要回顾梳理了我国馆藏壁画的保护历程，按照支撑体等保护材料的变化将馆藏壁画保护历程分为五个阶段，并总结了不同阶段的特点和存在问题，重点介绍了第五阶段多学科交叉保护技术在馆藏壁画中的保护应用，并对未来馆藏壁画的保护技术及其发展提出了建议。

关键词：馆藏壁画；墓葬壁画；揭取搬迁；加固修复

1 引言

古代壁画是珍贵的历史文化遗存，是人类历史上最早的绘画形式之一，具有极高的历史、艺术和科学价值。依据现代文物保护理念，原址保护是展现壁画及遗存完整性和真实性的最佳保护方法。但自20世纪50年代，因大规模基础建设，如兴建水库、大坝、公路、铁路及机场等，一些地方的石窟壁画、殿堂壁画和墓葬壁画被揭取搬迁，移至博物馆内保存[1]；而一些墓葬壁画地处偏远，考古发掘后，因技术和管理条件的限制，墓葬壁画不得不采用搬迁揭取的保护方法。此外，在考古发掘中，原有封闭的墓室一旦打开，将迅速破坏墓葬内稳定环境状况，相对湿度剧烈变化、可见光、可溶盐等因素，导致墓室内的壁画出现起甲、开裂、卷曲、脱落、粉化、酥碱、褪色、霉变等病害[2]，因此墓葬壁画的揭取搬迁是重要的保护手段，也挽救了大批濒危的墓葬壁画。

---

* 苏伯民：敦煌研究院、古代壁画保护国家文物局重点科研基地、国家古代壁画和土遗址保护工程技术研究中心，敦煌，邮编736299。

2　馆藏壁画的揭取搬迁技术

古代墓葬壁画的揭取搬迁技术是保护人员根据墓葬壁画的制作工艺状况采用分块切割的方法（图 1、图 2），揭取时，根据壁画地仗的材料差异和厚薄选择使用带地仗壁画揭取和无地仗壁画揭取两种方式。近十年来，保护技术不断进步，为减少壁画切割及搬迁过程中的损失，保护人员不断探索，研究出了墓葬整体搬迁的综合技术，如陕西韩休墓壁画[3]、太原市西中环南延 M55 壁画[4]、大同辽代墓壁画[5]、登封唐庄宋代墓壁画[6]、陕西渭南金末元初壁画墓[7]等处都采用了整体搬迁技术（图 3），这种整体搬迁技术能够更好地保护墓葬壁画的完整性和真实性。

图 1　墓葬壁画切割

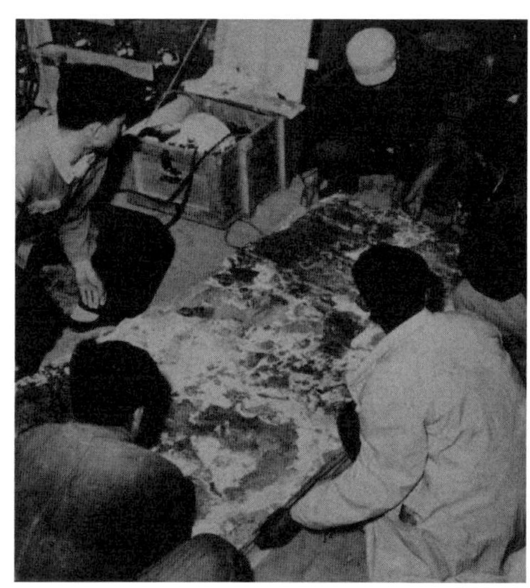

图 2　已揭取的壁画

图 3　墓葬壁画整体搬迁、打包和吊装

墓葬壁画在搬迁过程中通常采用表面烘烤、画面封护（图 4）、贴纱布预加固、安装夹板等多种方法，以确保墓葬壁画处于干燥和颜料层稳定状态时开展揭取搬迁工作[8]。所使用颜料层加固材料主要有动物胶、桃胶[9]、聚醋酸乙烯酯（PVA）[10]、聚乙烯醇缩丁醛（PVB）、Paraloid B-72[11]、聚甲基丙烯酸丁酯（PBMA）[12]、Ftorlon（氟碳聚

图4　壁画表面刷胶贴布

合物）[13]、三甲树脂[14]、聚乙烯醇[15]等多种有机高分子材料。而地仗的保护加固材料大多使用水溶性聚醋酸乙烯酯乳液、三甲树脂、丙烯酸类和有机硅丙烯酸等材料。在具体工艺上，为防止壁画在揭取过程中破碎开裂，通常采用壁画表面封护加固和贴敷纱布的方法，但纱布纹理会在壁画颜料层彩绘层留下网纹，从而永久改变壁画的表面状态。此外，在贴布加固中，如果黏结材料使用过量，会引起壁画表面出现眩光或黏结材料过多残留等问题[16]，黏结材料的残留也会引发微生物的生长，一些高分子材料如Paraloid B-72[17]同样会出现这一问题。因此馆藏壁画保护方法和保护加固材料的提升和改善是今后壁画保护工作者需突破的重点研究内容之一。

3　馆藏壁画的加固保护

馆藏壁画的保护从20世纪50年代开始至今，馆藏壁画保护方法和保护技术在众多文物保护工作者的努力研究下得到了迅速发展，主要经历了五个阶段。

3.1　第一阶段：石膏支撑体

20世纪50年代至60年代中期，主要采用石膏作为壁画支撑体，以石膏支撑体加固的壁画有西安西郊枣园杨玄略墓壁画、咸阳底张湾薛氏墓壁画、西安南郊羊头镇的李爽墓壁画、西安东郊苏思勖墓壁画、长安南李王村韦洞墓壁画、乾陵永泰公主墓壁画[18]、山西永乐宫壁画[19]、山东嘉祥英山隋墓壁画[20]、辽宁北票莲花山辽墓壁画[21]、甘肃武威天梯山石窟搬迁壁画（图5）等。

在石膏支撑体中加入麦草、麻、铁丝、毛发等各类加筋材料，以增加石膏支撑体的强度和韧性。但后期保存过程中发现，石膏支撑体易吸收环境中湿气而减弱内聚力，引起添加的铁丝等生锈，其石膏也会溶解并向壁画表面迁移，导致壁画颜料层表面出现灰白色斑点甚至酥碱。另外，石膏支撑体加固的壁画比较笨重、脆弱易碎，在搬运、陈列和保存过程中，壁画极易发生机械性损坏[22]。欧洲使用石膏直接浇筑到壁画背部，并

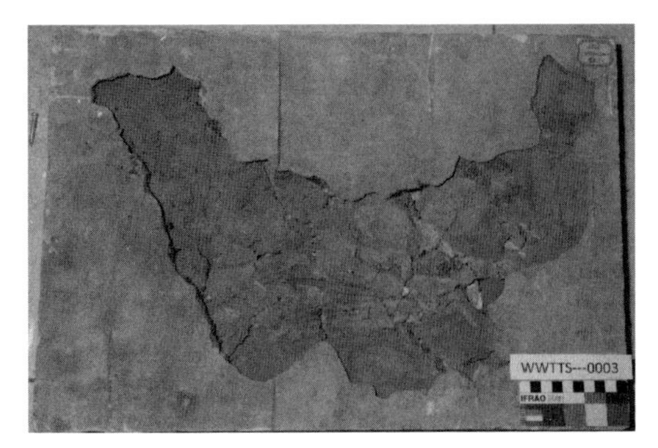

图 5　武威天梯山搬迁壁画正面和背面（石膏支撑体）

且内嵌金属材料来增加强度，发现同样出现盐分运移致使壁画表面出现灰色和白色斑点的问题[23]。当壁画面积较大且地仗较厚时，某些地方采用强度更大的水泥作为支撑体材料，水泥支撑体在硬化过程中强度过大，产生不均匀变化和膨胀，导致壁画出现撕裂、变形。因此石膏和水泥作为壁画支撑体不适合壁画的长期保存。

3.2　第二阶段：木龙骨支撑体

为克服石膏支撑体厚重、易断裂和盐分侵蚀等问题，自 20 世纪 60 年代末至 70 年代，馆藏壁画加固使用了环氧树脂 + 木龙骨支撑体。

木龙骨支撑体一般选择材质较轻的、力学强度较好的红松木材，用榫卯技术制作支撑结构框架，再将壁画地仗减薄后背部贴布，采用环氧树脂将壁画黏接于木龙骨框架上（图 6），如北周李贤墓壁画[24]、少林寺千佛殿[25]、芒砀山西汉柿园墓葬[26]、章怀太子墓、懿德太子墓和永泰公主墓[27]等壁画的修复。但随着时间的推移，发现使用这类方式保存的部分壁画出现了变形和木质糟朽，如河南博物院馆藏西汉早期墓葬壁画《四神云气图》就采用环氧黏接木龙骨支撑体的方法，保护之后由于环氧树脂固化时的收缩和残余应力的存在，加之壁画与木龙骨框架网络状黏接，使得壁画在有龙骨处与无龙骨处的应力分布差异很大，导致壁画正面产生网状裂缝、弯曲、开裂、变形和分层等病害[28]。另外，木质支撑体存在易受环境温湿度影响，在潮湿环境下易糟朽，干燥环境下易开裂，环境温湿度变化过程中木材形变较为严重，且易受虫蛀丧失强度等缺点，不利于壁画安全稳定及长久保存。

图 6　榫卯结构的壁画木龙骨支撑体

3.3 第三阶段：金属框架支撑体

20 世纪 80 年代初，为解决木质框架易变形和糟朽的问题，保护人员使用金属材料制作支撑体，用环氧树脂材料壁画黏接在金属框架上。起初使用角铁和钢材焊接框架[29]，如钢管、方钢管、角钢等，这种方法修复后的壁画增加了重量，搬运困难。后逐步改用重量较轻的铝合金材质框架，如陕西执失奉节墓、新城公主墓、南里王村唐墓、唐安公主墓等壁画的保护修复[30]。铝合金框架支撑体较木材力学强度高，具有受温湿度变化影响小、耐腐蚀、质量轻等特点，成为当时普遍使用的馆藏壁画支撑体（图 7）。但对于较大面积的壁画仍然存在总体重量较大的问题，铝合金框架在搬运和展示时发生形变，从而引起承载的壁画发生形变、弯曲、开裂等问题。另外，金属框架支撑体采用的环氧树脂黏接部分易出现开裂、分层、脱离壁画等问题，一些保护研究人员认为环氧树脂具有不透气、张力大、变形严重等致命缺陷[31]，采用该材料黏接壁画支撑体易造成保护性损坏[32]，且环氧树脂的不可逆性，使壁画再修复处理成为难以解决的问题[33]，亟待研究新的替代材料[34]。

图 7 金属材质壁画支撑体

3.4 第四阶段：蜂窝铝板支撑体

20 世纪 90 年代，壁画保护专家对已修复的馆藏壁画保护效果进行了研究评估，结果表明前三个阶段所使用的壁画支撑体材料在长期保存方面均存在问题。20 世纪末，河南博物院的专家对搬迁至该馆的西汉壁画《四神云气图》开展了针对性系统研究，采用有限元方法，对壁画的弯曲变形进行了数值计算，采用激光三维扫描技术，对壁画的开裂、起翘、裂缝、孔洞、弯曲变形特征等进行了高精度数字图像档案记录等调查研究，建立了壁画层材料结构模型、壁画和支撑系统力学结构模型；在修复保护措施上，首次采用航空材料蜂窝铝板为可移动高刚性支撑层，解决了支撑体重量大、对环境变化敏感等问题[35]，这种支撑体一直沿用至今。蜂窝铝板是结合航空工业而开发的金属复合板系列，该产品是采用“蜂窝式夹层”结构（图 8），以高强度合金铝板作为面板和底板，经高温高压与蜂窝铝芯复合制造的新型板材（图 9）。

这种方法出现后，迅速在馆藏壁画保护中得到推广，许多遗址搬迁至博物馆的壁画均采用蜂窝铝板作为支撑体修复馆藏壁画，如北宋富弼墓壁画保护[36]、内蒙古清水河

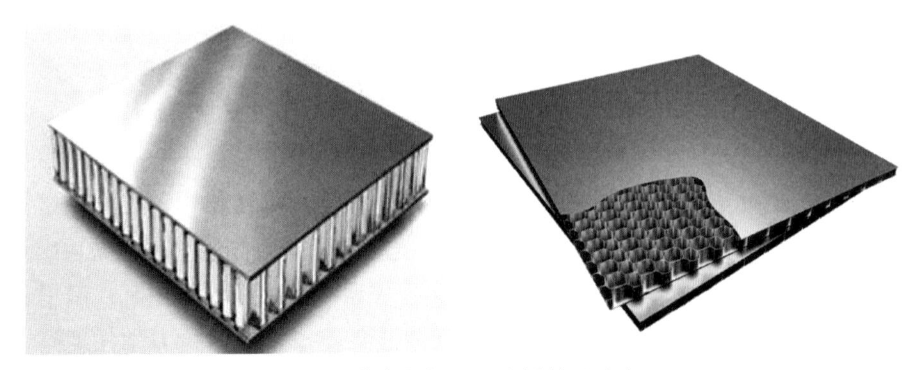

图 8　蜂窝铝板正面及剖断面照片

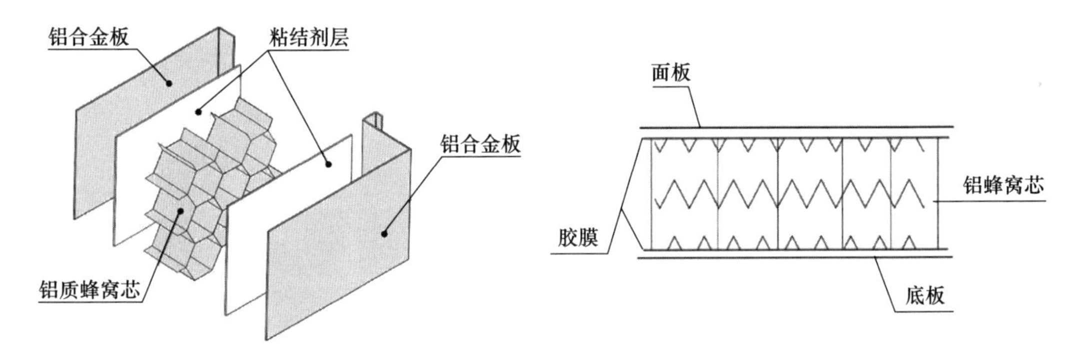

图 9　蜂窝铝板材质示意图

县五代墓葬壁画[37]都采用了这种方法。但由于蜂窝铝板黏接壁画仍然采用环氧树脂材料，环氧树脂收缩强度高，黏接层和壁画地仗强度差异性较大，在后期保存过程中，如果环境波动频次高，温湿度起伏范围较大时，两种材料性质的差异也会引发壁画出现轻微的开裂、分层、鼓起等病害。另外，在壁画展陈移动时稍有振动，环氧黏接处极易出现裂缝，致使黏接层和壁画地仗分层。

3.5　第五阶段：蜂窝铝板 + 缓冲层（或过渡层）

随着科学技术的进步和研究工作的深入，保护工作者在评估以往馆藏壁画保护后的状况发现，各博物馆保存的由石膏、木龙骨和金属材料作为支撑体的馆藏壁画，均出现了与支撑体相关的各种病害。因此，解决上述问题，进一步改进馆藏壁画的保护方法，就成为近 20 年来馆藏壁画保护者探索和研究的重点内容。

近 20 年来，馆藏壁画的保护逐步从单一的修复加固发展到采用多种技术手段对壁画制作材料和工艺以及病害研究分析调查后，再开展后期保护修复的阶段，逐渐形成了馆藏壁画保护的科学程序。如敦煌研究院承担的国家文物局修复项目“新疆策勒达玛沟壁画保护修复”和“武威天梯山石窟搬迁壁画彩塑保护修复项目”。

新疆策勒达玛沟出土的壁画在考古提取过程中，使用了石膏对壁画进行打包加固，初步揭取和打包后的壁画，在搬迁运输和库存过程中的保存环境突变影响和过多的人为干预，导致壁画产生酥碱、颜料层起甲、粉化和表面污染等严重病害。敦煌研究院对该批壁画的保护，首先采用分析仪器设备开展制作材料及工艺调查分析，并对病害原因进行了系统研究，为制定针对性的保护修复措施提供了科学依据。

在具体壁画修复保护措施方面，敦煌研究院通过反复实验研究，创新性地设计了“三明治”结构的缓冲新型支撑体（图 10、图 11），在支撑体与壁画地仗层之间，增加了吸收变形力的缓冲层（厚 0.3—0.5 厘米的软木）和抗收缩变形的碳素纤维层，即用水性环氧树脂将软木和碳素纤维层黏接在打磨处理的蜂窝铝板上，用聚醋酸乙烯乳液替代收缩力较强的环氧树脂黏接壁画。这种方法可消除或减弱壁画、支撑体和环氧树脂等层与层之间黏接的力学强度，以及因环境变化引起的材料收缩和膨胀变形差异，各层微小收缩和膨胀可相互吸收，解决了因材料性质差异导致壁画变形和分层的问题。采用这种方法较好地修复了极为残破的边疆地区珍贵的唐代壁画，使得新疆达玛沟壁画得到了妥善保护。修复后的壁画（图 12—图 14）很快被邀往各地巡回展览，如上海博物馆和陕西历史博物馆的《丝路梵相》、中国国家大剧院的《西域乐舞展》、新疆维吾尔自治区博物馆的《指尖璇舞——新疆修复成果展》等，保护修复后的壁画经历了长途运输和环境剧变的考验，至今保存状况良好。

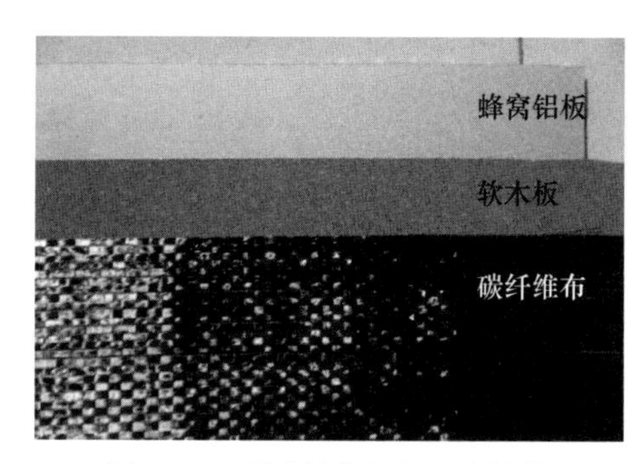

图 10 三明治结构的新型支撑体

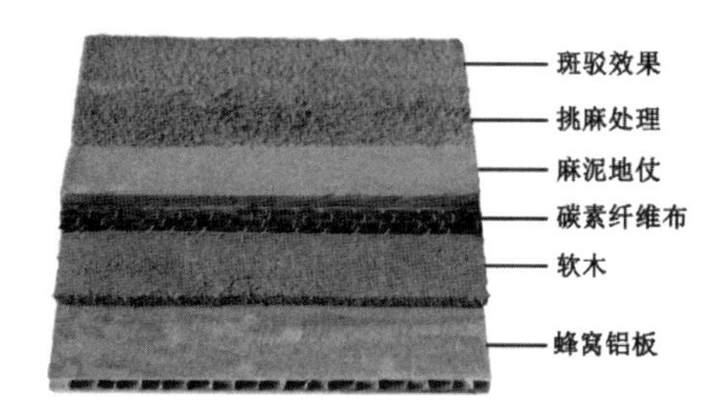

图 11 蜂窝铝板支撑体及馆藏壁画结构

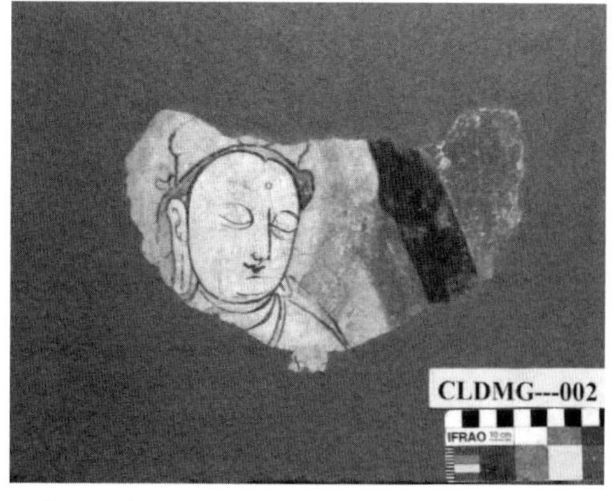

图 12 新疆达玛沟出土壁画石膏支撑体更换为蜂窝铝板

图 13　新疆达玛沟出土壁画 5# 修复前后

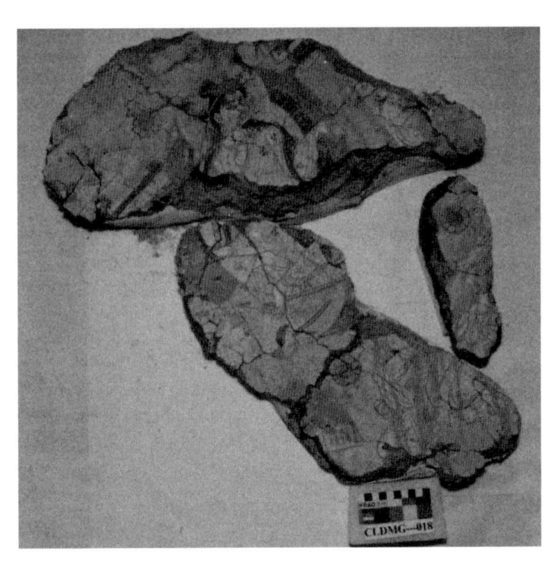

图 14　新疆达玛沟出土壁画 18# 修复拼接前后

这种蜂窝铝板 + 缓冲层支撑体的壁画总重量轻、厚度薄，便于远程搬运展陈，修复后的馆藏壁画整体厚 2 厘米左右，可完整保存于壁画囊匣之中，既便于陈列展览，又便于保存。近年来，这种加载缓冲层的新型支撑体修复馆藏壁画的方法已成功应用于多地馆藏壁画保护[38]。

敦煌研究院通过新疆策勒达玛沟壁画保护修复项目的科学实施，在总结馆藏壁画病害调查、制作材料分析以及科学保护等一系列研究工作的同时，2012 年，国家文物局实时启动了“馆藏壁画——可移动文物评估规范”编制项目，敦煌研究院在梳理总结过去多年来石窟壁画保护和馆藏壁画保护的基础上，编制完成《可移动文物病害评估技术规程——馆藏壁画类文物》[39]，规范的颁布和实施对今后的馆藏文物病害评估和具体调查提供了规范性指导规程。

2012 年，敦煌研究院开始承担武威天梯山石窟搬迁壁画彩塑保护修复项目方案的编制。在 1960 年因修建黄羊河水库，为防止水库修建后，上升的水位破坏天梯山石窟的壁画，在当时，敦煌文物研究所组织专家对天梯山壁画采取考古记录、美术临摹和切割搬迁，将天梯山石窟寺壁画移至室内保存。但由于保存壁画的库房缺少温湿度控制等必要的预防性保护措施，多年后，搬迁至室内的壁画产生了起甲、酥碱、粉化、表面污染、霉变等多种病害。2013 年，敦煌研究院正式启动天梯山搬迁壁画的保护修复，保护研究人员采用便携式拉曼光谱、X 荧光、近红外光谱和数码显微镜等技术对天梯山石窟洞窟壁画颜料和制作工艺进行了原位无损分析研究，鉴定出天梯山石窟北凉洞窟壁画中使用朱砂、赤铁矿、铅丹、针铁矿、雌黄、铅黄、孔雀石、蓝铜矿、青金石、硬石膏、石膏、高岭石、铅白和炭黑等 14 种无机颜料，在壁画中发现了红色昆虫染料和靛蓝等两种有机染料，在北魏壁画层发现了靛蓝和雌黄混合使用的颜料调色方法，多种无损技术的应用丰富了对壁画科学价值的认知[40]。图 15 为拉曼光谱分析检测壁画颜料。

1

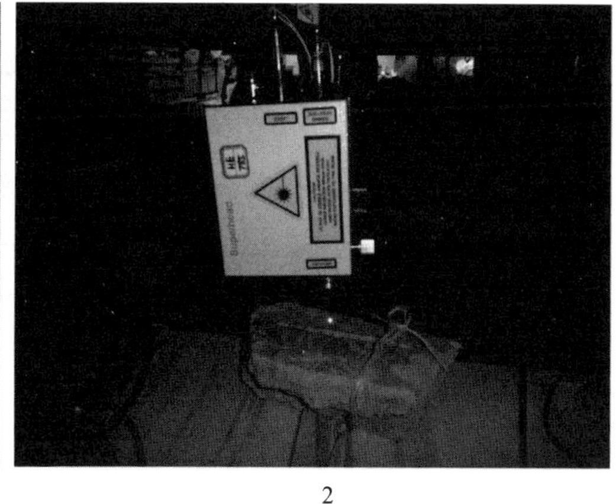

2

图 15 馆藏天梯山石窟壁画现场分析检测

1. 拉曼光谱与光纤反射光谱 2. 拉曼光谱探头

在保护修复方面，敦煌研究院将多种科学仪器应用在重层壁画分离、大画幅壁画拼接、弧形曲面壁画的修复过程中，如使用探地雷达探测确定重层壁画的分离界面，用于指导分离重层壁画（图 16）；应用数字化技术并结合美术图案分析确定拼接位置，实现了艺术与科技融合完成多块壁画大画幅壁画的拼接，使得洞窟中整幅壁面壁画得以完整再现；使用三维激光扫描技术（图 17）采集弧形壁画曲面点云数据后，采用计算机建模

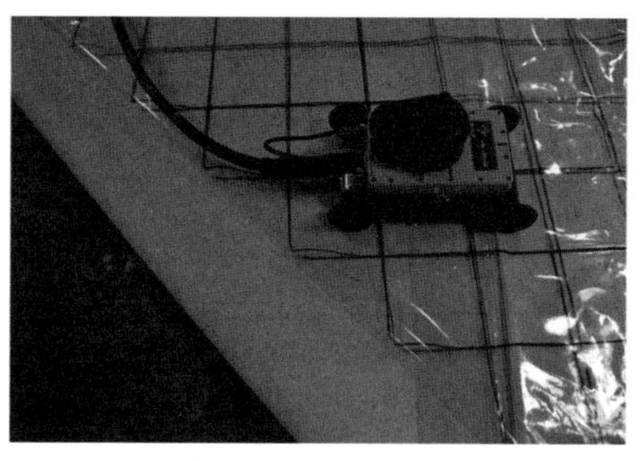

图 16 探地雷达检测武威天梯山石窟搬迁壁画重层界面

技术生成精确的三维模型，为制作弧形曲面壁画支撑体模型提供数据支撑，突破了弧形曲面壁画支撑体制作的技术难点。科学技术和手段的创新性应用使得壁画修复中的针对性和质量得到了质的提升。图 18 显示大画幅壁画拼接修复前后，图 19 显示重层壁画分离修复前后。

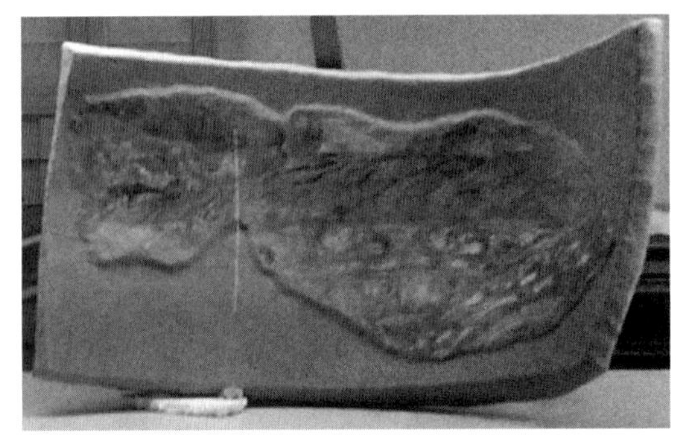
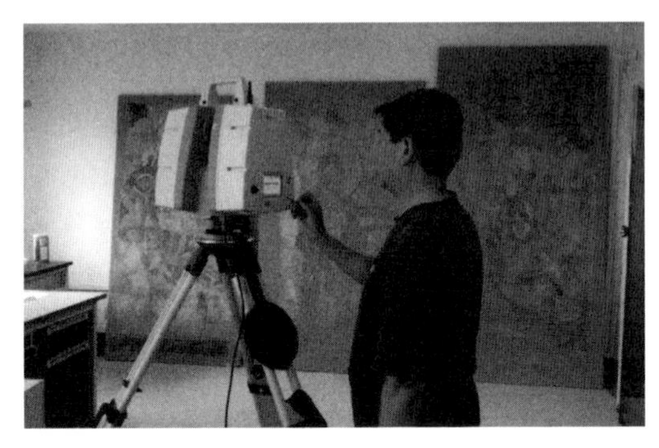

图 17　武威天梯山搬迁壁画采用激光扫描仪获取弧形异面壁画三维点云数据

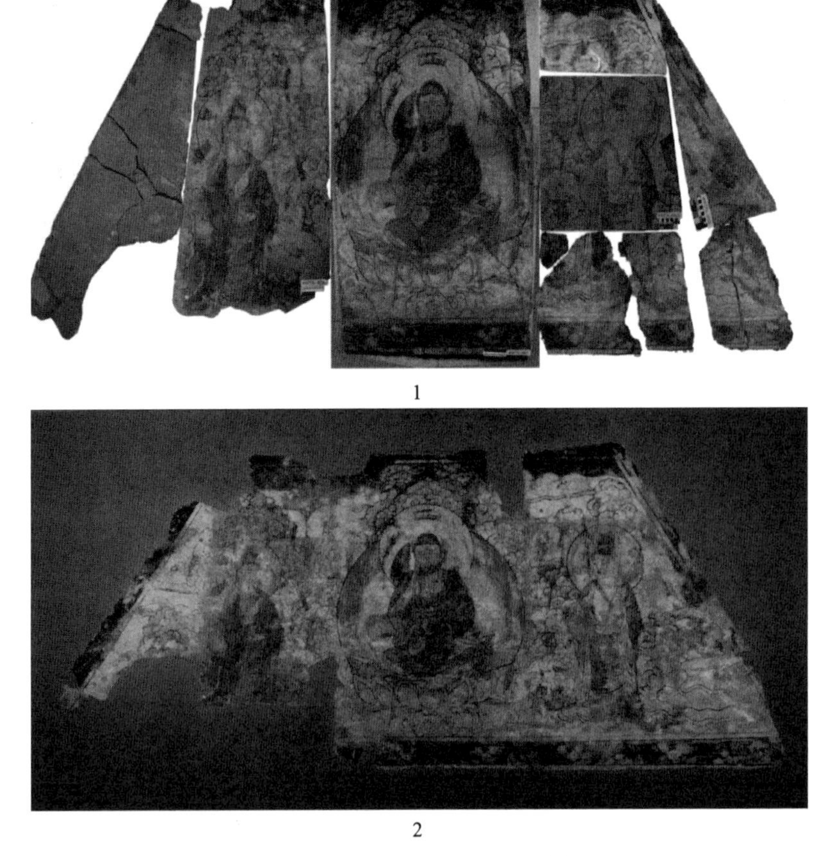

1

2

图 18　武威天梯山石窟搬迁壁画拼接修复前后

1. 修复前　2. 修复后

图 19 武威天梯山重层壁画修复前后
1. 表层壁画修复前 2. 底层壁画修复前 3. 表层壁画修复后 4. 底层壁画修复后

4 结论与展望

我国馆藏壁画的保护历经 70 多年的发展，在壁画揭取技术方面，从最初的套箱法切割发展到墓葬和壁画的整体搬迁，实现了壁画历史信息的最大限度保存；在壁画材料和病害认知方面，从简单目测、经验判断发展到多种无损技术、多学科手段的介入应用，深化了我们对古代壁画制作材料和工艺以及病害发生发展机理的理论认知；在具体的壁画保护修复方法上，从起初质量较大的石膏支撑体到如今的轻质蜂窝铝板支撑体，逐步研究总结出可推广应用的馆藏壁画表面病害修复材料和工艺、支撑体更换、大画幅壁画拼接和重层壁画分离等专门技术，馆藏壁画保护从理念、程序和具体方法上逐步成熟，修复后的壁画可长期保存。70 多年来，文物保护人员不懈努力，及时引入多学科方法和理论，抢救保护了大批濒临损毁的珍贵壁画，取得了可喜的成绩。但今后，为使馆藏壁画得到更加科学地保护，馆藏壁画的保护还应加强以下三方面的研究工作。

（1）加大馆藏壁画保护材料研发，研发可再处理黏接材料，解决现有黏接材料难以去除和可再处理性差等问题，如支撑体黏结需研发仿地仗的新型轻质泡沫材料，在充分保证壁画安全的状态下，以模块化组合的方式保存和展陈，同时便于后期可再处理。

（2）加大传统保护材料改性和修复工艺优化，在新型材料应用方面需开展老化测试材料性能和长期服役性能的研究，为馆藏壁画的预防性保护提供数据支撑。

（3）进一步加强多种分析技术和评估技术的应用，全面分析馆藏壁画原有的制作材料工艺，并对各种病害开展系统研究，阐明各类病害的劣化机制，在保护修复过程中，应用多种数字化手段对为馆藏壁画修复过程中的拼接、形变校正，异性支撑体制作等方面提供科学支撑，推动我国馆藏壁画保护技术的进步。

参考文献

［1］敦煌研究院，甘肃省博物馆．武威天梯山石窟．北京：文物出版社，2000.

［2］左威．考古发掘现场环境突变对出土文物的破坏及应急保护对策．技术与市场，2020，27（7）：173、174；王亚楠．考古发掘现场环境突变对出土文物的破坏及应急保护分析．文物鉴定与鉴赏，2020（3）：162、163；高雄雄．考古发掘现场环境突变对出土文物的破坏及应急保护分析．文化创新比较研究，2019，3（30）：92、93；李洪飞．考古发掘现场环境突变对出土文物的破坏及应急保护研究．生物技术世界，2014（5）：179；王蕙贞，冯楠，宋迪生．考古发掘现场环境突变对出土文物的破坏及应急保护研究 // 吉林大学边疆考古研究中心．边疆考古研究（第 7 辑）．北京：科学出版社，2008：303-313.

［3］杨文宗．唐韩休墓壁画的抢救性保护．中国国家博物馆馆刊，2016（12）：141-147.

［4］李垚．壁画墓葬整体搬迁保护——以太原市西中环南延 M55 唐墓的整体搬迁为例．文物世界，2019，000（4）：77-80.

［5］侯晓刚．壁画保护技术在大同辽代壁画墓整体搬迁中的应用．文物世界，2018（6）：71-73.

［6］潘寸敏，高赞岭．河南登封唐庄宋代壁画墓的整体搬迁保护．文物修复与研究，2016：559-563.

［7］杨文宗，郭宏．我国墓葬壁画的保护方法．文物保护与考古科学，2017，29（4）：109-114.

［8］李在青，郝月仙．太原刚玉元代壁画墓搬迁保护．文物世界，2016（5）：64-70；霍宝强，石美风．忻州九原岗北朝墓葬壁画的科学揭取与搬迁保护．中国文物报，2015-05-29（007）；胡文英，任海云．山西博物院馆藏墓葬壁画保护与展存概况 // 中国文物保护技术协会．中国文物保护技术协会第八次学术年会论文集．北京：科学出版社，2015：8.

［9］茹士安．介绍我们处理古墓壁画的一些经验．文物参考资料，1955（5）：77-79；孟振亚．山东嘉祥山一号隋墓壁画的揭取方法．文物，1981（4）：36-38.

［10］Lavagnino, Emilio. The conservation and restoration of mural Paintings. Mouseion: bulletin de l’Office international des musées, 39-40, 1938: 223-235.

［11］Guzik, Andrzej. Sandwiches as supports for transferredwallPaintings. Studia i materialy Wydzialu Konserwacji Dziel Sztuki Akademii Sztuk Pi?knych w Krakowie, 1992: 103-113；李淑琴，王啸啸．中德壁画修复保护方法初探 // 中国文物保护技术协会．中国文物保护技术协会第二届学术年会论文集．中国文物保护技术协会：中国文物保护技术协会，2002：5.

［12］R. Kristova-Bojkova. The removal of medieval frescoes and their transfer onto a new basis. International Restorer Seminar, Veszprem. 1981: 184.

［13］P. I. Kostrov, E. G. Sheinia. Restoration of monumental painting on loess plaster using synthetic resins. Studies in Conservation 6 . 1961: 92.

［14］李宏伟．辽宁北票莲花山辽墓壁画的揭取．考古，1988（7）：655-662.

［15］L. P. Gagen. The study and restoration of antique fresco from Nymphaeum. International Restorer Seminar, Veszprem. 1985: 159.

［16］H. B. Bull. Absorption of water vapor by proteins. Journal of American Chemical Society 66. 1944: 1499-1507.

［17］Petersen, K. Heyn, C., and Krumbein, W. E. Degradation of synthetic consolidants used in mural

Painting restoration by microorganisms, Les Anciennes Restaurations En Peitures Murales, Journees d'Etudes de la S. F. I. I. C. 1993: 47-58.

[18] 杨文宗，刘苊，惠任．陕西唐墓壁画揭取后的保护与修复 // 中国文化遗产研究院．文物科技研究（第六辑）．北京，科学出版社，2008（12）.

[19] 祁英涛，柴泽俊，吴克华．永乐宫壁画迁移修复技术报告．山西文物 .1982（2）：34-37.

[20] 孟振亚．山东嘉祥英山一号隋墓壁画的揭取方法．文物，1981（4）：36-38.

[21] 李宏伟．辽宁北票莲花山辽墓壁画的揭取．考古，1988（7）：655-662.

[22] 杨文宗，郭宏，葛琴雅．馆藏壁画失效支撑体去除技术研究．文博，2009（6）：184-190.

[23] Cottfredsen F. Construction Materials-Basic Properties. Conservation of cultural heritage Polyteknisk forlag. Nielsen A, 1997: 277.

[24] 徐毓明．北周李贤墓壁画的揭取和修复新技术．文物保护与考古科学．1990（1）：26-31.

[25] 陈进良，蔡全法．少林寺千佛殿壁画的临摹揭取与复原．中原文物，1987（04）：31-38.

[26] 阎根齐．芒砀山西汉梁王墓地．北京：文物出版社，2001.

[27] 王佳．传承与发展——陕西历史博物馆馆藏壁画保护修复的探索之路．文物天地，2019（10）：62-65.

[28] 铁付德．西汉早期柿园墓四神云气图壁画保护研究（一）——历史与现状调查．文物保护与考古科学，2004（1）：47-51.

[29] 李云鹤，候兴，孙洪才．瞿昙寺殿壁画修复．敦煌研究文集・石窟保护篇・下．兰州：甘肃民族出版社，1993：279-287.

[30] 王佳．传承与发展——陕西历史博物馆馆藏壁画保护修复的探索之路．文物天地，2019（10）：62-65；杨文宗．古代壁画加固工艺．文博，1996（1）：99-104.

[31] 罗黎，张群喜，徐建国．陕西唐代墓葬壁画 // 陕西历史博物馆．陕西历史博物馆馆刊（1）．西安：三秦出版社，1994：209-214.

[32] 谢伟．唐墓壁画保护若干问题探讨．陕西唐代墓葬壁画 // 陕西历史博物馆．陕西历史博物馆馆刊（5）．西安：三秦出版社，1998：345-353.

[33] 杜小帆，泽田正昭等．古代墓室壁画的保护与修复．西安唐墓壁画国际学术讨论会论集．2001（10）：20-24.

[34] 罗黎，张群喜，徐建国．陕西唐代墓葬壁画 // 陕西历史博物馆．陕西历史博物馆馆刊（1）．西安：三秦出版社，1994：209-214.

[35] 铁付德．馆藏西汉四神云气图壁画修复报告．北京：文物出版社，2000.

[36] 杨蕊．北宋富弼墓壁画的揭取及修复保护．文物保护与考古科学，2010（1）.

[37] 塔拉，张牧林，恩和，等．内蒙古清水河县五代墓葬壁画抢救性揭取与保护修复．东亚文化遗产保护学会（The Society for Conservation of Cultural Heritage in East Asia）、内蒙古博物院（Inner Mongolia Museum，China）、中国文物保护技术协会（China Association for Conservation Technology of Cultural Heritage）．东亚文化遗产保护学会第二次学术研讨会论文集，2011：243-254.

[38] 汪万福，赵林毅，裴强强，等．馆藏壁画保护理论探索与实践——以甘肃省博物馆藏武威天梯山石窟壁画的保护修复为例．文物保护与考古科学，2015，27（4）：101-112；薛止昆，赵阳，杨志杰．新疆和田策勒县达玛沟出土壁画保护修复研究．吐鲁番学研究，2013（1）：73-78；

樊再轩，薛止昆，唐伟，等．新疆和田达玛沟遗址出土壁画修复试验报告．敦煌研究，2013（1）：18-22，126.

[39] 中华人民共和国国家文物局．可移动文物病害评估技术规程——馆藏壁画类文物（中华人民共和国文物保护行业标准 WW/T 0061-2014）.2014.

[40] 张文元，苏伯民，殷耀鹏，等．天梯山石窟北凉洞窟壁画颜料的原位无损分析．敦煌研究，2019（4）128-140.

遗产研究的社会学路径：共情与体察

燕海鸣 *

摘要：批判性遗产研究为传统遗产保护范式提供了崭新视角，对“权威化遗产话语”进行反思，更加关照“人”在其中的角色。本文认为，在使用批判遗产研究方法时，也要对“批判”本身保持警觉，并以“同情之理解”的路径去体察遗产价值建构过程中的事件与人物。通过对大运河世界遗产申报历程的回顾，本文分析了过程中各利益相关方的行为动机、互动模式、知识生产、冲突与妥协等集体和个人行动，揭示围绕遗产实践而发生的各种社会关系。本文指出，每一项古迹被“忽略”的价值，可能不在官方文本，甚至超越了语言学家所挖掘的古老文献，而蕴含在研究者在特定时空情境下与遗产、文本、事件、人物等要素所产生的“通感”与“共情”之中。

关键词：世界遗产；大运河；批判性遗产研究；共情

2013 年秋天，国际古迹遗址理事会（International Council on Monuments and Sites，ICOMOS）委派印度专家莉玛·胡贾（Rima Hooja）女士来中国，开展对大运河申报世界遗产的现场考察。经过多天的紧张调研后，旅程临近结束的一个晚上，胡贾女士对中方陪同人员敞开心扉，借着一点酒意，她说：“中国和印度作为世界上文明最悠久、人口最多的两个国家，应该努力跳出《世界遗产公约》框架，制定属于我们亚洲人的遗产评定体系！”在座者无不为之感动。豪言壮志之后的第二天，胡贾女士在某个河段前驻足，很认真地告诉中方：“按照世界遗产的标准，这里缓冲区应该再大一些，把更多周边景观包含进来，让更多环境要素得到保护。”

胡贾女士昼夜之间判若两人的态度，非但并不令人惊讶，反而是世界遗产体系中司空见惯的场景。一方面，在世界遗产领域最一线的实践者，无不对当前《世界遗产公约》及其衍生的一系列标准、概念、导则、约束机制等存有反思甚至质疑；另一方面，他们又非常游刃有余地行走在《世界遗产公约》所设定的概念江湖之上，熟谙各种术语和原则，并以此与世界遗产结成紧密的共生关系。本文以“同情之理解”为主题，通过对“批判遗产研究范式”的解读与审思，提出遗产研究者对大运河申遗这类遗产事件，以及莉玛·胡贾这类看似“矛盾性”的遗产实践者的认知与理解路径。笔者

---

* 燕海鸣：中国文化遗产研究院、中国古迹遗址保护协会，北京，邮编 100029。

认为，要理解这些事件与人物，需要进行韦伯意义上的对遗产实践行动的“解释性地理解”。

1　批判性遗产研究

作为联合国教科文组织旗下旨在保护文化与自然遗产的项目，世界遗产是一项“事务”，拥有自身操作性规则和一套工作术语的实践体系。世界遗产并不是一个拥有完整理论和方法体系的学科，而是一个跨学科的研究和工作对象。但是，自颁布《世界遗产公约》以来，世界遗产逐渐成为一个超越其事务性特征的学术议题，并由此衍生出对其所代表的“西方中心主义”甚至“文化霸权主义”的深刻检讨。这种检讨随着劳拉简·史密斯（Laurajane Smith）所提出的“权威化遗产话语”（authorized heritage discourse, AHD）这一概念在遗产研究领域迅速传播。这一概念指出，遗产价值是特定的专家知识体系在遗产识别和阐述过程中所建构的，而这一知识体系长期以来基于西方文化的审美方式，局限在遗产的物质载体本身，而忽略掉那些非西方、非物质的价值元素。这一反思的声音及其不断完善的研究范式，在今天一般被称作批判性遗产研究（critical heritage studies, CHS）。

CHS 与其说是一个理论，不如说是一个分析框架，将遗产的价值视作一个“过程”，将以探求遗产保护方法为目标的研究，扩展为了寻求理解围绕遗产所产生的政治、经济、社会、文化实践活动的研究。因此，以保护遗产物质载体为核心宗旨，以“突出普遍价值”这种文化标准化为目标的世界遗产体系，必然成为 CHS 所“批判”的首要对象。因为世界遗产无论从哪个方面而言，都十分符合文化殖民主义的典型特征。

然而，如果借用 CHS，我们很难解释莉玛·胡贾女士看似矛盾的行为。作为国际上最权威的世界遗产评估组织的专家代表，她扮演着严肃的“权威”角色，一丝不苟地执行着权威式的标准，用老旧的翻盖手机键盘敲打着每一项观察记录，并定期上报给总部。但作为亚洲国家的代表，她又很坦诚地与中国同行痛陈西方遗产体系的不公和霸权，并在十几天的共同工作中与中国专家结下了深厚的情谊。实际上，胡贾女士所具有的模糊不定的角色，恰恰是多数 CHS 研究可能忽视的关键。当我们观察与自身世界有一定距离的人、物、事件时，往往由于信息获取和观察角度的缘故，而相对“容易”形成简单化的判断，甚至脸谱化的结论。而当我们置身于这个人、物和事件之中，则会发现一切简单的标签和脸谱，都不足以描述其复杂性。越是近距离观察和体验，越能认识到观察对象的多面性，以及其行动背后蕴含的相互纠缠的动力因素。

CHS 这一分析框架也遇到了对其自身的“批判”。比如 Rodney Harrison 曾以行动者网络理论来剖析 CHS 在处理人与物关系时的不足，认为“物”作为遗产建构过程中不可或缺的一分子不应该被忽略，“物”与“人”在遗产建构的关系网中扮演同等重要的角色。反思更为彻底的是关于 CHS 中“批判”一词的再解读。英文的 critical 一词本身具有批评、思辨、关键等多重含义，在转译为中文时，学界虽然习惯将其译作批判，实际上在具体语境下也可以解读为思辨遗产研究。对这个词自身的寓意国际学界也有全面的探讨，Tim Winter 专门就 critical 一词如何运用在遗产研究之中进行了分析，他指出应注意到 critical 具有“重要的、关键的”意涵，遗产研究者（无论是社会科学还是自然科学）应跳出学科局限的舒适区，致力于观照从遗产事务中映射出的当下全球或地区性关键议题的知识生产过程。Winter 认为，当前 CHS 的视角和研究方法，甚至没有和实际开展遗产保护的科学家有真正的互动，他认为如果一直如此，CHS 便始终无法摆脱遗产领域边缘化的群体的位置，变成为批评而批评的自说自话，却无助于对日益复杂的政治和社会议题发表真正有价值的洞见。

2　中国的批判性遗产研究发展及其再审思

CHS 作为一种反思西方中心主义的范式，在近年来中国以遗产为对象的学术领域产生了广泛影响。研究者在传统遗产工作领域内外共同发力，已经形成了一系列多学科、多视角的讨论，并寻求如何在西方为主导的遗产话语体系下与本土知识相结合的思辨方法。CHS 在中国的兴起一方面是中国学者存在与史密斯等学者共同的感受，即遗产概念和实践以西方传统审美与文化体系为主导，缺乏对非西方知识和方法的体察；另一方面也与中国改革开放以来对遗产保护与城市发展、民族文化与世界遗产、保护与破坏诸多矛盾体并存现状的反思。因此，在 CHS 总体分析框架的影响下，以一批中青年学者为代表，CHS 的中国本土研究逐步发展起来。

其中，包括传统文物保护领域的古建筑和考古学科专业人士的视野拓展和自我反思。如王思渝关于大遗址保护过程中政治、经济、社会等维度要素的综合观察，以及贺鼎、赵晓梅、潘曦等出身于建筑专业的学者对“人”在建筑遗产价值构建中意义的深度观察。这一类学者的最大特点在于其观察和田野工作的对象与其工作实践本身融合程度很高，他们往往都是亲身躬耕于建筑和考古研究、保护、修缮和规划的一线，对“遗产化”过程中所牵涉的各方利益有着直接的体察，甚至自身便是利益相关方之一。因此，他们对遗产的复杂性感触更深。

在涉及传统村落、地方社区、民族区域等议题时，社会学与人类学的方法能够深入探讨遗产与人之关联。比如朱煜杰长期对丽江等民族地区遗产实践的调查，齐晓瑾从观念和社会经济的角度对福建晋江石鼓庙的观察，李光涵多年扎根贵州大利侗族村寨的田野。这种扎根社区的视角，也成为遗产旅游研究的重要路径，张朝枝、张柔然、苏俊杰、苏明明等均将遗产与游客体验、身份认同的关系作为观察重点，并提出后者对遗产价值的重新塑造过程扮演了重要角色。同时，由于 CHS 与“话语研究”在方法论上的共通之处，一批语言学背景的学者基于话语分析框架，构建了颇具本土特色的遗产话语研究范式，比如马庆凯和程乐通过对国内外遗产文献的梳理，提出遗产研究领域从“以物为本”到“以人为本”的转换；侯松和吴宗杰针对西方现代历史观和文化思维方式的“权威化遗产话语”对本土历史记忆方式和价值观的破坏进行的批评，并以衢州三部方志中的“文昌殿”的书写个案，揭示中国本土的文化遗产观、历史思维与意义生发方式。可见，诸多学科以各自的理论与方法共同推动着 CHS 在国内的发展，并与中国传统遗产知识和实践相结合，寻求更具解释力的路径。

但是，笔者认为，在对 AHD 反思和批评的过程中，以及在使用 CHS 方法时，也要对“批判”本身保持警觉。真正具有穿透力的洞见，并非简单对分析对象进行批评，而是对其形成发展的历史过程，以及当下状态的政治社会背景有深刻的体察和理解。当我们在批判 AHD 对遗产价值进行“建构”时，应避免对“权威”本身进行简单的标签化界定。正如 Harrison 批评 Smith 将物与人的过渡区隔一样，我们对西方 / 中国、国际 / 本土、物质 / 非物质这些看似对立概念的考察与解读也应谨慎为之。尤其是在对待联合国教科文组织、世界遗产、国际标准等研究对象时，应保持对其客观的认识，对其诞生和发展脉络的全面理解，对参与其中运行的每一个机构和个体的行动与互动模式，以及其背后牵涉的政治文化情境有充分的观察。李光涵在回顾《世界遗产公约》诞生历程时，充分分析了公约出炉的各方源流，展示出这并不是一个简单的西方霸权的产物，而是在各种知识体系的交织中，在特定的国际政治文化情境中，由于诸多偶然因素而共同促成的一个文本。另如清华大学国家遗产中心团队数年来对世界遗产委员会会议的持续观察，作为参与者和观察者，与世界遗产所有利益相关方沟通、对话甚至共同致力于某些议题和项目，因此其每年出版的《观察报告》对世界遗产的问题和发展瓶颈才有更为客观准确的认知，也对其改革方向提出针对性的意见。

因此，在提出对于“西方”的批评和反思之前，应充分了解其“权威”标签背后的复杂机制和动因，在通过话语文本分析试图构建中国遗产范式时，应时刻警觉因自身学科局限性而可能带来的另一种“权威化”结果。按照 Winter 的说法，社会科学领域的遗产批评者（或思辨者），如果没有真正接触遗产保护工作，不能以自己的亲身实践与一线工作的遗产人和事务进行对话、互动甚至产生共情，CHS 很难突破现在边缘化的境况。

综上所述，我们需要避免将“西方”“权威”这些概念简单化，将世界遗产官方文本、出自建筑、保护和规划专业人士之手的规划文件，简单视作“权威化”的结果，而忽略了其作为知识生产过程本身所面临的复杂性。有些研究并不了解中国的文物保护、世界遗产、修缮、规划等基本运行模式，而将一切与《世界遗产公约》体系相类似的方法视作“西方中心主义”的渗透和影响。这一简单化的视角忽视了中国文物保护体系自民国时期以来，尤其是中华人民共和国成立以来根植于国情的本土实践脉络。如果像侯松的研究所指出的，中国传统历史价值在西方权威化遗产话语体系中被淡化和压制的话，那么这种将世界遗产在中国的实践脸谱化的方式，同样忽略了我国不断摸索完善的文物保护体系的价值。这样的方法与其说是在批判 AHD，不如说是与后者发生了共谋关系。

CHS 要做的，不是简单地构建一个“权威”的标签并把它撕掉，或是换上另一个标签代替它，而是遵循陈寅恪提出的对历史“同情之理解”的方法，致力于提供一种通过遗产去体察政治、经济、文化、社会等要素本质关系的完整视角。按韦伯的定义，遗产研究应“解释性地理解”有关遗产实践的一切行动。

下面，我们将回到莉玛·胡贾女士，回到大运河，通过回顾大运河世界遗产价值建构过程，考察在申遗过程中各利益相关方的行为动机、互动模式、知识生产、利益冲突与妥协等集体和个人行动，并揭示围绕遗产实践而发生的各种社会关系。笔者提出，通过对“权威”的“同情之理解”，不仅不会消解批判性方法的洞察力，反而可以更完整理解当下话语体系生产的机制，也能够更准确揭示一项遗产在知识生产过程中被忽略的价值。

3 大运河的申遗历程

在世界遗产中心官方网站上，大运河以四条价值理由列入世界遗产，分别是：①人类历史上水利工程的杰出代表，起源古老、规模宏大、连续发展并在不同时代应对不同环境进行改进。②见证了通过漕运系统管理运河的这一独特文化传统的盛衰变迁，促进了国家的稳定。③世界上最长的、最为古老的运河，是工业革命开始之前的一项重要技术成就，充分体现了东方文明的技术能力。④体现了中国古代的大一统哲学观念，并曾是中国这一伟大农业帝国自古以来实现统一、互补和团结的重要因素。

上述价值论述，以 CHS 的视角而言，是典型的权威化遗产话语。有的学者认为，在大运河申遗过程中，为了能够获得国际遗产界的认可，必须按照《国际运河遗产名录》和《世界遗产公约操作指南》这些代表西方话语霸权的文件为指引，而迎合其话语体系，调整中国申遗文件对遗产价值界定的方式，以实现申遗成功的目的。因此，在这种 CHS 视角下观察大运河，大运河最终所呈现出的工程、经济、社会、景观方面的价值，是中国专家为了迎合国际标准而构建的。同时，地方政府和专家在申遗过程中也为了确保申遗成功而优先关注国际公约对物质性的要求，而忽视了大运河所包含的艺术、文学、民俗和生活方式等无形价值要素。简单而言，这些批评声音认为：大运河申遗过程，是典型的中国传统知识在西方权威化遗产话语体系中被忽视和淡化，进而被后者所约束的进程。

这一批评既是准确的，但又并不全面。说其准确，是因为任何一项世界遗产申报实际上都在经历同样的过程。说其不全面，是因为作为一个知识生产的过程，每项遗产进入世界遗产名录的过程远比简单的“权威化”“西方话语”“迎合”等关键词更为复杂。以大运河为例，从没有一个单独的具有绝对权威的“西方”行动者在引领掌控一切，更没有一个单独的“中国”行动者一味放弃自身的价值传统要素，削足适履般地“迎合”那个“西方”行动者。世界遗产的申报，不是一个作家在一个出版商的要求下修改其作品，而是无数个“行动者”在世界遗产语境和中国本土情境的交织下，在各自世界观、价值观甚至人生观的影响下，在各种计划与偶然事件的冲突中，不断沟通、争议、协商甚至妥协的过程。世界遗产真正精彩之处，恰恰在于卷入其中的每一个行动者都是其“权威化”过程的参与者，而每个人的力量又不足以获得足够的“权威”。

关于大运河的价值，自申遗伊始便是不断搜寻整理和建构的。2003 年，为“南水北调工程”专门开展了文物调查，国家文物局要求，在南水北调的有关工程当中，如果在京杭运河沿线发现文物应及时报告，省级部门接到报告后应及时处置。这反映的背景是，大运河作为一个遗产概念，在国家最高级别的文物主管部门处都尚无一个清晰的界定，对其文物构成也并不掌握。2005 年，罗哲文、郑孝燮和朱炳仁三位先生提出了京杭大运河的保护与申遗，向运河沿线 18 个城市的领导发出公开信，希望市长关注京杭大运河的保护以及申遗潜力；2006 年，政协委员舒乙联合 50 多名政协委员，提交了关于大运河保护和申遗的提案。2007 年开始，“大运河申遗”开始成为国家文物局年度工作计划当中的任务。

回顾大运河申遗动议最初的原因，能够明显看出专业人士的倡导行动具有特定的历史背景。“南水北调工程”这一关系国计民生的重大项目可能导致沿线文物受到影响，这是从国家层面关注大运河遗产价值的直接原因。应该说，关注和强调对“物”本身的保存，是大运河遗产调查及其后续申遗工作的主要动因，这一点并非出自任何西方话语的影响，而是在特定历史条件、特定个人的政治身份和专业视野的基础上提出的路径，也是大运河保护所能获得的比较理想的结果。如果因此而批评运河保护过于关注“物”而忽视“人”，则是对这段历史缺乏“共情”的体现。

从这点出发，我们也可以获知，大运河的申遗本质目标是对大运河遗产载体进行系统有效的保护，进而推动其文化传承。而为了实现保护的目标，申遗是最有可能让地方政府和权威部门投入资源对大运河进行保护和传承的催化剂。而为了申遗这一目标的达成，无论是中央决策部门、核心专家团队，还是地方政府部门，对世界遗产所设立的原则和标准的熟悉，以及在这一框架下开展考古发掘、文本撰写、规划编制并设立完备的管理和监测体系，则是可以理解的一系列行动。

和非物质文化遗产不同，世界遗产强调任何遗产价值都应有真实、完整的物质载体，因此让大运河从一个历史概念成为遗产，需要全面调查并整合沿线的考古、建筑以及水工设施遗存。这也是此后的文本编制和配合申遗的考古发掘重点。

大运河的申遗文本由中国文化遗产研究院担纲，经历过五轮修改。第一稿内容最为广泛，按照世界文化遗产价值框架内的全部六条标准进行陈述，其价值论述涵盖了科学技术、工程水平、漕运、人地关系、沿线城镇发展、古代科技与水利发展、水神与妈祖等民间信仰、船工号子等民间艺术、宗教的传播、与东亚东南亚各国的交往、近代工商业的发展等多个方面。但世界遗产对不同构成之间的逻辑关联有较高要求，应形成一套清晰的故事体系。因此，第二、三稿针对第一稿进行了缩写，精简了难以进行严谨论证和无法得到物质遗存有力支撑的内容，并重点在科技、漕运、工程等方面与现存遗产逐一挂钩，为每一项价值论述找到了相应的申报遗产点。2012年，文本团队对大运河的价值论述进行了第四、五稿修改，最终通过总体选线、枢纽工程、运行管理等方面来阐述科技价值；通过空间、时间等方面的尺度来阐释工程技术水平；通过漕运的制度性、国家性来证明其作为文化传统的重要意义。

在这一过程中，对于大运河在工程技术方面的成就尤其需要关键案例来支撑。国家文物局作为整个申遗的牵头部门，专门批准了一批考古发掘项目，将体现黄、淮、运三河交汇复杂工程的清口枢纽，以及体现大运河翻越水脊智慧的南旺枢纽的考古遗址进行了主动发掘，直接将大运河与《国际运河遗产名录》中关于工程技术的内容相衔接。这一行动很容易被视作中国知识“屈从于”国际标准的表现。但恰恰相反，这非但不意味着中国关于大运河的传统知识在迎合国际规则过程中被忽视，反而是对传统大运河知识再发现的过程。在中国历代关于漕运的文献档案以及现当代关于大运河的记录与论述中，运河的工程一直是最受关注的对象。申遗的过程，是把这种知识重新发掘，并通过找到实物证据而将其完整表现的过程。

相对这种传统知识而言，西方话语反而给了我们一种崭新的视角，以更加活态和演进的特征界定运河。在申遗过程中，一些国内水利和交通专家认为大运河已经不是历史原状，从而产生了真实性的讨论。恰恰是《国际运河遗产名录》所提出运河类遗产辨别和判定的范式应在于它的活态性和不断演进的特征，不能将其当成一个静止的、过去的遗产去对待。可以说，动态和演进性这一论述，赋予了大运河足够动态的精神属性，是大运河遗产这一知识体系最终形成的关键。

国家机构、核心专家、地方力量在不同侧面都在申遗中扮演了关键角色，这些行动者互相纠缠和牵制，编织起了一套复杂的申遗行动关系网。大运河包含哪些点段，表面看是国家文物局和文本团队作为“权威”决定，但实际上则与诸多偶然因素相关联，导致“权威”也不得不向现实妥协。对大运河申报影响比较大的是镇江拆除宋元粮仓遗址事件。作为大运河进入江南的第一座城市，镇江的意义不言而喻。2009年，在房产项目开发中，镇江发现的规模宏大，布局规整的宋元粮仓遗址。虽然经过文物管理部门和开发商之间进行了很多次的协调，但是最终强势的开发方面依旧拆除了这批举世无双的粮仓遗址。这令考古学界和国家文物部门感到震惊，镇江被直接从大运河申遗城市名录中除名。

因此，在我们反思专家们过度强调遗产的物质保存时，也要对申遗过程中的人物和事件报以“同情的理解”。当我们将自己置于同样的时空情境，便足以解释每一个参与者对“物”的保存的执着甚至执念。批评其过于关注物而忽略人，虽然在理论上是正确的，但无助于真正揭示和解释整个事件的全貌。

另一方面，国际组织虽然拥有看似更高一层的权威，但当其进入大运河申遗场景之中，也成为这组申遗行动关系网的一部分。让我们再次回到国际/印度专家莉玛·胡贾女士身上。在整个考察过程中，她对大运河遗存物质真实性和完整性的要求在保持严谨性的同时，实际上是相对宽松的。在部分点段表现出的明显新近整修痕迹之处，她都表示出理解的态度。在此之外，她对大运河在无形和精神层面的价值却格外关心。她非常享受在运河畔品茶、品尝地方小吃，她对运河沿线村镇百姓的"生活感"极为看重，对大运河的非物质文化遗产更是喜爱不已。在天津、河北的路上，她反复要求走入运河周边的村落，与当地村民交流互动。在山东，当她看到阳谷的某个运河村庄因为大运河保护和申遗得到了环境的改善，喜笑颜开。她对沿线的非遗项目——包括民间艺术、饮食、口头文学、表演等，都特别感兴趣。在杭州工艺美术博物馆，胡贾女士流连很久，比预定行程延长很多。她尤其是深深青睐中国非物质文化遗产完整的保护体系——从各级名录到传承人制度，一个劲儿地赞叹：一定要将这个经验带回印度去。

在最后一项议程——利益相关者座谈会上，胡贾女士在听了杭州当地百姓代表的陈述后，结合自己一路以来的感受，在做演讲陈词时竟然哽咽流泪。她表示，运河是活态的遗产，当她一路走来，看到如此多普通民众依然与之相生相伴，便坚信运河一定有着更加充满活力的未来。这一幕给在场所有人都感动不已。

作为随行翻译，在与之交流和互动的过程中，笔者也能对她本人的角色报以"同情之理解"。一方面，作为由国际组织选派的专家，她必须秉持客观的原则，对遗产管理的方方面面以既定标准进行评估。她实际上做得很认真和出色，每天都会记录大量笔记。另一方面，作为一个同样来自第三世界国家，个性颇为敏感的考古学者，她又与遗产所蕴含的精神、人文、社会价值有着天然的共鸣，对生活景观有着极为深刻的领悟和坚持。这也就能够解释本文开头那个看似矛盾的场景：但她强调缓冲区太小，担心会因此导致城市扩张对运河造成景观影响时，不仅是其手中的国际规范文本在起作用，同样也是其心中所追求的一种生活景观审美在施以影响。

在大运河申遗的最后阶段，还有一段关于非物质文化遗产的插曲。在 ICOMOS 给出的评估意见中，对于前三条标准都予以接受，但对于最后一条关于非物质遗产的论述却没有采纳，认为体现非遗价值的要素已经在前面的标准阐述中涵盖了。这可能被视作国际机构对中国传统知识以及民众日常生活价值的忽视。但是，当我们批评国际机构时，也应理解到国际机构是由一套行动者体系构成的复杂系统，同样也包括了如胡贾女士一样对大运河非遗价值抱有强烈热情的成员（按 ICOMOS 评估要求，现场考察专家并不对价值进行评估，只针对遗产管理进行调查）。更为有趣的是，在最终决议过程中，世界遗产委员会又将非遗这一项价值（标准 vi）加了上去，作为大运河价值陈述的重要组成部分。因此，究竟谁是"国际机构"？谁代表了"国际遗产话语体系"？到底是哪方面力量在决定大运河申遗的命运？实际上，当我们以"同情之理解"这一视角去深入剖析这一事件，会发现，包括胡贾女士本人以及匿名文本审核专家在内，以及世界遗产大会上的委员国代表，都是这一过程的行动关系网中的一环，每个个体都有着自身的权力，也不得不在具体的条件下行动，甚至这些具体条件也包括了其个人的性格特征和专业知识。批判遗产研究（或思辨遗产研究）要去探寻的，是置身于这些关系网中，理解和解释其运行机制特征，诠释每一个概念背后复杂的生成和运行机制。

4 结论：同情之理解

如果我们把世界遗产视作一个系统，每一个行动者在其中扮演着不同角色，CHS应对其进行“解释性地理解”，充分考察其背后的政治、文化、社会甚至个人个性的动因。正如张朝枝和蒋钦宇在回顾批判遗产研究总体历程后指出：“作为研究者，既要看到目前存在的权威遗产话语与地方的遗产话语间的对立，同时也应注意作为一定政治资源的遗产本身具有协商对话的空间，同时应该以批判性的眼光审视自身的情感立场、所属研究机构以及获得的资助来源。”[1]

如果说 CHS 强调从以物为本到以人为本的范式转换，那么我们同样需要认识到，权威化过程的参与者，同样是需要去理解的“人”。由于其在遗产的知识 - 权力过程中扮演相对主导的角色，对这些行动者的同情之理解，更有助于我们掌握遗产知识生成的机制及其面临的问题。

即使是尝试理解“人”，CHS 也可以通过更深入的对人经历的体察，发现被忽视的遗产价值。每一项古迹被“忽略”的价值，可能不在官方文本，甚至超越了语言学家所挖掘的古老文献，而蕴含在研究者在特定时空情境下与遗产、文本、事件、人物等要素所产生的“通感”与“共情”之中。李晋在《利奥塔之死》中曾讲述这样一个故事：四川色达县城外有一座佛塔，在藏语里称作“伏魔塔”。色达的喇嘛们将 19 世纪之后康区战乱频繁的现象，视作佛教教义中“魔军”即将降临这一预言的表现，将此时来到这里的西方传教士和探险家视为魔军出现，法国人利奥塔便是在藏人“诛杀魔军”的行动中丧生。教义、魔军、伏魔、佛塔、外国人、喇嘛……这一系列行动者，共同构成了一幅奇妙的关于这座佛塔价值的图景。而真正破解这一图景的关键要素，则是研究者本人的切身体悟。李晋对伏魔塔这一古迹的考察并没有停留在文本之中，而是用近乎一年在色达的田野生活，用身体去感悟利奥塔之死所赋予伏魔塔的含义。李晋写道：“如果不是在色达一年，忍受没有电的日复一日的高原生活，我无法懂得政治和战争在这片遥远的牧区要归于鬼神的意志……通过了解这些部落的历史、宗教、地景并与它们接触，我开始想象考察队对两代人之前的色达意味着什么。……越是在这个与过去接近的地景里想象吉尔伯特的目光如何遭遇当地人的目光，我越是相信这个伏魔故事不是虚构，它是无穷尽的历史可能中最具社会性的一种。”[2]

不一定每个 CHS 的研究者都能够付出时间与精力去进行如此艰苦的体察，但至少我们应该知晓，当我们将遗产与人紧密结合的时候，我们便被赋予了去理解遗产人的生活与精神世界的使命。在大运河上，在千千万万的遗产中，所有关乎社会、政治、文化和经济生活的线索，紧密缠绕在每一个行动者周围，与他们的个性、经历、情感交织在一起。因此，当我们反思 AHD 时，既要对这些交织因素及其共同构建的话语体系保持警觉，更要保持共情。

毕竟，批判遗产研究的目的是揭示遗产更多的面向，而无论哪一个面向，最终都会指向人的心灵。

参考文献

[1] 张朝枝，蒋钦宇．批判遗产研究的回顾与反思．自然与文化遗产研究，2021（1）．
[2] 李晋．利奥塔之死，读书，2021（3）：120.

（本文原载《文博学刊》2021 年第 3 期，本文略有增删）

保护技术与实践

故宫古建修缮与科学保护

王时伟 *

摘要： 故宫古建修缮是我国重大文物保护工程，也是重大文化建设项目之一，本文详细说明古建筑科技保护工作小组在故宫彩画、琉璃构件、金属构件、砖石构件的保护思路与方法，同时介绍了对外合作保护倦勤斋项目取得的技术经验。

关键词： 故宫；古建修缮；科技保护

2002 年，故宫自中华人民共和国成立以来规模最大、投入资金最多大的修工程启动。对故宫古建筑进行全面维修保护是国务院的决策，是根据故宫古建筑实际保存状况所做出的决定。故宫大修既是重大的文物保护工程，也是重大的文化建设项目。故宫是我国第一批列入《世界遗产名录》的项目，保护好故宫不仅是对中华民族负责，也是认真履行我国对国际社会的庄严承诺。

故宫博物院坚决贯彻文物保护原则，切实执行《中国文物古迹准则》建议的专业程序，在坚持传统工艺材料修缮的基础上，加强科技研究保护的手段，做到最小干预，尽最大可能更多地保留原有建筑的信息，保持文物的真实性和完整性。十年来，故宫古建筑在传统修缮基础上的科学保护取得了丰硕成果，为中国传统古建筑的科学保护摸索并积累了经验。

1 古建筑科技保护工作小组的成立

根据故宫古建修缮工作的整体规划和古建修缮工程实际需要及所面临的特殊保护课题，成立了古建筑科技保护工作小组。具体负责故宫古建筑及其修缮工程中的科技保护、古建筑保存环境研究、古建筑的主要病害调查研究以及新材料、新工艺的试验和使用工作。通过古建筑科技保护工程开展系统保护研究，逐步建立起不同类别文物的保护方法及评价体系，文物病害的勘察、分类、标示与分析方法和标准，保护材料的筛选与试验、专家论证、施工工艺以及科学指导和监督的工作程序，形成规范化、科学化的分析方法、监测方法和标准以及性能效果的检测标准。

---

* 王时伟：中国文物保护技术协会、故宫博物院，北京，邮编 100009。

工作小组成立以来，便针对古建筑保护修缮工程中新材料、新工艺的试验和使用，科技保护项目方案的制定、可行性论证，文物病害的调查研究等方面开展了部分工作，并在完成应急性保护工程项目的过程中，对不同质地、类别文物的保护方法及评价体系进行了系统研究。

2　古建筑科技保护工作小组的主要工作

古建筑科技保护工作小组主要做了古建筑彩画的保护、古建筑琉璃构件的保护、古建筑石质构件的保护、古建筑金属构件的保护、传统工艺材料的科学研究、墙体返碱的病害分析与研究、对外合作保护项目等工作

2.1　古建筑彩画的保护

故宫古建筑中包含大量油饰彩画，大部分外檐彩画是中华人民共和国成立后重绘的，而内檐彩画保存有大量的“老彩画”，其中许多是清朝康乾时期的彩画，这些彩画十分珍贵，包含众多的历史信息和文物价值，为我们今天及以后的古建修缮保护提供了重要史料。由于年代久远以及古建筑本身的特点——密闭性较差——内檐现存彩画不同程度地出现了表层龟裂、起甲、剥离、褪色、污染等病害现象，地仗酥碱、空鼓较严重，有些脱落严重。

针对以上情况，在原有研究工作和午门正楼内檐彩画保护工作的基础上，制定了“故宫古建筑彩画保护方案”，并于 2005 年 6 月 10 日的专题论证会上得到了专家的肯定。

我们在自主开展工作的同时，注重与相关单位如与山西省古建筑保护研究所、西安文物保护修复中心、敦煌研究院、美国盖蒂保护研究所进行业务交流，通过分析比较，逐步建立了适合故宫古建筑彩画保护的原则、方法、保护材料及其施工工艺。

（1）进行详细的原状病害调查、记录、分析并设计施工图。

（2）采用数字影像技术对古建筑彩画的保存现状进行真实、原始状态的记录。

（3）坚持传统修缮技术与现代科学手段的有机结合。表面污染物的清洗采用面团、去离子水和 EDTA 等溶剂材料。

（4）对于局部空鼓和部分起甲的彩画，采取注射渗透加固的方法。

（5）对于空鼓严重并有脱落倾向的部分彩画，可以采取揭取、回贴的方法和支顶措施，不仅加固了彩画本体，而且较少对彩画产生影响。

（6）对于彩画缺损部位的补做，应采取传统工艺和材料，颜色效果方面遵循“近看有别，远看相似”的可识别性原则。

（7）利用 SiOR-31 彩画保护剂整体封护保护。

这些方法的建立和完善，在故宫古建筑彩画保护中发挥了巨大作用。在进行彩画保护工作的同时，还对部分不同建筑的彩画颜料成分、颜色标准进行了初步研究工作。

2.1.1 保护项目实例

2.1.1.1 午门内檐彩画保护项目

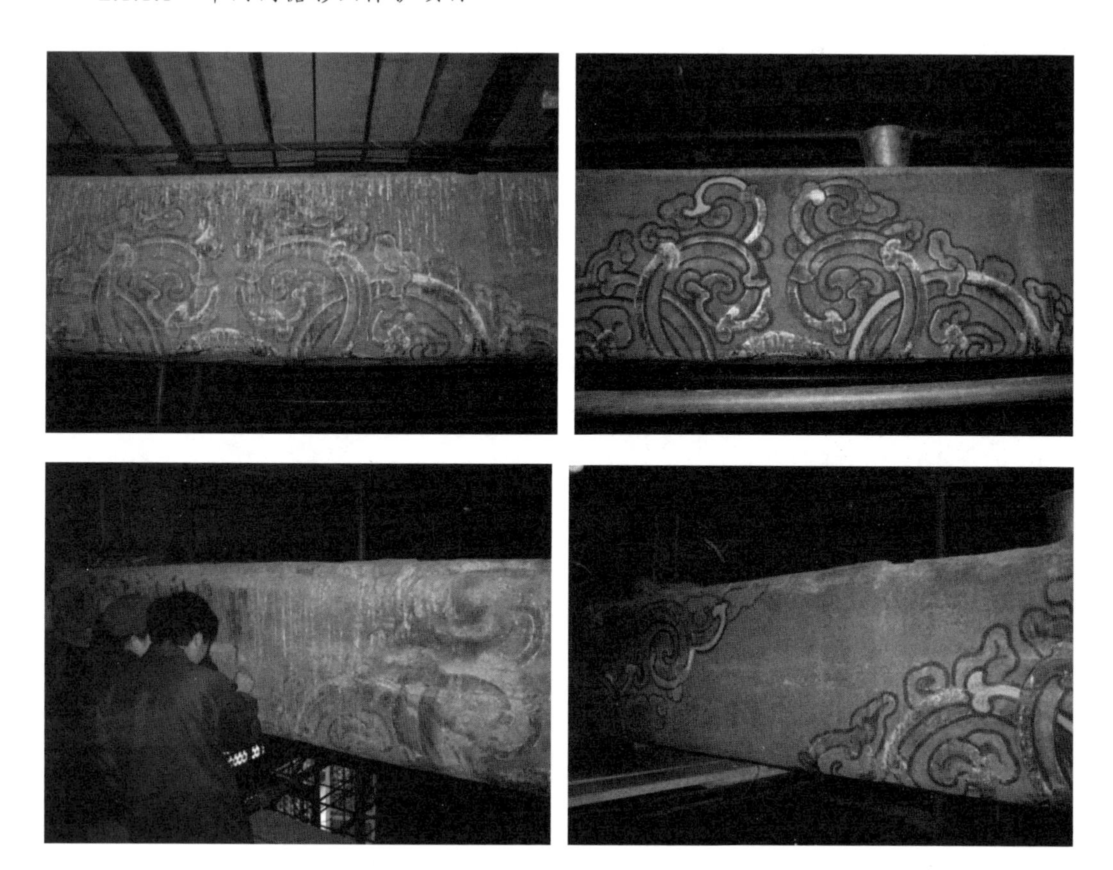

2.1.1.2 皇极殿内檐彩画保护项目

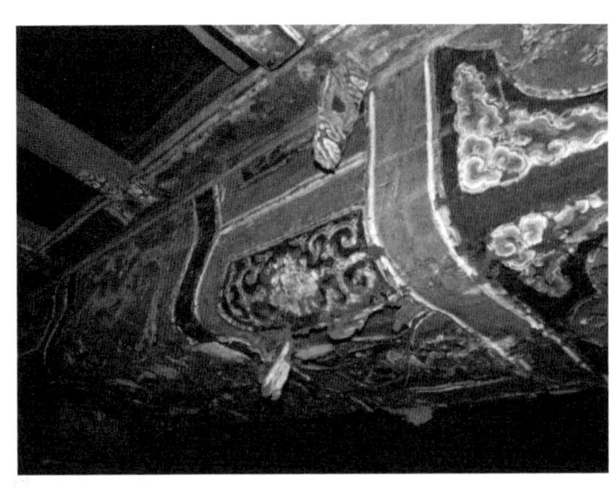

2.1.2　保护措施及施工工艺

加固保护

注射回贴

支顶固定

2.2　古建筑琉璃构件的保护

针对不同保存状况的琉璃构件，遵循“最小干预的原则”，相应采取琉璃瓦施釉复烧、黏接与加固保护、高分子材料的复釉保护、有机硅材料的防风化保护等措施，尽可能地保存、保留历史文物原物及其所包含的价值和历史信息。例如，对于琉璃胎体保存较好、带有烧制年款（明清时期）、釉面脱落严重的琉璃瓦，进行了琉璃瓦复烧研究工作，并在故宫博物院的古建修缮工程予以应用。对于纹饰较多、造型丰富、艺术价值较高的琉璃构件，在不影响整体建筑安全的前提下，通过相应的清洗、加固、黏接、修复、防风化处理等保护手段和措施，尽可能地采用原有构件。

2004 年，结合钦安殿的修缮工程，针对钦安殿琉璃构件的保护状况，经过相应的试验和检测，制定了钦安殿琉璃构件的保护方案，并于同年 11 月召开了专家论证会，与会专家对保护方案中遵循的理念和原则、采取的保护材料和施工工艺，给予了充分肯定，并提出了宝贵建议。

在陆续开始的三大殿东西庑、太和殿琉璃构件保护工程中，我们总结完善了原有方案，逐步形成了一套针对故宫古建筑琉璃构件的保护方法。

（1）清洗：针对琉璃构件表面污染严重的情况，先采取用清水冲洗的方法除掉灰土及易清洗的污染物，个别部位可以用刷子刷洗；对于铁锈等污染物采取化学清洗的方法，而后用清水清洗干净。

（2）加固：由于琉璃构件风化较为严重，所以必须予以渗透加固，尤其是构件的断裂层面。加固材料为有机硅强化剂，采用涂刷的方法进行。

（3）黏接：对于较小的断裂构件，将黏接面清洗干净并风干后，直接用黏接材料拼对粘牢；对于大断裂构件黏接部分下暗锯、铁芯（材料为不锈钢），并剔除原有的已经锈蚀严重的锯子。

（4）封护：由于釉层脱落较多，为防止原有釉层的进一步剥落、水的侵蚀及其引起的一系列风化破坏，在采取以上措施的基础上，对琉璃构件进行整体的封护。

2.2.1 琉璃构件的修复与保护

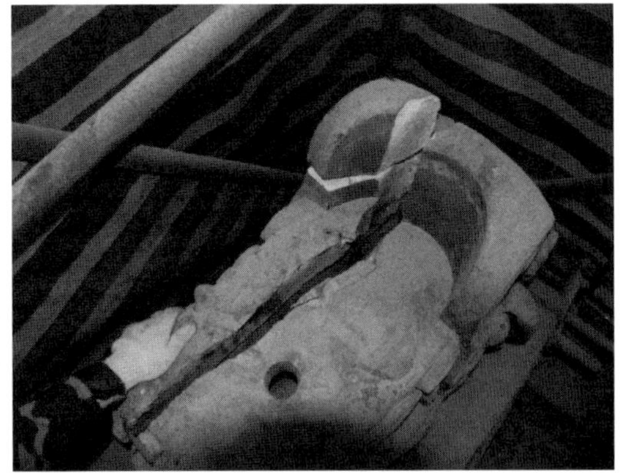

2.2.2 黏接性能检测

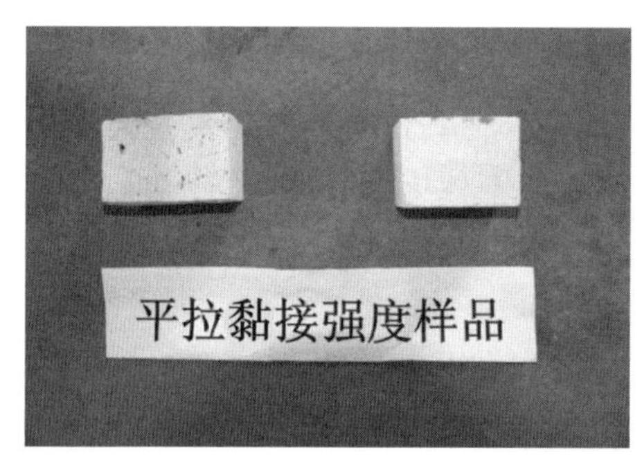

2.2.3 修复与保护效果

2.3 古建筑石质构件的保护

对于古建筑石质构件的科学保护工作，故宫以前就有所涉猎，20 世纪 80 年代就曾经与兰州涂料所共同研制开发高分子石材保护剂并进行过现场试验，20 世纪 90 年代末也与北京化工大学等高校及研究机构共同进行过纳米保护材料的实验研究，取得了一定的成果。近几年，在进行中意合作太和殿保护项目的交流及吸收其他国内先进保护经验的基础上，我们基本制定出了一套石质构件保护方法，并在实际试验中不断完善。

在完善石质构件保护方法的过程中，我们也合作开展了石质构件微环境与病害产生关系的研究与石质构件保护效果评价的研究，希望以石材保护为切入点，探索一套从病害分析、保护技术到评价体系的科学保护方法。

2.3.1 古建筑石质构件的保护方法

（1）进行病害调查、记录、绘图、石材本体及遗存保护材料的评价、构件所处微环境与病害形成的分析。

（2）清洗：采用清水与活性水搭配、刷洗与可控机械方法（包括喷砂技术）结合的方式，严格遵循不损伤文物的原则。

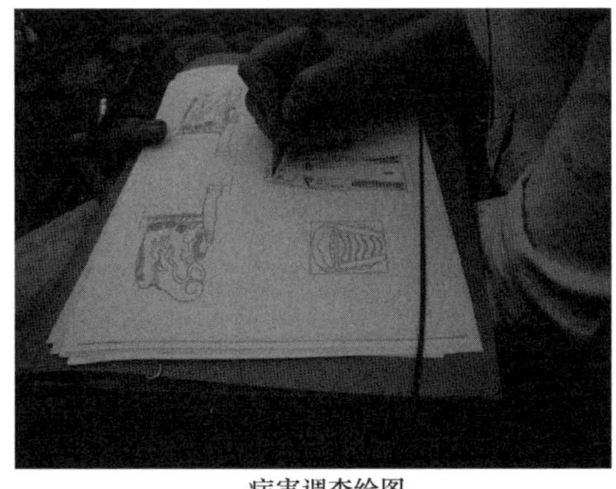

病害调查绘图

石材本体评价

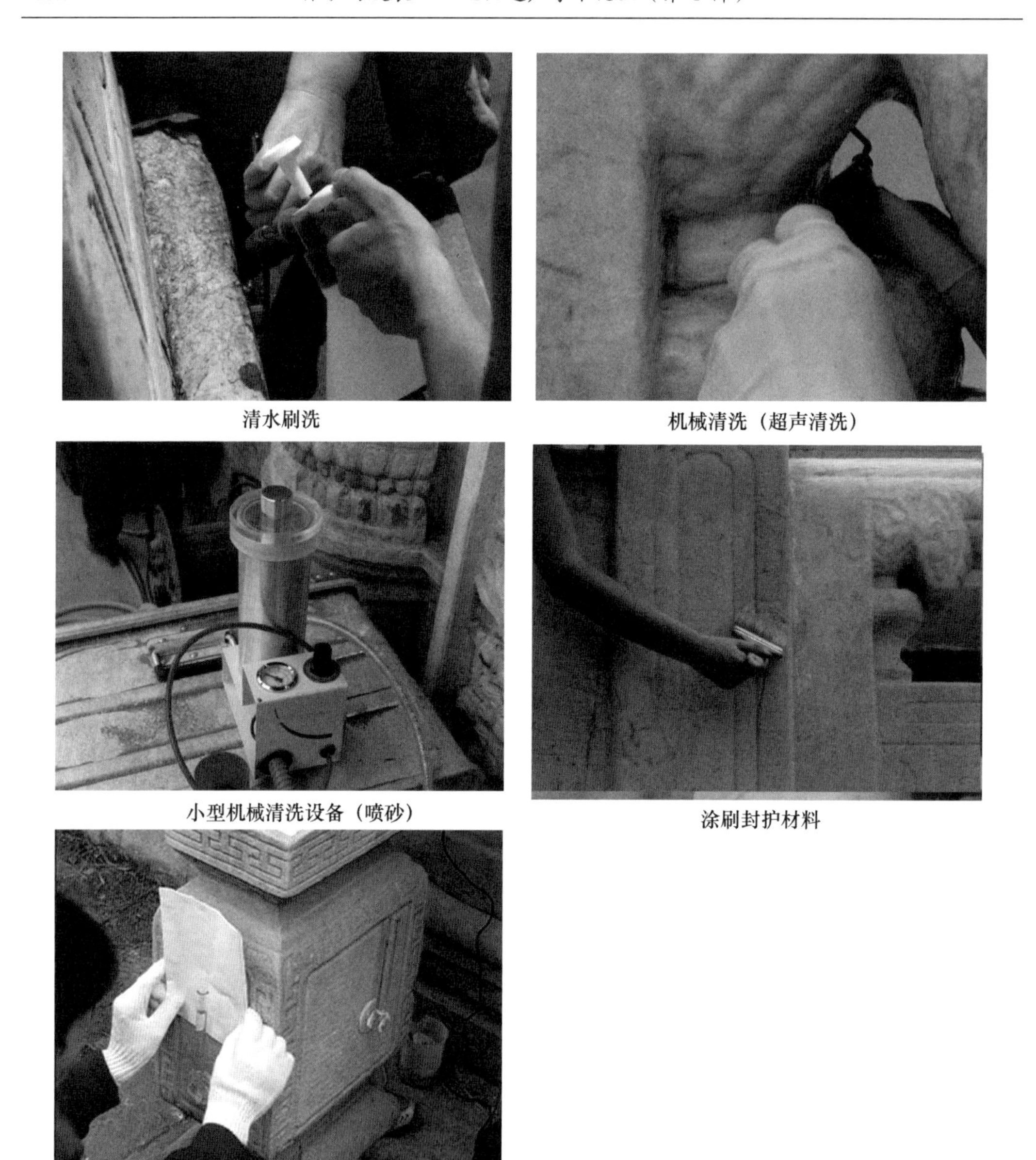

清水刷洗　机械清洗（超声清洗）

小型机械清洗设备（喷砂）　涂刷封护材料

保护效果评价（卡斯特瓶拒水性）

（3）加固：包括在清洗之前对濒危部位进行的预加固与清洗之后的整体加固，根据石材风化的具体区域与情况进行。

（4）封护：对石质构件进行全面封护，选用撤销性好、老化产物无害的材料。

（5）对保护效果进行全面实验评价，并定期监测保护材料的稳定性与构件的状态。

2.3.2　喷砂清洗技术的试验

根据故宫古建筑石质构件保存现状和表面污染情况，结合故宫灵沼轩（水晶宫）的保护方案设计。在以往工作的基础上，工作小组选择国际先进的喷砂物理方法进行了试验，并取得了安全科学的数据，为实施保护措施提供了依据，该项技术的应用，对于中国文物建筑石质构件清洗、保护工作具有示范意义（欧美许多主要古迹清洗保护采用该项技术，如梵蒂冈“天主大教堂”、埃及梅农巨像、美国自由女神像、美国国会山总统像等）。

2.4 古建筑金属构件的保护

2.4.1 古建筑鎏金构件的保护方法

随着古建修缮工程的全面开始，一些金属构件的保护工作也亟待开展，其中包括古建筑门页、瓦钉、门钉、宝顶等金属装饰构件及部分钢、铁制结构建筑，其主要问题表现在表面污染、锈蚀、鎏金层残缺、脱落等，工作小组在调研、合作试验的基础上，制定了鎏金金属构件的保护方案。

（1）进行腐蚀产物的分析检测。

（2）腐蚀产物的清除，先采用 10% 金属离子络合剂清除金属构件的腐蚀产物和污染物，然后用清水经浸泡清除干净，保证没有残留物。

（3）电镀金保护处理：刷亮除油—表层的打磨—矫形—补配—电解除油—预镀金刷

洗—再次镀金—清洗烘干—表层保护处理。

2.4.2　电镀技术的应用

在 2004 年故宫钦安殿古建筑琉璃构件及宝顶保护方案的论证会中，与会专家根据保护方案和当时的实际情况，提出了在采用传统工艺的基础上，积极引进、利用现代科技，特别是古建筑金属构件的鎏金工艺，在国家相关法律不允许的条件下，可以采用镀金技术，更好地保护文物及古建筑构件。工作小组经过调查研究发现，其实古代鎏金工艺也是镀金技术的一种，即“火镀金”。现有的电镀技术比过去的鎏金工艺更加科学，对环境和工作人员的污染与伤害更小，金层的附着力、均匀性更加优良。

槽镀、滚镀与刷镀方法相结合

效果对比

效果对比

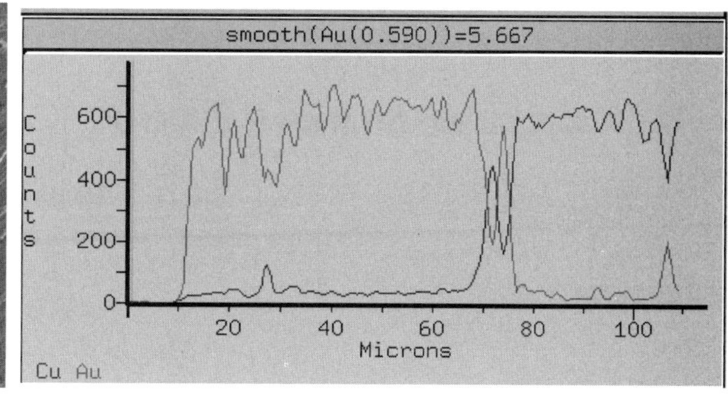
smooth(Au(0.590))=5.667
Counts
600
400
200
0
20
40
60
80
100
Microns
Cu Au

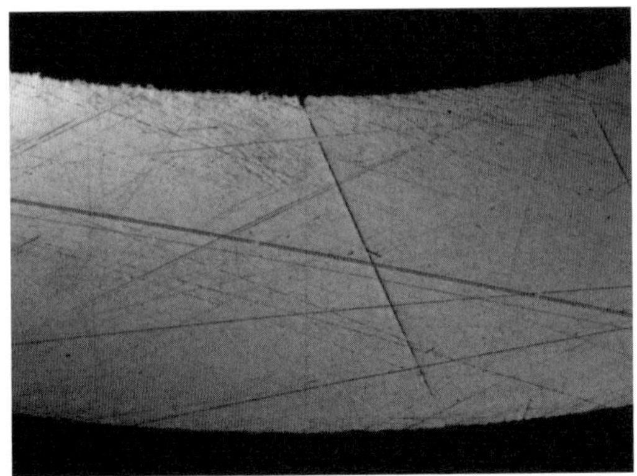

镀金层的性能检测

2.5　传统工艺材料的科学分析

在古建保护工程研究的基础上，小组还配合工程设计部门就古建修缮过程中涉及的传统工艺及材料部分进行了科学分析研究，包括：①太和门铅背保存状况的检测与分析；②太和殿护板灰成分的初步分析；③倦勤斋斑竹彩画的同步辐射 X 荧光共聚焦分析；④寿康宫墙纸质地的分析；⑤故宫古建筑彩画样品的收集与颜料分析。下面详细介绍其中三点。

2.5.1　太和门铅背保存状况的检测与分析

将太和门铅背取样两片，在树脂下包埋，抛光后分别在扫描电镜下进行观察。铅背样品的剖面大致分为三层，风别是上下两个锈蚀层和中间仍存在的铅层。锈蚀层和铅层的厚度分布不均匀，这两个样品的观察结果表明：有的部位铅层只有 0.3 毫米左右的厚度，有的则达到 0.7 毫米；每层锈蚀层厚度为 0.2 毫米左右或者更薄。

2.5.2　太和殿护板灰成分的初步分析

采用 X 射线衍射与红外光谱分析大和殿护板灰的成分，研究表明，无机物成分主要是石灰和少量石英，而有机成分中有油脂类物质。

2.5.3　故宫古建筑彩画样品的收集与颜料分析

分别在太和殿、保和殿、慈宁宫、寿康宫、英华殿、东华门、神武门、体仁阁、贞度门等处进行彩画取样，收集古代颜料样本，用于分析研究不同时代的建筑可能采用的不同矿物颜料。

护板灰

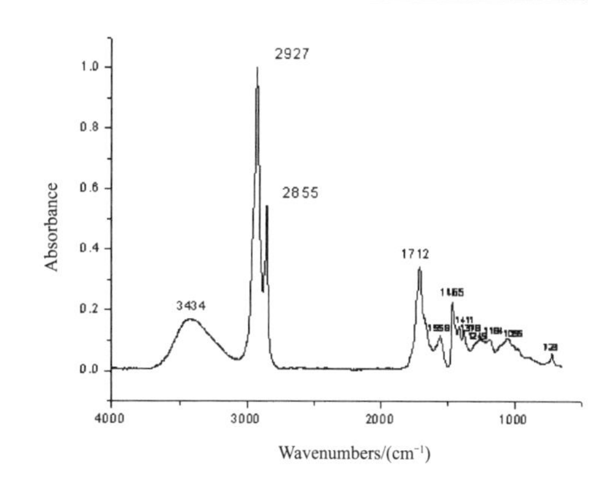

油脂成分的确定

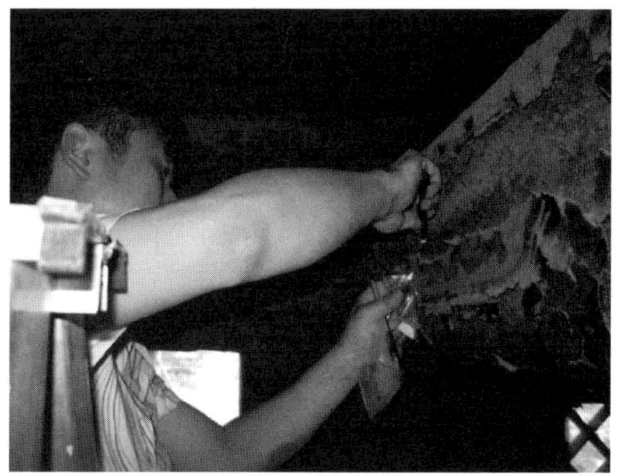
取样照片

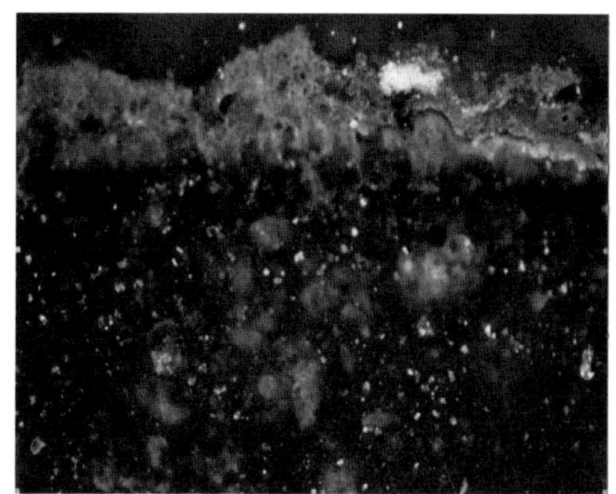
颜料偏光显微照片

2.6 墙体返碱的病害分析研究

在解决应急性与抢救性工作任务的基础上，从文物的病害入手，通过一系列的分析检测、材料筛选、性能检测、模拟试验、现场试验、专家论证和制定相应的施工工艺和质量标准评价体系，科学地完成文物保护研究工作，逐步加强系统的、全面的科学研究工作，是故宫博物院文物保护工作的发展方向。

古建筑干摆墙的返碱现象非常普遍，对于返碱病害的形成原因，众说纷纭。经过工作小组工作人员分析测试以及对砖材生产厂家的实地调研，初步确定，砖的原料及烧制工艺是返碱的主要原因，为下一步的治理工作提供了科学依据。

表1 析出盐分的分析检测

样品位置	S	Na	K	Ca	Si	Al	Fe	Cl
1 故宫午门西马道	大量	少量	中量					
2 体仁阁地基东墙	大量	中量	少量	少量				

续表

样品位置	S	Na	K	Ca	Si	Al	Fe	Cl
3 午门东马道外东侧墙	大量	中量	中量	少量	少量	少量	少量	
4 东筒子南端东墙	大量	少量	中量	微量	少量	微量	微量	微量
5 神武门西马道	大量	中量	中量	微量	微量			
6 右翼门外北侧墙	大量	中量	少量	少量				
7 开放部前花坛	大量	少量	中量	少量	微量	微量		

表 2　青砖水提取物的分析

样品	Si	Ca	Al	K	Fe	Ti	Mg	Cu	Na	S	Cl
金砖	中量	少量	少量	中量	微量		微量		少量	少量	大量
河北砖 1	大量	少量	少量	少量	微量	少量	微量	微量	微量	少量	少量
河北砖 2	大量	中量	微量	少量	微量		微量	微量	微量	中量	少量
花坛砖	中量	大量		少量	少量				微量	大量	少量
河北砖 3	中量	大量	微量	少量	微量	微量	微量	微量	微量	大量	微量
老砖	大量	大量	微量	少量	微量	微量		微量	微量	中量	少量
苏州砖	大量	少量	中量	中量	微量	微量	微量	微量	微量	微量	中量

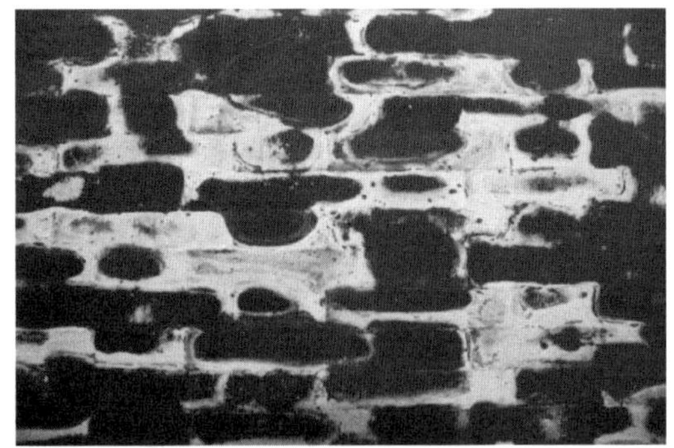

古建筑干摆墙返碱现象

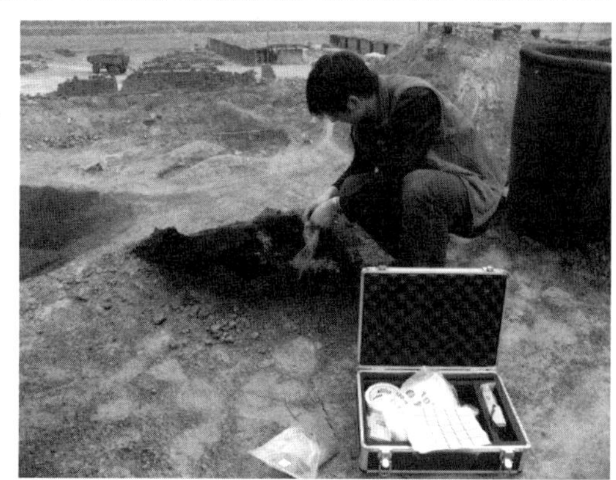

赴砖厂现场调研

同时，我们还在红墙涂料性能的评定、材料的筛选、效果的评价方面展开了相关工作；针对现代烧制青砖的特点及不足，进行了地砖钻生改性试验、防风化与耐磨试验，并取得了一定成果。此外，还利用生物技术在丝织品的清洗、加固保护等方面进行了探索性的试验工作。

在进行文物保护科学研究的过程中，我们还联合相关的研究机构、大专院校和文博单位，利用各自优势，形成优势互补，完成故宫的文物保护工作。例如，与教育部有机硅化合物及材料工程研究中心、北京化工大学、有色金属研究院、北京理化分析检测中心、荆州市文保中心等单位的合作。

2.7 对外合作保护项目

2.7.1 太和殿合作项目

故宫太和殿古建筑区域保护合作项目，是故宫与意大利文化遗产部开展文物保护项目国际合作的具体体现。保护项目主要是针对太和殿室内油饰（宝座、彩画、木柱）的保护、装饰墙体的保护以及室外石构件的保护。经过双方多次的研讨、实地考察与调研、前期分析检测及相关试验工作，以“最小干预”为原则，初步完成了文物勘察报告和初步试验报告。2005 年 5 月 16 日—6 月 17 日故宫博物院相关部门、工作小组与意大利文化遗产部的工作人员进行了现场试验工作，并编写了太和殿科技保护方案。

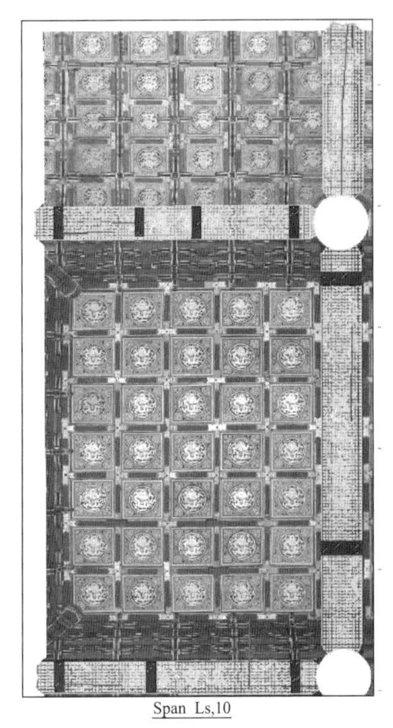

内檐彩画病害分类标示图

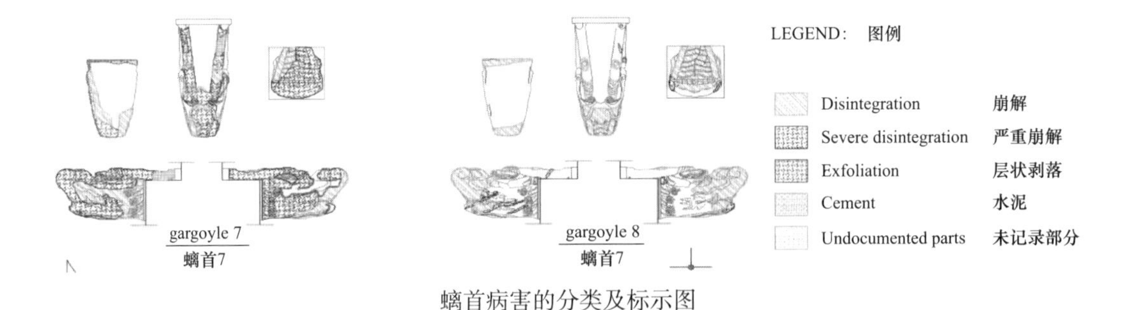

螭首病害的分类及标示图

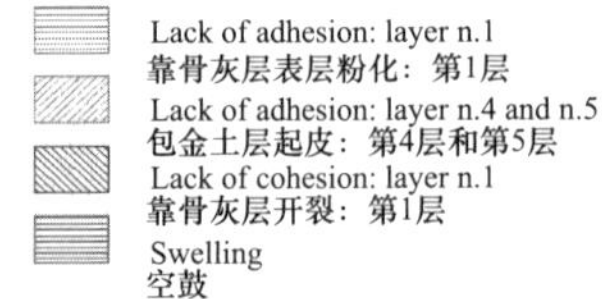

室内墙体病害的分类及标示图

Balustrade 5 栏板结构5

LOCATION OF OFERATIONB 操作定位

LEGEND:

- Static condition check; stuccoing treatment
- Stone material consolidation operations
- Cleaning
- Removal of coherent drposits
- Surface protection

图中标识的区域是病害分布最广泛的区域，这些区域需要采取相应的多种修复措施。（如图6，根据相关的破损现状概括石材修复的类别）

栏板结构5（图6）细致的标绘了各种破坏的准确位置和破坏程度，阴影区域显示了这种破坏区域的面积。

连接部件的松脱——包括以前用水泥灰浆封填的部位——伴有一些经常发生在轻度结构失稳的踏跺栏板结构上。金属支撑将地袱与望柱固定在一起，这些金属支撑件容易发生腐蚀现象。

按照设想，需要对踏跺石材进行处理。这种处理是对石构建稳定性和拼接状况勘测的补充，另外一些改进可以在抹灰泥补缝的操作后进行。根据细微的（化学）加固措施，保存状况的绘图和阴影区域表明除了螭首外，大多数崩解区域经常发生在踏跺旁边的连接地袱的基础部分。崩解主要发生在石构件的末端拐角处，嵌入地袱的部分破坏最严重。在48个建筑石条中，15个出现了崩解。14个作为地袱的石条崩解程度严重。其中6个崩解最严重，2个望柱连接处破损最厉害，可观察到的崩解部分大约有1.60平方米。

尽管这个凹陷的部分有装饰浮雕，也是雕刻最多的部分，但它得到防水保护，因此崩解量最小。这种状况常发生在水平栏杆结构上。考虑到可操作性和材料的性能，石材的细微加固操作区域应当大于观察到的崩解区域。

根据清洗的研究数据，在绘图和阴影标识中得到的信息是根据勘测结果制定的。

清洗步骤：第一步，清除黏附性沉积物，表明大约有45平方米，第二步，相关的其他黏附性沉积物超过0.42平方米表层保护在前期实验结束后，按照具体的保护计划可以应用到所有的表面。之后，对侵蚀非常严重的螭首和踏跺进行加固。

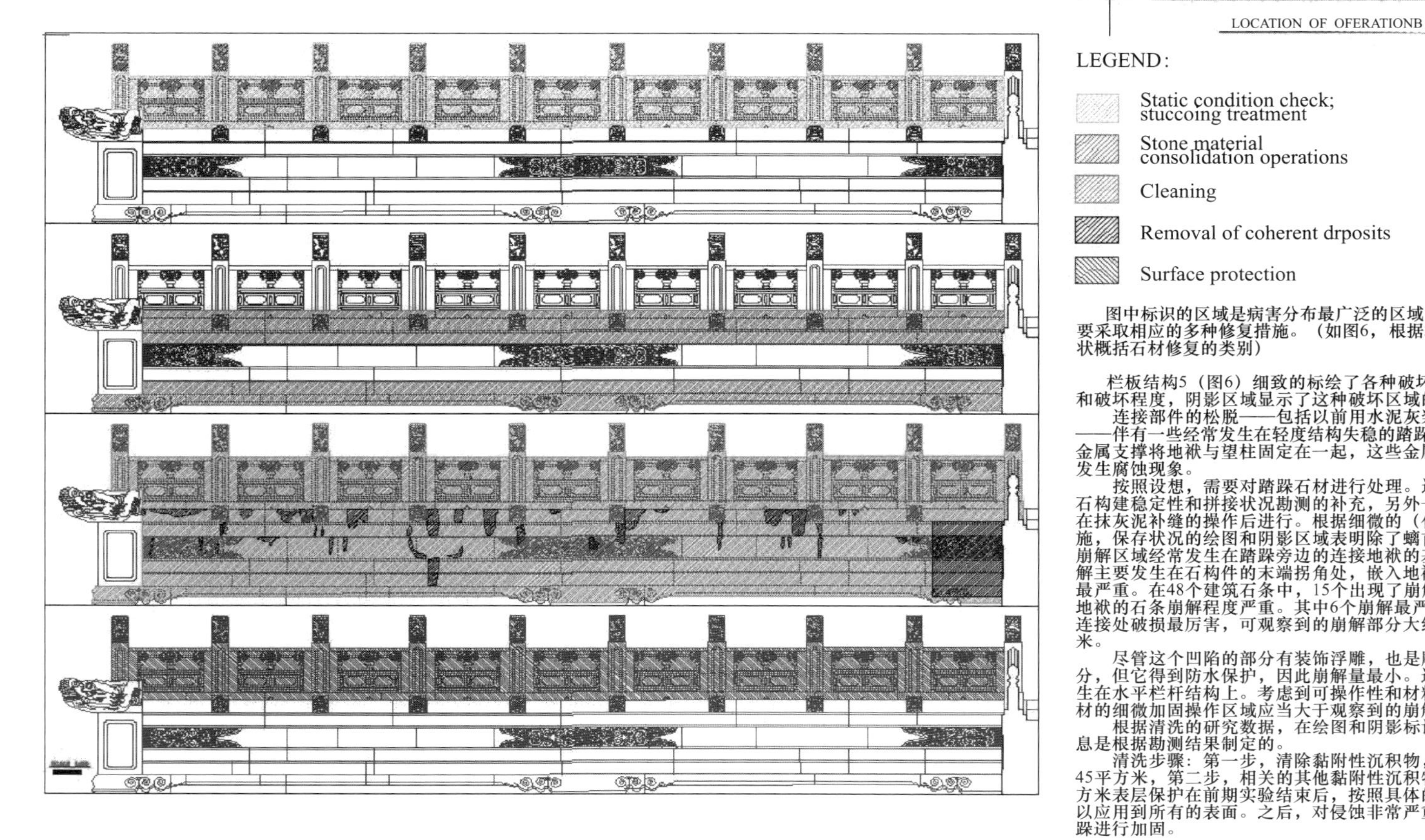

三台栏板保护措施分类及标示图

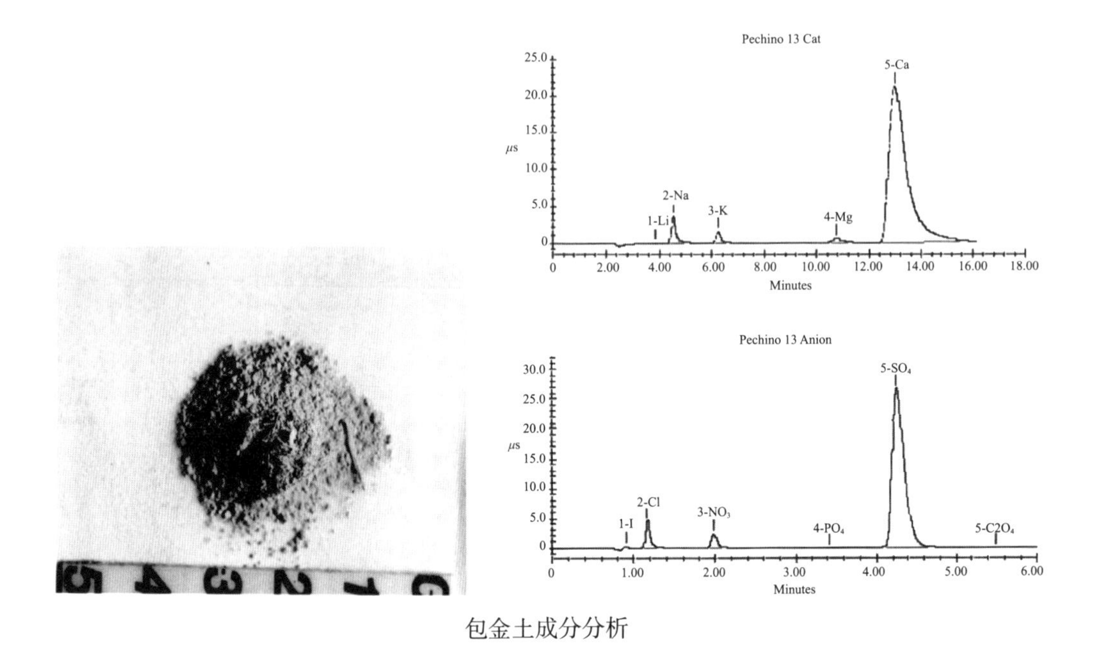

包金土成分分析

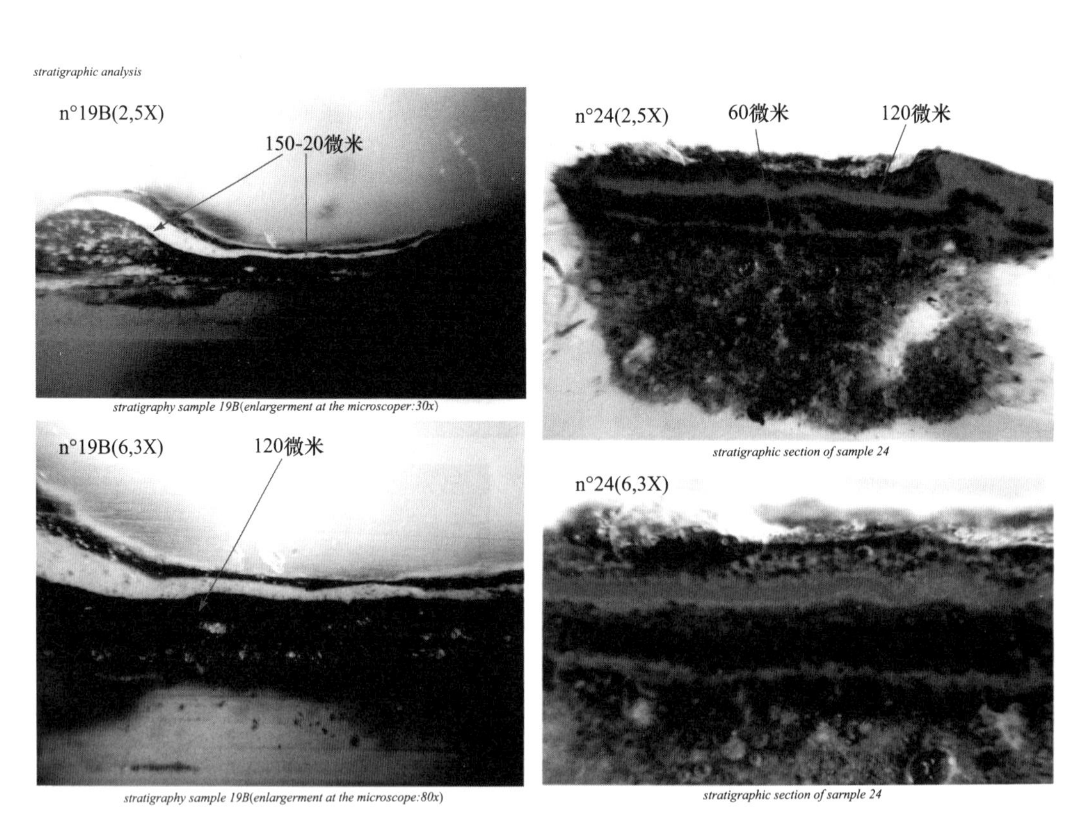

彩画剖面显微观察

太和殿宝座清洗试验

石质构件保护试验工作

2.7.2 倦勤斋内檐装修保护与研究

2.7.2.1 项目规划

总体工作流程如图。

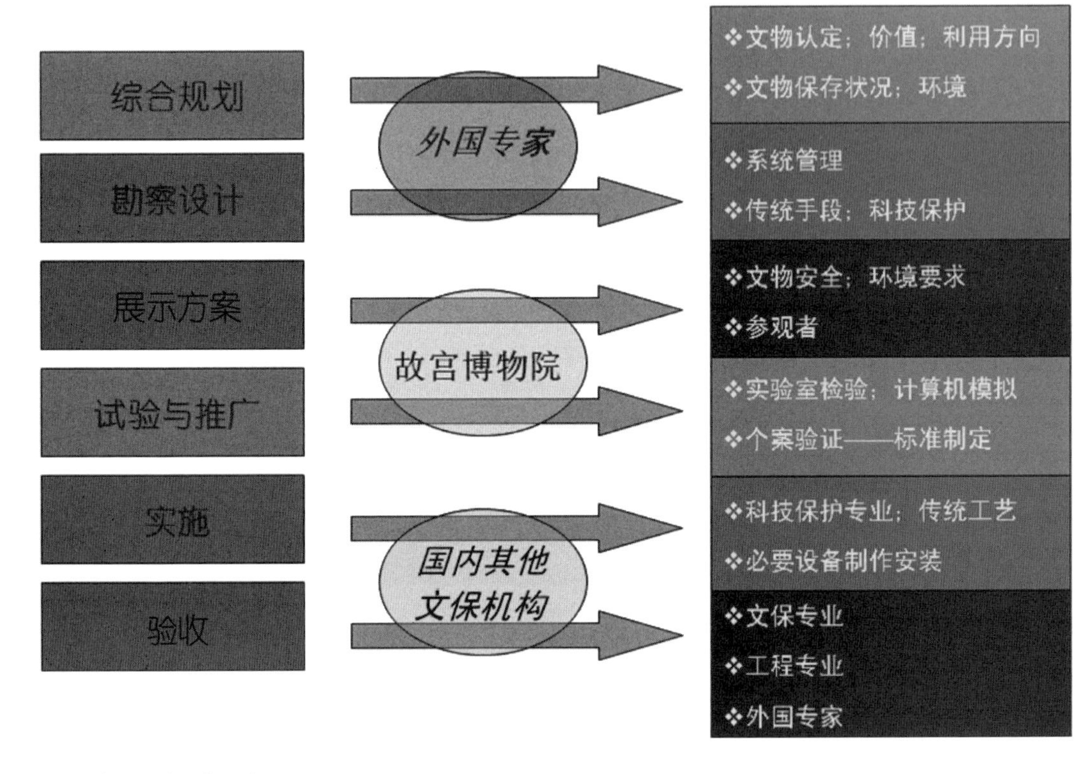

主要项目如图。

古建筑主体结构的保护

通景画、贴落画的保护

壁纸的复制与保护

油饰的保护

内檐装修的保护

丝织品的保护

温湿度环境的控制

展陈的内容与流线设计

展品的原件和复制问题

展陈的照明设计

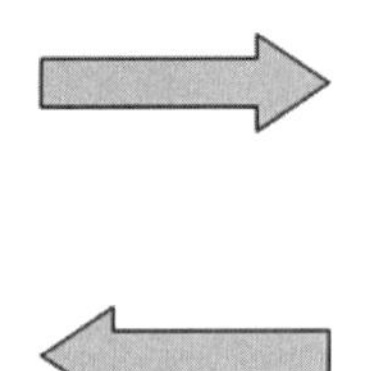

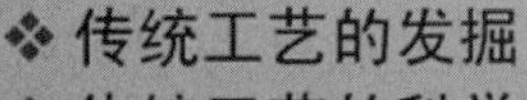

❖ 传统工艺的发掘
❖ 传统工艺的科学评价
❖ 现代文物保护技术
❖ 国际合作和国内合作

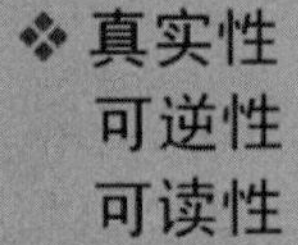

❖ 真实性
可逆性
可读性
❖ 方案—试验—实施

机遇与挑战如图。

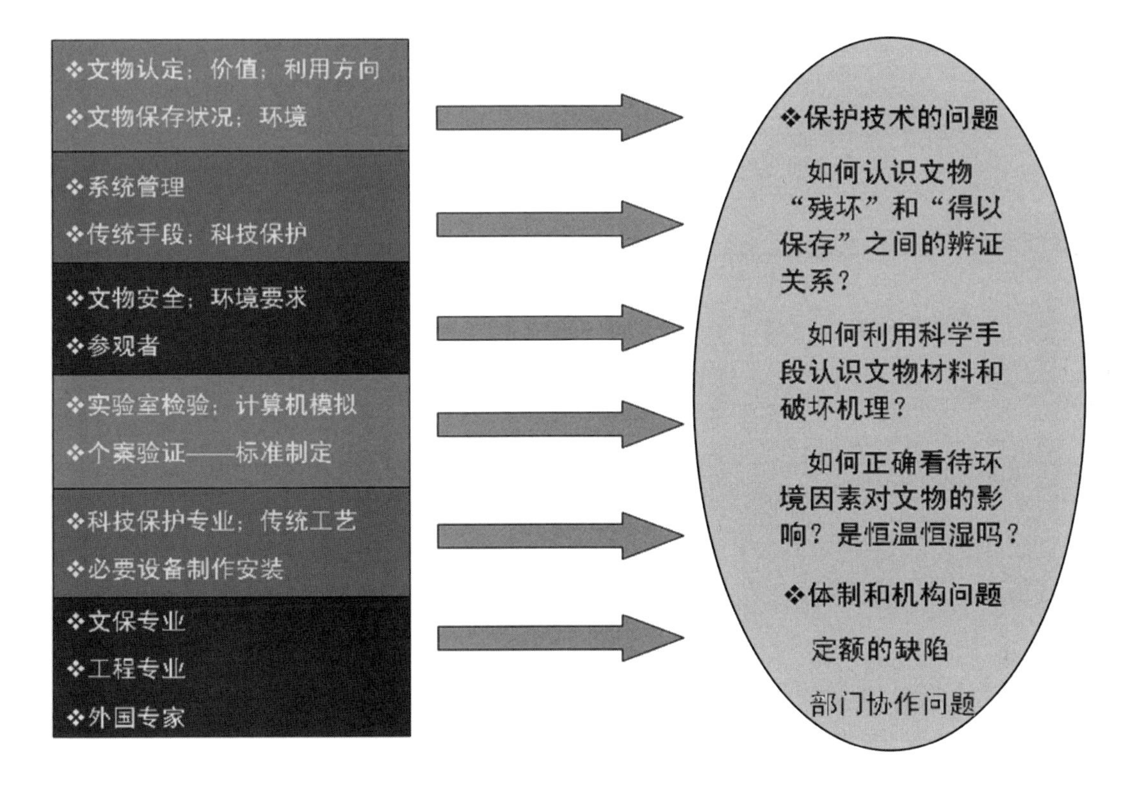

2.7.2.2 保护项目

（1）建筑主体结构保护如下。

WMF 邀请建筑环境保护外籍专家马里昂 . 麦克林勃格（史密森尼安）现场调研并演示工作。

故宫与外籍专家达成共识，修缮倦勤斋木结构劣化构件，合理调控倦勤斋室内温湿度环境。

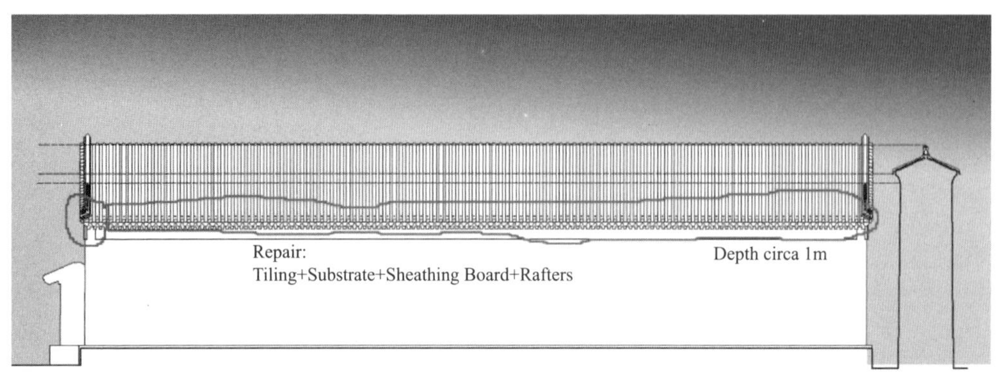
Repair:
Tiling+Substrate+Sheathing Board+Rafters
Depth circa 1m

Cracks on Column
Along the front corridor

Lattice Work
Carpet Beetle Bites

（2）通景贴落画的保护一为调研。

赴安徽潜山考察现存的手工造纸技术，复制适于文物保护用的乾隆高丽纸。

调整斟酌通景画、贴落画的保护技术方法，确保文物的真实性、文物保护做法的可逆性和可读性。

（3）通景贴落画的保护二为修复。

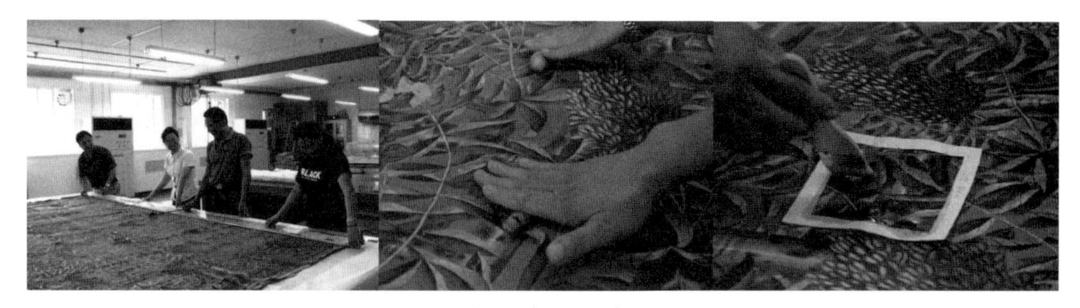

测量 / 除尘 / 固色

加固画心、翻身

去褙、补绢

从裱褙到全色

（4）壁纸的复制与保护如下。

进行现状壁纸的揭取保护。

进行早期壁纸的用纸、用色和图案研究。

故宫赴香河地区、琉璃厂荣宝斋调研手工印花壁纸的生产工艺和现有工艺水平。

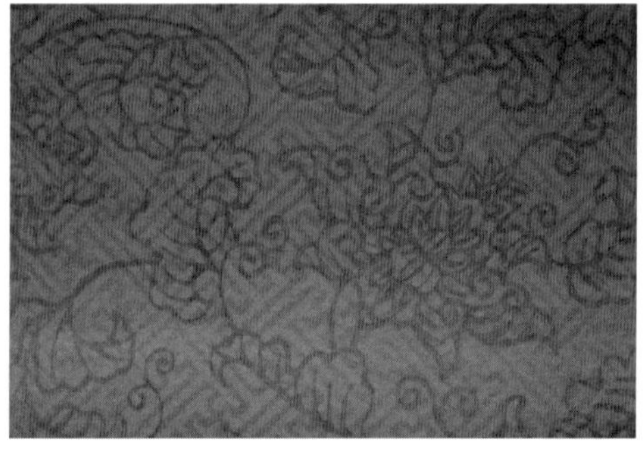

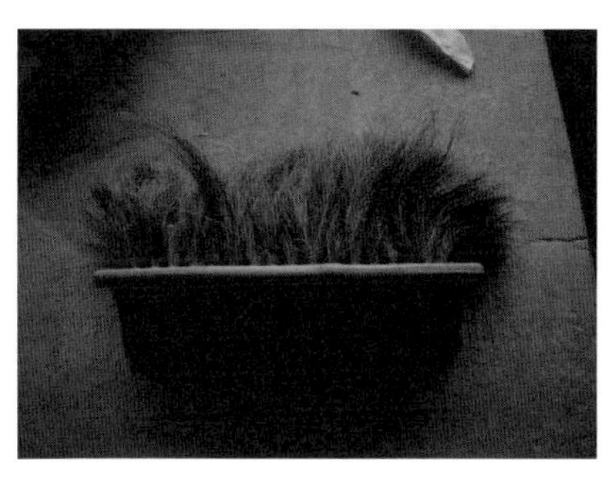

（5）油饰保护一具体如下。

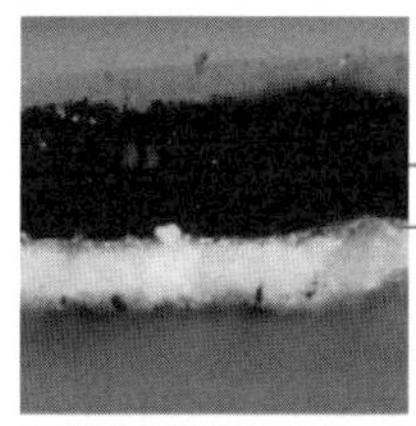
Thick Grimy Varnishes
Glaze Layer of Graining

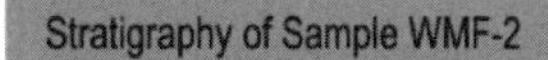
Stratigraphy of Sample WMF-2
Dirt layer
Plant resin varnish
Brown paint
Yellowish base coat
Gray ground substrate
Wood base

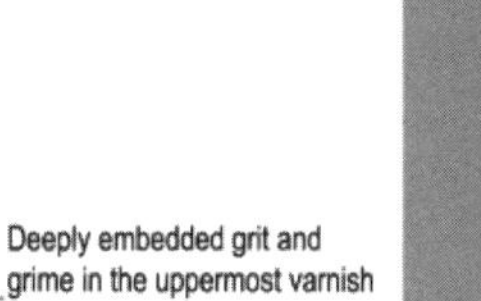
Deeply embedded grit and
grime in the uppermost varnish
Glaze Layer of Graining

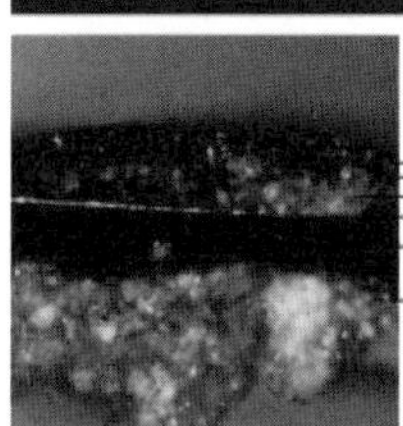
Second gold leaf layer
Lacquer layer
Second ground layer
First gold layer
First lacquer layer
First ground layer
Stratigraphy of Sample WMF-8
Dirt layer
Second gold leaf
Second lacquer layer
Second ground substrate
Gold paint
First lacquer layer
First ground substrate

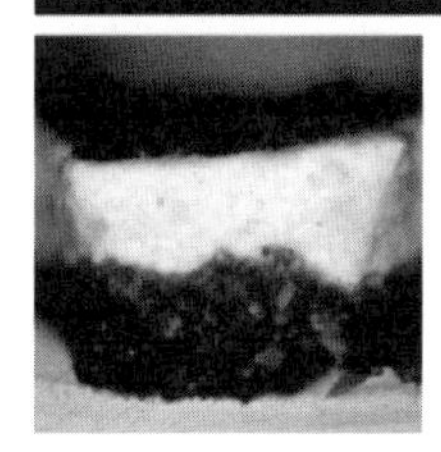
Stratigraphy of Sample WMF-11
Dirt layer
Gold leaf layer
Preparatory for gold leaf
Raised decoration paste
Ground substrate
Wood base

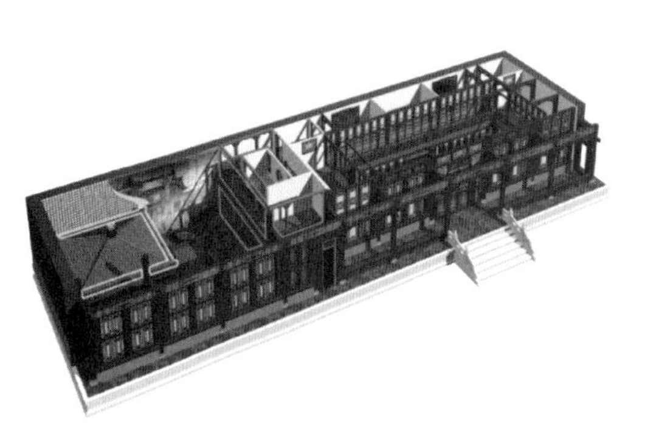

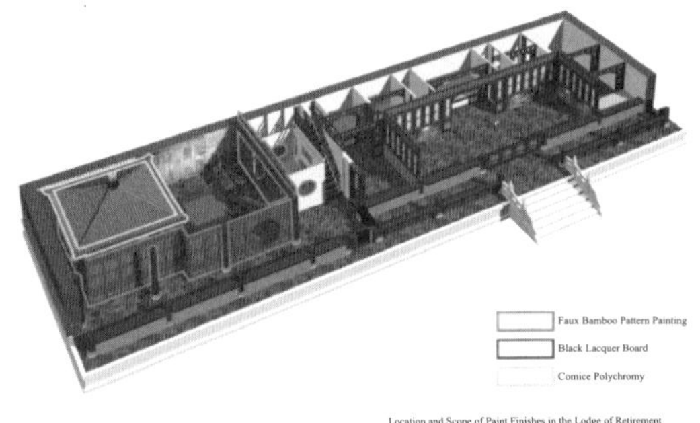

Location and Scope of Paint Finishes in the Lodge of Retirement

（6）油饰保护二具体如下。

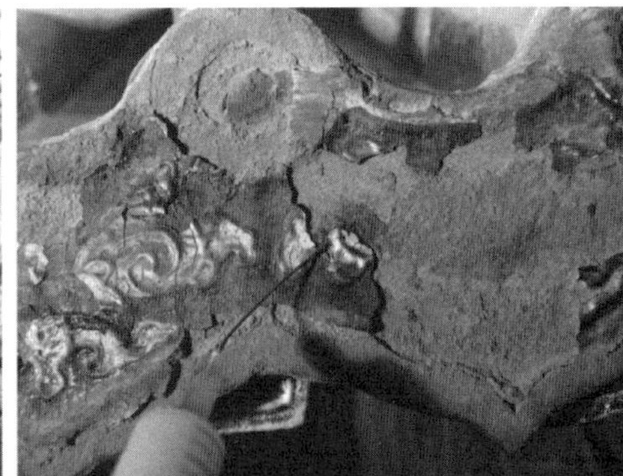

Detail of polychromy on cornice of the stage

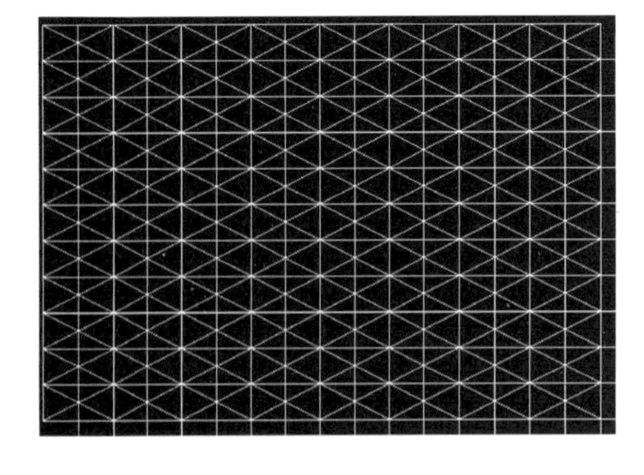

（7）内檐装修保护如下。

竹丝镶嵌保护

硬木装修保护

硬木装修保护

（8）丝织品保护如下。

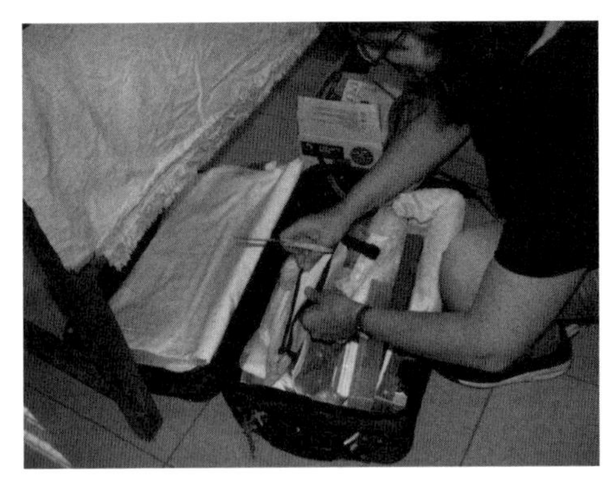

（9）温湿度环境控制

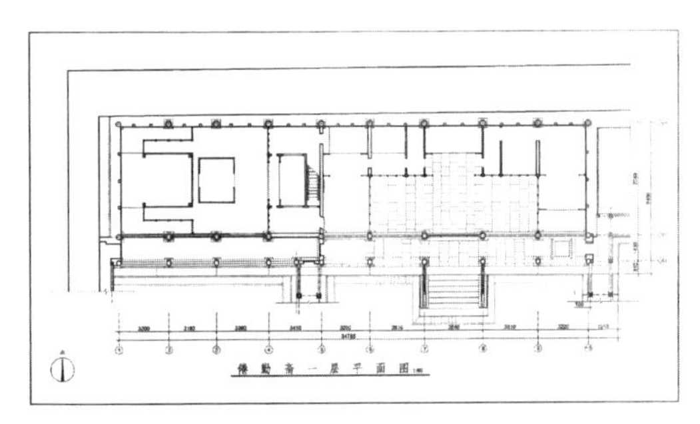

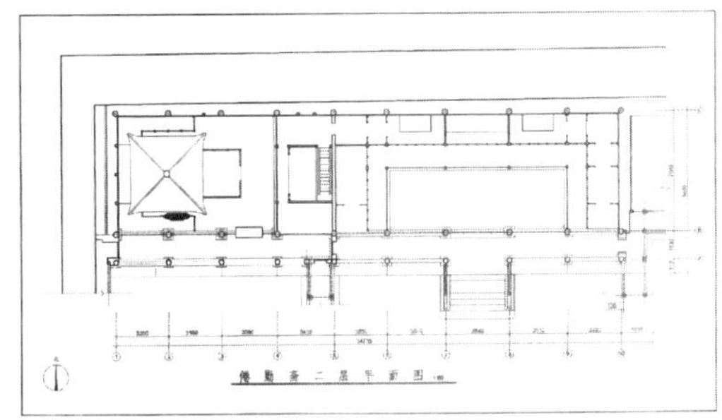

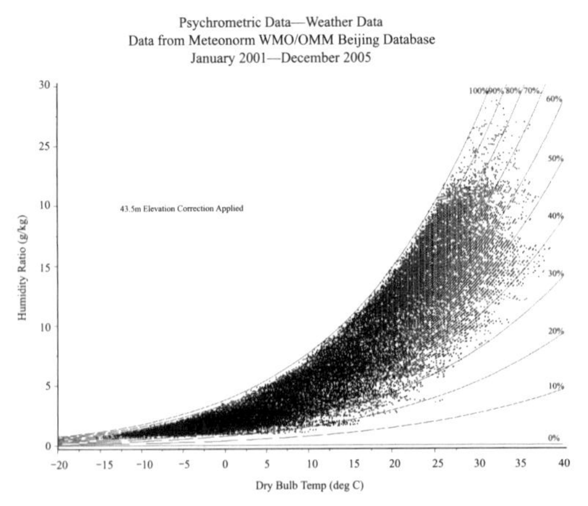

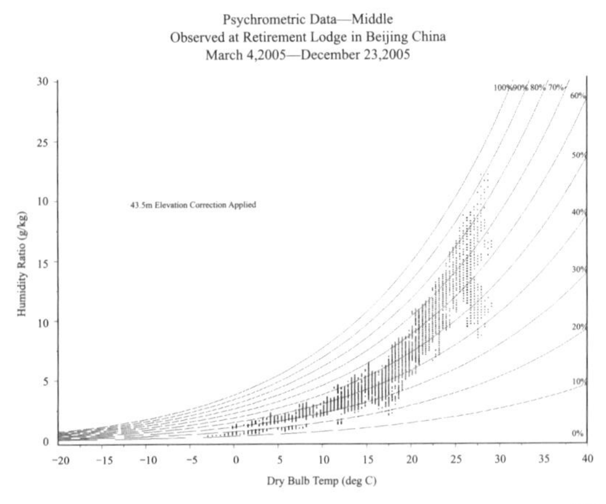

故宫宫廷部与WMF专家协商，根据斋内文物材质、构造特点，确定了倦勤斋室内环境控制的基本设想——“非恒温恒湿”的环境控制系统：①降低极端温湿度水平。②避免温湿度的骤然波动。③允许温湿度年度波动。

（10）展陈：参观流线设计如下。

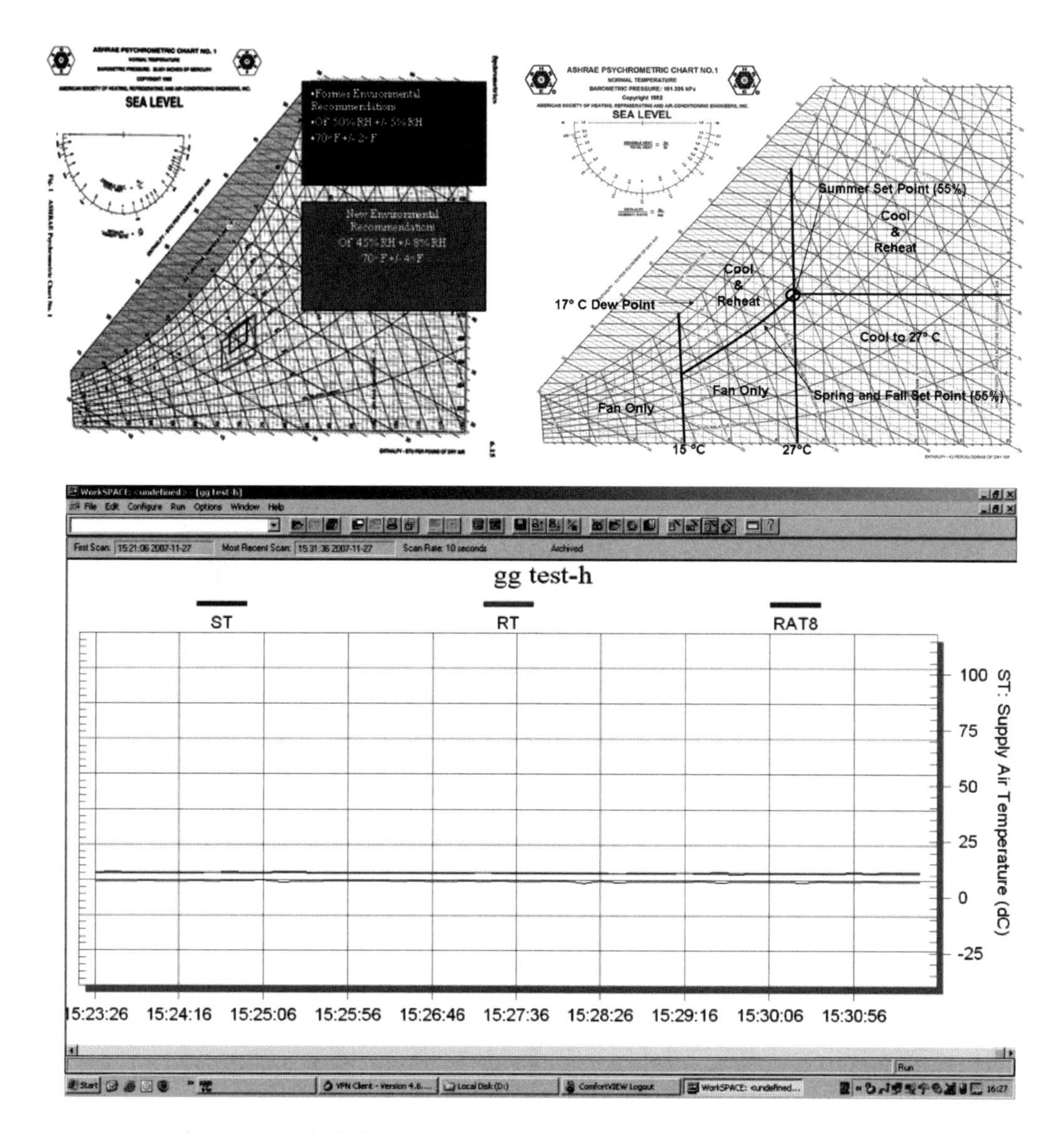

（11）展陈一丝织品复制如下。

（12）展陈二照明设计如下。

故宫委托清华大学建筑学院光学研究所对倦勤斋室内光环境进行调研，并提出了展陈照明的初步方案。

限制照度水平的因素有遮蔽有害光线，限制照度和照明时间，保证参观安全，追仿历史效果。

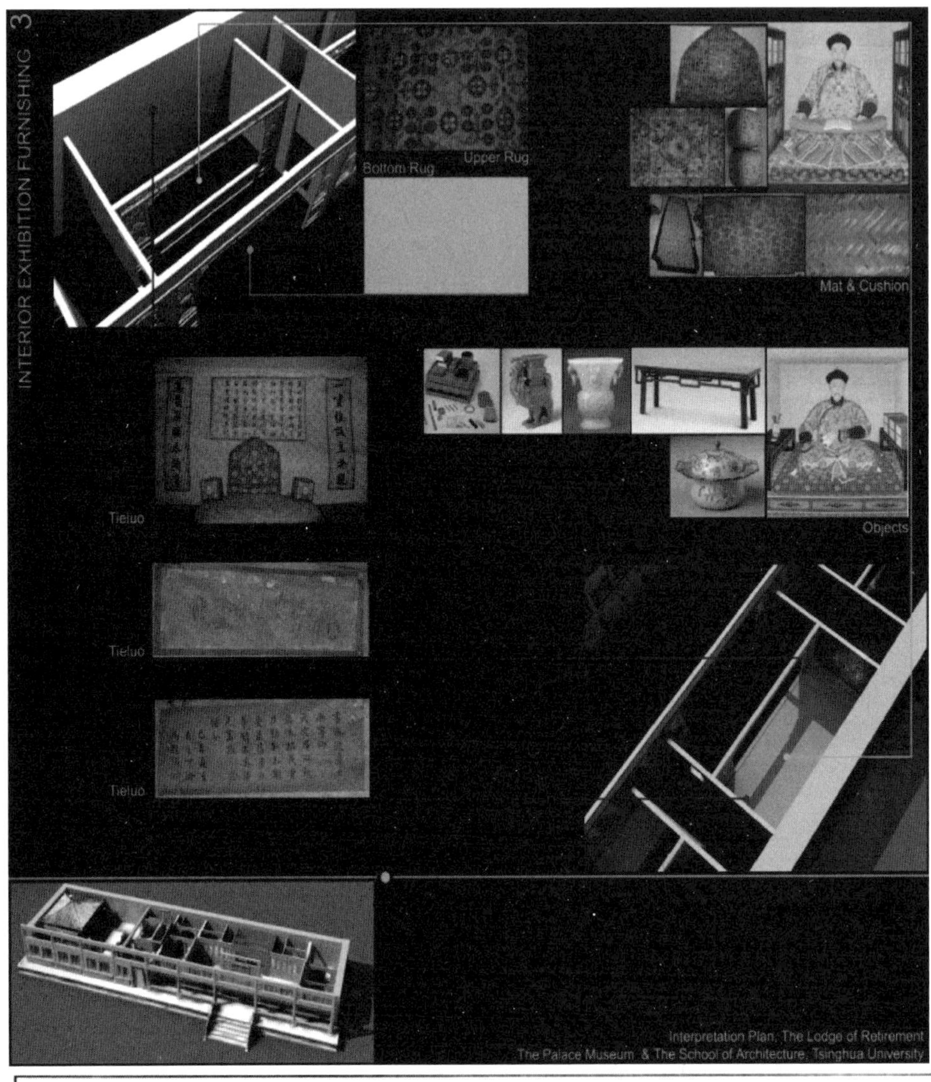
INTERIOR EXHIBITION FURNISHING 3
Bottom Rug
Upper Rug
Mat & Cushion
Tieluo
Objects
Tieluo
Tieluo
Interpretation Plan, The Lodge of Retirement
The Palace Museum & The School of Architecture, Tsinghua University

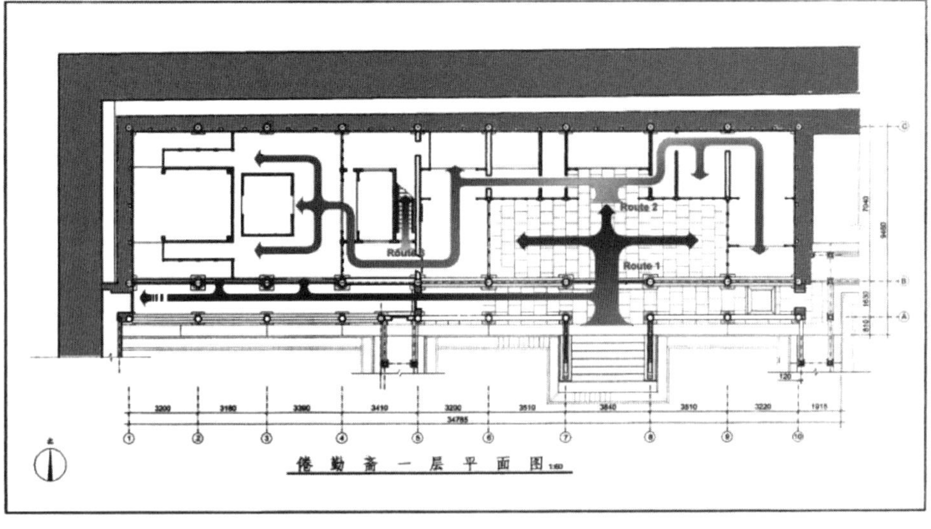
Route 2
Route 1
倦勤斋一层平面图

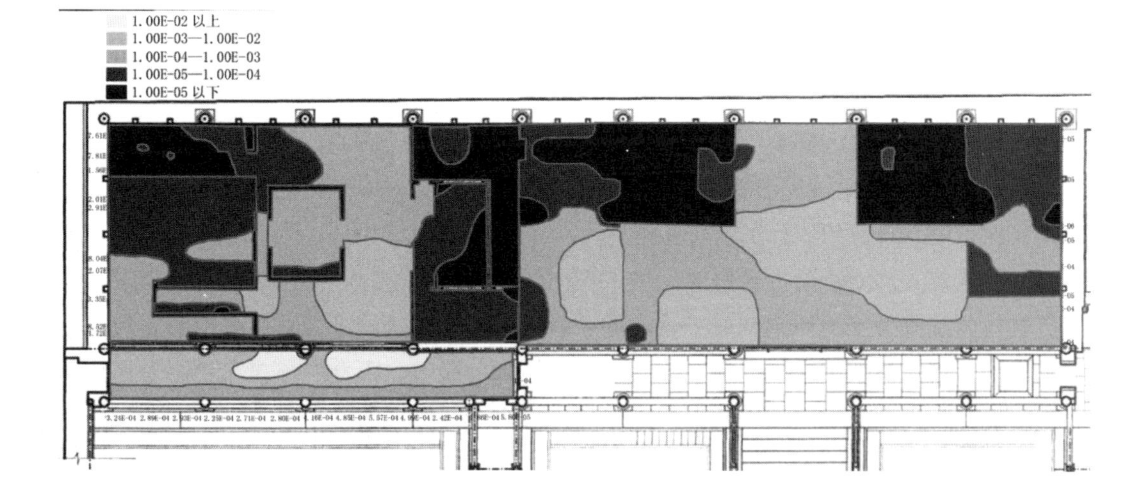
1.00E-02 以上
1.00E-03—1.00E-02
1.00E-04—1.00E-03
1.00E-05—1.00E-04
1.00E-05 以下

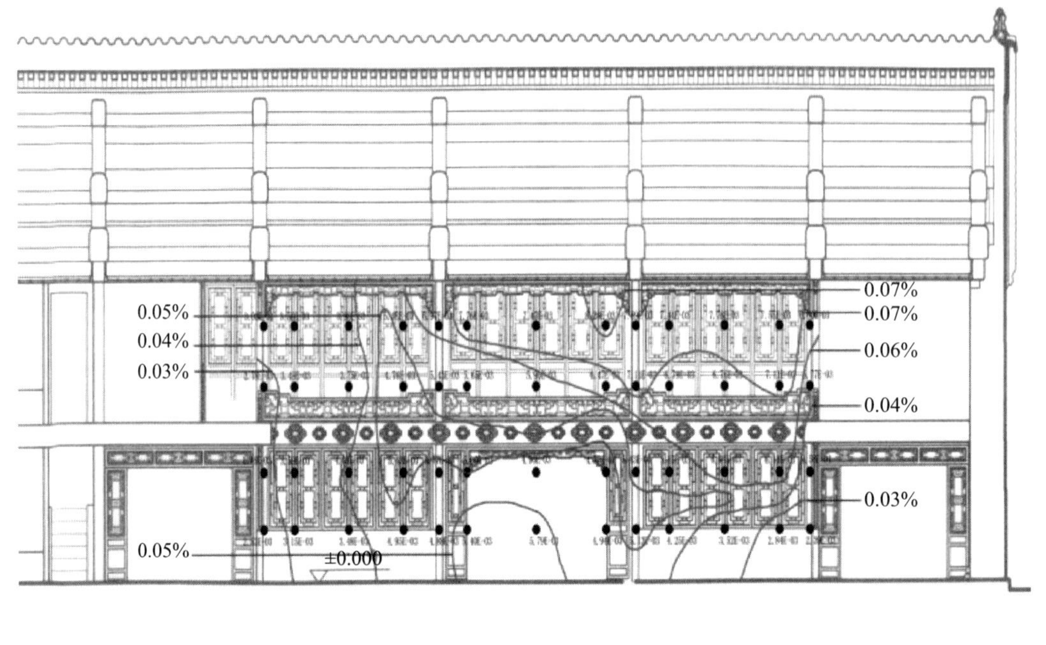

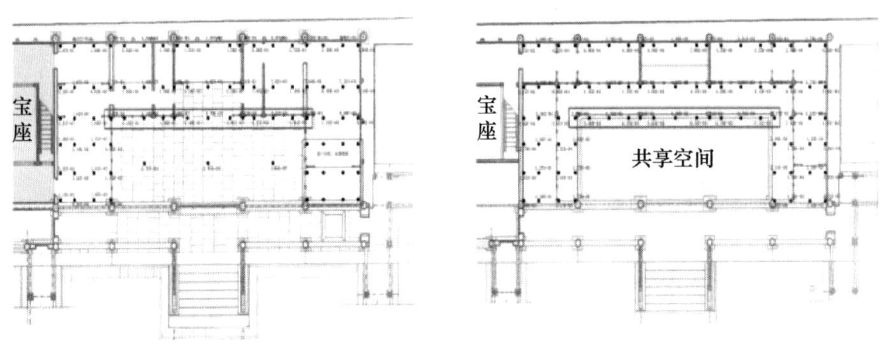

3 工作经验与值得讨论的问题

（1）通过分析与美方合作保护倦勤斋项目取得的经验发现，古建筑的科学保护是一门涉及多学科、多工种的系统工作，对其进行详尽、细致的前期研究，尤其是病害调查、分析与保护方法的研究、论证十分重要，保护工程中所有的技术手段都应以前期研究为基础展开，因此在故宫博物院的古建科学保护工作中，应继续加大对前期研究、论证投入的力度，将保护工作的流程系统化、科学化。

（2）随着故宫博物院古建修缮保护工作中新技术、新材料、新工艺的不断引进与应用，其与传统修缮工程体系形成了一定的矛盾，新方法大部分都无法很好地套入目前工程修缮的预算、监理、决算等体系之中，造成了部分脱节，因此应该投入精力对这个问题进行研究，理顺新方法的应用与目前工程体系之间的关系。

（3）通过几年来的努力，故宫博物院对于故宫彩画、琉璃构件、金属构件、砖石构件的保护已经积累了相当的经验，形成了一套基本的保护思路与方法，并部分应用到工程修缮实践之中，建议着手对这些方法进行整理、补充与完善，并组织论证，形成故宫博物院对上述类别文物通行的保护方法，指导今后的保护修缮工作，避免造成重复研究或新方法无法顺利应用的现象。

（4）十年的维修，对于文物本体的干预程度存在争议。主要体现在建筑外部彩画的保护与复原重绘上。笔者认为中国古代建筑油饰技术是源于建筑木构体系的要求，为了保护木材构件免于受燥湿、冷热、风雨的侵蚀以至于腐烂，而在其表面刷涂红色或黑色涂料，进而提出了美观的要求，刷饰成各种颜色的图案，历代相沿，不断改进，形成中国特色的建筑彩画艺术，具备了一定的艺术价值，但它不是独立的艺术品，不是艺术和工艺创作的作品，是古建筑构造的一个组成部分，很大程度是要遵照一定规范的匠作。由于它不是独立的艺术品，所以不能简单地套用所谓“艺术品不搞创作性复原”的原则，不能简单地定为“原则上不主张重新绘画”。对于原有的并保存下来的彩画，为了全面地保护其价值、功能、信息，必须“原真性地利用科学手段保护”，不要人为改变和加工。对于残缺、缺失的彩画，为了更好地发挥其保护构件的功能、装饰功能、反映建筑物功能以及等级的功能，必然要补绘，而且必须重画，重画就是为了有效地体现文物价值。

古建筑彩画保护修复研究，首先必须有一个科学的理念指导，然后才能制定一些保护修复原则，再解决一系列具体方法问题。

养心殿研究性保护项目关键问题的思考

赵 鹏*

摘要：2015 年岁末，故宫博物院启动了养心殿研究性保护项目，它依然是所谓“故宫大修”的一部分，启用研究性保护项目这个名称，表明故宫博物院古建筑保护将探索新的实施机制和传承方式。养心殿项目的技术路线是通过反思目前中国古建筑保护项目的设计方案和施工中存在的具体问题，确定需求和目标，开展现场细致入微的调查、根据调查结果进行评估，最后形成保护方案。养心殿项目的修缮工程开工迄今已 3 年有余，本文通过回顾前期研究的历程，阐明该项目总体技术思路中的一些关键性思考。

关键词：养心殿；研究性保护项目；价值评估；遗产记录

1 以问题为导向制定保护方案

养心殿项目正式对外宣告启动是 2015 年的 12 月 18 日。项目组基于时任故宫博物院院长单霁翔发表的文章《建立故宫古建筑研究性保护机制的思考——以“养心殿研究性保护项目”为例》[1]，提出目前中国建筑遗产保护工作中存在的 12 个问题，回答问题的过程贯彻整个方案始终。

图 1 溥仪在养心殿配殿
（照片来源：故宫博物院图书馆藏）

问题起始于价值评估。项目组高度重视且完成了有针对性的价值评估，但为避免价值评估流于形式，还需进一步追问项目主持人是否真的理解养心殿价值？价值评估确实可以指导实际施工吗？西配殿保护文本中关于大木历史价值的评估——“养心殿西配殿大木构件保存了明嘉靖十六年建成后的基本形制，为明代中期建筑。而前廊很可能为后期添加”，历史档案没有查明前廊的添加年代，至晚溥仪时期的老照片证明了前檐柱的存在（图 1）。但柱子的建筑学语言并不合理，因为它们都在阶条石之下，

---

* 赵鹏：故宫博物院，北京，邮编 100009。

从而必然导致雨水更有破坏力的侵蚀（图 2）。如果能从保护措施的角度看待这些柱子，是否可以反推这样一条逻辑：柱子的构造位置错误—容易被雨水侵蚀—油饰无法在正常服役期限内保护木构—柱底部糟朽联动上架下垂—由构造性问题变成结构性问题—问题的客观存在需要平衡价值判断与保护措施之间的关系—柱子的构造具有足够的价值吗？这是一种从实际出发反思价值评估的尝试，如果这个柱子的木构和油饰不是存在足以抵抗雨水的历史价值抑或艺术价值，是否可以考虑不采取墩接的方法，而是通过测算雨水溅起的高度，局部更换为耐腐烂材料（如石材），并在替代材料的隐蔽部位注明修缮的变化及其时间（图 3），达到一种可识别性。

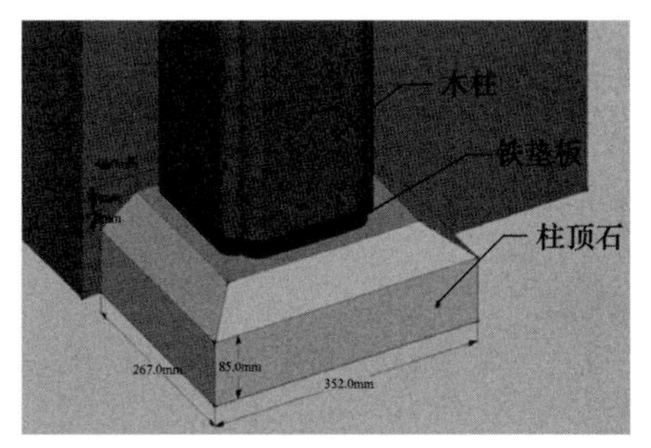

图 2　落在阶条石外的前檐柱柱脚已糟朽并以铁垫板支垫
（图片来源：故宫博物院古建部养心殿项目大木组）

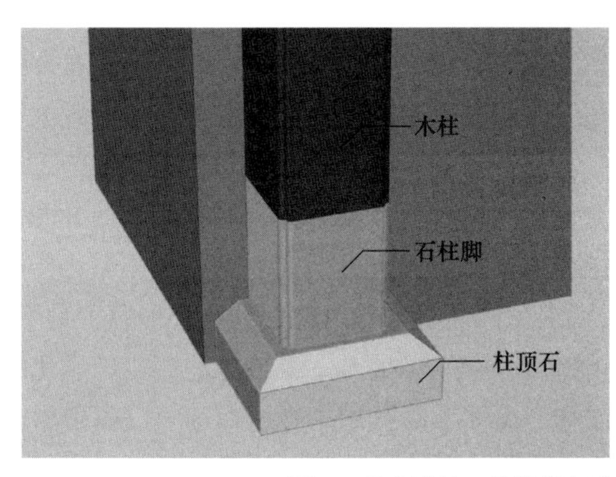

图 3　可尝试的一种柱脚解决方案
（图片来源：赵鹏、丁莹）

价值评估没有一定之规，也会因时代局限性和个人认识的局限性得出完成不同的结论。这种不确定性不代表模糊性、空泛性，而是代表它提供了更大的讨论空间。如果“前廊很可能为后期添加”是一个有意义的评估结论，那么在保护方案中应有所指，价值评估直接指导保护措施中的原则和手段。墩接只是一种手段，材料是否为所谓原材料的木头，是应该在价值评估和病因评估综合判断之后的抉择。

价值评估可以是非常简单的一句话，比如关于裱糊工艺科学价值的论述“清代末期糨糊中不含中药对避蠹非常不利，清代乾隆年间记载的糨糊中以中药防虫对今天的裱糊工作非常重要”，虽然很简短，但却是基于乾隆四十八年档案［《清宫内务府造办处档案总汇》第 45 册（长编 29006）］“奴才细心访查，糊底纸糨子，即用番木鳖黄栢蓁艽熬水冲糨糊饰方可不致生虫，糊饰面纸糨子内，再加用白矾蓁艽水冲糨糊饰面纸，亦可避虫，又可不致变色”，得出糊纸使用的黏结材料糨糊防虫蛀的做法，“糊底纸糨子，即用番木鳖、黄栢、蓁艽三味中药熬水冲糨子，糊饰后可不致生虫，面纸的糨子内，再加用白矾、蓁艽水冲糨子后糊饰，起到避虫又可不致面纸变色的作用，观察目前勘察到的老纸，基本上都发黄，已经非纸张本色”。正是基于这样的价值评估，项目组开始了修复实验。同时，修复实验也是回应了现状的一个问题——“非物质文化遗产重视不够，营造技艺研究欠缺”。裱糊实验中，恢复传统工具也是对原工艺真实性的一次探索（图 4）。

图 4　根据养心殿乾隆朝档案和王仲杰先生的描述制作完成的裱糊作刷纸托板
（图片来源：纪立芳）

再聚焦另一个问题——“病害名称与标准不统一，概念含混”。例如，风化，诸多保护方案文本中都有对于构件风化的描述，石材风化、瓦件风化、砖体风化等。但何为风化？有化学、地理学等不同学科领域的界定。《地理学与生活》一书认为，风化作用是机械作用和化学作用的结果[2]。机械作用是地球物质在地面或近地面发生的物理解体，即较大块的岩石破碎成较小的碎片，最重要的三种作用会引起机械风化，即冻融、盐分晶体发育和植物根系活动。而化学风化的三种重要过程：氧化作用、水解作用和碳酸化作用，都依赖一个重要元素——水。所以，有太多的因素会导致风化，到底某种病害是不是风化，以及是何种风化，都应该给予更详细的科学解释。此外，有专家也指出，风化的英文是 weathering，指的是变化和破坏的过程，而不应将其用来界定在这一过程中形成的某种现象[3]。所以，在制定方案的时候，所谓的防风化处理，不宜以药剂师的方式简单用药，必须有前期的诊断，进而确定具体的病情，对症下药。

再如木材的开裂，到底是自然开裂，还是受力后的开裂。在我国修缮工程实例的勘察记录中，裂、劈裂、纵裂、折断、断裂、掰断等，分类名称和体系不一，在同一修缮工程中也常出现多种对开裂的描述和分类[4]。要根据现象说清楚病因，才有利于后期方案的制定。例如，干缩裂缝主要指大木构件在干燥过程中，或在使用过程中受环境影响，端面和材身由于含水率不均出现在木构件表面沿木纹理方向发生的裂隙。受力开裂主要指木构件受到外力作用而使木材纤维沿纹理方向发生分离形成裂隙；其中，劈裂主要指因应力作用沿大木构件纵轴方向的开裂；断裂主要指因应力作用产生的沿大木构件弦向的贯通开裂，此时木构件的受力性能已基本破坏。类似关于大木病害标准混乱的问题不在少数。

目前，国内文保界，尤其是建筑遗产保护工程领域，病害概念混乱，致因认识不清，酥碱等独具中国特色的词语到底指何意，这些都是我们需要再审视的问题。

2 过程管理的重要性

养心殿项目前期工作历时两年，成就斐然，但仍有很多遗憾和不足之处，也是目前国内建筑遗产保护领域常见的现象。

首先是材料的认识与调查。前述的 12 个问题之一是“关于材料标准和现状了解不足，导致保护设计方案纸上谈兵”。在裱糊修复实验时，技术环节尽管已经反复考量，但是对于纸张的选择却比较单一。在保护方案中，保护工作流程写得很细，不同部位也有不同的做法，但是对于纸张的材料筛选，也只是停留在一个很大的“桑皮纸”概念上。“纸之所造，首在于料”，3—4 年的桑树进入壮年期，桑树纤维的拉力最强，耐折性最好。1 年树龄的桑树处于幼年期，纤维嫩弱，成纸后的拉力等指标肯定不如 3—4 年树龄成品的桑皮纸。桑皮纸的桑皮纤维含量和年份对于裱糊纸张的不同层有哪些区别？ 1 年树龄生产出来的桑皮纸和 5 年树龄的桑皮纸差别很大，但是不是 1 年的就不能用？诸如此类的问题，都应该在做历史纸张勘察和修复试验的同时，完成市场现状材料调查。

同样的遗憾还有大木、瓦件的调查。实际工程中，更换全新的木材含水率测定，很多时候只是停留在应付检查方面。只是木材最表皮的那层含水率可以保障在 15% 以内，甚至更低。但是木材内部含水率会非常之高。如果不尽早储备相应的木材，面临的结果就是无法保证原材料，也无法保证材料的干燥性。例如，某建筑工程要整体抬升以便墩接木柱，但是临近开工才发现没有储备足够柱径的杉木，原木砍伐一是违法，二是湿度太高，所以不得已，只能采用松木代替，类似情况在国内工程中屡见不鲜。琉璃瓦的补配还要考虑环保问题。原来在北京地区的所有厂家均已迁至外地，甚至远到内蒙古。从社会大背景的角度，该如何看待材料的更换？价值依托于物质实体，物质实体是由不同的材料组成的。而这些材料的真实性该如何理解，都是项目组前期方案阶段未给予回答的地方。

其次是管理意识。由古建部负责维修设计的故宫最近十余年保护工程一般是分土木和彩画两部分内容，各有一个负责人。彩画的单独成项，培养了专项人才，老中青的梯队建设很好。反观土木领域，涉及门类过多，专项人才很难涌现。此次养心殿项目从一开始便确立了基于匠作的分项负责人制，除了大木、瓦顶、墙体、地面、外檐门窗、裱糊等常设项目外，还有金属构件、建筑环境等容易被忽略却也很重要的领域。但是遗产保护不仅仅是技术的追问，也包括容易被忽略的管理能力的培养。在两年的项目进展中，各分项负责人在技术领域获得了进步，但是在组织协调和团队建设方面，还有很大的提升空间。彩画团队因为经验丰富，从一开始就确认了病害勘察、科技检测、保护实验、数据采集等不同团队，且队伍成员相对稳定；还与以王仲杰先生为首的学术顾问保持密切的联系，多次召开专家咨询会。团队负责人需要知道本领域的技术要点，而不是所有的技术细节，过于追求某一类细节会影响项目的纵向进展和横向联系。以上内容貌似是技术流程，其实是项目负责人的管理意识，即时间管理、流程管理和成员管理该如何运行的思考（图 5）。

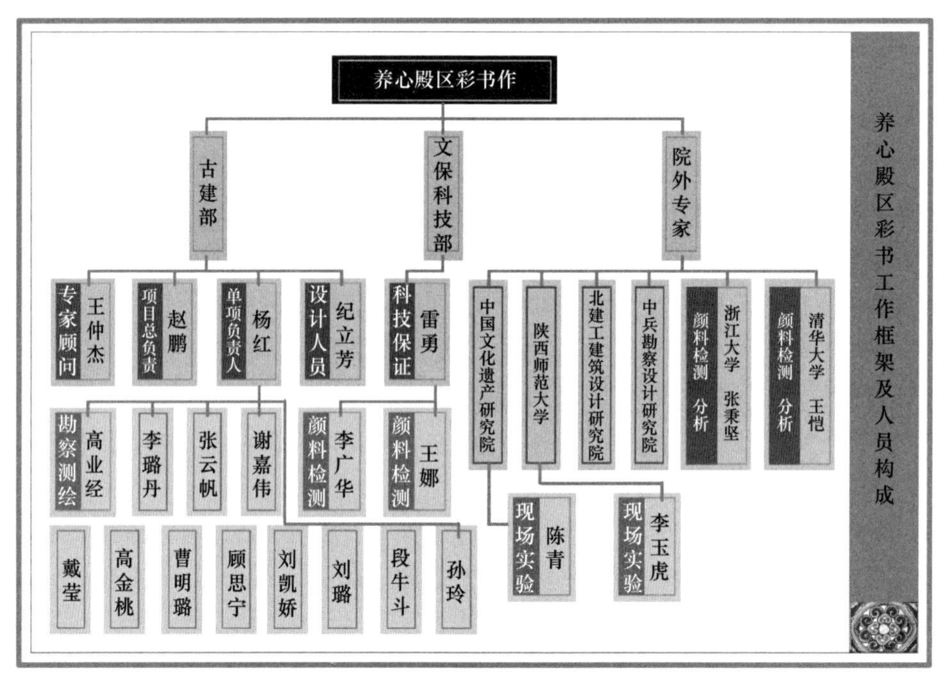

图 5　养心殿项目彩画分项人员构成

（图片来源：杨红）

3　规范化记录

养心殿项目启动之初，项目组就提前设想了一些未来需要不断解决的现存问题，有些问题是放在施工过程中的，如“工作机制落后，工程质量监管不到位，修缮过程中历史信息遗失情况频发”。修缮中的记录一直解决得不好，国内的绝大部分工程中，不像日本的保护工程那样，设计负责人常驻工地。关于这一点，故宫具有得天独厚的条件，古建部作为设计部门，可以做到随时去现场。那么如何记录？是否越细越好？记录的目的是什么？在 Icomos 一份文件中指出：“记录的本质在于得到有关建筑及其发展、结构的认知，所有记录者应当以对这种认知的说明和解释作为目的，这个过程称为分析性记录。”[5] 或者说“建筑遗产记录之所以不等同于建筑遗产测绘而具有更大的价值，其最重要的原因在于记录的分析性”[6]。养心殿保护项目施工中的记录，应该特别注意加强规范性和分析性。以记录服务于养心殿保护工程报告为例，在开工前，项目组就拟定了《养心殿研究性保护项目——建筑遗产保护工程报告》大纲草案，专门就施工中的记录予以讨论，提出可以有主观描述性语言①，因为这样的记录语言反映了技术处理的前因后果，而不是简单的结果性说明；反映了人的心理活动，而不是冰冷的见物不见人；反映了时代和社会背景，而不是超越时空关系的为了记录而记录。

为了更换地完成分析性记录，另一个更加重要的设想在项目之初就被提出，即建立遗产保护工程中故宫博物院自己的标准，包括各种测绘、勘察、设计等标准性文件，简称“宫标”。宫标的提出，也是为了回应“表现方式针对性不强，图纸表达与专项说明与实际情况有较大出入”“病害名称与标准不统一，概念含混”等问题。参照国家规范性文件，结合实践，进一步思考该如何制定病害标准？每张图纸里的信息量传达是否越全越好？表1、表2是大木组提出的病害图例，基本原则是拟定病害的名称、特征描述、实例照片和具体图例。图例基本还是与国家的规范性文件相符，但是在具体实践环节，会发现有些糟朽只是表层状况，有些则是结构性破坏，虽然都是糟朽，后期采取的干预措施差别很大。如果能把这些病害分类更细，可能会有利于保护方案的制定和日常巡查和保养工作的细化，如同样是糟朽，有些属于常见病害，如飞椽后尾和椽头的糟朽，可以单独说明。

表1 养心殿项目大木分项病害图例

病害名称	病害特征描述	病害照片	病害图例
开裂	构件开裂，最大深度大于构件深度的1/10		
拔榫	特指构件榫卯交接部位榫头拔出		

注：表内容来源为故宫博物院古建部养心殿项目大木组。

① 参见《清孝陵大碑楼》8.2.3，为了防止瓦顶滑坡的措施：在实测阶段就设想用钉子挂瓦的办法，可是遭到了权威专家的反对，认为像渔网一样，是要漏的。于是，请教了清东陵的瓦工。他们讲东陵以往有过这样的做法，又在无意之中在陵区找到了后尾有钉孔的板瓦。使自己更加坚信，板瓦后尾钉钉，一块盖一块，是不可能漏的。

表 2 故宫建筑常见病害图例说明

类别名称	说明	图示
飞椽后尾糟朽	飞椽后尾钉附在檐椽之上，形成楔形，头与尾之比常见为 1∶2.5—1∶3。通常不易发生糟朽状况，若发生糟朽不易发现，通常需揭开瓦面才可确定	
椽头糟朽	无飞椽的建筑椽头与有飞椽建筑的飞椽头同样位于建筑檐部的最外端，糟朽状况较常见	

注：表 2 内容来源赵鹏。

4 结语

原院长单霁翔在前述养心殿文章中提出的认识和态度问题①是指导养心殿项目组的总体思路。项目组也正是在不断思考“应该以什么样的理念对待中华传统文化和人类文化遗产的问题”的过程中对建筑本体进行调查、分析，并制定了较为切实可行的保护方案。

参考文献

[1] 单霁翔 . 建立故宫古建筑研究性保护机制的思考——以“养心殿研究性保护项目”为例 . 紫禁城，2016（12）.

[2]〔美〕阿瑟 • 格蒂斯，朱迪丝 • 格蒂斯，杰尔姆 • D. 费尔曼 . 地理学与生活 . 北京：世界图书出版公司，2013：87.

[3] 李宏松 . 石质文物保护领域四个概念及术语的研究 . 中国科技术语，2010（2）.

[4] 周琦 . 古建筑大木构件病害类型判断标准研究 . 北京工业大学硕士学位论文，2018：66. 该论文的写作背景即是基于养心殿项目进行中遇到的大木病害类型不规范的现存问题。

[5] Icomos. Guide to Recording Historic Buildings, London: Butterworth Architecture, 1990: 42.

[6] 狄雅静，中国建筑遗产记录规范化初探，天津大学博士学位论文，2009：96.

[7] 养心殿研究性保护项目——文物建筑调查与评估，古建部内部资料，2017.10.

[8] 养心殿研究性保护项目丛书——总论 • 沿革 • 记录研究，未刊行 .

① 单霁翔：“当前故宫古建筑保护和传承所遇到的问题，不仅仅是工艺与技术的问题，而是认识和态度的问题，就是应该以什么样的理念对待中华传统文化和人类文化遗产的问题。”

故宫太和门广场地面保护措施与传统工艺研究

郭 泓*

摘要：本文在总结故宫古建筑地面的类型、材料与病害种类的基础上，梳理故宫古建筑地面保护发展历史，选取具有代表意义的太和门广场地面保护案例作为研究对象，分析总结保护理念与保护技术的提高过程，阐明在满足地面使用功能的前提下，针对保护难点，确定保护原则与具体措施，开展传统工艺的标准化研究用于指导施工，在科学保护理念与有效保护措施的前提下，实现古建保护与展示利用的平衡与协调，实现地面修缮操作工艺的系统规范，达到“保护为主、合理利用”的目的。

关键词：故宫；太和门广场；地面；保护措施；传统工艺

1 故宫古建筑地面的类型、材料与病害种类

故宫作为我国明清两代的皇家宫殿，地面形式多样，按铺墁材质分为砖地面、石材地面、石子路面、瓷砖地面；按铺墁部位分为室内地面、廊步地面和室外地面；按铺墁形式分为细墁地面、金砖地面和糙墁地面（图 1）。

古建用砖为青砖，是以黏土为原料，经配料制作成型，干燥后焙烧而成。北方青砖产地为河北和山东临清，在故宫太和殿广场地面修缮过程中发现了有款识的临清砖（图 2）。山东临清附近历史上黄河多次泛滥改道，河流沉积物细沙土层层覆盖于当地黏性土壤上，形成了一层沙土一层黏土的叠状结构，沙土浅白、黏土赤褐，层层相叠如莲花花瓣，当地人称为“莲花土”，适宜烧制城砖。临清贡砖的烧制工艺经选土、碎土、澄泥、熟土、制坯、验坯、装窑、焙烧、洇窑、出窑等十几道工序方可烧成，工艺复杂精细，城砖色泽纯正、尺寸规整、敲之有声、断之无孔、坚硬茁实（图 3）。

明清御窑金砖的烧造地为苏州府陆慕镇，这与此区域的地貌土质有密切关系，陆慕附近的阳澄湖地区的土，当地称为“湖砂土”，土壤下层较为黏重，具有《天工开物》所述“粘而不散，粉而不沙”的特点，易于胶结，适于制坯，烧结后的砖坚实致密，由

---

* 郭泓：故宫博物院，北京，邮编 100009。

图 1　故宫古建筑的地面类型

1. 室外细墁砖地面　2. 廊步花斑石地面　3. 石子路面　4. 瓷砖地面　5. 室内金砖地面　6. 城墙糙墁砖地面

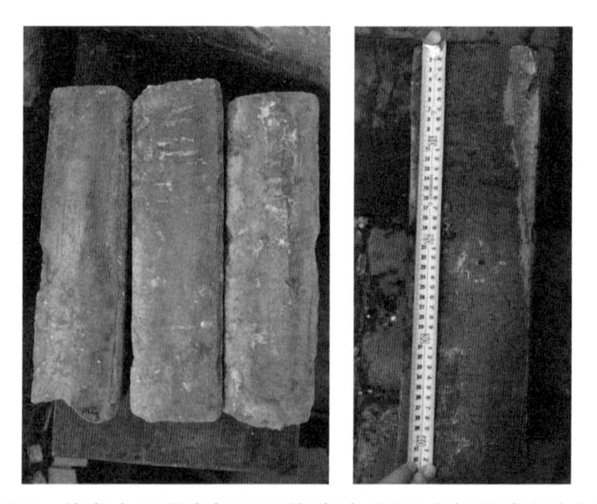

图 2　故宫太和殿广场地面临清砖（“丙戌年临清窑户”）

图3　山东临清贡砖烧制过程

此苏州陆慕的砖窑成了专为北京皇家烧造高级细料方砖的指定窑户[1]。

金砖表面致密，外界腐蚀性物质不易侵入金砖内部，但不可避免地存在一些微小的缝隙或孔道，其宽度不足 1 微米，肉眼观察不到，但这些缝隙或孔道是金砖表面被破坏的源头，外部受力、大气中的腐蚀性物质、冻融等因素都会导致初始微裂纹不断扩大，最终致使砖体出现各类病害。青砖质地不及金砖，断裂的青砖肉眼可见细小的缝隙或孔道，成为是砖体被破坏的源头。经过勘察与总结，故宫古建筑地面砖的病害主要包括残损、裂隙与断裂、泛碱、表面磨损四类（图 4）。造成这些病害的主要因素分析如下。

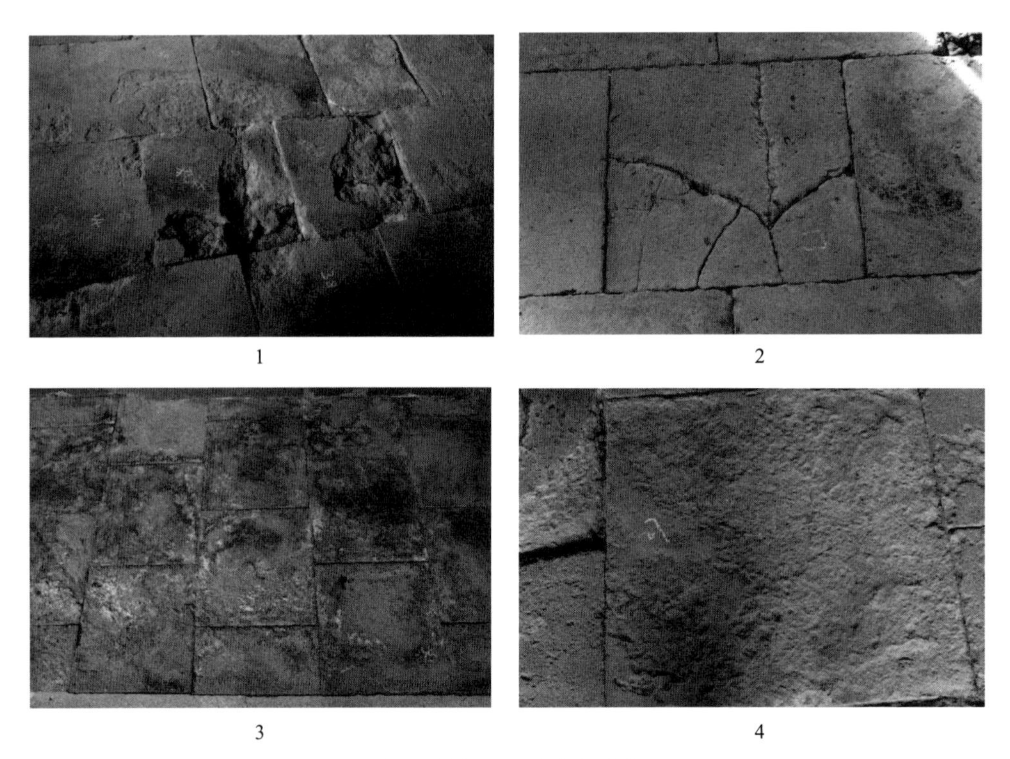

图 4　故宫地面砖病害种类

1. 残损　2. 裂隙与断裂　3. 泛碱　4. 表面磨损

（1）残损：砖体受到外力作用后发生的较明显的块状缺失和残损，根据破损程度可分为严重与局部残损两类；或者砖体受雨水侵蚀等自然环境影响，砖体表面强度降低，出现酥碱现象，酥碱程度不断深化，致使砖体局部残损。

（2）裂隙与断裂：受到外力作用或者自然环境影响，砖体易在薄弱部位（缝隙、孔道）产生裂纹，裂纹不断深化，致使砖体断裂。

（3）泛碱：砖体中的可溶性硅酸盐成分随着砖体内部水分蒸发而向外析出，留在砖体表面形成白色结晶，泛碱现象易发生在潮湿的室内地面。

（4）表面磨损：砖表面坑洼不平，呈蜂窝麻面状，但整体性尚好，未达到残损病害级别。

巨大的观众流量是造成故宫地面砖表面磨损和残损的主要人为外力因素；冻融循环是导致地面砖出现残损和开裂的重要环境因素；砖体和垫层土壤中的水溶性盐类是造成局部地面砖泛碱的直接原因；大气污染引起的酸雨是影响地面砖耐久性、造成各类病害的长期原因；生物侵害对故宫地面砖的影响较小，仅是个别区域病害的次要原因；风化是物理、化学、生物等多种因素的综合作用，是导致故宫古建地面砖常见病害的综合原因。

2 故宫古建筑地面保护发展简史

1925 年故宫博物院成立之初，以紫禁城内廷为院址面向公众开放，当时的紫禁城内廷宫殿建筑除溥仪及家眷居住的宫殿保存情况稍好以外，大都年久失修、凋零不堪，但由于经费问题无力进行保护维修，后经军政要员、各国公使及友人、院方多方筹措，才开始逐步分区域重点维修宫殿建筑。抗日战争与解放战争期间，故宫博物院工作举步维艰，古建筑修缮也处于停修状态。中华人民共和国成立后，紫禁城作为我国重要文化遗产，才开始真正得到国家的管理与保护，受到人力、物力、财力的多方支持，专款用于紫禁城古建筑修缮，并提出要有计划、有重点地逐年开展维修。

1952 年以后，在进一步深入普查、全面了解每座宫殿建筑“健康”状况的基础上，提出了“着重保养，重点修缮，全面规划，逐步实施”的十六字方针，为确保文物古建的安全，又提出了“以预防为主，以防火为重点”的安全保护方针[2]。1982 年颁布的《中华人民共和国文物保护法》明确规定了文物建筑保护及修缮原则，使文物保护工作有了更为准确的指导思想与法律依据，并以其为准则，开展了保护理论与技术的研究与探讨。1987 年，故宫被联合国教科文组织列入《世界遗产名录》，对故宫古建筑的保护除了要遵循文物建筑保护原则之外，还要综合考虑遗产地的保护、使用与管理因素，在加强科学保护的前提下，充分发挥其历史、艺术、科学、社会和文化价值，更好地继承和弘扬中华优秀传统文化，是保护与传承的核心目的。

通过查阅自 1925 年开始的故宫建筑维修记录，故宫古建筑地面保护的项目类别包括地面整体修缮工程、建筑区域修缮工程中包含的室内外地面修缮项目、零星地面修缮、石子路面专项修缮四类。

（1）地面整体修缮工程主要涉及面积较大的室外广场地面，包括太和殿三台地面揭墁工程（1958 年）、乾清门外地面揭墁工程（1965 年）、乾清宫前地面揭墁工程（1973 年）、金水桥至太和门西部地面揭墁工程（1975 年）、前星门地面揭墁工程（1979 年）、午门内地面揭墁工程（1981 年）、太和门外东路地面揭墁工程（1982 年）、神武门地面翻墁工程（1984 年）、午门地面揭墁工程（1984 年）、宁寿门地面揭墁工程（1985 年）、神武门东西两侧地面揭墁工程（1991 年）、乾清宫及交泰殿东侧地面、坤宁宫南侧地面、乾清宫月台地面、保和殿后侧及东侧地面揭墁工程（1994 年）、乾清门地面揭墁工程（2013—2014 年）。

（2）随建筑区域修缮进行的地面修缮项目主要涉及武英殿、文华殿、奉先殿、东西六宫、御花园、宁寿宫及宁寿宫花园、慈宁宫及慈宁宫花园的院落地面与室内地面，每年按计划进行修缮。

（3）零星地面修缮为局部区域的地面保养项目，规模不大，做法相对单一，包括补墁西二长街砖地面（1938 年）、景运门外补墁砖地面（1940 年）、内东路陈列室地面保养（1957 年）、太和门内石板路面揭墁（1962 年）、修墁金水桥石板路（1965 年）、隆宗门等处地面保养（1980 年）、西长街地面揭墁（1993 年）、贞度门地面揭墁（2016 年）。

（4）石子路面专项修缮为御花园石子路面的整体修缮及定期修补项目，包括御花园甬路铺墁石子路面工程（1959 年）、九卿房及御花园石子路面修补工程（1964 年）、御花园石子路面修补工程（1972 年）、御花园石子路面修缮工程（1990 年）、御花园石子路面修缮工程（2017 年）。

故宫古建筑地面保护工程的类别清晰，不同规模和类别的工程项目解决地面的各类现状问题，最终达到文物建筑保护与开放利用的综合目的。故宫古建筑地面的保护历史体现了文物意识的不断提高，太和门广场地面的两次大规模修缮是反映意识不断提高的工程实例。本文以太和门广场地面为主要研究对象，分析研究地面保护理念的变化、保护措施的制定与传统工艺的传承。

3 故宫太和门广场地面的保护措施

3.1 保护历史与难点分析

通过查阅修缮档案及历史照片，1911 年之前午门内金水桥以北至太和门广场地面为传统直柳叶细墁砖地面。1912 年以后进入广场的车辆逐渐增多，加快了此区域地面砖的破坏速度，传统古建青砖的承载力和强度能满足日常人行，但无法满足车辆载重，车载下极易出现砖体松动、碎裂现象，无法满足观感和开放参观需求（图 5—图 7）。

1976—1982 年，午门内金水桥以北至太和门广场地面砖破损已较为严重，为满足使用需要，分三个区域将传统古建砖地面更换为预制水泥砖地面。具体如下：1981 年 5 月 30 日古建部设计组请示“午门内地面由于年久失修，以及因施工挖沟、通行车辆等缘故，现状砖地面严重破碎、坎坷不平，影响交通，有碍观瞻，需要分期维修，更换为水泥砖地面”。1976 年，更换金水桥北侧御路西地面 2800 平方米；1981 年，更换金水桥南侧御路西地面 5580 平方米；1982 年，更换金水桥北侧御路东地面 2800 平方米。此次维修的水泥砖地面一直保持到 2018 年维修前（图 8、图 9）。

图 5　故宫午门内金水桥以北至太和门广场地面
1. 1901 年[3]　2. 1975 年　3. 2014 年

图 6　故宫午门内金水桥以北至太和门广场地面
1. 1918 年①　2. 1949 年之前　3. 1949 年之后

午门内金水桥以北至太和门广场地面的保护历史，自清晚期至今经历过一次地面砖材质调整的整体修缮，主要目的是满足使用功能需要，提高砖体的强度，将传统古建青砖改为水泥砖，地面铺墁形式未改变，保持直柳叶细墁地面的铺墁形式，与周围传统古建砖地面的铺墁形式协调统一。

① 西德尼·戴维·甘博拍摄，收藏于耶鲁大学图书馆。

1

2

图 7　故宫午门内金水桥以北至太和门广场地面

1. 1922 年[4]　2. 2014 年

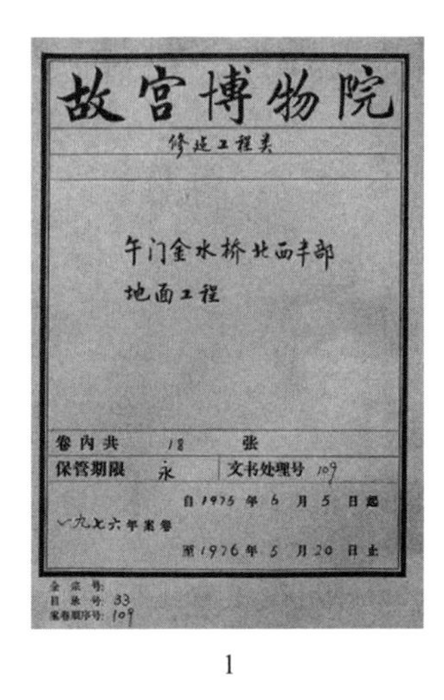

故宫博物院

修建工程类

午门金水桥北面丰部

地面工程

卷内共	18	张	
保管期限	永	文书处理号	109

自1975年6月5日起

一九七六年案卷

至1976年5月20日止

全宗号：

目录号：33

案卷顺序号：109

1

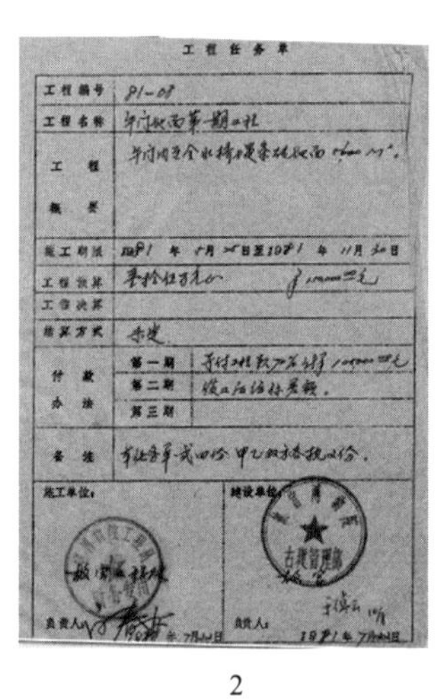

工程任务单

工程编号	81-08	
工程名称	[illegible]	
工程概要	[illegible]	
施工期限	1981 年 [illegible] 月 [illegible] 日至 1981 年 11 月 30 日	
工程预算	[illegible]	
工程决算		
结算方式	[illegible]	
付款办法	第一期	[illegible]
	第二期	[illegible]
	第三期	
备注	[illegible]	

施工单位：　　建设单位：

负责人：　　负责人：

2

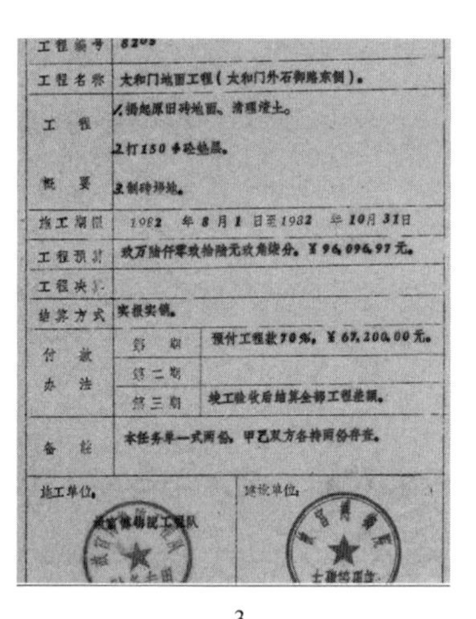

工程名称	太和门地面工程（太和门外石御路东侧）。	
工程概要	1.揭起原旧砖地面、清理渣土。 2.打150号砼垫层。 3.铺砖墁地。	
施工期限	1982 年 8 月 1 日至 1982 年 10月 31日	
工程预算	玖万陆仟零玖拾陆元玖角柒分。¥96,096.97元。	
工程决算		
结算方式	实报实销。	
付款办法	第一期	预付工程款70%，¥67,200.00元。
	第二期	
	第三期	竣工验收后结算全部工程款项。
备注	本任务单一式两份，甲乙双方各持两份存查。	

施工单位：　　建设单位：

3

图 8　1976 年至 1982 年午门内金水桥以北至太和门广场地面维修档案

1. 1976 年　2. 1981 年　3. 1982 年

地面砖材质的调整，虽然满足了当时广场地面人行与车行的承载力和强度需求，使其更具备使用上的便利性和耐久性，但改变了此区域地面的历史风貌和原状做法，是一次优先满足功能需求的维修，放在当时的历史环境与功能需求下综合评价是适宜的，降低了维修频率，节约了资金使用。

2018 年启动的午门内金水桥以北至太和门广场地面维修项目，在制定保护措施之前，需要重新审视功能需求与传统做法如何平衡的保护难点，确定合理有效的保护措施。

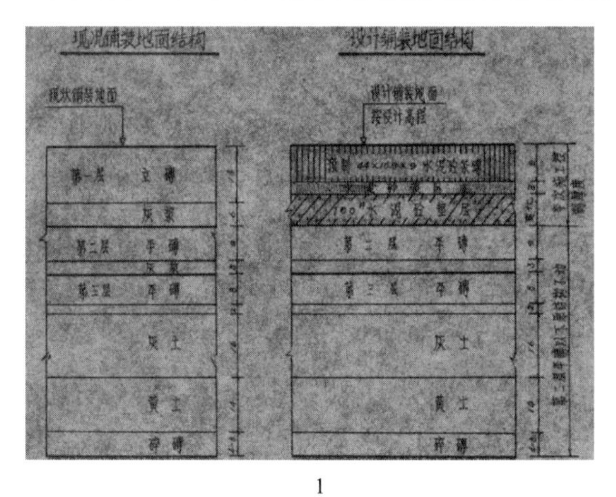

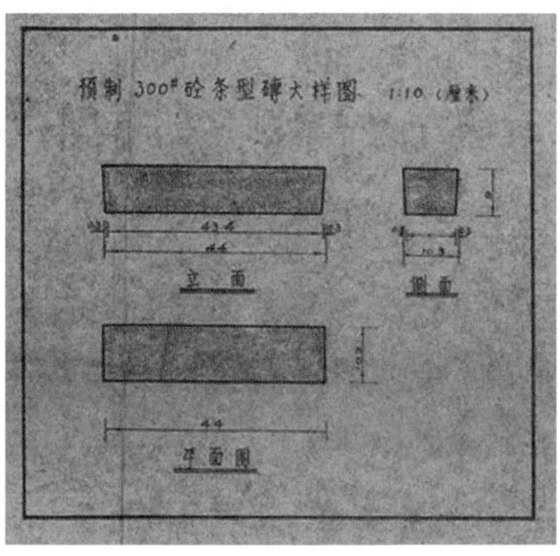

1　　2

图9　1976年至1982年午门内金水桥以北至太和门广场地面维修图纸

1. 新旧地面构造对比　2. 预制水泥砖

3.2　保护措施

午门内金水桥以北至太和门广场地面是观众由午门进入故宫参观的主要通道，客流量巨大，便于行走、与周围古建筑历史风貌协调统一，是保护的目的所在（图10）。

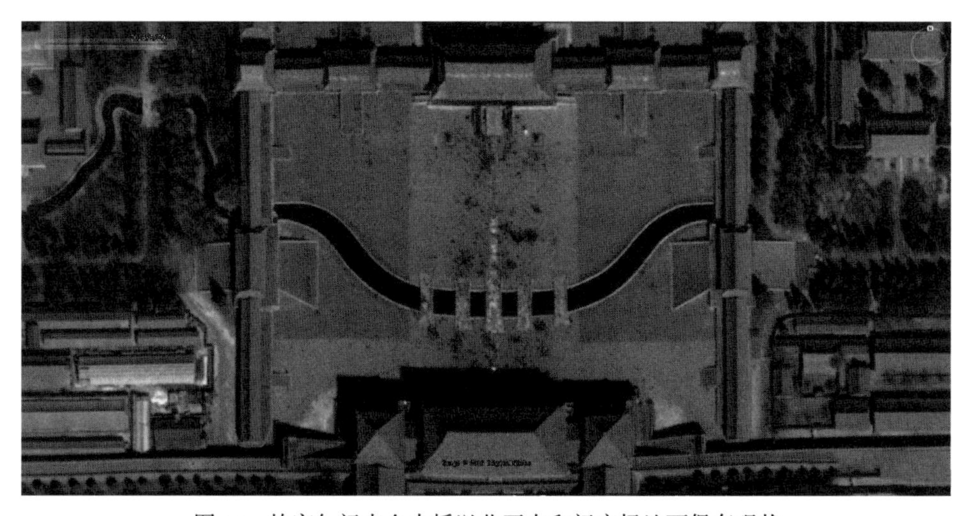

图10　故宫午门内金水桥以北至太和门广场地面保存现状

从使用功能上分析，2013年，法国总统由午门步行进宫，实现了国家元首与普通观众均步行进宫参观，目前所有车辆已禁止驶入内金水桥以北。因此在地面使用功能上不再需要考虑满足车行的承载力要求，仅需满足人行即可，这为恢复传统古建细墁地面提供了功能上的前提条件。

从参观舒适度上分析，水泥砖地面在夏季可达70℃，传统古建青砖地面约50℃，恢复传统青砖地面，可降低夏季广场温度，提高游览舒适度。

从传统做法上分析，水泥砖地面下部为平铺的城砖垫层，东西两侧传统直柳叶细墁砖地面下部也发现了同样的城砖垫层，两个区域的砖垫层标高一致且保存状况良好，这为恢复传统古建细墁地面提供了地面构造与做法上的前提条件（图 11）。

图 11　故宫午门内金水桥以北至太和门广场地面传统做法与城砖垫层

故宫作为世界文化遗产地，首要任务是保护世界文化遗产，逐步恢复历史风貌。从使用功能、参观舒适度与传统做法的综合分析可以看到，此区域广场地面具备了恢复传统古建细墁地面的各方面条件，同时，对广场地面的整体修缮属于阶段性的修缮，需要考虑在下一个修缮周期之前，此次保护措施是否做到了合理与长期有效。

综上所述，确定了如下的保护措施：在不扰动垫层砖的前提下，将其上的水泥砖地面拆除后，按照传统细墁地面做法，恢复直柳叶细墁地面。同时，还要兼顾考虑新墁地面与东西两侧保留下来的老地面砖趟协调统一的问题，由于东西两侧保留下来的老砖地面历史上经历过多次零星修缮，造成砖规格本身并未统一，此次修缮水泥砖地面区域的砖规格是参考两侧老砖地面相对完整且普遍的砖尺寸，并在新墁地面与原地面之间圈砖牙，以便区分不同时期的墁地（图 12）。

图 12　故宫午门内金水桥以北至太和门广场地面保护效果

4　故宫古建筑细墁地面的传统工艺研究

用砖、石所做的地面，或用砖、石做地面这一过程，在清官式做法中都称作“墁地”[5]。故宫太和门广场地面的修缮做法为细墁直柳叶地面，采用传统细墁地面工艺，在灰土夯实的垫层上墁砖，经抄平、冲趟、样趟、揭趟、浇浆、上缝、铲齿缝、刹趟、串浆、合龙口、打点、墁水活、钻生的工艺步骤完成。施工时严格按照传统材料、工具与工艺要求进行修缮，及时研究总结古建筑细墁地面的传统工艺，形成指导性的技术文件用于项目管理人员与工匠培训，严把技术细节的质量关，提高地面工程的整体施工水平（表 1）。

表 1　细墁地面传统工艺

工艺步骤	技术要点	图片
抄平	按照设计标高进行地面抄平，确定各个控制点的标高	
冲趟	在大面积墁地开始前拴好曳线并各墁一趟砖，作为地面标高和泛水的标准和依据。每两道曳线间由固定工匠铺墁	

续表

工艺步骤	技术要点	图片
样趟	在冲趟的曳线间再拴一道卧线，以此卧线为标准铺泥墁砖，定时检查卧线松紧。墁地泥不能太足，也不能太平，应打成“鸡窝泥”。砖应平顺，砖缝严密，样趟时一定要样实	
揭趟	（1）将墁好的砖揭下来，轻拿轻放，并按顺序码放整齐，墁地泥低洼之处可做必要补垫。 （2）为保证上缝及串浆，需将老趟与新趟之间卧缝处的舌头泥清除干净	 
浇浆	在揭完趟的坯子上“浇”生石灰浆，浆的稀稠度要适当，过稀的浆起不到稳固砖的作用，过稠的浆在上缝时不易叫活。浇浆时要斜向浇、将坯子泥浇满，最后在浇浆处洒一把素灰，以保证砖不落趟	

续表

工艺步骤	技术要点	图片
上缝	（1）刷水：用水刷子将已样好活的砖里口及拼缝砖棱下部刷上水，使砖棱处砖灰清除干净，保证挂油灰时油灰能更好地挂在砖肋上。 （2）挂油灰：用木宝剑在油灰槽子内蘸上油灰，宝剑与砖棱夹角约 45°，然后由右至左、由后至前将油灰挂在砖里口和拼缝处砖肋上，油灰要尽量打宽、打均匀，从而减少掉条现象。 （3）杠趟：将已挂完油灰的两个砖棱，抄起砖后往已墁好的砖肋上斜向上舔一下，使老趟的砖也沾上油灰，然后将砖放平推严，将多余油灰挤出确保不发生掉缝现象。 （4）上缝：将放平后的砖双手用力摁一下，手执蹾锤，木柄朝下，使蹾锤自然下落捶打砖中间部位，木柄在砖上连续戳动前进，将砖蹾平，使蹾锤时要适度用力，以保证将砖蹾实，使砖跟线将灰缝挤严。如砖跟线后还能轻易地叫活，说明泥薄了，应重新打泥，否则砖容易下沉	   
铲齿缝	上缝以后将砖缝间挤出的少量油灰铲净，起油灰时一定要干净利落，避免污染砖面。铲完后用磨头将砖凸起的砖棱磨平	
刹趟	以卧线为标准，将涨出卧线部分的砖肋磨去，并用平尺板靠在砖棱上通尺检查，使整趟砖棱呈一条直线，方可墁下一趟砖。刹趟应及时，否则将影响下趟砖平整度，增大施工难度	

续表

工艺步骤	技术要点	图片
串浆	墁地时留有马步形式浆口，待地面砖铺墁完成后，从浆口内灌以白灰浆至饱和。串浆应分次灌入，第一次稀一些，第二次稠一些，串浆过程中先使用口径稍大软管进行串浆，并在软管入口处加设过滤网。在串浆即将完成时，改用相对较细的软管对未满浆口进行补灌。串浆的目的在于进一步稳固砖地面，增强墁地泥的强度与整体性	 
合龙口	当全部串浆完成后，将所有浆口全部找墁平整。先将灌浆后多余灰膏铲除，然后撒一层素白灰并用铁丝将砖套牢后放入浆口进行样趟，样趟时一定要样实，防止落趟。样趟后将砖取出并在浆口处浇浆，注意此处浇浆要适宜防止灰浆将油灰挤出。然后在砖棱四周及浆口分别打上油灰将砖放入浆口，将铁丝取出。最后用蹾锤将砖蹾平、蹾实	 
打点、墁水活	将地面重新检查一下，如有凹凸不平，要用磨头蘸水磨平。然后用砖灰调制的砖药对砖面的蜂窝沙眼进行堵抹。待砖药干透后再进行一次蘸水揉磨，最后擦拭干净	

续表

工艺步骤	技术要点	图片
钻生	（1）钻生：根据砖体含水率选择钻生时间，湿度较大时不适宜钻生。待地面完全干透后，往地面上倒生桐油。钻生时要用油扒来回推搂。钻生的时间根据具体情况可长可短，直至钻到“喝”不进去的程度为止。 （2）起油皮：钻生后将要产生油皮时，用自制橡胶油扒将砖表面的桐油刮净，减少油皮的产生。油皮产生后要及时铲净	

注：表中图片为方鑫摄。

铺墁金砖地面的工艺步骤与细墁地面基本一致，区别有三点，一是不用掺灰泥墁地，而是使用干砂或素白灰。二是无串浆步骤，而是在每块砖下面四角各挖一个小坑、小坑内装入白灰，或者在每块砖下面四角和中间用白灰局部垫高，以此作为铺墁金砖地面的稳固措施，匠人称其为“打揪子”，养心殿室内金砖地面即为素白灰铺墁，采用四角和中间垫高的方式进行稳固（图 13）。三是钻生做法调整为泼墨钻生做法，即钻生之

图 13　故宫养心殿室内金砖地面铺墁工艺

前在金砖表面涂抹黑矾水，然后再钻生或者烫蜡，使地面表层形成一层光亮的“包浆”，取得更好的观感效果与耐久性（图 14）。

图 14　故宫太和殿室内金砖地面钻生效果

5　结语

室外广场地面是故宫最普遍的地面铺墁区域和观众参观行走区域，也是破坏速度最快的地面类型，具有典型的研究意义。通过分析总结故宫古建筑地面保护历史，故宫太和门广场地面的保护历史体现出文物建筑修缮时文物意识不断提高的过程，最初修缮仅满足开放使用功能，改变了历史风貌；后来在综合考虑使用功能与文物建筑保护的前提下确定保护原则与具体方法。

室外广场地面以“使用”为第一位，保护周期为阶段性的定期修缮项目，需要综合考虑文物保护、历史风貌与使用功能，采用基于传统的地面挖补和揭墁做法，实现广场地面的合理有效保护。太和门广场地面的保护实例反映出从实践经验中不断总结提高地面保护理念与技术，在此基础上确定适宜世界文化遗产地、博物馆、5A 级景区的古建筑地面保护措施，使故宫古建筑地面既能延续历史风貌，又能满足观众参观行走的功能需要，达到“保护为主，合理利用”的目的。

确定保护原则与措施后，如何在实施过程中控制工匠操作工序与手法的标准统一问题，是保证地面保护工程质量的关键因素，需要及时研究标准化的工艺流程，并以此指导实际施工，在科学保护理念与有效保护措施的前提下，实现地面修缮操作工艺的系统规范。

参考文献

［1］周震麟，金瑾．御窑金砖．南京：江苏凤凰教育出版社，2016：206，216.

［2］魏文藻．序 // 于倬云主编．紫禁城建筑研究与保护．北京：紫禁城出版社，1995：3.

［3］〔日〕小川一真摄影，杨文举撰文．清代北京皇城写真帖．北京：学苑出版社，2009：14，15.

［4］喜仁龙．中国北京皇城写真全图．北京：收藏于中国园林博物馆：25.

［5］刘大可．中国古建筑瓦石营法（第二版）．北京：中国建筑工业出版社，2015：199.

我国西北干旱地区土遗址研究和保护的现状

周双林*

摘要：中国历史悠久，古人留下了丰富的文化遗产，其中土质建筑、土遗址如古城、寺庙和城墙、烽火台等等占有很大的比例。西北地区气候干旱少雨、地下水位低等，因此保留的土质建筑和遗迹更多。且残留的土质建筑和遗迹有特殊的保存状态和病害。

从病害和保存状态来说，除局部绿洲外，多数土建筑和遗迹都本体干燥、表面以土质存在而无生物生长，建筑格局在而遗迹表面风化严重，尤其是底部因盐分和风蚀而残缺严重，顶部因为雨水冲刷而破坏。

为了保护西北地区的土建筑和遗址，改革开放以来进行了很多的研究工作和保护工程。如采用硅酸钾材料和乳胶进行表面喷涂和裂隙修补的化学保护、采用土坯等材料对根基缺失部位进行的修补操作、采用草拌泥等材料对顶部冲蚀区域进行的牺牲覆盖保护等。虽然有些保护工作出现问题，但是总的来说保护效果是明显的。

除了对土遗址保护的总结外，对于西北地区土遗址的保护的一些问题进行了讨论，例如在对现有材料问题总结基础上的新材料开发的问题，土遗址顶部牺牲保护层的使用问题，局部重要遗迹使用物理防护的保护罩等问题。

关键词：土遗址；干旱地区；保护

1　干旱地区的土遗址状况

1.1　干旱地区的概念

所谓干旱地区，是一个气象的概念。根据我国降水量的分布图，一般将降水量小于 400 毫米的区域叫作干旱地区。根据这个概念，处于这个地区中的土遗址，则可称为干旱地区的土遗址。当然这是一个相对的概念，如果一些地区仍然过于潮湿的话，可将降水线压缩到 300 毫米以下。即使这样，仍难以避免干旱地区局部处于非常潮湿的环境中，如青海湖附近或者是干旱地区绿洲之内和附近地区。

---

* 周双林：北京大学考古学研究中心，北京，邮编 100871。

根据这个概念，我国的新疆大部（除去绿洲）、甘肃大部（除去甘南）、内蒙古中西部、青海大部分（除去东部地区）、陕西北部等为干旱地区。

1.2　干旱地区的环境情况

我国西部干旱地区的气象特点为空气干燥，湿度小；多风，风速大，风沙的影响大，少雨，但降雨集中。而从土体特性看，地面以上的土体尤其是高起的山体，含水率很低且干燥区域达到山体的内部。但是在西部地区的地面以下区域，土体内部含有水分，且地面以下一定深度仍存在液态水。

1.3　遗址的种类

根据调查，从功能上可将干旱地区的土遗址分为以下的种类。

古城遗址：居民生活或者是军队驻防形成的城。新疆地区的包括交河故城遗址、高昌故城遗址等；甘肃境内的包括锁阳城遗址等；内蒙古境内的包括黑城遗址、红城遗址、大同城遗址等；陕西境内的包括统万城遗址等。

长城和关口遗址：古代修建的长城多数是以土为主构建，如汉代古长城、明代古长城（如宁夏银川西部的），著名的关口包括玉门关遗址、阳关遗址等。

烽燧遗址：附属于长城的烽火台，在西北地区数量众多，著名的如克孜尔尕哈烽火台等，成为该地区文物的标志。

寺庙遗址：干旱地区的寺庙很多，多围绕丝绸之路修建，如位于新疆天山南部的库车苏巴什遗址（图 1）等。

图 1　苏巴什遗址

根据遗址原来的制作技术，又可分为夯筑、土坯堆砌、生土开挖等形成的遗址和遗迹，其破坏情况也有差别。

1.4 遗址的病害情况

对于干旱地区土遗址的病害，曾有一些学者进行了研究，如赵海英等的《西北干旱区土遗址的主要病害及成因》[《岩石力学与工程学报》，2003 年第 22 期（增刊）]、梁涛的《高昌故城现状及病害因素分析》(《敦煌研究》，2009 年第 3 期）等研究。

从总体的病害来看，可将干旱地区土遗址的病害分为开裂、垮塌、磨蚀、冲蚀、基础损失。

表面粉化：遗址的局部出现表面粉末状脱落的现象，主要发生在根脚的部位。

表面结壳：遗址土体的表面形成硬壳，但是硬壳的下部就是酥松的本体部分。

开裂：遗址上出现细小和宽大的裂缝。

垮塌：遗址出现小块或者大面积的坍塌。

磨蚀：遗址的局部损失、表面粗糙、有线状痕迹、磨蚀严重的部位，导致遗迹的局部缺失，如锁阳城遗址东墙的风洞。

雨水冲沟：遗址的表面出现条状洼陷状缺失。

基础掏蚀：遗址基础部分的损失。

干旱地区的土遗址病害有自己的特征，很少存在生物病害，如草类的生长、霉菌病害等。同时很少能见到表面的盐析现象。

2 遗址的保护技术研究状况

对于干燥环境土遗址的保护，国内外都有不少的工作。国内做得比较多的是敦煌研究院，而国外进行土遗址保护研究和工作的有美国、秘鲁以及西亚的一些国家。

美国 GETTY 研究所曾进行多年的土建筑的保护研究，主要是化学材料的加固。另外，秘鲁等也采用有机硅材料对土体进行加固研究。英国等也进行了很多的土遗址保护研究，如使用喷淋方法对土遗址的保护材料进行筛选。

在西亚等国有着众多的土遗址，主要是土建筑遗址。这些遗址的保护曾进行过很多的工作，包括化学加固、修补和复原等，如 JACCMCO 对伊拉克出土的砖坯的加固；多国国际合作进行的伊朗丘哈 · 赞比尔遗址保护项目，对巴姆古城的修复性保护等。

我国西部的土遗址保护主要有敦煌研究院等进行的工作。

敦煌研究院的工作主要有表面保护、化学灌浆、锚固、基础修补等，其中水玻璃材料的开发和使用是技术研究和推广的核心。

国内其他的土遗址保护，有新疆克孜尔石窟的土体化学加固尝试、克孜尔石窟的修补、黑城遗址古城墙的修补等。

2.1 遗址的化学加固

国内外对遗址的化学保护，使用的材料有有机硅单体、有机硅聚合物、聚氨酯、丙烯酸树脂、无机材料如水玻璃、高模数硅酸钾等，各种材料的使用情况分述如下。

2.1.1 氢氧化钡、氢氧化钙溶液

优点：加固后不堵塞孔隙，不妨碍水分迁移，浅层加固强度高，成本低，钙钡两者的不同之处是碳酸钙有微弱的溶解性而碳酸钡几乎不溶解。

缺点：在于渗透深度不够，一般情况下只有几厘米。碳酸盐结晶时一般呈无定型状态，加固作用较弱[1]。碳酸钙在结晶后还会有晶型转变现象，造成破坏，而碳酸钡则无此现象。二者的共同特点是渗透不深，处理后表面易泛白。

另外，由于溶液的浓度难以提高，故而一次加固强度不够。需要每天喷涂，并施工多日才能见效。在使用过程中墙体容易达到饱水状态，易使建筑物处于不稳定状态，产生结构破坏[2]。

2.1.2 硅酸钾（PS）材料

优点：加固强度高，耐候性好，价格低廉，制造容易，施工方便。

缺点：对潮湿的被加固材料效果不好，难以渗入，在干旱地区使用时，如果土体酥碱并含有盐分，易产生泛白现象[3]。

2.1.3 有机树脂溶液

优点：渗透得比较深，能深层固化土体，颜色不变。

缺点：丙烯酸树脂溶液，由于易产生溶质的回迁现象[4]（溶质随溶剂渗入被加固材料，并随溶剂挥发移向表面），难以进行深层加固。聚合物易在表面富集，溶剂挥发后，产生表面颜色加深现象，并形成表面结壳。聚合物的膜可以产生以下不利影响：阻止土质内部的水分以液态和蒸气状态向外迁移，致使水分在内部富集。因为壳的热膨胀系数与内部不同，在冷热交替的收缩膨胀过程中因张力而开裂。另外，对潮湿的加固对象，难以使用[5]，因为溶液在水的作用下容易出现溶质析出的情况。

2.1.4 有机硅单体、预聚体与高聚物

优点：加固后不改变原貌，耐水（如果聚合后含有机基团），加固强度高（如正硅酸甲酯、乙酯水解形成的固结体）低（有机高聚物形成的固结体）不同，渗透深度也不同，和低聚物单体渗透好，高聚物渗透比较困难。加固与防水效果优秀，是目前研究比

较成熟、世界各地通用的加固材料。但是大范围使用有困难。

缺点：价格高；单体毒性较大，施工过程中对操作人员的危害较大。硅酸乙酯单体水解体系在有水的对象上使用时，过多的水分使材料水解多于聚合，形成脆弱，粗糙的表面[6]，且容易发白；空气湿度低时固化速度慢，且低分子材料容易出现材料流失。

2.1.5 聚氨酯树脂

优点：黏度低，渗透速度高，可进行深层渗透，加固强度较高，耐水好。

缺点：耐老化性能差；材料本身有一定的毒性，在施工过程中对操作人员危害较大，使用后有毒成分残留时间较长。另外，颜色变深是很难克服的困难。

2.1.6 丙烯酸单体聚合体系

优点：渗透能力好，渗透深，加固强度高。

缺点：施工时聚合时间不易控制，必须在无氧的环境中施工，很难选择合适的除氧添加剂；聚合体强度过高，易使内外产生应力，有违保护原则；聚合后有收缩；加固体系在未聚合时气味不好，有一定毒性。

2.1.7 有机乳液（聚醋酸乙烯乳液、聚丙烯酸树脂乳液）

优点：浅层加固效果好，表面不变化。

缺点：由于采用水作分散剂，渗透深度不够，容易在表面积聚，即使采用非常小的颗粒，较低的浓度，也不易渗透[7]。水做载体易造成被加固材料的破坏（通过降低材料的机械强度），因此难以一次加固较大的深度。另外，乳液中含有的乳化剂容易造成树脂的老化，如通过氧化造成树脂链的断裂，或者与树脂链产生交联。这种材料不宜在室外的表面使用，一般作修补材料的黏结剂使用。

2.2 遗址的锚固技术

陡立的土建筑和遗迹都会因为卸荷作用开裂，而城墙的分段夯筑也是开裂的一个原因。开裂导致结构性破坏，严重者导致垮塌。对于土建筑遗址上各种原因导致的裂缝，如土体上的大裂缝，以及土建筑墙体的裂缝，已经垂直陡立的侧壁，为了维持其安全存在，需要采取锚固的措施进行处理。这个方面的工作，主要是敦煌研究院和西北铁科院等进行的机械锚固工作，包括大型的锚索的使用，以及小型的木锚杆的使用。

对于大型土体开裂的治理，如对交河故城西侧陡立并开裂土体的稳定化处理，采用楠竹加钢筋的锚索进行。对于交河故城中寺庙的小开裂，则采用木锚杆进行处理。对于一些大块体的开裂和块体的下垂，也采用钢锚杆进行处理。最近几年，对于承载重要石窟的岩体的锚固进行了很多，如吐鲁番地区的柏孜克里克石窟、吐峪沟石窟，以及新疆的克孜尔石窟、库木吐喇石窟。

2.3 土遗址的灌浆技术

对于遗址上各种原因出现的裂缝，如土体上的大裂缝，以及土建筑墙体的裂缝，除了锚固外也可采取灌浆处理的措施。这个方面的工作，主要是敦煌研究院等进行的工作。

对土体遗址的灌浆处理，主要是采用高模数的硅酸钾材料为主体，配合黏土、粉煤灰等材料调制灌浆材料进行灌浆处理，起到整体稳定的作用。

2.4 遗址的修补技术

对于由于各种原因破损的土遗址，尤其是根脚受到损失的土遗址，如果不进行修复，将会导致垮塌等破坏，这时候多采取修补技术进行处理使本体结构稳定，而上部缺失的遗址在有根据的情况下，也可进行修补处理。

对于根脚的缺失修补，主要是采用土坯进行堆砌修补，不管是原遗址是夯土的还是土坯的，最早是敦煌研究院和新疆文物保护技术中心进行的工作，如交河故城的保护，从 20 世纪前的粗放型修复到现今逐渐达到了遵循保护原则的修复。

在新疆遗址早期的修复中也有采用水泥和卵石修复的，属于临时性的不当修复（图 2）。

图 2　苏巴什古寺遗址的根脚修复——使用水泥

2.5 遗址的顶部覆盖技术

我国的西部土遗址顶部由于雨水冲刷破损严重，但是早期都不予以处理。

根据调查，在西亚的土遗址保护中，多数是采用草拌泥对遗址顶部进行保护处理的。具体做法是调制土、水和短草茎的混合物，然后涂敷在需要保护的遗址表面，如上部和侧面，这样可以避免遗址直接被日晒和雨淋。表面覆盖的材料在雨水的作用下损坏后，可以进行再次处理，这样就保护了遗址（图 3）。

图 3 伊朗某古建的维修——采用泥浆覆盖技术

由于生土、草类是很常见的材料，水也是容易得到的材料，而且操作工艺也很简单，对大面积的遗址进行保护处理费用也很低，故此方法常被使用。国内目前叫牺牲性保护层，它在西方的砖石建筑顶部也经常使用，目的抵抗雨水的冲击和软化破坏。

在我国的遗址修复中，20 世纪也曾有采这种方法，如克孜尔石窟群中的森姆塞姆石窟的中心部位的一个坍塌石窟，也曾采用这种方法修复（图 4），但是在国内很不普

图 4　森姆塞姆石窟及某窟的修复

遍，属于孤例。

近来在高昌古城的维修中，使用了草拌泥进行顶部覆盖保护，这种尝试英国得到肯定。

由于多数考古遗址和建筑遗址在自然因素作用下原始表面已经破坏，而残留的遗迹继续破损是人们不愿意看到的，因此采取这种保护措施对遗址进行处理，应该是可以接受的。当然对于整个遗址的保护，需要对关键部位、保存完好的部位采取原状展示措施，以便让人们了解和认识遗址，这些部分就要采取其他的措施。

3　问题与讨论

（1）注重对文物保护理念的探讨。保护理念决定着保护的一切，因此对保护理念一定要深入的探讨，如何使保护理念贴近实际，为实际服务值得关注。

（2）不能只考虑化学材料，也不能只考虑抢险，对一些切实可用的方法，要接受和推广，这样才可以达到事半功倍的效果。

（3）注重材料的开发。对于土遗址的保护材料，虽然PS材料有很多的优点，但是开发新材料还是有实际工作需求的动力，因此还有研究的空间。

（4）小环境建设和保护棚。对于西部大体量的土遗址，要想控制环境使其不破坏是不可能的，但是对于局部非常重要的部分，使用环境改善的措施，如植树、设置拦沙障等是必要的，有些时候还要设置保护棚，这时候虽然改变了小环境，但是保护本体比保护环境更重要。

参考文献

[1] C A Price, Stone Conservation, The Getty Conservation Institute, 1996: 18.

[2] Pearson Gordan T. Conservation of Clay and Chalk Buildings, London. 1992: 154.

[3] 俑坑土遗址保护课题组. 秦俑坑土遗址的研究与保护. 秦俑学研究. 西安：陕西人民教育出版社，1996：1388-1404。

[4] 6 th International Conference on the Conservation of Earthern Architecture, Las Cruces, New Mexico, U. S. A., October, 14-16: 268.

[5] 6 th International Conference on the Conservation of Earthern Architecture, Las Cruces, New Mexico, U. S. A., October, 14-16: 268.

[6] 6 th International Conference on the Conservation of Earthern Architecture, Las Cruces, New Mexico, U. S. A., October, 14-16: 270.

[7] 6 th International Conference on the Conservation of Earthern Architecture, Las Cruces, New Mexico, U. S. A., October, 14-16: 268, 274, 293.

旧上海特别市政府大楼保护修缮工程难点与对策

刘焕新*

摘要：旧上海特别市政府大楼建于1933年，属中国传统复兴风格建筑。大楼自建成至今，历经了战火毁坏、汪伪占用、搁置、荒废和后期改造。为完全恢复其原有的形制、样式、风格，2018年启动了大楼的保护修缮工程。本文介绍了工程施工难点、应对措施及实施效果，供类似工程参考。

关键词：传统复兴风格；仿清代的草和玺彩画；预防性保护

1 工程概况

旧上海特别市政府大楼位于上海市杨浦区上海体育学院校区内，由董大酉设计，朱森记营造厂建造，1933年10月竣工。大楼最显著的特征是孔雀绿色的琉璃瓦屋顶，民间称它为“绿瓦大楼”。它为中国传统复兴风格建筑，4层钢筋混凝土结构，建筑面积8982平方米，现为上海体育学院办公楼，1989年9月25日被登记为上海市文物保护单位。

图1 1933年落成的上海特别市政府新厦

（来源：《老上海》，上海教育出版社出版，1998年12月第1版）

* 刘焕新：上海建为历保科技股份有限公司，上海，邮编201315。

2 保存状况

建筑主要平面布局、空间格局、结构体系、外立面、大屋面及金水桥、丹陛等保持历史原状，构成建筑特征的钢窗、须弥座、斩假石、混凝土斗拱、水磨石地坪与图案及图书馆的天花彩绘等为历史原物。经历80余年的历史变迁，建筑内部格局、室内外彩绘、室内装饰等发生不同程度的改变。表现为原大空间的图书馆、档案馆、食堂已被分隔改造为办公室；立面和玺彩绘制式有所变化，大部分室内彩绘天花缺失或被覆盖；屋顶琉璃瓦规格参差不齐、颜色不一，瓦当形制改变；原东侧门楣部分卷草纹饰缺失等。

3 修缮设计

设计总体要求：不改变房屋使用性质和功能布局，对重点保护部位及有价值的历史遗存进行保护修缮，恢复建筑整体风貌，保留历史信息。做到整旧如故，以存其真，使文物建筑延年益寿。

设计内容：本次保护修缮工程按文物保护要求恢复屋面、外立面及室内重点保护区域的历史原貌，消除渗漏、开裂等安全隐患。包括琉璃瓦屋面的保护修缮；外墙须弥座、斩假石墙面、钢门窗、彩绘的保护修缮；室内大礼堂藻井天花、木墙裙、水磨石地坪的恢复；门厅、楼梯间、走廊、历史电梯的保护修缮等。在传承并发展原有的艺术和风格、不改变文物原状前提下，结合现代先进科技适当提升功能，如更新空调、新风、消防、防雷系统，增加双层钢窗等。最终实现保护和利用的统一。

4 保护修缮主要难题

4.1 琉璃瓦考证和复原问题

经考证，原始瓦片为孔雀绿色琉璃瓦，勾头带有“市”字图案。屋面现存绝大部分瓦片非历史原物，经查，现存瓦片勾头的纹样、滴水各有3种规格，盖瓦4种，底瓦3种。其中仅一种滴水瓦为历史原物，其余均非原物。瓦片规格参差不齐，色差明显。大小不一的琉璃瓦混用造成屋顶存在渗漏的隐患。原始瓦片、勾头的寻找、认定和复原是大屋顶修复的核心工作。

4.2 彩绘的修复问题

绿瓦大楼现有彩画中仅二层图书馆顶棚上所存少量“五福捧寿”彩绘为原物。其余彩画有的经若干次重绘，纹样颜色已明显改变；有的被粉刷层遮盖；还有的已损毁。对这些彩绘的考证分析研究以及复原工作是本次修缮最大的难点。

4.3　大跨度桁架结构安全与大礼堂藻井天花保护的矛盾

绿瓦大楼二层和三层之间有 4 榀 22.8 米跨的混凝土桁架，它的下方是大礼堂的天花藻井。考虑到桁架已经历了 80 多年的蜕变，其安全状况及加固的必要性问题引起甲方极大的关注。但是桁架加固会改变大礼堂天花藻井的形制，这是违反文物保护原则的。由此形成加固与保护之间的矛盾。需要一个妥善的处理方式解决此问题。

4.4　隐蔽的铸铁落水管修复问题

经现场勘察，原铸铁雨水管暗埋于混凝土柱中，其顶部则被浇筑在混凝土斗拱之内，现铸铁管老化锈蚀，导致外墙渗漏。本着最小干预原则，在不破坏原结构条件下解决老雨水管渗漏问题，需要研究有针对性的新技术。

5　针对性措施

5.1　解决彩绘修复难题

5.1.1　考证研究

经考证，本工程彩画均为仿清代的草和玺彩画，各部位彩画纹饰、设色、贴金等细节不尽相同。其中外檐和玺彩绘的现状与历史照片对比，纹饰及设色有较大出入，为后期绘制：室内彩绘除封存于图书馆顶棚内的极少数井口天花彩绘保存完好外，其余均有不同程度的毁坏。内外檐彩绘具体考证结果如下。

（1）根据历史照片等判断，外檐原始彩绘为菊花卷草和玺彩画。

图 2　图书馆顶棚内发现的原物

（2）根据历史照片及二层图书馆现存的“五福捧寿”彩绘原物判断，各层顶棚井口天花类型有 6 种：①团花天花（一层原大厅、食堂）；②团花加卷草天花（二层原大礼堂）；③团花加绶带天花（二层原会议室）；④五蝠捧寿天花（二层原图书馆）；⑤万寿团天花（三层原市长办公室）；⑥团鹤天花（三层原会客室）。

与这些天花匹配的支条彩画纹饰基本为轱辘加如意云燕尾。天花彩画设色为圆光内以青色为底色，岔角以黄色为底色，岔角云按传统

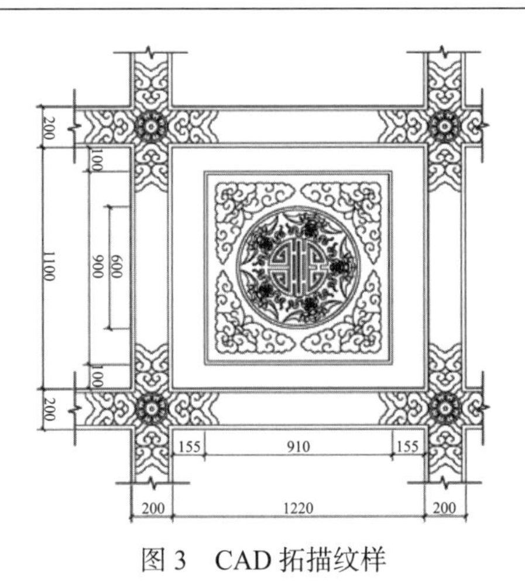

图 3　CAD 拓描纹样

图 4　五福捧寿彩绘小样

做法设色攒退。支条通刷章丹色，轱辘燕尾按传统烟琢墨做法设色。

（3）根据遗存的梁枋彩画和天花彩画风格推断，各天花做法为方圆鼓子线沥粉贴金，圆鼓子心除团鹤天花外，均为玉作攒退做法，岔角云亦为此做法。井口线贴库金箔。以大礼堂梁枋彩画为例，彩画纹饰做法为：①大线为沥粉贴金；②箍头为青色素箍头；③盒子为银朱红地香色团花青色卷草；④线光心为银朱红地青色卷草；⑤找头为绿色地粉红团花香色卷草；⑥方心为银朱红地香色团花青色卷草。

图 5　大礼堂和会议室梁枋彩画

1. 历史彩绘区域照片　2. 历史彩绘区域照片　3. 清洗后的现状较好的彩绘样式（建议保留）　4. 清洗后的现状较好的彩绘样式　5. 新做彩绘小样　6. 新做彩绘小样

5.1.2　损毁彩绘复原方法

（1）彩画纹样的复原中，施工前专业人员逐层、逐间、逐构件地勘察原有彩画，用硫酸纸拓描残留彩画，再结合历史照片临摹形成谱子。

（2）局部保留完好的原始彩绘（五蝠捧寿天花），原状保护和展示。

（3）采用三维扫描记录彩绘的形制，用光谱分析采集色彩数据，建立精确数字模型，作为保护和修复依据。

（4）单披灰地仗工艺流程：捉缝灰→通灰→操底油→中灰→细灰→磨细灰钻生油。

（5）彩画工艺流程：磨生过水→合操→分中→拍谱子→摊找活→沥粉→号色→刷色→包黄胶→打金胶贴金→攒退团花、卷草→拉晕色→打大粉→打点活。

图 6　大礼堂藻井彩画

5.2　解决琉璃瓦屋面渗漏顽疾

5.2.1　屋面渗漏主要原因

（1）现存盖瓦规格不一，新老瓦片交接缝隙渗水。

（2）现存底瓦宽度变窄，盖瓦底瓦搭接不够，导致渗漏。

（3）屋面曾被日军炮火轰炸形成几十个大小弹孔，造成渗漏隐患。

（4）砼老化、瓦片破损、植物滋生等因素，导致渗漏。

5.2.2　屋面修缮总体思路

拆卸屋面现有瓦片，修补原屋面混凝土板，增加渗透结晶防水层，更换屋面瓦片，保留现有的正脊、垂脊、戗脊。

对现状瓦片归类整理，寻找历史原物。现状屋面瓦片参差不齐，色差较明显。经调查，屋面现存盖瓦有 4 种，勾头、滴水各有 3 种，如层面现存勾头瓦长度有 230 毫米、250 毫米和 270 毫米三种，瓦头纹样有凤凰、“寿”字两种，这些都不是历史原物。现场对基础进行清理过程中，发现一块残缺的勾头为原物。经考证分析，此原始瓦片的釉面色泽呈孔雀绿色，釉面色彩较丰富，勾头带有“市”字纹样。本次修缮按原样烧制琉璃瓦重铺屋面。

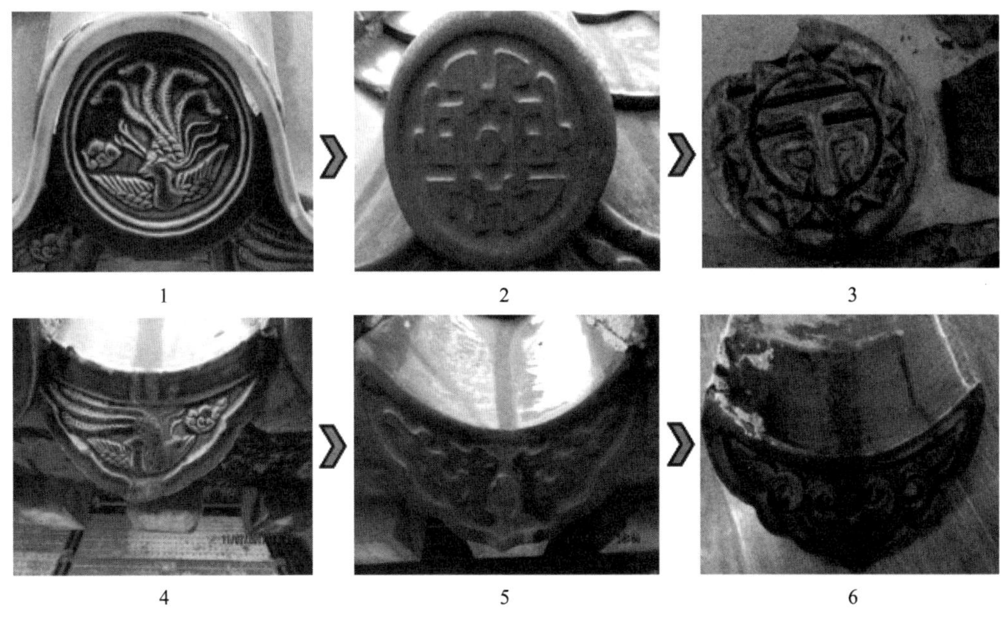

图 7　勾头滴水考证

1. 后期更换“凤凰”样式勾头　2. 后期更换“寿”字样式勾头　3. 经考证的 1933 年原始勾头瓦
4. 后期更换“凤凰”样式滴水　5. 后期更换“龙纹”样式滴水　6. 经考证的 1933 年原始滴水瓦

5.2.3　屋面修缮的主要施工流程

屋面测绘及影像记录→屋面瓦片拆卸及基层清理→原屋面混凝土板结构修复→屋面椽子、斗拱等混凝土构件修复→屋面水泥砂浆找平→聚合物水泥砂浆（JS）防水涂料施工→屋面天沟施工→屋面瓦铺设施工→正脊、垂脊、戗脊修缮→吻兽、仙人、走兽修缮。

图 8　正脊修缮情况

图 9　绿色琉璃瓦屋面恢复情况

5.3 解决大跨度桁架结构安全与大礼堂藻井天花保护的矛盾

绿瓦大楼二层礼堂为大空间，南北 22.8 米，东西 32 米，中间没有柱子。这么大的跨度，当年的设计师没有使用肥梁胖柱，而是巧妙地利用三层的层高，设计了 22.8 米跨的混凝土桁架，大礼堂天花外露的大梁是桁架的下弦。这样创新的设计，在现代建筑里也很少见。这些桁架经历了 80 多年的蜕变，结构安全状况如何？是否需要加固？这是大礼堂修缮必须面对的问题。

首先检测单位对桁架进行了详细的检测和计算，分析了桁架的受力情况，证明了桁架的安全性满足要求，并提供了安全鉴定报告。其次我们采用高精度有限元方法做了重要受力部位的力学分析，同样证明结构安全没有问题。两种理论分析结果都表明现状桁架安全储备仍满足要求，可以不做加固。

为了进一步研究桁架的内力变形规律，同时更有效地保护文物建筑，我们专门在桁架上安装了两组应力应变传感器，将修缮施工过程和交付使用后桁架的应力变化情况实时传送到服务器。由后台进行数据比对分析。有超载发生时，监测系统会立即报警。这些数据和分析结果还可实时传递给甲方。

大跨度桁架作为科学价值的实证，被列为绿瓦大楼主要展示内容之一。为此，在三层会议室东侧墙壁上开辟了展示窗口，借助具有可感知性的监测与展示系统，让大楼的使用者既可以直观地看到大楼修缮、使用过程中的安全状况，又可以随时通过网络查阅结构安全数据。

科技保护为解决保护修缮难题发挥了积极作用。

图 10　会议室桁架展示窗

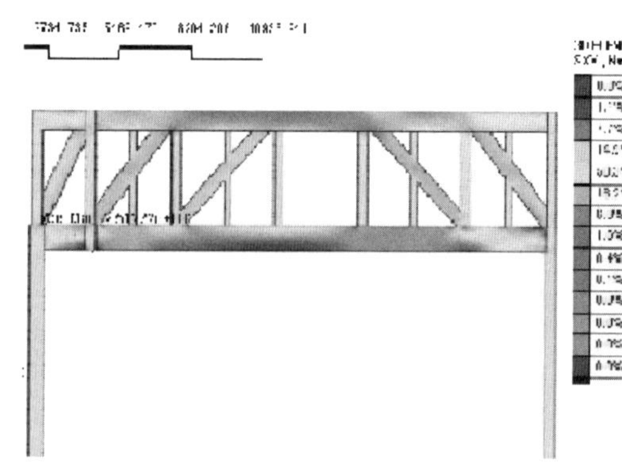

图 11　桁架变形监测分析图

5.4 解决隐蔽铸铁雨水管的修复难题

经现场勘察，原屋面排水系统的铸铁落水管均暗藏于立柱内，且与屋面内天沟连接，弯管预埋于原混凝土梁和斗拱内，无法更换锈蚀严重的铸铁落水管道。针对预埋在原梁和斗拱内的铸铁落水管，我们进行了内壁除锈及新增“灌注聚氨酯”试验，先对管道内壁进行除锈，除锈后用钢丝绳拉动高密度海绵球在铸铁管内壁涂刷聚氨酯，在原管壁内形成一道封闭内膜，从而延缓管道锈蚀、渗漏等问题的发生。此空腔树脂涂抹修复技术在施工过程中操作便捷，干预度最小，符合最小干预原则，获得各方一致认可。

6 修缮效果

绿瓦大楼修缮工程以“保护为主、合理利用”为指导思想，各重点保护部位严格按“原材料、原工艺、原形制、原结构”要求施工。通过修缮，使大楼保持并恢复了历史风貌；在不破坏建筑空间格局和内部结构的前提下，适当地进行了设备设施升级改造。本次修缮改善了大楼基础设施，优化了空间品质，实现了办公教学现代化应有的功能作用，达到了保护与利用和谐统一的效果。

图 12 市长室阳台恢复情况

图 13 外檐和玺彩画恢复情况

图 14 修缮整体效果

7 结语

绿瓦大楼建成后历经了战火毁坏、汪伪占用、搁置和荒废，直到中华人民共和国成立后用于行政干部学校和上海体院办公楼。其间虽有数次大小修缮，但都未完全恢复原有的形制、样式，尤其是未能彻底解决轰炸留下的安全隐患。2018 年的这次修缮是历史上最彻底的一次大修。我们按文物保护原则，在修缮之前对大楼的历史背景、科学价值、艺术价值等各个方面进行了详细的考证，编制了很多方案。修缮过程中坚持不改变原状，做到在有充分依据的情况下尽可能复原历史信息。经过两年的精心修缮，绿瓦大楼终于恢复了它雄伟壮丽的原貌。未来，我们将进一步开展大楼保养维护、安全监测及科技保护等方面的工作，研究探索预防性保护的新途径和新方法。

参 考 文 献

北京市建设委员会. 中国古建筑修建施工工艺 . 北京：中国建筑工业出版社，2013.
姜彧 . 古建筑瓦石工程施工细节详解 . 北京：化学工业出版社，2014.
田永复 . 中国仿古建筑构造精解 . 北京：化学工业出版社，2013.
王晓华 . 中国古建筑构造技术 . 北京：化学工业出版社，2018.

中东铁路建筑遗产保护与修缮的思考

——以《中东铁路横道河子机车库保护设计方案》为例

练 超*

摘要： 中东铁路建筑遗产是支撑横道河子成为历史文化名镇不可或缺的重要文化元素。它是由钢轨串联起来的文化遗产廊道，在我国同类遗产中，具有唯一性特征。本文首先对中东铁路以及中东铁路建筑遗产进行简要的说明，通过对以往保护工作的总结，以横道河子机车库的保护为例，对建筑遗产的定性、定位、构成与认定、保护时序的问题提出了自己的观点。最后梳理了保护中应特别注意的问题，希望为今后中东铁路建筑遗产以及同类型的保护工作提供更为广阔的思路。

关键词： 中东铁路；建筑遗产；抢救保护工程；建筑修缮

世界各地因有着不同的地质、地貌、气候、水文、生态等自然条件，形成了不同地域丰富多样的文化传统、生产方式与生活习惯等历史背景，并由此产生了各区域独具特色的建筑形式和建筑风格。经由历史的沧桑，留存不多的建筑遗产直接或间接地记录下当时人们的生存环境、生活方式、社会组织、宗教信仰、审美观念、科学技术发展程度等诸多方面的历史信息。我们在做遗产保护设计的同时，深深地认识到“历史建筑是人类文化的集中体现”这一表述的丰富内涵和深远意义。

基于人们对文物遗存的认知，国际《保护世界文化和自然遗产公约》指出：文化及自然遗产日益增加的破坏威胁，一方面是因为历史演变的自然变化，而人类社会的经济情况变化，也是重要组成部分，任何文化及自然遗产都属于不可再生的文化资源，而当前已经存在的遗产保护公约及条文中表明，他们的存在无论如何对于人类是极其重要的。这也必然包括了遗产中重要的组成部分——建筑遗产。如《威尼斯宪章》指出：“世世代代人民的历史建筑，饱含着从过去的年月传下来的信息，是人民千百年传统的活的见证。人民越来越认识到人类各种价值的统一性，从而把古代的纪念物看做共同的遗产。”[1]

在我国东北边陲，中东铁路沿线保留下大量的历史建筑等文化遗产。绵延伸展的钢轨、造型各异的站房、木构田野式的民宅、攒尖葱顶的教堂、形制独特的官邸、肃穆庄

---

* 练超：上海建为历保科技股份有限公司，上海，邮编 201315。

严又神韵摩登的各类公用建筑，它们不仅印证着百年前沙俄对中国东北的侵略与掠夺，也记忆下由蒸汽机牵来的西方文化对沿线的深刻影响。其中地处深山一隅的横道河子小镇，不仅百余幢历史建筑仍旧原貌矗立，历史街区也基本完整留存，加之青山绿水的良好自然生态环境，流连于此，恰有被遗忘角落的感怀。这些建筑遗产已是支撑横道河子成为历史文化名镇不可或缺的重要文化元素。

1　独具特色的建筑遗产

横道河子镇经普查，现保存有中东铁路时期的俄罗斯风格建筑 103 栋。从功能可分为公用建筑和民宅。从建筑材料与工艺又可分为砖石混筑和纯木构建筑两大类。其中已有 6 处公布为全国重点文物保护单位。这些保护建筑中最具特色的有如下几种。

1.1　圣母进教教堂

横道河子圣母进堂教堂，俗称“喇嘛台”，由教堂和钟楼组成，总占地面积 3490 平方米。教堂建筑占地面积 614 平方米，平面呈希腊“十”字形，条石基础上用原木水平叠成墙壁，墙角相互垂直的原木用榫头咬合，俗称“木刻楞”。四面均为山花墙面，窗型高大，门扇厚重，门楣、窗楣的木雕图案精美。两坡顶房面，南、北并列两座小型帐篷顶塔楼，其上有金色的葱头顶。建筑整体凸显了俄罗斯粗犷又淳厚朴实的乡土气息。

1.2　火车站站房

横道火车站时为二等站。由于地势原因，站房面站台一侧为一层，站外一侧为二层。建筑面积 1760 平方米。砖木结构，立面采用横三段式设计，砖砌宽大的门楣和窗楣凸出墙面，沿口砖筑锯齿状线角。坡屋顶南坡开有 5 个老虎窗，屋脊上东、西并列两座“帐篷顶”式塔楼，建筑整体显露出拜占庭式遗风。虽经百年，仍然作为车站使用。

1.3　木构民宅

横道河子中东铁路俄式木屋位于火车站北 350 米处的山脚下。东西一排四栋建筑样式相同。每栋占地面积 195 平方米，毛石基础，墙体用木板制作，内填充石灰木屑保温，两坡顶，檐口、山花、门窗口周边镶以木板雕刻的花饰，体现出俄罗斯民族的粗犷性格和审美情趣[2]。

另有绥满路 17 号建筑，平面大体呈“L”形，立面采用非对称两段式设计，正面左侧修一突出的山花墙面，木屋的檐口、挑出的山花、门窗洞口周边均镶以漂亮的雕刻木制饰件，属典型的俄罗斯早期田园式住宅。这些早期俄式木构建筑处处留下清晰的斧痕，表现出技术的粗拙，但丰富个性的造型、鲜艳明亮的色彩，又流露出当地人们淳厚朴实的性格和对生活强烈的爱。

1.4 机车库

中东铁路沿线，原有很多形制相同但大小不一的机车库，现多已无存，或面目全非[①]。而十五个库位呈一体的建筑确仅此一处。尤其是扇形结构的各节点建（构）筑物基本保留，使用功能废而未泯，其真实性与完整性更显突出，保护与展示利用并充分实现社会价值的可能性更大。

中东铁路建筑遗产，这些蒙受历史尘垢的老建筑，至今依然执着地向人们展示着不可抗拒的丰厚文化内涵和建造艺术的魅力。

2 中东铁路建筑遗产保护与修缮的思考

由于工作区位的关系，我们与中东铁路建筑遗产的保护工作接触较多。尤其是完成《中东铁路横道河子机车库保护设计方案》编制后，我们在对项目进行理论总结中，感到中东铁路百年来对沿线地域的文化影响深远，其建筑遗产的价值重大，同时更感到保护与利用问题的复杂性，不仅仅是单体建筑本体的延年益寿，同时涉及区域建筑整体的历史风貌如何延续、特质文化如何传承的问题；更感到处理好建筑遗产的功能转变与再利用同现代人居生活的关系，即实现遗产的社会价值更为重要。

2.1 中东铁路建筑遗产的定位研究

时处 21 世纪，文化遗产的变化及技术更新提出了文化线路、工业遗产与 20 世纪建筑遗产等新理念，不仅拓展了遗产类型，而且拓展了保护理念。

中东铁路是一条由现代铁路串联而成的庞大建筑遗产体系，它记录了 20 世纪以来中俄来往的点点滴滴；同时也留存了一个多世纪两国思想、文化、经济的往来记忆；展示体现了文化及思想交融下产生的建筑风格；同时也将诸多历史事件、历史人物的事迹封存在这一遗产中，形成了厚重且庞大的实体记忆，因此中东铁路建筑遗产应属于文化线路。

中东铁路建筑遗产，记录着蒸汽机在中国投入使用的发展历程，也代表了由它带来

---

① 文化线路：1998 年国际古迹遗址理事会（International Council on Monuments and Sites，ICOMOS）成立文化线路科学委员会（ICOMOS International Scientific Committee on Cultural Routes，CIIC），2002 年通过《马德里共识》，2008 年通过《文化线路宪章》，界定文化线路的概念，是一种陆地道路、水道或者混合类型的通道，代表了民众的迁徙和流动，代表了一定时间内国家和地区内部或者国家和地区之间民众的交往；代表了多维度的商品、思想、知识和价值的互惠和持续不断的交流，代表了因此产生的文化在时间和空间上的交流与互相滋养。并且文化线路将与之相关的历史关系和文物融入动态的系统当中。

的西方文化及落地生根后的特色文化。《下塔吉尔宪章》中提及："工业遗产包括具有历史、技术、社会、建筑或科学价值的工业文化遗迹，包括建筑和机械，厂房，生产作坊和工厂，矿场以及加工提炼遗址，仓库货栈，生产、转移和使用的场所，交通运输及其基础设施，以及用于居住、宗教崇拜或教育等和工业相关的社会活动场所。"所以中东铁路遗产应该同属工业遗产①范畴[3]。

它在 20 世纪初形成并沿用至今，记载着我国从农业文明到工业文明的大转型，所以它应该同属 20 世纪建筑遗产范畴。

这处遗产让我们认识到，中东铁路是两国人民冲破天堑的智慧的结晶，它有着见证东北地区在近现代奋力抗争、开拓进取、不断向上的历史任务，是文化冲击下留下的历史符号，也是时下科技创造背景之下的杰出创造，故而它拥有着杰出的历史、科学以及艺术价值。因此可以将之定性为具有文化线路性质的 20 世纪工业遗产。

2.2 中东铁路建筑遗产构成及认定

《文化线路宪章》中提到：我们应该以更准确地描述和保护文化遗产与自然、文化和历史环境间直接而重要的关系，更加全面的遗产概念需要在更广阔的背景中用新的视角来看待。虽然从历史上来看文化线路形成于过去年代的和平交往或者敌对冲突，但是在今天，它们拥有的共同特质已超越其原有的功能，而为一种和平文化的生长提供了独特的环境——这是一种基于共同的历史联系，也基于对涉及的不同人群的宽容、尊重和文化多样性的理解。

因此，我们认为，中东铁路建筑遗产构成应包括其沿线现存中华人民共和国成立以前所建造的所有建筑及构筑物，以及因其形成的特色城镇及站场。如此巨大的建筑遗产体系，对其背景的调查和构成部分的统一认定标准是必不可少的重要任务。可喜的是，文物部门在全国第三次文物普查中已完成初步调查与认定。但是由于各地管理部门对于规范及标准的理解与认知存在差异，尤其是对于建筑遗产价值评估工作推行不够到位，对于文化线路类型中整体性概念认识滞后，导致一定量的建筑遗产未能成功定级，以及在同等价值水平下的建筑遗产却出现了保护级别相差悬殊的情况。

---

① 工业遗产，《下塔吉尔宪章》中阐述的工业遗产定义反映了国际社会关于工业遗产的基本概念："凡为工业活动所造建筑与结构、此类建筑与结构中所含工艺和工具及这类建筑与结构所处城镇与景观，以及其所有其他物质和非物质表现，均具备至关重要的意义。""工业遗产包括具有历史、技术、社会、建筑或科学价值的工业文化遗迹，包括建筑和机械，厂房，生产作坊和工厂，矿场以及加工提炼遗址，仓库货栈，生产、转移和使用的场所，交通运输及其基础设施，以及用于居住、宗教崇拜或教育等和工业相关的社会活动场所。"由此可见，工业遗产无论在时间、范围还是内容方面都具有丰富的内涵和外延。

国际工业遗产保护委员会主席 L Bergeron 谈道：工业遗产不仅由生产场所构成，还包括与其相关的具有价值的附属设施，体现他们价值的唯一途径，是至于统一框架内的景观表达；在此之上，我们也可以自由探讨其中的关联。所以整体景观的概念，对于工业遗产的构成是十分重要的。

例如，哈尔滨市很多价值重大的建筑仅为保护建筑而无文物保护级别；铁路沿线站区保留的建筑遗产则多由地方管文物的人决定其是否登录及申报各级文物保护单位，表现出较大的随意性。齐齐哈尔市昂昂溪区普查登录的俄式公建 6 处、民居 95 处建筑全部公布为全国重点文物保护单位。再如牡丹江市的横道河子，目前完成登记的中东铁路建筑遗产为 107 处，而公布为全国重点文物保护单位的仅有 5 处，无省级重点文物保护单位，市级文物保护单位 18 处。

我们可以在日常的文物保护工作中总结出的经验教训是，未能成功定级的文物保护单位无法获得足够的关注及保护，而面临着很快被破坏殆尽的危险。因此，在编制“中东铁路建筑遗产总体保护规划”前，应制定中东铁路建筑遗产的认定标准，在全国第三次文物普查成果的基础上，查缺补漏，在调研、评估的基础上，参考与“工业遗产”“文化线路”“20 世纪建筑遗产”等有关的文件确定遗产构成，评估遗产综合体的共同价值，判定单体建筑的保护级别，尽可能增强中东铁路建筑遗产的整体完整性。这应该是当务之急。

2.3 遗产保护时序

在最新发布的《中国文物古迹保护准则》中，针对文物保护工作的步骤分解包括：调查、评估、定级、编制保护规划、实施规划、定期检车。这个工作步骤是基于中国相关法律法规框架以及国际公约条款中的规定，结合我国现状以及在文物保护工作中实际取得的工作经验总结归纳出的保护工作时序，它是文物保护工作应遵循的优秀标准文件。中东铁路建筑遗产在当前的工作时序中，基本已经完成了前三条，所以当前的保护工作中有必要加快推进其保护规划方案的编制工作，为保护单位制定合理的保护框架，划定各层次的保护区域以及有针对性地制定相应保护区划管理规定，实现先留住、再保护的目的。

中东铁路建筑遗产因在遗产的类别中是 20 世纪建筑遗产，文化线路，同时又有工业遗产的属性，因此，在保护规划编制的过程中应该着重考虑到《20 世纪建筑遗产共识》和《文化线路宪章》中的基本原则。要尊重每个单体（单元）要素固有的价值特征，也要解决遗产跨地域整体保护的问题。

当我们进行前期调研勘察工作时，通常应该针对以往进行过的保护工作的不足部分进行再评估、再调查，依照《中国文物古迹保护准则》中规定的关于保护单位的历史、科学、艺术、社会、文化价值有针对性地进行客观评估，充分总结，并由此提炼总结编制规划时的努力方向及价值取向，实现社会与历史价值有关“共建共享”的保护利用成果之目标。从另外方面讲，在保护规划方案中，针对中东铁路独有的文化特色及建筑风貌应有充分考虑，有效引导现代城市建设或其他类型区域建设的风貌控制及特质，辅助避免快速发展中千城一面的情况发生，让保护规划工作与城市规划发展工作有机结合，相辅相成。

在完成总体保护规划方案的前提下再行编制各区域详规方案是合理有效的推进方式，如《中东铁路建筑遗产——昂昂溪街区建筑群保护规划》《中东铁路建筑遗产——横道河子镇建筑群保护规划》《中东铁路建筑遗产——绥芬河片区保护规划》《中东铁路建筑遗产——一面坡火车站区保护规划》等。在遗产的沿线，分布着很多站场以及周边集市或乡镇，因地理环境、气候风貌、地方文化、风土民情的不尽相同，社会发展情况也有个较大差别，所以百年历史来，各自形成了鲜明独立的城镇风貌，所以在推进详规编制工作的同时，我们应该首先评价基地风貌，对集镇的整体风貌做出合理的研究评价并推出结论，风貌体现着一个区域或整体的面貌与文化内涵，以及其他深厚的历史记忆，所以对区域风貌的准确评价才能推导出更有针对性以及合理指导功能的规划文件。比如昂昂溪以及横道河子，皆属于中东铁路沿线的具有代表性的建筑聚落遗产地，但是即便如此，他们也仍然存在诸多的异同。首先，横道河子镇的地形特点属于山谷密集的地形区域，周边山峰叠错，云遮雾罩，雨水丰沛，起雾之时宛若仙境，其间，历史建筑主要沿着铁路两侧呈总体狭长形进行分布建造，建筑呈现为俄式木屋古朴温厚、粗犷实用的风格，以砖木结构为主；相反，昂昂溪为典型的平原地貌，湿地环绕，历史建筑较为规整地分布在站场附近的街区区块内，以俄式砖木结构为主，出现了规制较高等级较高的大型公建，风格体现较为田园自然，排布坐落也相对较为规整。

有关于保护工作的区划划定，是一份保护规划文件中需要体现的核心内容。在《中华人民共和国文物保护法》中有明确规定：文物保护规划工作中应制定出“重点、一般、建设控制地带”等划归层次，而在《黑龙江省文物管理条例》中还增加了特别保护区的概念，但在实际的保护工作推进中我们体会到，无论保护规划中划定出多少个层次的保护区划，都应该从核心的实际情况出发，以实际可操作性，推行行之有效的规划才是编制保护规划的原本目的，文物保护工作者在编制过程中应该对保护单位当前的本体保护现状及环境保护现状进行准确的认知及总结归纳出每个区划范围内需要解决的问题。比如历史建筑的保护范围内针对的是建筑本体的真实及延续性问题，一般保护区域或建设控制地带则是对周边有可能产生影响的因素进行关系协调的工作任务，以及周边建设活动与保护对象风貌关系的协调工作。认识到了编制保护规划的核心概念，即可依据实际情况对空间做出合理的、具有操作性的正确划归，并能量身定制合适的保护管理规定。所以保护规划的核心技法，是对规定的准确掌握和解读活用，机械地套用规定反而有可能让保护规划的效果适得其反

L Bergeron 教授曾经指出：工业遗产的构成不仅限于生产场所，它还应该包含工人们的住所、工人们的通勤系统以及他们的社会生活遗存等共同组成。即便其中的每一个部分都具有相应的价值，但他们的价值的最高体现途径仅有将其置于统一景观框架下，才能最大化地体现。基于这种观点的研究，我们同样认为整体景观框架概念是符合我们对遗产价值体现途径的认知的，所以它应该成为编制整体及详细规划工作中重点关注的

问题。有机地解决单体历史建筑合理利用及价值延续、群体建筑环境关系发展及协调等核心问题，是让规划文件具有可操作性的关键。

《中东铁路建筑群——横道河子机车库抢救保护工程设计方案》是在《全国重点文物保护单位——横道河子镇总体保护规划》制定的保护策略与原则下，设计编制的建筑遗产具体保护修缮措施和方法。有序地进行修缮设计，可有效避免无论价值大小、不管现状如何而无重点地进行抢救维修立项的无序竞争。《中东铁路建筑群——横道河子机车库抢救保护工程设计方案》首先仍然是对保护对象的调研，包括对现状、以往研究成果、历史文献等的调查与研究。在价值评估的基础上，按照价值取向决定保护措施与方法。工程措施应遵循“真实性”“最小干预”“可识别性”等基本原则。中东铁路建筑遗产保护方案的设计编制同样应遵循这些基本理念。同时应充分考虑到 20 世纪建筑遗产的特殊性与复杂性，即使用功能的延续或赋予新的功能等问题。

3 中东铁路建筑遗产保护需特别关注的问题

3.1 基础资料的翔实程度决定设计方案的准确程度

20 世纪建筑遗产，与那早已被剥离了实际应用功能，历经千百年沧桑，只能作为历史遗迹接受研究与观赏的古代遗存不同，它们通常的存在方式为仍在服务使用者的活着的遗产，它们的建造背景以及历史资料通常都有比较完整地留存以及延续。所以在方案设计初期，完善翔实的基础资料收集以及测绘工作，是制定合理方案的绝对前提。中东铁路建筑在其相关部门留有大量珍贵的历史资料，包括建筑的维修图和照片以及设计图，这些是方便编制者的重要工作参照。如果不能获取这些资料，设计方案就难以确保编制的准确性及合理性。缺乏相关资料的建筑，则不得不依靠修缮方案编制前的现场调研测绘，通过编制人员的测量以及对原有情况的推断进行编制预想。因此无论是制定“保护规划”还是编制“修缮设计”方案，前期调研获取的基础资料的翔实程度即决定着设计方案的准确程度。

3.2 建筑的功能延续及合理利用是最有效的保护措施

在建筑使用过程中，建筑会随着历史演变，多次变更其产权归属及使用者，其中的一些使用者在赋予建筑新功能或依据需求喜好进行修改会对建筑风格以及建筑布局进行变动和改造，一些做法如果选择不当有可能会严重影响建筑的风貌以及建筑质量安全，甚至触及或伤害到周边居民的群体记忆，引起不良的社会影响。中东铁路建筑遗产即面对此种问题，所以在组织修缮推进的过程中，应同时清晰梳理建筑的产权归属，并引导产权方延续其建筑原有使用功能，避免对建筑的原有风貌和布局产生过大影响。对确实需要功能转变的建筑，应尽可能保障利用合理，避免因不当使用而造成新的破坏。针对历史建筑的处置方法，合理有效地利用是最为恰当的方式，正如伦敦文物建筑保护理念，政府会极力引导人们在投资过程中不忘国家历史建筑记忆。时至今日，中东铁路建筑遗产仍然在延续其原有的使用功能，在编制修缮设计方案时应充分考虑这一现状，如需进行使用功能的转变，也应辩证考虑其转变程度及方式，有效遏制不合理利用可能带来的新破坏。

3.3 新技术与新材料的合理应用

中东铁路沿线建筑遗产，在其建筑的形制与施工工艺上，均与当时的中国建筑有着较大的不同，建筑逻辑也是大相径庭，这在一定程度上影响了中国传统建筑制式的格局和发展线路，所以在往后数年内，中国经济发达地区兴起了一大批中西结合的公共建筑、居民建筑等作品。20 世纪中东铁路建筑中，大体量公建多为钢混结构，居民建筑多为砖木结构，而就当前修缮技艺沿袭，通过选用传统手段，对砖木结构建筑进行修缮，尚可解决大部分需求，但针对钢混结构建筑的修缮，传统修缮技艺就缺乏相应的解决方案了。由于其结构通过浇筑存在，整体性特点较强，所以钢混建筑一旦出现辅修或者破损问题，就会导致整套建筑出现结构危险，所以需要引进国外的建筑修缮技艺及材料，有针对性地解决其相关问题，那么随着科技的进步及发展，运用新的保护理念和新的技术手段、采用新技术与新材料的当代建筑修缮实施就成为文化遗产保护工作的必然选择。

20 世纪建筑遗产的保护与修复，目前国内外已有许多成功的案例，近年上海、天津及哈尔滨的中央大街所做的保护与利用，已得到普遍的认同。而中东铁路建筑遗产多处高寒地区，国外的以及上海、天津的保护方法与材料可借鉴，但不能全部照用。现已急需经实验、研究总结中东铁路建筑遗产保护的标准和材料与工艺流程，并制定一套保护技术规范，用以科学指导已经开始的大量的保护行为。

3.4 中东铁路特色建筑的研究与修复

根据历史资料显示，中东铁路沿线的站房中，特等及一等站房的建筑风格多以俄式巴洛克或拜占庭后期风格为主；二等站及以下则以中式屋面及俄式墙体结合的方式作为主要表现手法，零星建筑还会配合中式格栅窗户，这种风格混合的形式在中国南方同时期兴起的多处教会学校建筑中也有所体现，这体现了当时的建筑设计融合思想已经流行至全国各地，并且各具特色。

3.5 两种遗产形式共存是中东铁路建筑遗产的特色保护路线

中东铁路是一条仍有生命力的、活着的文化线路。尤其是大量现存的建筑遗产，仍为当代人所服务。对不同种类和形态的建筑，应该在妥善保护的前提之下，更加注重对建筑本体面貌和建筑保护范围内的共生环境的重新塑造，甚至像意大利那样，把人和房子共同保护起来，让真正懂这栋建筑的人来使用和保护好它，在适度提高居住环境质量的前提下，保留原住民的生活形态和固有习俗，这应该是遗产保护不错的选择[4]。

物质与非物质遗产，通常是一个整体，两种存在相辅相成，物质文化遗产如果没有非物质遗产技艺的表达，价值就会大打折扣，如果非物质遗产缺少了物质遗产的承托，也没有了它传承的介质。他们共生共存的两重性，是遗产展示工作的核心关注点，中东铁路沿线遗产地具备这种兼顾并重的展示及保护的条件，所以尝试有机结合，完善保护措施及展示途径，是保护工作的重要的研究方向。

中东铁路建筑，作为拥有多重复合性质的线性工业文化遗产，一切应起源于铁路的建设。所以由铁路串联的遗产线路是具有唯一性特征的文化线路，历史如茶马古道、蜀道、丝绸之路、大运河等活跃的文化线路，有些甚至在今天仍在沿用。而在中国东北地区的历史上，如明清驿道、海西东水陆城站等类似的文化线路也曾经闪耀着光辉。历史变迁，这些文化线路都已经出色地完成了自己的使命，并在今天延续着各自承载的历史记忆。而中东铁路遗产仍然在努力服务于当今社会，是真正活着的遗产。对它的保护才刚起步，而利用当前时代背景下的新技术、新理念，让它将来徐徐生辉的无限可能值得期待[5]。

4 结语

随着社会及科学的发展进步，人民对物质及精神追求的水平不断提升，文物保护工作的受重视程度不断提升，但目前我国仍处于发展阶段，诸多有关于文物保护的法律法规虽陆续出台，但仍然存在较多需要修正之处，以本案所涉及的机车库建筑为例，在过往的经年累月中，在它未被公布保护级别的岁月中，建筑几经易主，最终遭到弃置，是文化资源保护管理体制的不完善带来的终端表现，因其资源不可再生的特性，我们一边编制抢救保护设计方案，同时也在反思应该如何提升保护知识的普及程度，将文物保护意识推广普及，或许才是解决核心问题的第一步。

同时，感谢本次修缮工程设计编制的总顾问——陶刚先生的全程指导，以及在编制工作中同事们给予的帮助！

参考文献

[1] 朱晗．赵荣．郗桐笛．基于文化线路视野的大运河线性文化遗产保护研究——以安徽段隋唐大运河为例．人文地理，2013（3）：70-73，19.

[2] 戴湘毅，李为，刘家明．中国文化线路的现状、特征及发展对策研究．中国园林，2016，32（9）：77-81.

[3] 刘艳，段清波．文化遗产价值体系研究．西北大学学报（哲学社会科学版），2016（1）：23-27.

[4] 单霁翔，关注新型文化遗产——“文化线路遗产的保护”．中国名城，2009（5）：4-12.

[5] Khovanova-Rubicondo, Kseniya. Impact of European Cultural Routes on SMEs' innovation and Competitveness (Provisionaledition). [2015-09-26].

中东铁路文物建筑冰面迁移保护工程与实践

王凤来　朱　飞　盖立新　孙鸿剑*

摘要：2012年，因哈齐客专建设需要，原中东铁路沿线文物建筑安达站调度楼和行包房需要迁移保护，结合工程建设进度安排、铁路运行需要、场地局限性和成本控制要求，该工程充分利用严寒地区气候条件，在国内外首次利用季节性冻土和采用浇冰场形成迁移下滑道，实现了在冰面上完成文物建筑迁移保护的任务。实践表明，使用人工冰场+季节性冻土的设计方案是突破铺设滑轨的惯性思维，为保护建筑群迁移提供了新思路和新方法，成为充分利用自然气候条件，降低工程难度、节约工程成本和利于环境友好的工程典范。

关键词：移位技术；冰面迁移保护；中东铁路；文物建筑保护

1　工程概况

中东铁路建筑安达站调度楼和行包房为文物保护建筑。安达站建于1901年，初建时为三等站，位于哈尔滨和大庆两个大站之间，其中调度楼为两层砖木结构坡屋面带阁楼建筑，行包房为单层砖木结构坡屋面大空间建筑，俄式建筑风格，如图1、图2所示，与周围同期建设的铁路俱乐部和职工宿舍等建筑形成生产和生活的建筑组团，承载着中东铁路建设史和建筑艺术，已成为所在城市历史风貌的有机组成部分，是安达站发挥功能的重要载体。

2012年哈大齐（哈尔滨—大庆—齐齐哈尔）客运专线扩线建设，上述两栋建筑与铁路线布局发生冲突，根据文物建筑保护要遵循不改变原状、真实性、完整性的原则，考虑新站房建成后的广场布局、城市功能规划和保护建筑展示等因素，两栋文物建筑需绕行临时站房完成迁移保护，移位保护规划如图3所示，为此，调度楼需经5次转向迁移和1次90°旋转，移位距离240m，行包房需2次转向迁移，移位距离81m，同时铁路建设要求2012年春季施工前完成迁移保护工程。图4为调度楼迁移保护路线三维展示图及就位图。

---

* 王凤来、朱飞：哈尔滨工业大学土木工程学院，哈尔滨，邮编150090；盖立新：黑龙江省文化厅和旅游局，哈尔滨，邮编150001；孙鸿剑：黑龙江固特建筑技术开发有限公司，哈尔滨，邮编150046。

图1 调度楼正立面图

图2 行包房主入口立面图

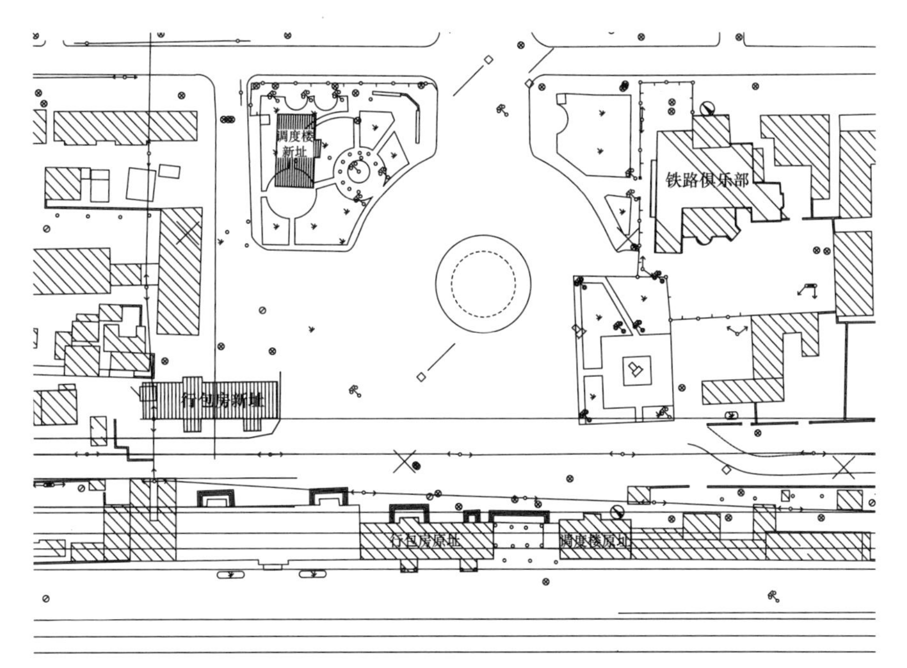

图3 文物建筑迁移保护规划图

图4 调度楼迁移路线三维展示及就位图

2　冰面迁移保护方案设计

2.1　建筑基本信息

调度楼为二层砖木结构，平面布置较规整，毛石基础，高 15.78m，面阔 22.16m，通进深 15.965m，建筑面积 396.6m^2，一层净高 4.5m，二层净高 3.9m，建筑哨塔为木结构，基础顶承重墙长 120.3m，迁移保护重量约 15250 吨。行包房为单层砖木结构，高 7.1m，面阔 42.56m，进深 9.42m，建筑面积 479.63m^2，基础顶承重墙长 178m，迁移保护重量约 15800kN。实测平面图见图 5。

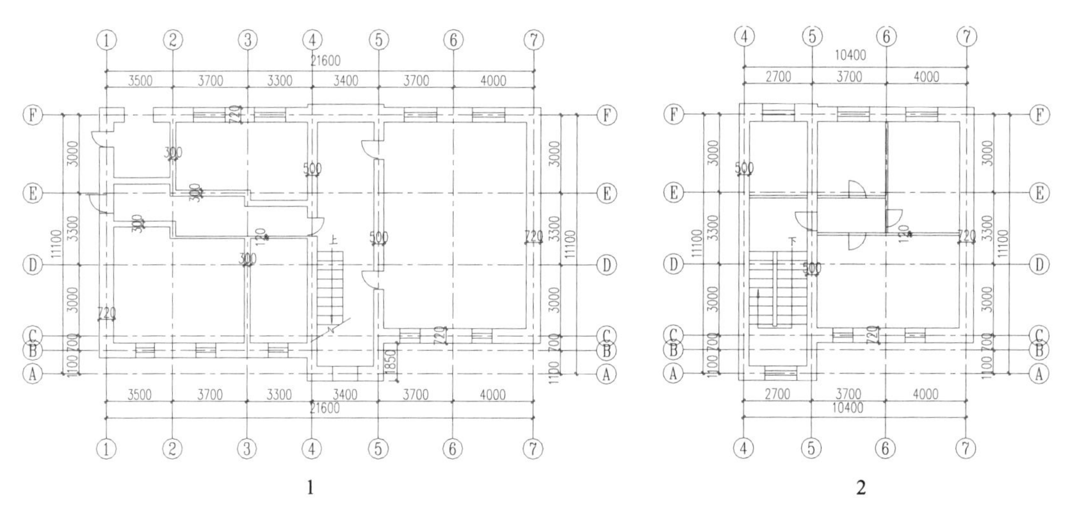

图 5　调度楼实测平面图

1. 一层平面　2. 二层平面

2.2　迁移保护方案的难点分析

根据工程建设进度安排、铁路运行需要、场地局限性和成本控制要求，本次工程迁移保护具有如下技术难点。

2.2.1　施工工期压力

自 2012 年 6 月中旬确认保护原则后，完成保护规划制定、建筑物质量评估、迁移方案制定、保护方案论证报批、建筑物临时整体性加固、上滑道施工、建筑物切割分离等繁重复杂的工作内容和履行相应审批程序后，在常规迁移技术思路和方案条件下，工程无法在冬季施工前完成保护工作，若强行在冬季低温条件下进行施工，工程造价将会远远超出预算。因此在最大程度保护建筑且不影响哈大齐客运专线建设进度条件下，提出一种充分利用严寒地区气候特点的冬季施工方案成为最佳选择。

2.2.2 结构性能差

在迁移保护前，建筑一直处于使用状态，外观上基本保存完好，但进行结构检测评估后，发现不但存在竖向刚度突变、结构整体性差等无法满足迁移工程需要的问题，而且存在木构件腐朽、承重墙体使用欠火砖、一层外承重墙体因毛细吸水和冻融循环存在被压溃现象等影响结构安全的重大隐患，如图 6 所示，这给本次迁移保护方案的制定、确保文物建筑安全提出了新问题，带来了新挑战。

图 6 调度楼承重墙体受压的酥碎状态

2.2.3 成本控制要求高

本次建筑迁移保护距离远、转向多、存在建筑旋转等技术要求，加上场地回填土层厚、冬季施工、铁路施工和车站正常运行交叉作业的限制条件，利用季节性冻土和浇筑冰面制作大平面迁移保护路线成为在最短时间内、成本最优原则下完成迁移保护任务的最佳方案，也是全新的技术尝试，免除了下滑道的拆除周期和施工成本，完全避免产生新的工程垃圾，真正做到了低碳环保。

2.3 迁移保护方案设计

2.3.1 文物建筑保护内容的确定

本次迁移工程的核心是保护文物建筑，为此，经文物专家和结构专家协商，从历史价值、技术价值、艺术价值和文化价值的角度，确定了文物建筑的保护内容和重点，将迁移保护墙体切割面选定在毛石基础顶面以上 100 毫米位置，即室外地面标高下 100 毫米的位置，于新位置设置台基，增强结构整体性，增设隔震支座等措施提高抗震抗震能力，并同步解决墙体毛细吸水、冻融病害等影响耐久性的技术质量问题。

2.3.2 结构整体性加固

结构整体性加固分为永久性加固和临时性加固两部分，永久性加固以沿承重墙体设置夹墙梁，并形成较大刚性的建筑底托盘为主，其中一部分作为移位后的建筑基础永久保留，临时性加固主要通过钢结构支撑实现增加上部结构整体性，移位后拆除。

2.3.3　迁移下滑道及迁移方式设计

建筑迁移的下滑道由建筑原位下滑道、迁移路线下滑道和新址基础下滑道三段组成。建筑原位下滑道是建筑物移出原有位置的必要设计，根据切割面标高，由原建筑毛石基础提供地基承载力，通过设置与上滑道对应的夹墙梁实现基础传力，新址基础下滑道利用新建的永久基础进行一体化设计，满足迁移保护要求。

对迁移路线下滑道，充分论证和比对了临时混凝土基础和冰面下滑道两个方案的优劣，最后选定冰面做下滑道的设计方案。首先，正常 1 月份安达市的日均最高气温为 –13℃，日均最低气温 –25℃，考虑到施工附加预防保护措施，按照 –10℃作为冰面强度的取值参数是有保证的，冰面抗压强度极限值按照《冰雪景观建筑技术标准》（GB 51202-2016）取为 3.09MPa，按照文献人工冻结法计算可取为 6.65MPa，可以满足迁移过程中的承载需要。考虑到迁移施工过程受力特征，为避免局部受压破坏，采取在冰面上铺设 20mm 厚钢板的方案，滚动轴间距设定为 400mm，使得每个滚轴位置冰面的竖向压应力设计值控制在 1.92MPa，小于冰面抗压强度值，可以满足滚动迁移的承载力要求。为进一步提高安全性，在浇筑冰面过程中，在迁移轨道部位预设砖砌体冰面分割墙，浇筑在冰体内，同时也作为迁移转向时设置千斤顶的受力支撑点。

充分利用了季节性冻土强度，避免对迁移路线上最深 2.1m 的杂填土进行地基处理，节省了大量工程成本，且避免产生新的工程垃圾。

施工时，对冰面下滑道上表面平整度设定不大于 1/1000 的标准，为保证冰面与钢板的贴合度采用了热水铺粘。受上滑道下表面粗糙度不可控的条件限制，本次冰面迁移仍采用钢滚轴的滚动迁移方案，具体见图 7。经计算，钢滚轴在钢板间的滚动摩擦系数在 0.001—0.005，钢板与冰的滑动摩擦系数在 0.014—0.027，钢与冰的滑动摩擦系数大于钢与钢的滚动摩擦系数，表明通过滚轴转动实现迁移保护是可行的，下滑道钢板不会在迁移过程中与冰面产生相对滑动。从实际情况看，钢材与冰面的摩擦系数与界面的粗糙程度等因素有关，摩擦系数远大于理论值，现场试验和施工过程证明，采用钢滚轴的滚动迁移方案方式是合理的，优于采用滑动迁移方案。

图 7　冰面下滑道滚动迁移工程图

2.3.4 转向及旋转设计

本次工程迁移涉及多次迁移转向，因此需要在迁移途中进行多次建筑支顶，完成钢板带和钢滚轴的方向调整。为此，根据布设千斤顶的情况，在浇筑冰面时，在设计转向点预置了千斤顶受力支点，防止对冰面产生过大的局部压力引起冰面变形和破坏，进而导致对建筑本体产生附加应力造成破坏。

此外，因调度楼需要对建筑平面施行顺时针 90° 旋转，结合现场场地，在最后一个转向点，预制固定转轴，实现绕固定轴的旋转牵引。实践表明，设置固定轴旋转牵引的方式实现建筑旋转是可行且合理的方案。

2.3.5 牵引系统设计

为避免在顶推过程中建筑在冰面上发生扭动，本次工程采用了 PLC 自动同步控制系统的牵拉方案，实现牵引控制，该系统由液压系统、监测传感器、计算机控制系统等组成，其中液压系统由穿心式同步千斤顶构成，考虑到移位路径较长，以钢绞线连接埋置于托盘体系上的锚具实现对建筑物的拉力施加。在建筑物旋转移位中，采用推拉结合式的动力施加方式，通过三处反力点的设计实现建筑物 90° 旋转。

试验研究表明，滚动式平移的牵引力与建筑物重量可由线性关系表达。牵引力 F 计算公式为 $F=k\cdot f\cdot G$。其中，调整系数 k 为考虑滚轴压力、滚轴直径和轨道平整度等影响因素，取值范围为 1.5—2.0，轨道平整、滚轴压力一定时，滚轴直径越大，调整系数值越小，本项目中取为 1.5；f 为滚动摩擦系数，设计中取为 1/15；G 为建筑物的总重量。依此计算，预期牵引力约为 1500kN，按照此荷载要求，选择千斤顶量程并设计反力装置及锚具，锚具设置于托盘结构梁端，横墙移动方向设置 7 个锚点，纵墙移动方向为设置 4 个锚点，转动时，纵向与横向锚点同时使用。

3 冰面迁移保护施工

冰面迁移保护方案和传统建筑物迁移最大的区别是，迁移下滑道由冰面下滑道替代原来的混凝土下滑道，浇筑、养护好冰面下滑道，确保冰面的强度、平整度、稳定性，防止日蚀，在预期内完成施工是保证冰面迁移方案成功实施的必要条件。

3.1 冰面下滑道施工及质量要求

人工浇筑冰场的平整度与均匀度是实现设计工况与保障移位安全的关键部分工程，需提出详尽的施工措施保障冰场浇筑的质量。本次工程冰场面积约 5600m^2，达到设计标高所需的冰场厚度最小值为 400mm，最大值为 730mm，浇筑冰场体积约 2600m^3，冰面下滑道浇筑情况见图 8。

图 8　冰面下滑道浇筑情况

采用以下措施完成大体积冰面下滑道的浇筑施工工作：①分段分层浇筑。浇冰的水采用自来水，没有杂质的冰吸热少，先完成地势低洼部位的浇冰工作，而后场地冰场初平后，采用人工浇冰车分层每次 1—3cm 进行浇筑，浇冰时要均匀，冻透后方可浇筑下一层，让冰面整体自下而上冻结成一体，减少气泡和分层；由于场地范围较大，冰场采用分段浇筑，避免大体积浇筑的冰场的空鼓和胀裂。由于冰场面积较大，在浇筑冻结过程中会产生冰包和冰缝，对产生的冰包采用人工铲平，对于冰缝，先把冰缝里的碎末清除，然后用抹子将雪和水的混合物均匀地填进缝隙里，再用抹子将冰缝填实抹平。②热水浇筑。水的黏滞系数随着温度的升高而降低，60℃水的黏滞系数仅为 10℃时的 36.3%，采用热水浇筑能够减少水在冰面上的黏滞阻力，且能避免冷水浇筑时由于温差小而产生短时间凝结的现象。③标高控制。冰面标高控制在冰面浇筑和迁移过程中持续进行，冰面每层浇筑后均采用高精度电子水准仪、铟钢尺严格控制标高，末两次浇筑的浇筑厚度为 5mm，最终冰面平整度误差控制在 ±5mm 范围之内，对于局部冰面超出标高的，采用数控刨冰机刨平（图 9）。④冰面养护。安达市 1 月份平均风速 3.2m/s，平均降水量 1.7mm，风速和降水量均较小，自然环境对冰面的养护相对有利。当出现降雪时，中止平移，并定时清理冰面积雪；定期监测日照和风蚀对冰面的影响，迁移过程中施工人员要穿干净的鞋套上冰面，避免灰尘、烟头等杂物，防止弄脏冰面引起冰面融化，采用银色反光膜对冰面进行覆盖，尽量减少阳光直射，防止冰面受日蚀融化。及时对下滑道范围内出现冰面裂纹或杂质进行处理，对薄弱部位进行二次浇筑填补。

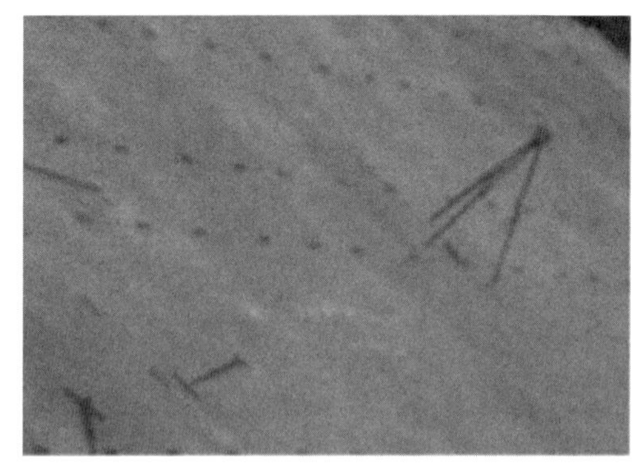

图 9　冰面下滑道标高控制

3.2　建筑移位监测与效果

在移位施工过程中，实时监测建筑物的姿态与牵引控制，除对下滑道的平整度监测控制之外，对建筑顶升过程、平移过程和就位过程的建筑本体进行了实时位移监测和力控制检测。

监测内容包括：结构顶升时各反力点的荷载及位移、梁跨中部位的位移；平移时各牵引点的位移及拉力值，旋转时上滑道梁的旋转角；对原有裂缝的变形观测以及传力路径上主要部位的裂缝观测。建筑竖向和水平移位时均采用位移和荷载双指标控制，以位移控制为主，荷载控制为辅。千斤顶设置部位均设置压力传感器和位移传感器，要求建筑物托换结构的最远端之间的位移限值为 $L/1500$（L 为建筑对应方向的几何尺寸）。要求已有裂缝增加宽度不应超过 1.5mm，新出现裂缝宽度不得大于 0.3mm，且应随时对裂缝的产生原因和影响程度进行分析决策。

以调度楼为例，实际监测结果表明：建筑物托换阶段实测同时刻位移极差为 4.2mm，满足设计的百分比限值要求；建筑托换和移位过程中，原有裂缝未扩大且未出现新裂缝。主要监测指标见表 1。

表 1　重点部位的监测指标

监测指标	平面 1 轴部位	平面 4 轴部位	平面 7 轴部位
支顶阶段荷载 /kN	635.0	815.0	740.0
移位中平均加速度 /（cm/s^2）	12.5	13.5	12.5
移位中最大倾斜率 /‰	0.8	0.7	0.7

结构在移位过程中，最大加速度小于 $18cm/s^2$（6 度多遇）的加速度限值。最大倾斜率未超过 2‰ 的结构允许限值。在项目竣工定期监测中均未发现不均匀沉降，建筑的使用功能得到完全恢复。

4　结论与建议

本次工程 2012 年 7 月 30 日开工，2013 年 2 月 6 日迁移完成，首次实现了在同冰面下滑道上进行建筑移位，其中安达站调度楼在冰面下滑道上的移位总时间为 24 天，调度楼迁移路线及就位如图 4 所示，使用冰场 + 季节性冻土的迁移保护技术方案取得圆满成功。

（1）与传统钢筋混凝土下滑道方案比较，充分利用了严寒地区的低温自然条件，合理利用了冬季施工期，大幅减少了土方开挖，避免了杂填土地基处理，大幅节省了工程造价、保证了重点工程的施工工期，在建筑就位后冰面下滑道温度升高后自然融化，减少了下滑道的拆除工作量，避免了产生新的工程垃圾，体现了团队的创新精神、创新意识和创新能力。

（2）冰面移位方案设计中冰面温度对冰体强度具有重要影响，应充分考虑气候因素对强度和移位安全性的影响。

参 考 文 献

安达县志 . 黑龙江人民出版社，哈尔滨，1992.

陈湘生．人工冻土瞬时三轴剪切强度特征的试验研究．建井技术，1992(6)：38-47.

李安起，张鑫，赵考重．砌体结构托换技术．施工技术，2011，40（10)：160-163.

李燕杰．哈齐客专路基冻胀融沉现场监测分析．石家庄：石家庄铁道大学硕士学位论文，2015.

梁纯．俄侨文化影响下的中东铁路建筑及其历史价值研究．哈尔滨师范大学，2015.

刘哲．砌体结构双梁托换计算模型的试验研究．济南：山东建筑大学硕士学位论文，2012.

马芹永．人工冻结法的理论与施工技术．北京：人民交通出版社，2007.

彭万巍，朱元林，张家懿．人造多晶冰抗压强度实验研究．实验力学，1998，13（1)：92-97.

唐业清主编，林立岩，崔江余副主编．建筑物移位纠倾与增层改造．北京：中国建筑工业出版社，2008.

杨巧荣，何文福，魏陆顺等．地铁沿线历史保护建筑三维隔震减振加固研究．地震工程与工程振动，2014，(S1)：777-782.

尹天军，朱启华，蓝戊己．吴忠宾馆整体平移工程设计与实施．建筑结构，2006，36（9)：1-7.

张鑫，岳庆霞，贾留东．建筑物移位托换技术研究进展．建筑结构，2016，46（5)：91-96.

GB 50007—2011《建筑地基基础设计规范》，北京：中国建筑工业出版社，2011.

GB 50011—2010《建筑抗震设计规范》，北京：中国建筑工业出版社，2010.

GB 50023—2009《建筑抗震鉴定标准》，北京：中国建筑工业出版社，2009.

GB 50026—2007《工程测量规范》，北京：中国建筑工业出版社，2008.

GB 50292—1999《民用建筑可靠性鉴定标准》，北京：中国建筑工业出版社，1999.

预防性及数字化保护

不可移动文物数字化保护探讨

邢启坤　闻　辉　付兴胜*

摘要：不可移动文物数字化保护工作已经越来越多地开始得到应用，数字化保护不是一项独立的文物保护工作，与文物勘察、修缮、监测、日常养护和文创等工作都有非常多的关联，同时不可移动文物的数字化保护工作涉及的技术也非常多。因此更多地了解和探讨数字化保护工作的文物对象类型特点和数字化技术手段的优缺点，对于更好地进行不可移动文物的数字化保护规划及实施都非常重要。目前不可移动文物数字化保护工作中有很多的创新和进步，同时也有很多的问题有待更好地找到解决方法，只有更多不同专业技术人员共同参与并献计献策，才能把不可移动文物数字化保护工作做得更好。

关键词：不可移动文物；数字化保护

随着文物保护工作的更加细致和深入，近些年来不可移动文物数字化保护逐渐开始从小范围的试验走向大范围的应用。文物数字化保护工作从表面上看似乎仅仅是一项三维数字化采集和处理的工作，但实际上文物数字化保护牵涉的技术和关联的内容非常广泛，并且与文物保护的很多个专业都存在交集和关联。加大对不可移动文物数字化保护工作的深层次认知，并对相关的技术现状进行更深入的了解，才能更好地规划和开展不可移动文物的数字化保护工作。目前不可移动文物数字化保护不仅仅停留在数字化档案建立的阶段，已经与文物勘察、文物修缮、文物监测、文物日常养护、文物的文化传播等工作都有较为深入的结合。不可移动文物数字化有时会作为一项独立的工作进行，有时也会嵌入其他工作成为一个组成部分，为相关的现状记录、持续性监测、文创的开发等提供数据基础。

1　不可移动文物数字化保护现状

随着计算机、三维扫描等技术的发展，21 世纪初开始，国内外都几乎同步开始了不可移动文物数字化工作的探索和应用。主要的标志是地面型三维激光扫描仪在不可移

*　邢启坤：新宾满族自治县清永陵文物管理所，新宾满族自治县，邮编 113206；闻辉：义县文物保护研究中心，义县，邮编 121100；付兴胜：辽宁省文物局，沈阳，邮编 110032。

动文物三维数字化采集工作中的应用，伴随着倾斜摄影测量技术的进步和无人机技术的进步，倾斜摄影测量等新的技术也逐渐加入进来。

1.1 国内已有的探索和应用现状

随着徕卡地面三维激光扫描仪进入国内，故宫博物院同北京建筑工程学院（今北京建筑大学）在2004年5月开始，利用徕卡的HDS3000和HDS4500进行了太和殿的数字化采集、处理和相关研究工作。从2005年7月开始，清华大学建筑学院的专家在对佛光寺东大殿进行精细化测绘时，使用地面三维激光扫描仪（徕卡HDS3000和3D Guru）进行了东大殿的全面三维激光扫描测绘。这些是国内有代表性的早期开展的不可移动文物数字化采集工作。

三维激光扫描设备在2010年前后逐渐变得更为普及，设备的性能也得到了很大的提高，在不可移动文物的研究、勘察、修缮等工作中逐渐得到了更多的应用，而且逐渐深入地开始与文物的修缮进行结合。2009年，天津大学建筑学院和北京市颐和园管理处针对颐和园德和园的大修采用了三维激光扫描技术，用于精细化的勘察和记录，并与BIM技术和文物监测等进行了深入的结合。2012年，在山西南部早期建筑保护工程（简称“山西南部工程”）中，清华大学建筑学院的专家大规模、标准化地进行了相关修缮建筑的三维扫描记录、勘察和研究，为建筑的修缮提供了更翔实的数据，并对建筑修缮前的状态进行了较为全面的数字化记录。

2015年前后，摄影测量软件发展得越来越成熟，在对象纹理的数字化采集方面具有独特的优势。随着文物保护工作对数字化记录的认可，对文物的勘察更为细致和深入，不可移动文物的数字化采集更细化，从对象分类、采集方法、工作目标、工作标准等多维度进行了探讨和尝试。尤其重要的是更多将不可移动文物的数字化保护与文物的监测和科技保护进行了深入的结合，从工作目标出发来探讨文物数字化采集的技术工具和技术流程。在四川宝梵寺壁画的数字化勘察测绘中，北京国文琰信息技术有限公司利用了多种技术手段相结合的方式进行了数字化勘察，并将文物本体调查通过三维扫描的手段与文物赋存的建筑和环境进行统一评价和分析，通过工业级三维扫描进行壁画病害的定性定量分析，结合多光谱和材料检测分析对壁画的材料、色彩进行更为全面的勘察和记录。

最近几年越来越多的不可移动文物修缮工程中都采用数字化保护的手段进行修缮前后的勘察和记录，数字化保护已经逐渐成为工作中的重要组成部分。2021年，中国文化遗产研究院和北京华创同行科技有限公司在颐和园长廊彩画勘察中，全面采用三维扫描和倾斜摄影测量技术对颐和园273间长廊进行了数字化记录，为彩画现状记录和病害勘察提供了翔实的基础数据。

随着工作的开展和深入，也有越来越多的专家和团队加入不可移动文物数字化保护工作中，在工作过程中针对不同类型的文物数字化保护，开始起草和制定相关的标准规范，如河南省 2016 年发布了地方标准 DB41/T 1338—2016《石窟文物三维数字化技术规范》，北京市 2020 年发布了地方标准 DB11/T 1796—2020《文物建筑三维信息采集技术规程》，国家文物 2017 年发布了文物保护行业标准 WW/T 0082—2017《古建筑壁画数字化测绘技术规程》等。

1.2 数字化保护的作用

不可移动文物的数字化保护工作的目标是对不可移动文物进行全面的数字化记录，主要是对文物几何形状、空间位置、纹理色彩的记录。并适当地通过对数据的解读，形成一套数字档案，或者直接形成供研究、勘察、修缮、监测、文创等进一步使用的成果数据。

数字化保护是对不可移动文物保护的一种有效的、重要的保护方法，基于数字化保护工作的特点带来最直接的价值就是信息保存更为全面和完整。另外，数字化保护的成果数据已经完全电子化，所以可以更好地进行数据的共享和使用，数字化保护成果的共享，可以为更多的文物保护工作参与者提供信息。科研工作者可以基于这些数据做进一步的研究，修缮方案制定者可以依据这些信息做更好的修缮技术路线设计和规划，管理工作者可以看到更全面的文物现状，文物监测者可以通过对比分析了解文物病害的发展变化，文创工作者可以基于数据进行文创产品的设计或文化衍生品的制作等。

当然不可移动文物数字化保护最核心的价值是对现状信息的存档。文物，尤其是不可移动文物，不可避免地面临自然和人为的损害，只有通过全面的数字化记录，才能让相关的信息长久保存。甚至在灾难或突发事件发生后，能够为文物的修复提供弥足珍贵的信息资料。2019 年，法国巴黎圣母院在 63 分钟的大火后遭受重创，这座始建于 1160 年的建筑的顶部塔尖倒塌，左塔上半部被完全烧毁，不幸中的万幸是 2015 年艺术历史学家安德鲁利用三维激光扫描仪获取了大教堂的整体点云数据，为修复和研究提供了珍贵的信息。韩国的“一号国宝”崇礼门 2008 年因人为故意纵火，二层木结构城楼被烧毁，韩国国立文物研究所在 2002 年使用三维扫描技术为崇礼门进行过三维扫描，该数据为完整复原崇礼门提供了重要参考，2013 年 5 月，崇礼门历时五年复建正式竣工。

不可移动文物数字化保护的作用和价值越来越多地得到认可，数字化保护也是数字经济建设的重要数据基础。

1.3 数字化保护工作中的问题

虽然数字化保护技术目前已经发展得越来越成熟，并得到了大量的应用，但当前不可移动文物的数字化保护工作中仍然存在很多的问题。

1.3.1 技术标准和规范问题

从规模化进行不可移动文物数字化保护工作角度，优先确立相关标准和规范，会起到指导工作实施和达到管控工作质量的作用。但目前数字化保护的技术手段还处在快速发展更替阶段，相关硬件设备和软件技术都在不停地改变和提高，标准和规范的制定往往跟不上技术进步的步伐，可能刚制定好的技术规程，发布没多久，随着技术的进步就不一定适用了，这对标准和规范的制定非常不利。因此需要协调二者之间的矛盾，可能的办法就是制定标准和规范涉及的内容和范围要更基础一些，做一些原则性的规定，不过多对技术方法和路线进行详细的要求。另外，最重要的一点是要摒弃短视和功利思想来制定标准和规范，从长远出发，成熟一部分制定一部分，不要把推出标准和规范作为政绩或业绩考虑，更多地要讲科学，脚踏实地地来制定，让标准和规范能起到真正指导和监督工作的作用，不要让标准和规范成为数字化保护创新的羁绊甚至是错误的导向。

1.3.2　文物价值判断对数字化保护指导的问题

不可移动文物的数字化保护工作，应该是以文物价值判断为基础进行的工作，不能简单地把数字化保护当成三维扫描或数字化采集。需要更多从对不可移动文物价值认知上出发，指导数字化保护的技术指标设定和选用更合适的技术路线，这样才能更大发挥数字化保护工作的作用和效益，避免浪费的过度数字化工作，也避免出现重点的内容被遗漏或采集精度等达不到后期应用需要的问题。

1.3.3　数字化保护工作内容范围的问题

不可移动文物的数字化保护最核心的工作是获取文物对象的几何尺寸信息和纹理色彩信息。为了更多地了解材料构成信息、年代信息、施工工艺、病害情况，近些年有些数字化团队在形状和纹理采集的基础上又拓展进行了样本材料检测、X 光检测、持续性监测等工作，这些工作往往能有利于对不可移动文物的进一步了解，当然也会让数字化保护工作变得更为庞杂，是否适合纳入不可移动文物数字化工作范畴值得探讨。如果在数字化保护中进行这些科技保护工作，也应该适度根据需要进行，比如说对文物本体存在明显发展型病害的部分进行，或者结合文物对象的预防性保护或整体保护规划来进行。否则数字化保护工作可能被扩展得过于庞杂，从而抓不住重点。

1.3.4　数字化保护成果利用和与其他工作衔接的问题

数字化保护会形成海量成果数据的留存，这些数据的获取花费了大量的人力物力，因此数字化成果的利用有待更多被挖掘，不能只让数据躺在硬盘里。数字化保护成果除了能形成更翔实的数字档案资料外，可以为科研、修缮、日常养护等服务，数字化保护成果的特点是数据信息非常全面，只有能够更多地被解读和利用才能发挥数据更大的价值和作用。当然，数字化成果的深入解读和利用，还需要数字化方面的专业技术人员与其他文物保护专业技术人员紧密配合，或者需要文物保护专业技术人员更多了解和学习相关数据的使用技术。

1.3.5 数字化保护成果安全和知识产权的问题

不可移动文物数字化成果已经是电子化的数据和文件，方便拷贝和流转，同样也带来数据安全的隐患和问题。数据安全和数据共享从大方向上说，是有一定矛盾的，亟须一套完善的机制和先进的管理方法，让这些数据可以做到安全共享。实现安全共享需要有完善的管理制度支持以及管理软件等的技术支撑。数据的知识产权管理和授权使用机制也非常重要，需要做到既保护数据的知识产权，也要做到能被更大范围的利用，为更多的受众服务。

2 不可移动文物数字化保护的主要类型

不可移动文物与馆藏文物相比，几何尺寸体量跨度大，种类也比较复杂。尺度从几细微的几厘米到十平方千米。不可移动文物还具有赋存环境多样化的特点，大部分直接暴露在自然环境中，因此环境对文物的保存影响及对数字化采集手段的影响都很大。从数字化保护工作角度看，数据采集的技术手段也更需要多样化以兼顾不同情况的数字化采集需求，数字化采集的条件和环境差异化大，同样也造成了技术流程的复杂性，因此需要因地制宜进行。

依据全国第三次文物普查中不可移动文物的分类，不可移动文物主要分为六个大类，并细分为 60 个小分类。六个大分类分别为古遗址、古墓葬、古建筑、石窟寺及石刻、近现代重要史迹及代表性建筑、其他。下面从数字化保护的视角来探讨一下这几个大分类文物的各自特点。

2.1 古遗址

古遗址所处环境类型非常广泛，包含了洞穴址、城址、窑址等，大部分在野外环境中，也有很少一些在博物馆室内。在露天环境中的古遗址特别容易受到环境的影响，往往也比较脆弱，容易出现自然损坏，因此古遗址的数字化保护非常迫切，可以尽最大可能地进行数字化的保存。另外，古遗址的数字化更需要考虑对古遗址周边环境的数字化采集，这样可以得到更完整全面的信息。

2.2 古墓葬

古墓葬除了建成博物馆或园区的，很多都是因为工程施工临时发现然后进行抢救性考古发掘的，这种临时发掘，数字化保护工作往往会和考古挖掘同步进行，数字化记录可以最大限度地保留考古的过程信息，比传统的测量绘制二维图更快捷和准确，对考古发掘的干扰也较少。有些陵寝也会以建筑群的形式出现，如很多的帝王陵寝会包括祭祀建筑，这种建筑群的数字化保护和古建筑群的数字化保护比较类似，重点会是对建筑、碑刻以及依附于建筑的彩画、砖雕等文物对象的数字化采集。

2.3 古建筑

古建筑在不可移动文物中占有特别大的比重，从城垣城楼、宫殿府邸到坛庙祠堂、苑囿园林、堤坝桥梁。也往往是与生活生产联系最密切的，古建筑数字化保护包括环境的数字化采集、建筑本体的数字化采集，还有院落或建筑内不可移动的精细文物对象的数字化采集，常见的有彩塑、壁画、碑刻、彩画、砖石构件、木构件等。古建筑相关的数字化保护从大空间的采集到局部精细对象的采集，需要用到的综合技术手段也可能是最多的，从地面型三维激光扫描仪、无人机到高精度工业三维扫描仪等。

2.4 石窟寺及石刻

石窟寺及石刻分类相对来说细分类型较少，主要包括石窟寺、摩崖石刻、碑刻、石雕和岩画，也通常可以称为不可移动石质文物。中国开凿石窟的盛期从北魏开始，到唐代达到鼎盛，到宋以后逐渐衰落，洞窟中常常凿出大体量的佛像或者在小型壁龛里凿出小佛像，除了造像外，还常绘制有壁画。摩崖造像特点是造像露天或位于浅龛中，其单体尺度最大的可到几十米，表现手法多为圆雕或高浮雕，浅浮雕多作为背景衬托。石窟寺及石刻的数字化采集环境条件差异很大，很多石窟、摩崖石刻和岩画通常在野外露天环境，地理环境复杂，采集难度大。

2.5 近现代重要史迹及代表性建筑

这类不可移动文物对象数量众多，主要为纪念重要事件、重要人物、重要进程的建筑。从重要历史事件和重要机构旧址到活动纪念地、名人故居、传统民居、工业建筑、军事及水利设施等均有。这类文物的数字化采集特点和方法与古建筑的类似，但侧重点会略有不同，要根据文物自身的价值要素的重要性决定数字化保护的深度和技术指标的设定。

2.6 其他

其他分类是指无法纳入前面分类中的文化遗存，同时具有一定历史、艺术、科学价值的文物对象，这类对象的数字化保护应用占比相对较少。

3 不可移动文物数字化保护的常用技术手段

3.1 地面三维激光扫描技术

地面三维激光扫描仪具有速度快、精度可靠、工作灵活方便的特点，尤其是三维激光扫描覆范围大，数据获取比较全面。目前大多数地面三维激光扫描仪都是全景式扫描，视场角水平方向 360°，垂直方向大于 270°。地面三维激光扫描仪一般会根据测程进行大体分类，分为长距、中距、短距。长距三维激光扫描仪有效工作半径可以达到 1—2 千米，中距扫描仪扫描半径一般可以达到 70 米以上，短距扫描仪的扫描范围可能会更小一些，有些扫描范围小的只有十几米。不同品牌和型号的地面三维激光扫描仪的扫描精度也不同，精度范围从亚毫米到厘米。

大多数情况下，大部分型号的地面三维激光扫描仪都可以满足大空间数据采集的需要，但有时候也需要在特定采集条件限制或特定精度要求下，选用特定型号的满足要求的设备来进行采集工作。比如说对建筑或构件的形变监测就需要尽可能高精度的扫描仪；或者因为采集条件所限，扫描仪可以安放的位置距离扫描目标太远，可能就需要选择具有更远测程的扫描仪。

3.2 无人机倾斜摄影

伴随着无人机技术和摄影测量软件的进步，无人机倾斜摄影测量变得越来越易于应用和高效，而且还具有特定的优势，如在大范围环境数据采集方面和三维激光扫描仪不容易获取的屋面数据采集方面等。在无人机倾斜摄影测量技术发展起来之前，获取建筑屋面的数据往往只能依靠地面三维激光扫描仪，因为扫描工作视角的需要，经常需要搭设脚手架才可以，现在通过无人机采集就非常灵活和方便了。

无人机倾斜摄影技术可以进行不可移动文物大范围环境的数据采集，也可以对高处没有三维激光扫描条件的对象进行数据采集。但无人机倾斜摄影相对地面三维激光扫描仪来说，获取数据的精度可靠性略差一些，三维模型是通过后期对照片进行计算机计算获取，拍摄曝光条件差、被测物颜色单一或被测对象表面反光等都会导致精度不可靠。

3.3 高精度三维扫描

对于精细化的不可移动文物对象，为了获取更精细的三维模型，可以采用工业级的高精度三维扫描设备进行数据的获取。高精度三维扫描设备往往分为固定式的扫描臂和手持式的扫描仪。不同品牌和型号的高精度三维扫描仪的精度、扫描速度、扫描范围、测量深度等都可能有较大差异，需要根据工作对象精度要求和工作条件进行选择，达到精度的需要和扫描数据完整性的需要。

整体来说，工业级的高精度三维扫描仪在精度和扫描质量方面会优于地面型三维激光扫描仪及摄影测量。因此对于精度要求高的数据获取方面，该技术方法具有独特的优势。但工业级的高精度三维扫描往往不具有纹理同步获取的能力，部分具有纹理获取能力的设备的纹理获取质量也往往较差。文物的纹理获取往往对准确性有较高要求，一般来说还需要使用专业摄影器材，在色彩管理条件下进行纹理获取，因此工作效率上会低于摄影测量，但对于需要通过细小的形状来辨析病害的文物三维获取来说，工业级三维扫描还是首选技术手段。

3.4 地面摄影测量

地面摄影测量与无人机倾斜摄影测量的工作原理基本一样，特点也比较相似，只是通常采用微单相机或专业单反相机进行照片拍摄。另外，为了获取高质量的纹理数据，可以进行专业的光线控制，并结合色彩管理系统来使用。

地面摄影测量的优势是获取数据的效率高，纹理和几何形体的结合准确度高。缺陷也和无人机倾斜摄影测量一样，对照片质量和被采集对象的纹理情况有较高的依赖，条件差的时候会导致数据质量差。

3.5 常规测绘手段

常规的测绘手段包括 GPS、全站仪、水准仪、手工测量等手段。常规测绘手段是三维扫描等新型数据采集手段的重要补充，如在大场景的采集中通过常规测绘手段进行控制测量来减少累积误差。对于数据的质量核验方面，常规测量方法也是很好的工具，可以对特定的特征点进行测量误差检测。另外，高精度的全站仪和水准仪在进行环境和建筑物的单点高精度测量方面往往比三维激光扫描仪具有更明显的优势，水准仪可以获得更准确的高程信息，全站仪可以获取更准确的特征点坐标信息。

在大场景的三维激光扫描作业中，全站仪经常可以帮助地面三维激光扫描仪进行控制测量。GPS-RTK 往往可以帮助进行大范围环境采集的无人机倾斜摄影进行控制点的测量，目前 GPS 参考站已经布设到国内大部分范围了，在参考站布设工作范围内使用单 GPS 连接参考站进行测量会让工作变得非常方便。

3.6 全景照片拍摄

全景照片的拍摄相对技术要求简单，容易实施，记录完成的全景照片非常适合面向公众进行展示，并可以协助专业人员直观了解场景情况。全景照片一般不具有准确的尺寸信息，但视觉效果非常直观。

采用不同的拍摄设备和数据处理流程，全景照片的成果数据质量也会不同。需要根据不可移动文物的重要性来设置拍摄的质量要求，包括但不限于像素数、画面的完整性、照片的画面质量。尤其是室内拍摄，往往需要灯光进行补光。在同一点位光线明暗差异较大的情况下（如檐下、门口），为了达到更好的效果，可能需要用不同参数多次拍摄然后再经过后期处理合成来完成更好的效果。

4 不可移动文物数字化保护的工作重点

4.1 前瞻性和整体性的规划设计

不可移动文物的数字化保护工作本身也是一项重要的基础数据建设工作，经过数字化保护获取的相关数据将成为其他工作的基础，并且数据信息会一直保存和沿用，因此在做数字化保护工作时需要适当考虑未来的数据使用需要，并做好整体的规划设计。

不可移动文物数字化保护工作也是跨学科的应用，因此更需要不同专业的专家的一同参与，从文物价值分析和挖掘、数字化保护技术手段、预防性保护、文物日常管理等方面，一起参与和做好方案的规划设计。

4.2 规范和标准

标准和规范是可以指导大批量工作实施和监控实施质量的有效工具。目前文物数字化保护的标准和规范仍很欠缺，部分地方出台的一些标准和规范也都需要完善，甚至有些错误，这也与文物数字化保护工作的复杂性和技术发展变化快有很大关系。当然一些基础性的不可移动文物数字化保护标准和规范还有待相关的部门和专家一起努力尽快建立起来，标准和规范要考虑到技术的发展进步，因此应该更多做宏观上的规定，成熟一部分制定一部分。

针对不可移动文物数字化保护实施的某项具体工作而言，可以每处不可移动文物对象根据自身的特点和文化价值，因地制宜地基于大的技术规范基础结合具体的文物对象建立更细致的数据采集、处理、管理规范，指导项目的具体实施。经过对众多特点相似项目的总结归纳，成熟后也可以成为地方或行业的规范或工作指南。

4.3 遗产价值指导数字化保护

不可移动文物的数字化保护归根结底是对遗产价值的数字化保护，因此整个工作需要在遗产价值的深层次认知上进行，根据遗产的价值重要性进行排序，根据遗产的价值特点来确定工作内容。然后据此来指导数字化保护工作，从工作内容的选择上还有数字化采集指标的制定上，都围绕遗产价值的数字化留存进行。

4.4 执行中的质量控制

数字化保护工作涉及的技术很多，对于不可移动文物来说，不同类型对象的特点差异化比较明显，数字化采集的条件也都不同。在确立好数字化保护工作目标和内容后，执行过程中的质量把控也至关重要。最终的数据成果的质量是工作目标叠加数据采集过程控制和数据处理过程控制形成的结果。

对于具体工作落实来说，首先参照适用的相关标准和规范指导工作，其次从管理上要贯穿数字化保护的全过程，另外，数字化保护团队的建设也至关重要。数字化保护团队的工作经验、创新能力、对文物保护工作的认知和热爱都非常重要。

4.5 数字化保护成果的管理和利用的软件系统建设

不可移动文物数字化保护会形成海量的原始数据和成果数据，亟须建设专门的系统对数据进行管理并便于使用。数字化保护成果数据的管理利用系统不同于传统的数据库或办公信息系统，主要是为专业用户提供服务，因此数据的便捷可视化浏览、分析等工具非常重要，尤其是针对点云数据、各种类型的三维模型、超高清晰正射影像图等的使用工具。

系统应该具有自主知识产权，具有更好的扩展和开发潜力；避免建设成为办公管理或一般的信息管理系统，一定要侧重专业应用和数据应用。提供完善的功能便于相关专业人员直接查看和获取数字化成果信息，甚至基于系统可以进行数据的分析，为文物的科学研究、预防性保护、文物修缮、文物日常管理等服务。

5 结语

不可移动文物数字化保护虽然目前已经得到普遍认可，但仍然处于技术发展、应用结合探索的阶段，不可移动文物数字化保护工作者还需要脚踏实地，并具有创新和开拓精神，充分利用新的设备和软件，积极拓展和深化数字化保护成果的应用。不可移动文物数字化保护工作是数字基础建设工作，要回顾历史，面对现在，展望未来。

参 考 文 献

北京颐和园管理处，天津大学建筑学院．颐和园德和园大修实录．天津：天津大学出版社，2013.

清华大学建筑设计研究院，北京清华城市规划设计研究院文化遗产保护研究所．佛光寺东大殿建筑勘察研究报告．北京：文物出版社，2011.

王莫．三维激光扫描技术在故宫古建筑测绘中的应用研究．故宫博物院院刊，2011（6）.

许言．宝梵寺壁画数字化勘察测绘报告．北京：文物出版社，2018.

不可移动文物风险管理体系构建探讨

李晓武*

摘要：风险管理理论已被应用于很多行业，其中金融行业已经建立起成熟的风险管理体系，这为金融行业的业务开展、风险防控发挥了巨大的作用。本文阐述不可移动文物风险管理体系建立的背景及其必要性，提出建立不可移动文物风险管理体系的构想和基本路径，根据不可移动文物风险管理特点，从风险识别、风险评估、风险防控3个层面进行分析。最后，介绍了一个基于物联网、大数据、云计算、人工智能等现代技术，立足于不可移动文物安全评估的“文物云”平台，结合项目实例，详细剖析其在不可移动文物风险管理方面的具体应用。

关键词：不可移动文物；风险管理；体系构建；文物云平台

1　不可移动文物风险管理体系建立背景

1.1　风险管理理论发展

世界上有许多文化遗产保护强国，它们都十分重视文物安全，较早就开始采用信息技术结合风险管理理论进行文物风险监控和风险评估。

随着社会经济的发展，人类活动范围不断扩大，风险渗入人类社会生活的方方面面，风险管理理论也已经深入各行各业。风险，一般指客观存在的在特定时间、条件下，由于某事件导致最终损失的不确定性。风险的特征有客观性、不确定性、突发性及可测性。风险的构成要素包括风险因素、风险事故及损失。

在应用风险管理理论时，更应重点强调风险的可测性。风险识别、风险评估、风险防控等方面体系建立的最终目的是识别、评估风险，并通过采取相应措施以减缓、延缓或降低风险发生的概率，或使损失最小化。风险管理的基本目标是以最小成本获得最大的安全保障。在风险管理理论层面，国内外有很多成熟的风险管理模式，包括国际标准、澳大利亚 / 新西兰风险管理标准、美国 COSO 委员会《企业风险管理整合框架》以及英国风险管理协会的一些风险管理准则。

---

* 李晓武：上海建为历保科技股份有限公司，上海，邮编 201315。

1.2　文化遗产领域风险管理理论发展

文化遗产领域风险管理理论起源于 20 世纪 50 年代。20 世纪 90 年代国际文物保存与修复研究中心（International Centre for the Study of the Preservation and Restoration of Cultural Property，ICCROM）和国际蓝盾委员会制定了文化遗产风险防范指南，为文化遗产的风险管理提供了前期的理论指导和支持。2006 年，世界遗产委员会第三十届会议提出加强对世界文化遗产减灾的支持、建立防灾体系，2012 年，UNESCO 编著了针对世界文化遗产地佩特拉而进行的风险管理研究报告等。在国际、国内行业专家的不断推动下，文化遗产实现了相对完善的风险管理及防控理论体系的建立（图 1）。

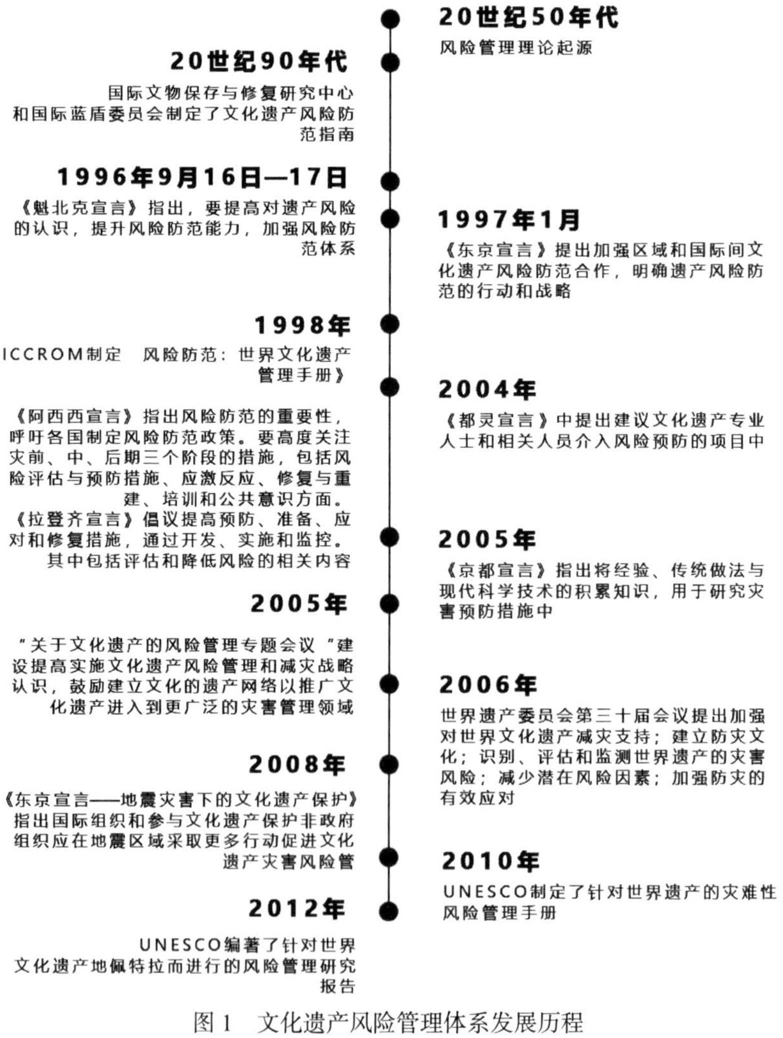

20世纪50年代

风险管理理论起源

20世纪90年代

国际文物保存与修复研究中心和国际蓝盾委员会制定了文化遗产风险防范指南

1996年9月16日—17日

《魁北克宣言》指出，要提高对遗产风险的认识，提升风险防范能力，加强风险防范体系

1997年1月

《东京宣言》提出加强区域和国际间文化遗产风险防范合作，明确遗产风险防范的行动和战略

1998年

ICCROM制定　风险防范：世界文化遗产管理手册》

2004年

《都灵宣言》中提出建议文化遗产专业人士和相关人员介入风险预防的项目中

《阿西西宣言》指出风险防范的重要性，呼吁各国制定风险防范政策。要高度关注灾前、中、后期三个阶段的措施，包括风险评估与预防措施、应激反应、修复与重建、培训和公共意识方面。《拉登齐宣言》倡议提高预防、准备、应对和修复措施，通过开发、实施和监控。其中包括评估和降低风险的相关内容

2005年

《京都宣言》指出将经验、传统做法与现代科学技术的积累知识，用于研究灾害预防措施中

2005年

“关于文化遗产的风险管理专题会议”建设提高实施文化遗产风险管理和减灾战略认识，鼓励建立文化的遗产网络以推广文化遗产进入到更广泛的灾害管理领域

2006年

世界遗产委员会第三十届会议提出加强对世界文化遗产减灾支持；建立防灾文化；识别、评估和监测世界遗产的灾害风险；减少潜在风险因素；加强防灾的有效应对

2008年

《东京宣言——地震灾害下的文化遗产保护》指出国际组织和参与文化遗产保护非政府组织应在地震区域采取更多行动促进文化遗产灾害风险管

2010年

UNESCO制定了针对世界遗产的灾难性风险管理手册

2012年

UNESCO编著了针对世界文化遗产地佩特拉而进行的风险管理研究报告

图 1　文化遗产风险管理体系发展历程

（来源：作者自绘）

1.3 国际上文化遗产领域风险管理理论应用

世界上有许多文化遗产保护强国，他们都十分重视文物安全，较早就开始采用信息技术结合风险管理理论进行文物风险监控和风险评估。

1.3.1 意大利

起步较早且颇具影响力的是意大利文化遗产风险评估项目（Risk Map of Cultural Heritage）。从20世纪60年代开始发展的意大利国家遗产风险图是一种区域信息系统，为文物保护负责人提供了一个文物科技保护及管理的支持平台，通过对文物保护状态进行监测与分析，确定优先处理的问题。如今，“风险图”已成为记录意大利历史纪念性遗址和建筑易损状况，以及考古区域风险因素最大规模的海量数据库[1]。

圣吉米尼亚诺监测系统实时监测遗产建筑的健康状态，并进行风险评估。该系统已部署在圣吉米纳诺的塔楼上，由不同的传感器构成，能够测量5种关键参数：温度、湿度、可见光、砌体裂缝、降雨。该系统通过数据分析挖掘，将采集来的信息进行分析评估，最终预测监测对象未来的结构性安全问题，进行风险评估[2]。

1.3.2 瑞典

Culture Bee是瑞典能源管理局建立的一个专门为文物遗址及珍贵历史建筑的保护而开发的监测预警系统，由采用ZigBee标准通信协议的传感器节点与web数据服务器构成，具有双向与实时性，用于文物监测与环境实时控制。该系统已在由瑞典能源管理局发起的文物保护项目中得以应用，此项目主要用于保护历史建筑物的文化价值，实现的功能主要有文物周边环境状况的周期性感知、实时显示、风险评估，并最终实现环境的自动控制。该系统成功应用于瑞典的Skoloster城堡以及Linkping大教堂的环境监测与保护项目[3]。

1.3.3 韩国

Ubiquitous(U)-Bulguksa系统是由韩国文物保护单位发起的旨在保护Bulguksa神庙的以传感器网络为数据前端的环境监测与预警系统，该系统主要用于防止人类破坏或自然灾害等风险因素对文物造成不可逆转的毁坏[4]。

1.4 国内文化遗产领域风险管理理论应用及其必要性

国家文物局高度重视对文物的科技保护水平的推进，积极推进预防性保护理念的推广。《国家文物事业发展“十三五”规划》提出“实现由注重抢救性保护向抢救性与预防性保护并重转变，由注重文物本体保护向文物本体与周边环境、文化生态的整体保护转变，确保文物安全”。

国家文物局自 2009 年起进行系列部署，在战略规划方面组织开展了基于泛在网络理念的文化遗产保护建设研究，在需求分析方面，先后启动了基于风险管理的世界文化遗产监测研究和文物建筑健康评测研究。同时，还在秦始皇兵马俑博物馆、敦煌研究院开展相关试点工作。上海建为历保科技股份有限公司利用“文物云”平台在包括故宫博物院、大理崇圣寺三塔、石钟山石窟、上海理龙华塔、都江堰奎光塔等全国重点文物保护单位进行风险监测和风险评估。

然而总体来看，文物风险分析评估理论在我国文化遗产保护领域的研究及应用大都停留在环境层面，针对文物本体的研究分析较少，且基本上停留在概念阶段，未能综合社会、经济、历史、环境等诸多因素形成一个全面、完整的文物风险管理体系。

2　不可移动文物风险管理体系建立必要性

“不可移动文物”是指古文化遗址、古墓葬、古建筑、石窟寺、石刻、壁画、近现代重要史迹和代表性建筑等。第三次全国不可移动文物普查结果显示，全国共登记不可移动文物 76 万余处，其中 17.7% 保存状况较差，保存状况差的占 8.43%，20 年间约有 4.4 万处不可移动文物已然消失。总体来说，不可移动文物在保护过程中面临着各种各样的风险，其安全形势不容乐观。因此，针对不可移动文物保护引入风险管理理论、建立风险管理体系有其现实背景和必要性，具体包括以下几方面。

2.1　准确评估文物保存状况的需要

中国是文物大国，5000 多年绵延不断的中华文明史留下了数量众多、异彩纷呈的物质和非物质文化遗产，这些文化遗产存在种类多、建成时间长、保存状况差异大、区域差异大等特点。

2016 年 3 月 4 日，国务院下发《关于进一步加强文物工作的指导意见》（国发〔2016〕17 号，以下简称《指导意见》），明确提出，要全面掌握文物保存状况和保护需求。为了准确地评估文物的保存状况，必须建立科学、合理的评估体系。

2.2　评估地方文物保护工作的需要

《指导意见》要求：“建立健全文物保护责任评估机制，每年对本行政区域的文物保存状况进行一次检查评估，发现问题及时整改。”习近平总书记在 2016 年 4 月 12 日召开的全国文物工作会议上强调：“各级党委和政府要增强对历史文物的敬畏之心，树立保护文物也是政绩的科学理念，统筹好文物保护与经济社会发展”，“各级文物部门要不辱使命，守土尽责，提高素质能力和依法管理水平，广泛动员社会力量参与，努力走出一条符合国情的文物保护利用之路”[①]。为了增强评价各级政府文物保护工作的有效性，提升各地方文物保护的状况评估，需要建立起相应的评估体系。

2.3 从抢救性保护到抢救性保护与预防性保护并重转变的需要

预防性保护是通过长期监测、科学记录，以科学监测数据积累为基础，研究文物的变化规律，预先发现风险，达到制定和实施科学保护控制措施的目标。而抢救性保护则体现为文物保护风险出现后的补救。《国家文物事业发展“十三五”规划》明确提出文物保护“实现由注重抢救性与预防性保护并重转变”的目标。2021 年 10 月 28 日，国务院印发的《“十四五”文物保护和科技创新规划》更是进一步提出，到 2025 年，“基本实现全国重点文物保护单位从抢救性保护到预防性保护的转变”。

预防性保护强调文物保护风险的准确识别、科学评估、及时响应、有效控制。预防性保护的实现将大大提高文物保护的有效性，降低文物损毁事故。其前提为必须建立起相应的全面风险管控机制。

2.4 提升文物保护现代化水平的需要

（1）传统的文物保护缺乏收集文物相关实时信息的完备手段，致使文物保护相关信息的获取不全面、文物与环境影响因素的关系不明确、应对文物状态的异常变化不及时。

（2）传统的保护技术或保护系统在文物监管、保护研究、开放管理等方面的联系不紧密、数据缺乏共享，各部分工作相对独立、缺乏高效协调，从而造成文物保护效率低下问题的出现。

文物保护亟须实现现代化。要实现文物保护现代化，便要加强文物保护科技支撑，尽快建立起文物保护风险评估指标体系，初步建立起基于风险管理理论的文物监测体系、风险评估体系、辅助决策体系。相关体系的建立，必定会在更高层次上为全国文物保护工作提供具有可操作性的业务指导和科技支撑。

2.5 健全和完善文物保护工作机制体制、法律法规的需要

近年来，尤其是党的十八大以来，党和政府已经充分认识到文物保护工作的重要性，也制定了一系列的相关办法。但是也应该看到，目前文物保护工作的体制机制尚不完善，法律法规尚不健全，文物保护工作的标准和规程仍然缺失，国家和地方政府不能

① 李群. 新时代文物工作：更好展示中华文明风彩. 求是，2022（4）.

全面准确地对文物保护状况进行掌握。

文物风险评估和管控体系的建立，必须要有全国统一的文物工作风险管理规范、数据采集标准、监测实施标准、风险评估机制、法律保障体系等子系统的支撑。因此，文物风险评估和管控体系的建立，必然会推进相关规范和标准的建立，推动文物保护工作风险管理机制的建立，促进相关法律法规的完善。

2.6 传承中华文明，弘扬中华优秀传统文化的需要

我国历史悠久，优秀传统文化中凝聚着中华民族自强不息的精神追求和历久弥新的精神财富，而文化遗产是优秀传统文化的重要载体。加强文化遗产保护工作，对继承和弘扬中华优秀传统文化，树立民族自信心和自豪感，促进中华民族的伟大复兴有着不可替代的作用。建立文物保护行业的风控体系，强化文物保护工作的风险识别、风险防范、风险控制能力，是加强文物保护工作的必由之路。

3 不可移动文物风险管理体系构想

不可移动文物风险管理体系主要包括 3 个环节：①风险识别；②风险评估；③风险防控。这 3 个环节密切相关：风险识别的目的是做评估，评估的最终目的是防控。

在整个环节里面，风险评估应根据风险识别的相应指标体系及采集值来进行。同时，风险评估结果又可以反向提升风险识别的能力。风险防控根据风险评估结果进行，风险防控结果可通过评估模型进行评估。风险防控根据识别的风险进行针对性防范，在应用风险防控措施后可以重新进行风险识别。因此这 3 个环节应该紧密相连，是“你中有我”的关系。

3.1 不可移动文物风险识别体系

不可移动文物面临的风险多样，既有存在于当前的也有潜藏于未来的，既有内部的也有外部的，既有静态的也有动态的。风险识别的任务就是从错综复杂的环境中找出文物安全所面临的主要风险，全面识别影响文物安全的风险因子。

总的来看，文物面临的风险可以分为：本体风险、灾害风险、人为风险、环境风险、项目或技术风险、生物风险（图 2）。这些风险有些是来自外部的，有些跟文物本体直接相关。

（1）本体风险，指文物本体的相关病害带来的风险。比如说文物建筑的倾斜、沉降、开裂、位移、变形、风化等，这种本体风险将导致文物的倾覆、倒塌、损毁，或者文物的劣化。本体风险是最直接、最主要的风险，其他风险产生的危害也可能通过本体风险来体现。

图 2　风险识别内容
（来源：作者自绘）

（2）灾害风险，包括地质灾害、气象灾害、水文灾害以及火灾等。地质灾害对文物的破坏可能是毁灭性的，这种风险的识别需根据所处地段及地质环境进行重点评估。地震常伴随次生灾害，如泥石流、山体滑坡，这种破坏也是致命的，如汶川地震泥石流灾害（图 3）。当然，并非只有地震能引发泥石流，有时候暴雨、山洪都会引发泥石流风险。因此，气象灾害、水文灾害以及火灾等造成的破坏巨大，应给予关注。

图 3　汶川地震
（来源：http://news.sinovision.net）

（3）人为风险，包括非法建设、非法拆除、城市建设以及其他人类活动对文物造成的破坏。人为风险强调的是人类活动（如生产、生活、旅游等）可能对文物安全产生的影响。值得注意的是城市开发过程中的重大工程，如地铁、高架、隧道、桥梁、高楼等建设，在其开发过程中及开发完成后都可能会对周边文物产生大的扰动，影响文物安全。

（4）环境风险，指文物所处的大环境和小环境可能对文物安全产生的风险。主要反映在外界的风力、雨、温度、湿度、有害气体、光照、水力、重力及冻融等对文物的劣化（如风化、起鼓、开裂、生物霉菌等）产生的影响。

（5）项目风险，又可称为技术风险，主要体现在技术方面，如文物保护过程中的技术使用不当、过度维修、保护措施不当等原因，造成的文物损毁、破坏及风貌改变等状况，这些对文物本身来说也是一个重大风险源。

（6）生物风险，主要是指植物、微生物、动物等可能对文物安全产生的影响。如植物根系对文物造成直接破坏，细菌、真菌对岩画、壁画影响巨大，动物包括皮蠹、拟裸蛛甲、衣蛾、书虱、尘虱、白蚁、土蜂等害虫及蛇类、鼠类，它们是造成文物建筑结构损毁及构件破坏的重要原因。

识别出风险后，还需针对相应风险指标确立对应的数据采集方法和数据接口。数据采集的方法要根据指标的特点进行逐项分类，指定数据采集的来源、周期、数据格式、手段等内容。不可移动文物风险评估指标可能是社会指标、经济指标、人文指标、环境指标、气候指标、地质指标及本体结构指标，这就决定了指标的采集方法将是一个复杂的系统工程。

由于不可移动文物风险评估指标的多样性，其所涉及的数据来源也十分丰富，可能包括国务院、气象局、地震局、统计局、文物局、档案局、地方政府、文物管理单位等。一些指标还需要通过专业的仪器、设备进行专项检测或监测。需要对这些数据来源进行认真梳理，建立起数据采集的综合性标准体系。

在不可移动文物风险指标体系中，文物本体的健康状况（如文物建筑的倾斜、沉降、材料老化、外部损伤状况）指标是核心指标，这些指标处在动态变化中。采集这些指标需要采取高频、动态的采集方式。风险指标采集是智慧文物神经元体系构建的过程，物联网技术的发展为这一体系的构建提供了支撑，可以通过各类智能感知设备实现各类数据的远程、实时、精准、动态采集。

不可移动文物风险指标采集体系的构建也是文物安全监测体系建立的过程。文化遗产地监测的基本内涵，是利用多种科技手段对文化遗产的价值载体及其风险因素进行周期性、系统性和科学性的观测、记录和分析，掌握文化遗产价值载体的动态变化情况及其所面临风险，并为制定相应的风险防控措施提供决策依据。文化遗产的风险管理是一个不断优化的动态过程，风险的识别工作应贯穿始终，为风险管理提供及时、准确和完备的数据支持[4]。

3.2　不可移动文物风险评估体系

风险矩阵图，又称风险矩阵法（risk matrix），是一种能够把危险发生的可能性和伤害的严重程度进行综合评估，预测风险大小的定性风险评估分析方法。它是一种风险可视化工具，主要用于风险评估领域。针对不可移动文物的风险评估体系构建过程，可引入风险矩阵图对每一个风险进行分析，确定其风险等级。

对照风险管理评估矩阵图（图 4）可以看出，针对每一个风险指标，可以通过风险影响程度和可能性等级分析得出每一个风险指标具体所处的风险等级，继而为下一步的详细评估，包括评估模型及风险权重的建立提供依据。

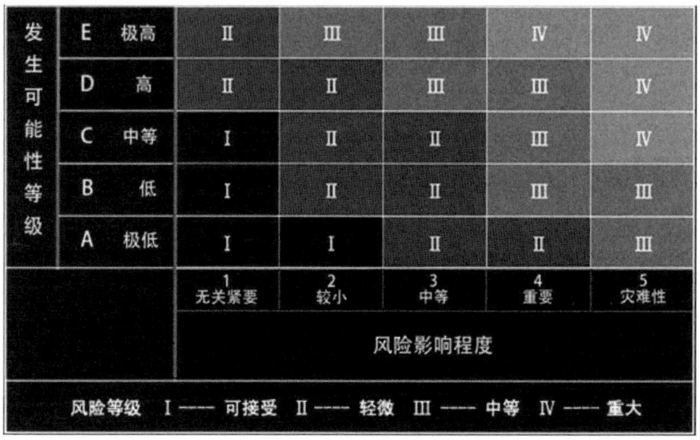

发生可能性等级		1 无关紧要	2 较小	3 中等	4 重要	5 灾难性
E	极高	Ⅱ	Ⅲ	Ⅲ	Ⅳ	Ⅳ
D	高	Ⅱ	Ⅱ	Ⅲ	Ⅲ	Ⅳ
C	中等	Ⅰ	Ⅱ	Ⅱ	Ⅲ	Ⅳ
B	低	Ⅰ	Ⅱ	Ⅱ	Ⅲ	Ⅲ
A	极低	Ⅰ	Ⅰ	Ⅱ	Ⅱ	Ⅲ
		风险影响程度				

风险等级 Ⅰ---- 可接受 Ⅱ---- 轻微 Ⅲ ---- 中等 Ⅳ ---- 重大

图 4 风险管理评估矩阵图

（来源：作者自绘）

要建立风险评估体系，应该做到：①根据识别风险指标，确定指标选取原则、指标层次结构。②针对采集的数据进行科学的整合、过滤、量化分析，确定有效数据，即指标量化的过程。③根据各相关指标在整个文物安全方面的地位来进行整体的分析，确定指标权重。④根据一些相关的算法，包括应用神经网络、遗传算法、多元回归分析算法模型，反复训练和寻优，最终得到科学合理的风险评估模型。结合这些算法和风险指标、指标量化、风险等级、风险指数，就能建立一个智能化的风险评估体系。

风险评估体系的建立使我们能够通过这样的评估体系确立文物风险评级，客观评定每一处文物如今所处的风险等级和保存状态，能够为国家、省、市各部门及文物保护单位相关管理人员及决策者提供基本决策依据。此外，风险评估还能为风险控制及防范体系的建立提供相关理论支持。

不可移动文物识别体系的风险识别及数据采集结果是不可移动文物风险评估体系的重要输入，它为评估模型的建立提供了充足的样本数据，使算法的训练和优化得以进行，是不可移动文物风险评估体系建立的前提和基础。

针对不可移动文物的风险评估方法可以参考在金融行业得到广泛运用的标准普尔评级方法和相关思路。标准普尔评级由美国标准普尔公司于 1923 年开始编制发表，其后不断丰富完善，成为投资金融界的公认标准。针对长期债券信用评级，标准普尔将长期债券信用等级共设 10 个等级，分别为 AAA、AA、A、BBB、BB、B、CCC、CC、C 和 D，其中长期信用等级的 AA 至 CCC 级可用“+”和“-”号进行微调。

2014 年发布实施的中华人民共和国文物保护行业标准《近现代历史建筑结构安全性评估导则》以及 2015 年发布实施的北京市地方标准《古建筑结构安全性鉴定技术规范》，也为建筑类不可移动文物的风险评估方法提供了借鉴。

结合标准普尔评级方法及其他评估标准，可以初步设定文物的风险等级，用于评估文物的安全级别或文物的保存状况（表 1）。

表 1　不可移动文物标准普尔评级法对照表

文物风险等级	评分值	风险级别评述
AAA	0—1	本体安全余量很大，其他风险很小，保护措施完善
AA（+-）	1—2	本体安全余量大，其他风险小，保护措施完善
A（+-）	2—3	本体安全余量较大，但是有受到其他风险影响发生破坏的可能
BBB（+-）	3—4	有一定的本体安全度，对于外部风险会有一定反应，存在一定的外部风险
BB（+-）	4—5	本体安全余量较低，本体破坏风险随时间相对越来越大，对外部风险会有一定反应，存在具有较大的外部风险，保护措施不完善
B（+-）	5—6	本体安全度低，本体破坏风险随时间相对越来越大，对于外部作用较为敏感，外部风险较大，保护措施较缺乏
CCC（+-）	6—7	本体安全度低，发生破坏的风险越来越大，外部风险较大，缺乏保护措施
CC	7—8	本体安全度很低，有很大风险发生破坏，外部风险大，缺乏保护措施
C	8—9	本体安全度不足，有很大风险发生破坏，外部风险很大，缺乏保护措施
D	9—10	本体安全严重不足，有很大风险发生破坏，外部风险极大，严重缺乏保护措施

3.3　不可移动文物风险防控体系

风险防控，就是对文物面临的风险进行预防和控制。其前提是根据风险评估的方案制定合适的对策和手段，消灭或减少事故发生的可能性、降低风险发生时对不可移动文物造成的损失。风险防控必须与风险评估进行结合，防控要根据各单项风险评估的结果针对性地采取不同的措施。风险评估是手段，风险防控才是目的。

随着现代科技的发展，尤其是防灾减灾、物联网、人工智能等技术的发展，风险防控手段更加多样，效果更加明显。针对灾害风险里面的山体滑坡风险，可以建立一些高效预控体系，运用物联网、智能化技术，提前感知边坡或是山体的不稳定性，提前预警；获得预警后，可以及时或是提前采取一些干预措施来规避风险对文物造成的破坏，如对边坡的加固措施、文物的加固措施或对文物周边采取一些有效的隔离、阻断措施，这些都是有效消除或减缓风险发生的应对手段。包括滑坡、沉降、泥石流在内的地质灾害，城市建设对文物的扰动，环境影响，人为因素，火灾，雷电，文物本体病害，文物生物病害等，都可以用一些现代化的手段提前感知风险，并采取一系列有效措施进行提前防控。

不可移动文物风险防控体系的建立，需要有配套风险预警机制。风险预警机制是风险防控体系建立的前提。当受监测不可移动文物出现异常时，通过风险评估，预警机制应发挥作用，进入自动预警状态，通过邮件、短信、微信等形式第一时间将预警信息发送至相关责任人，使其及时了解到受监测对象的现状及存在的风险威胁，启动应急预案，采取有效措施，避免造成不可挽回的损失。

在整个不可移动文物风险防控体系的建设过程中，除了建立预警机制，最重要的是要集合多方面的力量，建立不可移动文物风险应对、风险处置专家智库。专家智库要根据不可移动文物对应类型、所在地区、材料、工艺、地质条件、气象条件，针对不同风险类别，结合相关标准、规划、专家智慧，利用现代信息技术、人工智能技术，建立起全面应急预案库。在风险发生时可以自动触发预案库，或通过自动调控，或通过人工干预、技术干预，达到风险防控的目的。

4　不可移动文物风险管理体系与“文物云”平台

4.1　关于“文物云”平台

文化遗产物联网智能监测云平台（以下简称“文物云”平台）是上海建为历保科技股份有限公司自主研发的、针对不可移动文物预防性保护及风险评估的大数据智能化平台（图 5、图 6）。

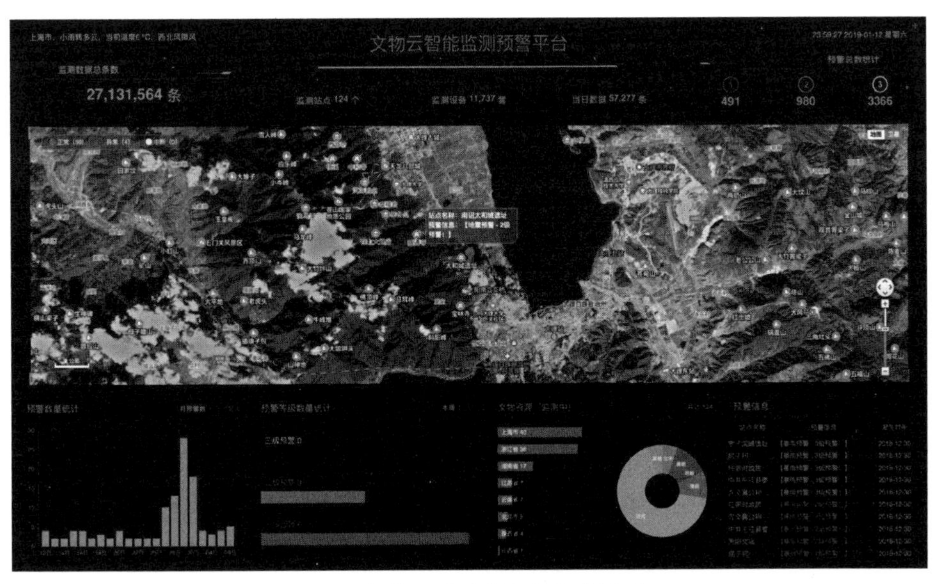

图 5　文物云风险监测预警总界面
（来源：“文物云”平台）

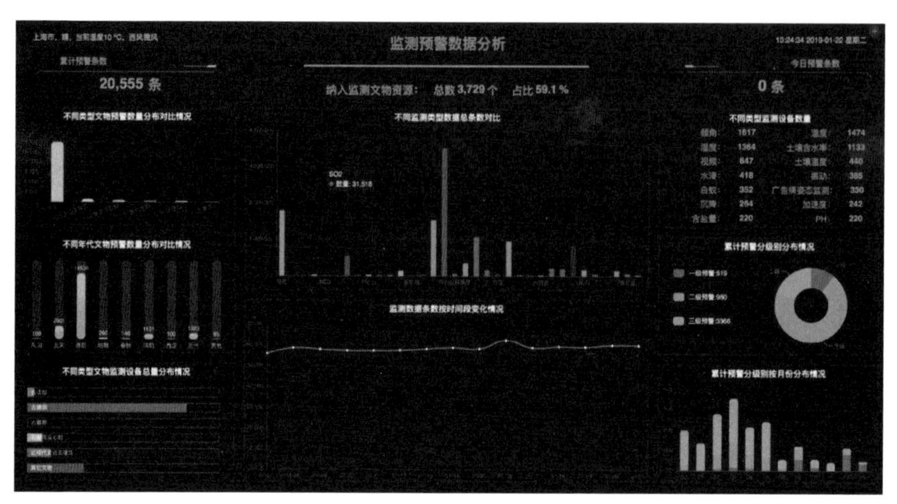

图 6　文物云综合监测预警数据分析界面

（来源：“文物云”平台）

“文物云”平台是一个依托“物联网 + 文物”构建而成的创新平台，充分运用了互联网、物联网、大数据、云计算、人工智能等现代信息技术，实现了文物的物物互联，解决了文物管理、研究、安全、展示、利用、活化、共享等方面的需求，充分体现并认真贯彻了党中央、国务院关于文化遗产保护、技术创新、预防性保护、文化创意、“让文物活起来”、“互联网 + 中华文明”等方面的指示精神。“文物云”平台核心功能包括文物监测预警、文物风险评估、文物档案管理、文物巡检管理、文物执法管理、文物公众服务等模块。“文物云”平台已经在全国范围内数处不可移动文物的预防性保护、风险管理、安全评估方面得到应用（图 7）。

图 7　文物云监测对象风险状况看板图

（来源：“文物云”平台）

“文物云”平台实现了不可移动文物风险管理体系在风险识别、风险评估、风险防控等方面的要求，依托专家团队，初步建立起不可移动文物的风险指标体系和风险评估模型，建立起了文物风险评估神经元大脑，为不可移动文物的预防性保护、保存状态评估、风险等级评定、风险预警、风险处置等提供了平台支撑。

4.2 “文物云”平台实际应用：以石钟山石窟为例

4.2.1 石钟山石窟背景

石钟山石窟又称剑川石窟，是全国重点文物保护单位，位于剑川县城西南 25 千米石宝山南部文峰，因有一紫红丹岩（丹霞地貌）形状如倒扣石钟而得名。石钟山石窟是南诏、大理国政治与宗教高度共融发展的产物，被中外史学界誉为“南方的敦煌”，具有极高的艺术和历史研究价值。

石钟山石窟内雕刻形象逼真、内容丰富，世俗题材与佛教题材交融，具有鲜明的民族个性，既是南诏宫廷生活的真实写照，也是我国佛教艺术的瑰宝。造像雕刻艺术手法上具有唐末宋初时的成熟特征，因此石钟山石窟在中国雕刻艺术史上占有独特的地位（图 8）。

图 8 石钟山石窟照片

（来源：剑川县石钟山石窟文物保护管理所）

石钟山石窟地处我国“西南丝绸之路”和“茶马古道”的交通要冲，它见证了唐宋时期南诏文化与汉文化、藏文化、东南亚文化以及西亚文化在此的碰撞、交融、沉淀，是多源文化的承载者，同时也为研究南诏、大理国历史以及我国唐宋时期西南地区的社会历史和中外文化交流提供了重要的实物资料。

石钟山上有 3 区石窟群：石钟寺区八窟、狮子关区三窟、沙登箐区六窟。30 区域共造像 139 尊。这些石像均雕刻在红砂石上。石窟的开凿年代上迄南诏（唐），下至大理国（宋），至今已有 1000 多年的历史，它是云南最早的石窟，是南诏、大理国时期的艺术瑰宝。这些造像以南诏国的发展历史为主要内容，构造了一幅生动的南诏历史画卷。在南诏 200 多年的历史中，功绩特别显著的 3 位王者在石窟中均有雕像。石钟山石窟的 139 尊像中，除南诏历史人物雕像外，还有释迦牟尼、八大明王等佛教造像和反映人们日常生活的樵夫、老翁、琴师、童子以及女性生殖器雕像，这些雕像栩栩如生，充满了民间生活气息。

4.2.2 石钟山石窟风险识别

4.2.2.1 本体风险

石钟山石窟开凿于剑川县石宝山上，石宝山地质属古近纪层，石质为红色砂岩、砾岩，风化球状的砂岩形象独特，被誉为“石宝”。砂岩主要由砂粒胶结而成，其中砂粒含量要大于 50%。砾岩中碎屑组分主要是岩屑，只有少量矿物碎屑，填隙物为砂、粉砂、黏土物质和化学沉淀物质。砂岩颗粒细腻，质地较软，易风化。石钟山石窟岩体多处存在风化现象（图 9）。

图 9 石钟寺区第五窟维摩诘经变问疾品造像风化

（来源：剑川县石钟山石窟文物保护管理所）

石钟山石窟其他的本体风险还包括石窟结构的稳定性，需要关注洞窟的变形、裂缝的变化、岩体应力变化情况。从风险数据采集上来看，“文物云”平台通过风化图像智能分析传感器、岩石含水率传感器、岩体表面温度传感器、岩体表面湿度传感器进行相关数据的实时采集。之后还可进行细化、深化本体风险相关数据的采集，主要包括：在石窟中裂缝情况较为严重的洞窟设置裂缝计、位移计、倾角仪等设备，分多个断面观测洞窟的变形和岩体的位移；在洞窟内部采用声波及其他手段，定期综合测试石窟岩体风化情况及强度变化；在石窟重要部位埋贴应变片或应变计，观测岩体应力变化情况等。

4.2.2.2 灾害风险

石钟山石窟所在的剑川县位于云南省西北部，大理州北部。大理州属于地震多发地区（表 2）。大理地区的洱海为一地震断裂带，地震不断。最新测量结果表明，大理地区的苍山在逐渐升高，洱海东岸相对下降，现代构造运动仍在进行中，地震威胁仍然存在。石钟山石窟离苍山、洱海直线距离在 100 千米左右，极易受到这一区间地震的影响。

表 2 886—1990 年大理 4 级以上地震统计表

发震时间	震中经纬度	烈度 / 度	震级 / 级	发震地点
886 年	25.7° N100.2° E	7	5	大理

续表

发震时间	震中经纬度	烈度 / 度	震级 / 级	发震地点
1514 年	25.7° N100.2° E	7	5	大理
1514 年	25.7° N100.2° E	8	6	大理
1515 年 10 月	25.7° N100.2° E	8	6	大理
1519 年 10 月	25.7° N100.2° E	7	5	大理
1729 年 9 月 6—9 日	25.6° N100.2° E	6	5	凤仪大理间
1862 年 2 月	25.7° N100.2° E	6	5	大理
1878 年秋	25.7° N 100.2° E	6	5	大理
1925 年 3 月 15 日	25.7° N 100.2° E	6	4	大理
1925 年 3 月 16 日 22 时	25.7° N 100.2° E	9	7	大理
1925 年 4 月 3 日	25.6° N 100.2° E	6	5	大理
1925 年 10 月 3 日	25.7° N 100.2° E	6	4	大理
1926 年 11 月 21 日	25.6° N 100.3° E	7	5	凤仪
1943 年 3 月 31 日	25.7° N 100.2° E	7	5	大理
1978 年 5 月 19 日 12 时	25° 31′ N 100° 07′ E		4.4	下关南西
1978 年 5 月 19 日 20 时	25° 32′ N 100° 18′ E	6	5.3	下关南东
1978 年 5 月 20 日 09 时	25° 33′ N 100° 18′ E		4.9	下关南西
1983 年 5 月 1 日 11 时	25° 28′ N 100° 04′ E		4.0	下关西南
1986 年 12 月 27 日 04 时	25° 20′ N 100° 04′ E		4.7	下关东南
1986 年 12 月 27 日 05 时	25° 21′ N 100° 04′ E		4.5	下关南西

中华人民共和国成立以来，剑川县境内多次发生地震。1951 年 12 月 21 日，剑川县发生 6.3 级地震；1982 年 7 月 3 日，剑川县发生 5.4 级地震；2017 年 2 月 20 日，剑川县发生 3.0 级地震。

地震容易引起山体滑坡和泥石流，影响石窟安全。地震还可能直接引起石窟岩体应力的剧烈变化，致使石窟岩体开裂、坍塌。

在相关风险数据采集的问题上，“文物云”平台一方面通过互联网发布的公开数据采集周边影响相关范围内国家发布的地震数据，另一方面能通过智能化振动传感器、位移传感器采集石窟岩体动态特性数据。通过数据对比分析，研究地震对石钟山石窟安全的影响。

4.2.2.3 人为风险

石钟山石窟前有石钟寺，曾有信徒在此烧香膜拜。信徒在佛像前大量焚香点蜡，烟雾中未燃烧充分的炭粒与挥发性有机物质相混合，附着在岩体表面形成烟熏层。形成的烟炱污染塑像表面，甚至使塑像表面完全变黑，无法辨识（图 10）。

图 10　石钟山石窟人为污染

1. 石钟寺区第六窟天王像烟熏　2. 石钟寺区第七窟甘露观音烟熏

3. 石钟寺区第二窟阁罗凤出巡图烟熏　4. 石钟寺区第八窟“阿央白”塑像烟熏

（来源：剑川县石钟山石窟文物保护管理所）

人为风险还包括游客破坏、不法分子盗凿造像等。可以通过视频监控、围界预警等技术来进行信息采集和防控。

4.2.2.4　环境风险

石钟山所处的剑川县位于滇西北横断山脉中段，“三江并流”世界自然遗产保护区南端。东邻鹤庆，南接洱源，西界云龙、兰坪，北靠玉龙，是大理州的北大门。地跨东经 99° 28′ —100° 03′ ，北纬 26° 12′ —26° 41′ 。县域面积 2250 平方千米。县城所在地金华镇海拔 2200 米，县境内最低海拔 1973 米，最高海拔 4295.3 米，年平均气温 12.5℃，年均降雨量 795.3 毫米，霜期 138 天，气温年较差小，日较差大，长冬无严寒，短夏无酷暑，属雨热同季、干凉同时的低纬度高海拔独特气候。

风化是指由于温湿度变化、大气、水溶液和生物的作用，石刻岩体构造甚至化学成分逐渐发生变化，岩石由坚硬变得疏松，出现部分岩体脱落状况，组成岩石的矿物甚至会产生分解，在当时环境下产生新矿物的物理状态和化学组分变化过程。在这个过程中，不同因素在不同时间起着不同作用。中国北方的石窟岩体风化以冻融、温差、干湿交替作用等引起的物理风化为主；而位于雨量充沛、湿热条件下的中国南方地区的石窟，则以含有盐类的地下水深入石刻岩体孔隙和裂隙中，从而使岩石中的矿物产生化学风化蚀变为主。

针对石钟山石窟的环境风险，“文物云”平台前期主要采集了相关区域的温湿度、光照、降雨量、风速风向等环境数据。下一步还可以考虑从以下方面做数据采集的加强：①增加对大气环境中污染物，如硫氧化物、氮氧化物、一氧化碳、臭氧、卤代烃、碳氢化合物、降尘、总悬浮微粒等环境数据的采集，分析其变化和对石窟保存所产生的影响；②建立可行的地表与地下水位观测系统，研究地表与地下水的关联关系及应采取的对策措施，逐步建立科学的洞窟区地表与地下给排水系统，既要保证岩体的保水度，又可避免因地下水对岩体侵蚀而产生的破坏。

4.2.2.5 项目或技术风险

中华人民共和国成立以后，石钟山石窟从 1952 年至 2004 年通过国家文物局和省、州、县文物主管部门 30 多次的保护修缮，累计投入人民币 400 多万元，对石窟开展保护维修、地质勘探、危岩锚杆加固等保护工作，现石钟山石窟已实现窟窟有保护房。

针对石钟山石窟本体的维修，在技术选型上要慎重，尤其是表面防风化材料的使用一定要慎重，需要经过严格的、长时间的实验验证才能大面积应用，这样才可避免由于技术不成熟或者实验不充分对文物本体造成不可逆转的影响。当然，应该旗帜鲜明地鼓励新技术的研究、应用和推广，技术没有成熟前可以小范围地在非重点部位进行实验性应用。

总之，对于将来可能进行的修复项目，需要从文物保护的基本原则和文物的价值保持、文物安全、稳定性、技术成熟度等方面予以关注，避免项目或技术风险的发生。

4.2.2.6 生物风险

石钟山石窟存在霉菌侵蚀的风险。石宝山温湿度气候适宜，微生物孢子着生其上，滋生蔓延。斑斑点点的霉菌菌落不但从整体上破坏了石窟的视觉观感，在其生长过程中产生的某些代谢物，如草酸、柠檬酸等多种有机酸与岩体发生反应，使得岩体表层剥蚀、风化加剧等，造成塑像面部或纹饰模糊不清，艺术价值严重受损。此外，多数霉菌为有色霉菌，即使被杀灭也会在岩体表面留下有色痕迹，对于部分表面彩绘的塑像所产生的损害是不可逆的（图 11）。

若有植物根系在石刻岩体裂隙中生长，会对裂隙两壁产生压力，这种最终会导致岩石破裂的压力被称为“根劈作用”。裂隙又会形成雨水和地下水渗流的通道，促使石窟出现风化、粉化、结构剥落等现象。另外，植物根系的腐殖酸还会导致岩石的生物风

图 11　石钟山石窟生物霉菌

1. 石钟寺区第四窟毗卢遮那佛像背光处霉菌　2. 石钟寺区第六窟马头明王像西侧霉菌

3. 石钟寺区石窟入口台阶霉菌　4. 石钟寺区第八窟西外侧岩壁霉菌

（来源：剑川县石钟山石窟文物保护管理所）

化。生物病害的发展变化通过图片分析传感器进行采集，并可以与相关的环境数据进行对比分析。

4.2.3　石钟山石窟风险评估

“文物云”平台对于不可移动文物的风险评估是动态和实时进行的。风险评估中用到的最主要的 3 个要素为：风险权重（A）、风险影响程度（T）、风险发生可能性（V）。风险评估计算原理为：综合风险值 =∑R（A，T，V）。

“文物云”采用的评估方法为通过对一个风险大类所采集的数据的综合分析，判定该类风险发生的影响程度和发生的可能性，从而得到对应的大类的风险等级，再综合每一类风险的风险权重（对不可移动文物价值的影响程度），得到对应风险大类的风险值，最终得到整个评级对象（不可移动文物）的风险评级（表 3）。

表 3　石钟山石窟风险矩阵对照表

风险类型	影响程度	发生可能性	风险等级	风险权重
本体风险	中等（3）	中等（3）	9	60%
灾害风险	中等（3）	极低（1）	3	10%
人为风险	较小（2）	低（2）	4	5%
环境风险	中等（3）	高（4）	12	10%
项目或技术风险	中等（3）	极低（1）	3	5%
生物风险	中等（3）	高（4）	12	10%

通过对石钟山石窟采集数据进行分析对比，笔者对 6 大类风险进行定量综合评估，得到的综合评级分为 3.38 分。结合上述标准普尔评级模型，大致可知，石钟山石窟的风险等级为 BBB，即有一定的本体安全度，对于外部风险会有一定反应，存在一定的外部风险，需要予以关注，并采取一定的应对措施进行防控。当然这个评级结果是动态变化的，其结果随着监测数据的分析变化而变，其结果为文物保护部门对文物保护采取不同的应对措施提供了依据。

“文物云”平台除对石钟山石窟的风险状况进行综合评估之外，还会对采集的各项数据进行单项或综合展示及预警分析，建立起石钟山石窟的文物安全神经元大脑系统（图 12—图 15）。

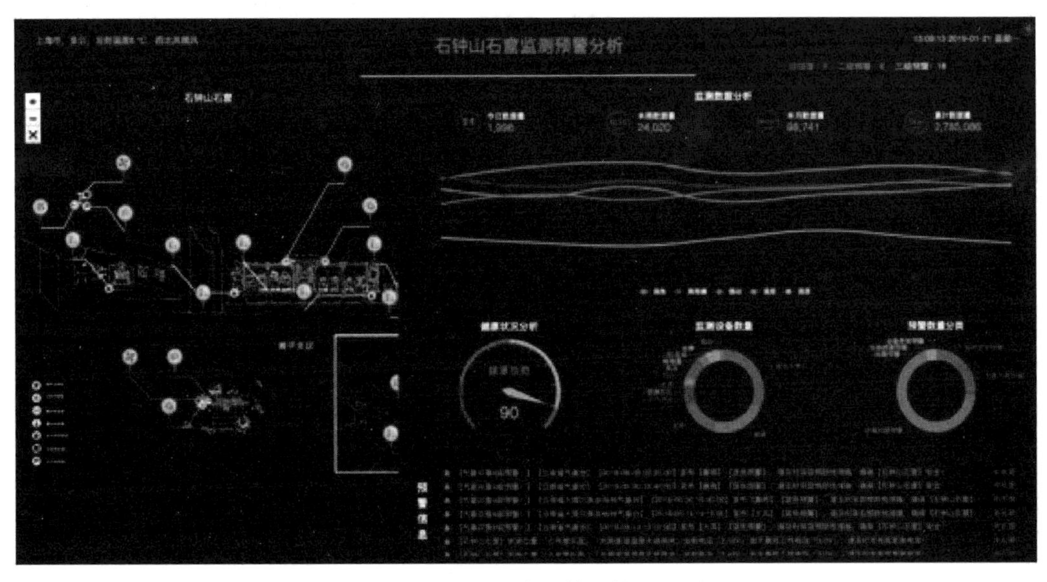

图 12　石钟山石窟总体监控界面图
（来源：剑川县石钟山石窟文物保护管理所）

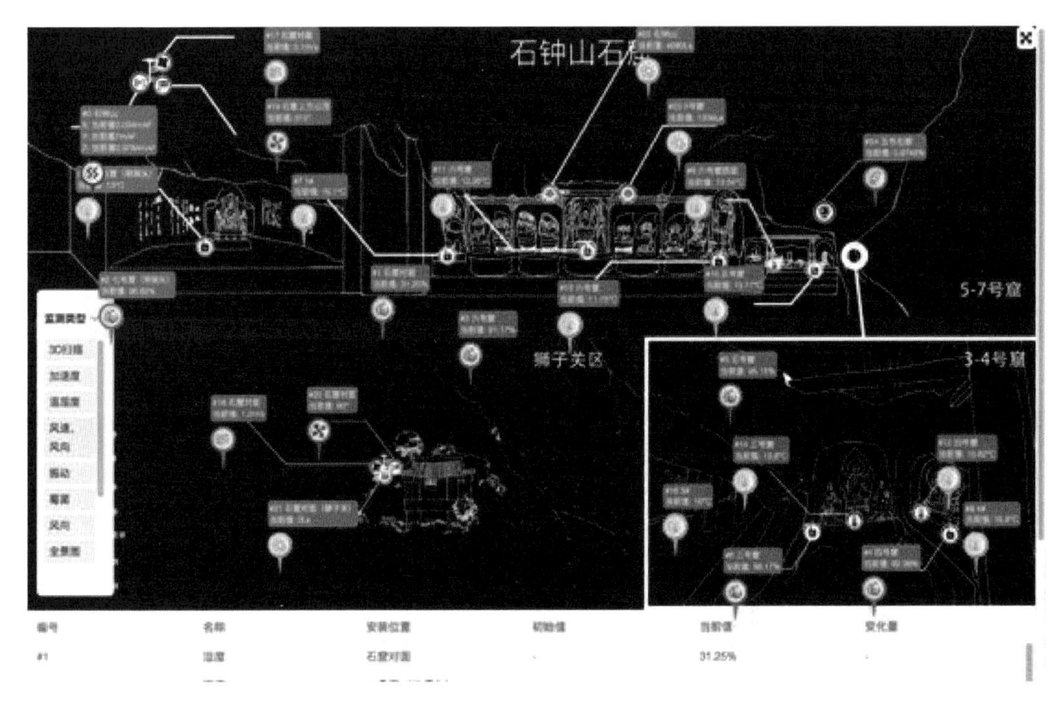

图 13　石钟山石窟神经元设备布设图

（来源：剑川县石钟山石窟文物保护管理所）

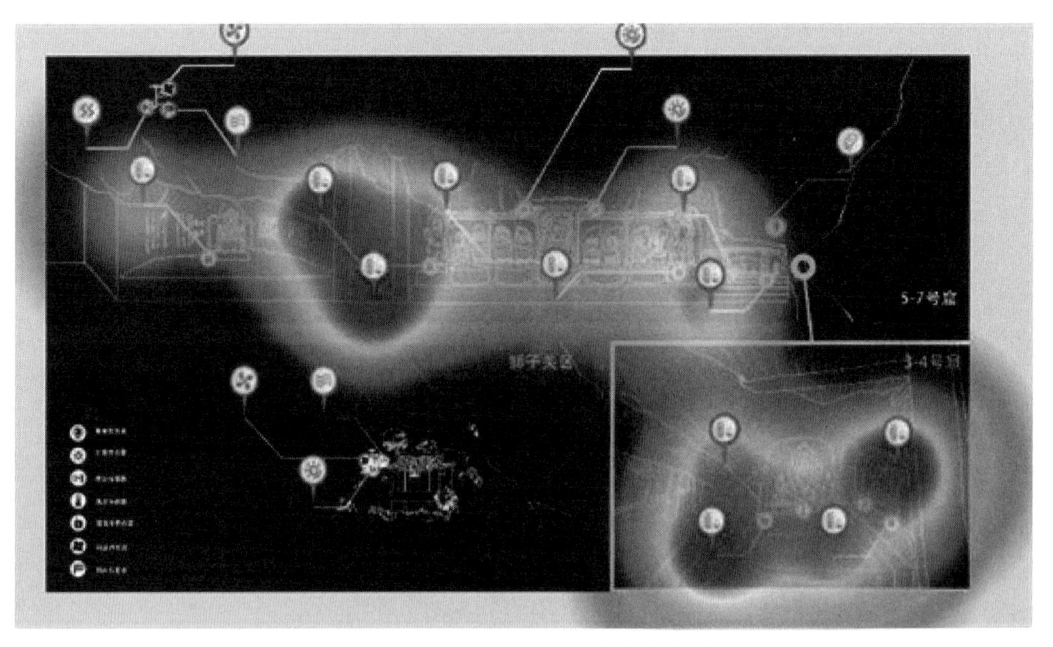

图 14　石钟山石窟温湿度热力分布图

（来源：剑川县石钟山石窟文物保护管理所）

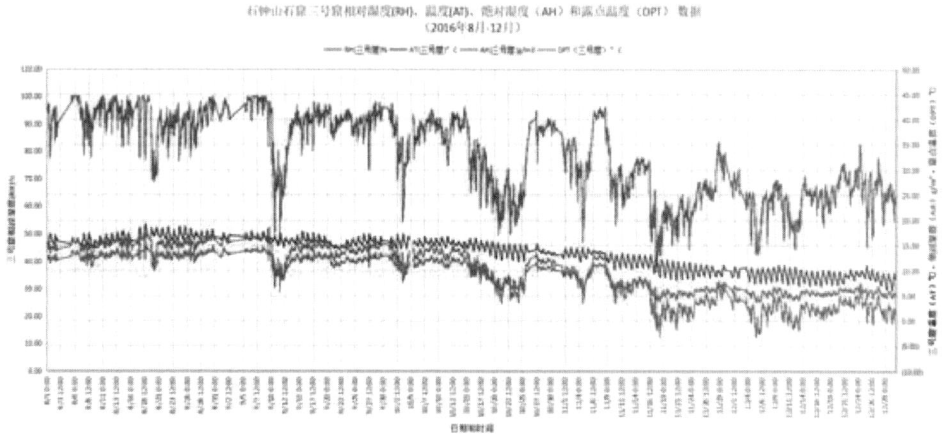

图 15　石钟山石窟三号窟露点温度变化图

（来源：剑川县石钟山石窟文物保护管理所）

4.2.4　石钟山石窟风险防控

针对风险评估阶段形成的结论和发现的主要问题，应该对主要风险采取必要的防控手段。对于石钟山石窟而言，其本体风险主要体现在石质文物的风化和结构稳定性上。而环境风险和生物风险又是影响本体风险发生、发展的主要影响因素，因此应当从源头进行重点防控。

自然界中对石质文物最具有破坏性的就是水，水也是石钟山石窟风化的主要因素之一，无论是石质内部性质结构的原因，还是外部原因中的环境因素、物理风化、化学风化及生物风化作用都直接或间接地与水的参与有关。因此，要从根本上治理石钟山石窟的风化，就需要尽可能地切断水源，在洞窟内采取必要的排水措施，在洞窟外应建立完好的排水系统，降低或避免渗水对岩体的影响。

由于石窟渗水的主要水源为深入窟顶地层的大气降水，因此石窟防渗应主要围绕防止大气降水的下渗展开。防止大气降水下渗有两种方式：①尽可能快和尽可能多地将大气降水排出石窟区，防止或减少大气降水的下渗；②设置防渗层，阻断大气降水下渗路径，使得下渗的水分在防渗层止步，并通过防渗层上的导流层排入排水沟，最终排出窟区。

在雨水充沛的季节，空气湿度较大，石钟山石窟洞窟深处、雕像表面的拐弯处和背风处易产生凝结水病害。凝结水是加速石窟岩石风化的重要因素之一。近年来，由于空气污染日益加重，空气中 SO_2 等有害气体含量增加，使凝结水对岩石的侵蚀能力增强，加剧石窟风化。凝结水富集的部位很容易滋生微生物病害，通过在岩壁安装传感器采集数据，并结合现场观察，可进一步对石钟山石窟凝结水形成的规律及治理对策进行研究。

通过当前对石钟山石窟监测数据的整理和分析可以初步看出，每年的夏季、秋季石钟山石窟相对湿度较高，壁温和外界温差较大，壁温较低。当露点温度高于壁温时，水气就会在石窟壁上凝结，形成凝结水。因此，过大的湿度以及洞窟内外的温差变化、通风状况等都是凝结水形成的主要原因。而要解决石钟山石窟的凝结水病害问题可以从降低石窟内部湿度、加速石窟内部空气流通以及定期除尘等方面入手。

建设保护性建筑也是石质不可移动文物风险防控的重要手段。若要建设保护性建筑，必须要根据石钟山石窟环境特点设计。为了防止保护建筑的二次破坏，需要对保护性建筑内部以及石窟内部的空气湿度问题进行专门考虑。保护性建筑应是兼具遮阳、避雨和缓解温湿度骤变的窟檐类保护建筑。

5　结语

本文结合风险管理理论和不可移动文物的保护现状，提出建立不可移动文物风险管理体系的构想，并提出初步的实现路径和方法。这一体系的建立，为不可移动文物的预防性保护提供了可量化的理论支撑，必将推动科技与文物保护的有机结合，提高文物保护科技化、智能化水平。当然，由于研究深入程度不够，加之缺乏足够的支撑材料，本文定然存在诸多不足，希望能够有越来越多的专家学者加入这一课题的研究行列，共同推动不可移动文物风险管理体系的建立。

参考文献

[1] 詹长法．意大利文化遗产风险评估系统概览．东南文化，2009（2）：109-114.

[2] Alessandro M, Andrea A. Monitoring Architectural Heritage by Wireless Sensors Networks:San Gimignano—A Case Study. *Sensors*, 2014, 14(1):770-778.

[3] 李锐华．遗址环境特征模型及游客路线动态调度算法研究．杭州：浙江大学硕士学位论文，2011：5.

[4] 王明明，文琴琴，张月超．基于风险管理理论的文化遗产地监测研究．文物保护与考古科学，2011（3）：1-4.

不可移动文物自然灾害风险管理研究*

乔云飞**

摘要：近年来，我国不可移动文物自然灾害风险威胁及因灾损失呈快速增加趋势。开展不可移动文物自然灾害风险管理研究，对减轻灾害风险、加强文化遗产应急管理能力和预防性保护具有重大意义。通过梳理不可移动文物自然灾害风险管理中相关问题，从不可移动文物主要自然灾害风险评估方法、自然灾害风险要素信息获取与定量表达、自然灾害风险图构建方法、不同气候条件区域和不同类型文物自然灾害风险监测策略及风险管理框架等五个方面开展对策研究，并对相关示例进行分析、探讨。以期能够减轻不可移动文物自然灾害风险、提升文化遗产预防性保护的“科学化、专业化、智能化、精细化”水平。

关键词：不可移动文物；预防性保护；自然灾害；风险管理；风险评估

1 引言

我国不可移动文物具有数量大、地域广、类型多、价值高等特点。据最新统计，截至2021年7月，全国共有不可移动文物76.7万余处、全国重点文物保护单位5058处①、世界遗产56项②、国家历史文化名城137座③、中国历史文化名镇名村799个④，传统村落、文化线路、文化景观、工业遗产等新的文化遗产类型亦在不断扩展。但与此同时，伴随着灾害种类多、分布地域广、发生频率高、灾情复杂多变的综合自然环境，以

---

* 本文受国家重点研发计划项目“不可移动文物自然灾害风险评估与应急处置研究”（2019YFC1520800）资助。

** 乔云飞：中国文化遗产研究院，北京，邮编100029。

① 来源于国家文物局官方公布数据。

② 2021年7月25日，在第44届世界遗产委员会会议上，“泉州：宋元中国的世界海洋商贸中心”获准列入《世界遗产名录》。至此，中国世界遗产总数达56项。其中，文化遗产38项、自然遗产14项、自然与文化双遗产4项。

③ 2021年6月，《国务院关于同意将安徽省黟县列为国家历史文化名城的批复》发布。至此，我国国家历史文化名城增至137座。详见：国家历史文化名城增至137座.［2021-6-21］http://sn.people.com.cn/n2/2021/0621/c378302-34785354.html.

④ 截至目前，住房和城乡建设部、国家文物局共公布了七批中国历史文化名镇名村，其中历史文化名镇312个，历史文化名村487个。

及全球气候变化加剧的趋势，我国不可移动文物所处外在条件恶化，干扰影响加速，文物因灾损毁、自然破坏的事件频发，造成了不可挽回的巨大损失（图 1）。

1

2

3

图 1　不可移动文物因灾致损

1. 四川都江堰二王庙汶川地震损毁前（左）、后（右）　2. 安徽黄山镇海桥 2020 年洪涝损毁前（左）、后（右）
3. 山西新广武长城“月亮门”大风倒塌前（左）、后（右）

文物安全是文物保护的红线、底线和生命线，也是文化安全和文化自信的重要组成部分。习近平总书记高度重视文物保护和文化传承，多次做出重要指示、批示，明确要求“要借鉴国际理念，健全长效机制，把老祖宗留下的文化遗产精心守护好”[1]，“要深刻汲取国内外重大文物灾害事故教训，督察落实主体责任，强化隐患整治，增强历史文化遗产防护能力”[2]，努力走出一条符合中国国情的文物保护利用之路。

因此，在坚持“文物保护为主”和防灾减灾救灾“两个坚持”“三个转变”[①]的方针下，系统开展不可移动文物自然灾害风险管理研究对不可移动文物的预防性保护具有现实指导意义。

2 不可移动文物自然灾害风险管理存在的问题

2.1 风险评估理论方法不足

2.1.1 既有理论存在局限性

自然灾害风险评估理论，有广义与狭义之分。广义的灾害风险评估是对灾害系统进行风险评估，即在对致灾因子、孕灾环境、承灾体分别进行风险评估的基础上，对灾害系统进行风险评估[3]。狭义的灾害风险评估是对灾害系统的致灾与成害关系的评估，是对承灾体进行的风险评估，亦是常见的灾害风险评估。虽然考虑角度不同，但二者都包含一个核心要素，即对承灾体的脆弱性评估。在灾害风险领域，承灾体脆弱性指承灾体遭到致灾因子打击时的脆弱程度，通常将行政单元作为承灾体，其脆弱性常以能够反映人口结构、经济社会结构、医疗卫生水平等社会经济统计指标为基础来获取。

灾害风险评估理论框架主要包含三大学派[4]:“损失可能性”学派、“未来损失”学派以及“未来损失的不确定性”学派。“损失可能性”学派的代表观点是风险为未来损失的可能性，未来失事概率越大，风险越大。该学派理论广泛应用于江河防洪工程中。但对于不可移动文物而言，受建造时间、材料、工艺及现有维修工程等多方面的影响，其失事概率难以评定。“未来损失”学派的代表观点是风险为不同概率水平下的危险性，在某一概率水平下，危险越大，风险越大。该学派理论常用于洪水灾害风险图中，风险图表示了不同概率水平下洪水及洪水灾害损失特性，与洪水发生频率相关联。但该学派不适用于其他自然灾害类型的风险评估。“未来损失的不确定性”学派的观点是风险为未来损失的不确定性，或风险为未来实际结果与预期结果的差异。认为损失期望越大，风险越大。该理论常用在灾害风险区划领域以及灾害保险行业，而对不可移动文物价值损失如何评定尚无定论。综上所述，既有的三种自然灾害风险评估理论（表1），对以不可移动文物为核心的风险评估尚缺乏针对性研究，不可移动文物风险理论亟待完善。

---

① 即坚持以防为主、防抗救相结合，坚持常态减灾和非常态救灾相统一，从注重灾后救助向注重灾前预防转变，从应对单一灾种向综合减灾转变，从减少灾害损失向减轻灾害风险转变。

表 1 灾害风险评估理论中的“三大学派”对不可移动文物风险评估的适用性

学派名称	学派特点	主要应用	研究不足
“损失可能性”学派	风险 = 可能性（损失概率） 失事概率越大，风险越大	江河防洪工程	文物损失概率难以评定
“未来损失”学派	风险 = 危险性（某 Pi 下） 某一概率水平下，危险越大，风险越大	洪涝灾害风险图	针对文物的其他灾害类型研究不足
“未来损失的不确定性”学派	风险 = p（损失） 损失期望越大，风险越大	灾害风险区划及灾害保险	文物价值损失难以评定

2.1.2 既有评估模型与方法的不适用性

传统的自然灾害风险评估模型与方法较为成熟、丰富，但与不可移动文物价值评估关系不够密切。如① PAR（Pressure-and-Release）模型[5]，即“压力 - 释放”模型，灾害被明确定义为承灾体脆弱性与致灾因子（扰动、压力或冲击）相互作用的结果，但在其脆弱性中尚无与文物价值相关联的内容或定义。② BBC（Bogardi、Birkmann 和 Cardona 三人共同建立）概念模型[6]：该模型将承灾体放入系统反馈回路中，关注未来的发展状态，在强调当前脆弱性、暴露度和已有适应力重要性的同时，展示了潜在调控措施的必要性，但其与承灾体价值关联性较差。③ RH（The Risk-Hazard）概念模型[7]：该模型将致灾因子造成的破坏理解为暴露度和承灾体敏感性的函数，即“遭遇 - 反应”关系，强调承灾体对致灾因子或环境冲击的暴露度和敏感性，关注的焦点是致灾因子和灾难后果，但弱化了承灾体本身价值的影响。④ HOP（Hazards-of-Place）模型[8]：该模型引入了空间位置属性，通过特定地点的脆弱性来综合分析自然、社会对承灾体的影响，能够及时体现风险、减灾活动的变化，但与文物价值关联性较差。⑤综合指数法[9]：该方法目前应用最为广泛，其从致灾因子危险性、孕灾环境敏感性、承灾体脆弱性的形成机制、表现特征、产生与变化的根源等方面理解灾害现象，从而确定概念模型；通过查明影响因素及其内在联系为影响因素选择指标，建立评估体系，并对指标进行量化与权重赋值，最后估算出危险性、敏感性及脆弱性指数。但是该模型中目前也缺少与文物价值相关联的指标。

总之，不可移动文物作为珍贵且不可再生的稀缺资源，目前，我国对其的保护和研究，既缺乏理论上的明确指导，也缺少方法上的最佳适用。在文物保护工作实践中，自然灾害造成文物承载的历史、艺术、科学、社会、文化等价值信息损失程度如何表征？针对不可移动文物特点，既有灾害评估理论模型及方法的适用性如何增强？这些均急需作为当前不可移动文物自然灾害风险评估研究的重点。

2.2 风险要素信息采集与利用不畅

2.2.1 不可移动文物自然灾害风险信息获取渠道单一

自然灾害信息采集与统计涉及应急管理、地震、气象、水利等多个行政部门，文物部门凭一己之力很难及时掌握不可移动文物保护中所需的信息数据。部分建设有独立气象、地质、水文信息观测平台的文保单位，也尚难与省域、县域信息系统衔接，阻碍了自然灾害风险信息的互联互通。

2.2.2 不可移动文物自然灾害风险评估指标精度不足

单纯依托地面观测数据较难对致灾因子和孕灾环境进行精确刻画，且不可移动文物本体脆弱性信息采集目前仍以传统人工方法为主，结果多为定性分析，受限于操作人员的经验，数据精度的不足也影响了自然灾害风险评估的准确性。

2.2.3 不可移动文物信息化相对滞后

不可移动文物信息采集技术多样化与信息体系不健全的矛盾愈发突出，由于缺乏技术手段适宜性评估，文物系统信息化相对滞后（如第一、二、三次全国文物普查信息[①]多停留在纸面）、碎片化明显，原始文物信息的有效利用难度进一步加大。

2.3 风险程度表征不明

早在20世纪70年代，意大利就已开发风险图展示、管理和应用平台，20世纪90年代专门拨款1400万欧元进行风险图体系建设，其有效性在2009年拉奎拉等地震中得到证实。该风险图系统，可支持多用户、多要素、多源异构数据的空间展示与分析计算，极大提升了不可移动文物风险管理水平。

与之相较，我国在风险表达与图示方面，目前仍处于起步阶段，不可移动文物风险图的相关研究尚存以下不足。

（1）不可移动文物自然灾害风险管理的图示化表达，成果主要集中在不可移动文物病害、规划和监测图示等方面，对于整体性、区域性的风险表达显示较少，与国际的差距较大。

（2）风险图示专业化特征高深，难以满足管理决策、修缮保护、风险评估和公众教育等多元主体的需求。

（3）在吸收、借鉴国际先进的风险评估系统理念时，尚不能突出考虑和充分体现我国国情和不可移动文物的特点。

---

① 我国第一次全国文物普查自1956年至1959年；第二次全国文物普查自1981年秋至1985年；第三次全国文物普查自2007年6月至2011年12月，与前两次普查相比，此次普查规模大、涵盖内容丰富。参见：王珏，赵思雯．第一次全国文物普查（新中国的“第一”•文化篇）．人民日报，2019-10-26.

2.4　风险监测预警能力不强

随着数字化、信息化监测技术不断进步，传统监测手段与高新科技共同服务于不可移动文物保护领域，在监测技术多样化的同时，也出现了技术种类不清晰、选用标准不明，监测设备集成不足等问题。针对严重自然灾害及文物本体的动态监测及预警，存在着需求不配套、阈值不明确、缺乏统一标准、难以大范围应用等问题。

2.5　风险管理框架不系统

风险管理框架不系统主要体现在：①灾害管理主要侧重于灾害的应急救助、灾情评估和灾后救援，涉及灾前的风险调查与评估较少。②风险管理能力欠缺。不可移动文物自然灾害风险管理的原则、方法、内容和程序管理仍处于探索阶段，尚未形成系统的文物风险管理组织架构。

3　提升不可移动文物自然灾害风险管理能力的对策

3.1　完善不可移动文物自然灾害风险评估方法体系

与自然灾害风险评估系统中的承灾体不同，不可移动文物多属微观层面，与宏观层面的致灾因子、孕灾环境在空间尺度上存在较大差异。因此，通过构建“省域－县域－文保单位”三级尺度下的不可移动文物风险评估模型，不断化解因致灾因子、孕灾环境过于宏观与不可移动文物相对微观而产生的矛盾。即在省域尺度上，侧重于自然环境特征的影响（如致灾因子与孕灾环境）；在县域尺度中，兼顾局部自然环境与文物特征；而在文保单位尺度中，则强调文物本体和文物保存环境特征。三者相互沟通、紧密联系，基于完整性、系统性、典型性、简明性和科学性的指标选取原则，构建不同尺度下的不可移动文物自然灾害风险评估指标体系，并通过关联不同空间尺度下的不可移动文物风险评估结果，最终形成不可移动文物自然灾害应急处置的策略。

3.1.1　建立“不可移动文物－致灾因子－文物保存环境”自然灾害风险评估理论框架

首先，基于相关统计数据和《第三次全国文物普查不可移动文物名录》内容，结合文物抽样与补充调查，统计和形成全国范围内不同类型不可移动文物的类型、规模及其分布情况；其次，针对不同类型不可移动文物本体属性和地理分布等特点，分析文物本体脆弱性因素（如暴露程度、敏感性、结构性脆弱等）、暴露性因素（如文物本体总量及其分布）、致灾因子危险性（如种类、规模、强度、频率、影响范围、等级）和文物保存环境不稳定性（如地形地貌、断层、地层岩性、水系、高程、风速等）等特性，归纳其自然灾害风险特征；最后，基于“文物本体 - 致灾因子 - 文物保存环境”（V-H-S）风险评估原理，针对不同类型文物本体特征，分别建立适用于地震、洪涝和大风三种主要自然灾害的风险评估科学体系。

3.1.2 构建面向不同类型的不可移动文物主要自然灾害风险评估方法体系

（1）不同类型不可移动文物主要致灾因子危险性评估。通过对古建筑、古遗址、石窟寺及石刻等不可移动文物本体进行物质结构和环境要素测量，基于自然灾害风险特征，在持续性、普遍性、延迟效应和危害能力等方面，对致灾因子进行识别和预估，遴选不同类别文物所在地的主要自然灾害时间频率及空间分布特征，运用遥感、三维激光技术、地理大数据等手段，采用数据挖掘和机器学习技术，构建洪涝、大风、地震灾害主要致灾因子对不同类型不可移动文物的危险性评估体系。

（2）不同类型不可移动文物本体脆弱性评估。通过采集不可移动文物自然、历史、文化属性、保存现状及保存环境等基本信息，分析文物本体制作材料、工艺、结构、构造、理化性质等基本参数，厘定不可移动文物的“本体脆弱性”。同时，结合不可移动文物病害、特征、发展趋势和危害程度，综合文物本体自然环境、人文环境，厘定不可移动文物的“位置脆弱性”。最后，基于“本体脆弱性”与“位置脆弱性”确立脆弱性评估模型。

（3）不同类型不可移动文物保存环境敏感性评估。通过梳理古建筑、古遗址、石窟寺及石刻等文物本体所在区域孕灾环境，提取不同类型不可移动文物保存环境敏感性特征因子，分析不同文物类型等因素对自然灾害敏感性的影响。结合历史灾害数据提取文物保存环境敏感性特征因子，对不同类型不可移动文物保存环境进行敏感性分析。

总之，通过综合考虑古建筑、古遗址、石窟寺及石刻等文物本体的脆弱性，地震、洪涝及大风致灾因子危险性，文物保存环境敏感性，防灾减灾救灾能力四个要素的影响，分别构建不同文物类型与致灾因子对应的风险评估方法，形成面向不同文物类型的主要自然灾害风险评估方法体系。

3.2 提出针对文物系统信息采集的“天 - 空 - 地”协同观测与表达方法

3.2.1 文物本体脆弱性指标信息获取

为准确表达不可移动文物抗风险能力现状，采用多种无损检测设备对不可移动文物本体信息进行获取，在基于各类信息采集数据分析的基础上，综合考虑文物保存环境、材质、年代、结构体系多因素影响，建立不可移动文物脆弱性指标获取技术体系。

3.2.2 致灾因子信息精细提取

在宏观及中观层面，基于星地多源协同的遥感动态监测技术，如高分辨率遥感影像，实现对不可移动文物在地震、大风和洪涝等自然灾害影响下，多尺度、多时空现象与演变过程的定量观测。

在微观层面，利用不可移动文物单体的微形变时序雷达干涉技术，建立针对典型致灾因子对古建筑、古遗址、石窟寺及石刻等不可移动文物病害影响的时序变化模型和定量化表达。而低空无人机技术，可以高效、灵活获取文保单位保护范围内与自然灾害关联的典型要素（如土地利用、微地形、坡度等），为文保单位自然灾害风险管理与应对规划制定和措施实施提供及时、可靠定量专题数据与场景模型。

3.2.3 文物保存环境典型特征获取

针对地震、大风、洪涝等灾害对不可移动文物及其周边环境的影响因素，利用遥感卫星及地面观测信息，实现地表形变特征、典型地物类别特征等多尺度孕灾环境的特征解译和定量表达。通过对文物保存环境的时空变化分析，进而揭示孕灾环境对不可移动文物的影响过程与规律。

3.3 制作不可移动文物自然灾害风险图

3.3.1 构建不可移动文物灾害风险图制作方法

风险图的制作方法可分为四个步骤：一是采集元数据，包括现场勘查、现场检测、实时监测、星空地采集等，通过对采集的元数据进行清洗、筛选、匹配、封装，形成元数据库。二是对元数据进行处理形成专题数据库。根据风险评估模型中的要素建立专题数据库，如致灾因子数据库、文物保存环境数据库、文物本体信息数据库、文物脆弱性信息数据库等[10]。三是制作专题图层。通过 GIS 平台调取专题数据库，并进行转换、处理、运算，建立危险性、脆弱性、暴露性、敏感性等专题图层。四是进行 GIS 空间叠加分析，基于数据空间运算、等级划分，在识别风险区的基础上，形成大、中、小尺度下的风险分级图。

（1）构建不可移动文物自然灾害风险评估抽样数据库。通过选择典型省份，调研文物历史灾害案例信息、文物基础信息、文物现状保存信息、文物本体脆弱性信息、灾害环境信息等，建立统一的数据规范和数据格式转换模式。对不同来源、不同特性的矢量数据、栅格数据、遥感数据、图形信息进行逻辑整合和数据集成，构建面向风险评估服务的专题数据库（包括灾害环境数据库，文物地理信息数据库、文物易损性信息数据库、文物价值信息数据库等），分析数据库的通用性和可扩展性。

（2）建立不可移动文物灾害风险基础数据的空间标度和基础要素图层。结合地理信息系统（GIS）工具，建立专题数据库的前处理体系和图形可视化表达方法，形成面向风险评估的基础要素图层，建立基础要素图层的规范化准则。对基础要素图层进行定量分析，形成灾害文物保存环境危险性、文物本体易损性等专题图层，确定各专题图层的内容、表示方法、图例设计要求及方法[11]。

（3）构建多尺度的不可移动文物灾害风险图。明确不同尺度下风险图应包含的基础地理信息、不可移动文物信息和风险区划信息的内容和表现形式；根据不可移动文物灾害风险评估理论模型，叠加专题图层信息，结合文物级别、类型、价值损失及社会关联等因素，确定典型灾害下不可移动文物风险等级划分的标准与方法[12]。以单个不可移动文物为最小单位，绘制典型文物在地震、大风、洪涝三种灾害下的风险图；以文保单位和行政单元为尺度，对单体风险的后果进行加权评估，形成灾害风险图。

3.3.2 开展面向不同用户的灾害风险图定制及展示研究

基于灾害系统理论，耦合灾害（地震、大风、洪涝）风险因素、文物本体脆弱性和文物保存环境特征，结合单灾种动态风险评估模型和多灾种耦合风险评估模型，模拟不同情境下文物本体受灾程度和潜在损失，刻画文物本体受灾的变化过程和灾害风险等级变化趋势；依据不可移动文物灾害风险管理过程中遗产管理者、专业技术人员、社会公众对风险信息的关注偏好，构建差异化、定制化的灾害风险符号系统和制图规范体系，实现文物本体受灾过程中自然特征、模型模拟结果、实际灾害损失和应急抢险预案的可视化表达，编绘面对不同用户需求的不可移动文物自然灾害专题风险图产品，推动不可移动文物灾害风险图应用研究[13]；综合考虑中国自然灾害的时空分布特征、区域社会经济水平和各类不可移动文物保护需求，结合各地文物防灾减灾能力水平，开展不可移动文物自然灾害风险区划研究，编制风险区划图，为文物部门提升不可移动文物灾前准备、灾中应急响应和灾后恢复修复能力提供借鉴。

3.4 构建不可移动文物自然灾害风险监测适宜性评价体系

不可移动文物自然灾害风险监测策略研究分为概念定义、指标框架、变量计算及策略表达四部分。第一部分主要定义监测策略框架中的基本概念与内涵，为后续工作做基础；第二部分监测指标框架主要包括指标的类型与构成，不同的不可移动文物－自然灾害组合的监测指标都需逐一确定；在此基础上，采用关联与算法明确的变量监测方法、监测数据，采集和计算变量，提取与处理数据；最后基于知识图谱模型、合适的数据库、实例应用以及虚拟场景模拟，实现监测策略的表达。采用该框架可有效从源头上解决监测环节薄弱和缺失的问题。

（1）既有不可移动文物自然灾害风险监测技术适宜性评价。通过文献调研、现场调查、专家咨询与数据挖掘等手段，总结凝练各种监测技术及其组合的监测范围、监测时效、监测精度、监测成本以及对不可移动文物的扰动性等信息，综合开展适宜性评价。

（2）不同气候条件区域和不同类型文物自然灾害风险监测策略。通过 GIS、BIM 等三维模型仿真系统，采用案例分析、专家知识及技术解构方法，完成监测对象、类型、范围、尺度、精度、周期、等级、设备等监测内容设计及监测指标体系完善。通过决策树算法和关联规则分析方法，协同完备的监测指标体系与多维度的监测技术体系，构建支持度和置信度约束下的监测技术方案的优选策略，以实现不可移动文物自然灾害风险监测的一体化和精准化。

针对监测数据分析处理，基于物联网、大数据、云计算及深度学习等技术手段，确定监测数据采集、传输、处理及存储的原则与要求，厘清监测数据相关性、趋势性等分析处理的需求[14]。

3.5　构建不可移动文物自然灾害风险管理框架

通过不可移动文物 - 自然灾害风险管理目标体系，构建三类典型不可移动文物（古建筑、古遗址、石窟寺及石刻）灾前、灾中、灾后的主要工作原则、步骤、任务，厘清灾害管理各阶段主要利益角色与相关责任边界。

按照不可移动文物自然灾害风险管理周期，选择适宜的自然灾害风险监测技术，利用不同气候条件区域和不同类型文物自然灾害风险监测策略，制定不可移动文物灾害风险管理方案。在灾害发生前，以风险防范为目标，研究不同类型文物自然灾害风险等级预防保护方法，包括风险评估、风险预防、应急准备等；在灾害发生时，以现有组织架构与资源为前提，利用风险监测数据、实地调查数据等，核准不同类型文物在不同灾害发生时量变质变准确数据，力争精准抢救；在灾害发生后，以损失评估和重建修复为目标，研究不同类型文物灾后风险处理措施，形成以灾害风险管理周期为指导原则的不可移动文物 - 自然灾害风险管理框架主体内容（图 2；表 2）。

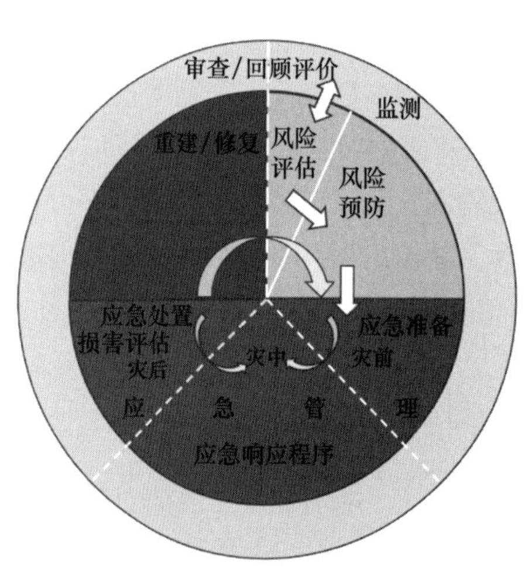

图 2　不可移动文物 - 自然灾害风险管理框架图

表 2　不可移动文物 - 自然灾害风险管理框架内容

管理目标	具体措施
风险防范	风险评估、风险预防、应急准备
风险应对	灾前应急准备、灾中精准抢救、灾后评估处置
保护措施	监测、预防性保护、抢险加固、修复重建

以现有风险管理理论为基础，将垂直管理内容和水平管理进行划分，综合考虑风险管理的整体协调性，以不同自然灾害风险级别的管理能力、自然灾害类型及风险管理周期为坐标系，构建以不可移动文物为主体的灾害风险管控阶段矩阵。基于不可移动文物灾害风险管控阶段矩阵，对灾害风险实行精细化循环化管理，最终形成面向不可移动文物的自然灾害风险管理框架。

4 示例探讨

4.1 不可移动文物自然灾害风险评估理论应用示例：福建省全国重点文物保护单位中的“古遗址－暴雨洪涝灾害”风险评估

针对暴雨洪涝灾害，以福建省 18 个县（市）24 处全国重点文物保护单位中的古遗址为例，采用指标体系法从致灾因子、文物保存环境及文物本体三个方面构建不可移动文物季节性暴雨洪涝灾害风险评估方法。经实践印证：风险评估结果能很好地反映出暴雨洪涝灾害的季节性差异，说明该评估方法具有可行性；福建省第二季度暴雨洪涝危险性最高，其次为第一和第三季度，不同季度危险性空间分布存在明显差异；第一、二季度沿海和北部县域的国保古遗址暴雨洪涝风险高，中部县域风险较低；第三、四季度风险整体为沿海高、内陆低。暴雨洪涝灾害风险季节性差异评估结果可为不可移动文物防灾减灾规划与监测防范措施提供科学参考[15]。

4.2 基于星地协同的致灾因子遥感信息精细提取方法应用示例：江西省昌邑北垱遗址

利用 2020 年 4—11 月共 21 幅多时相合成孔径雷达（Synthetic Aperture Radar，SAR）遥感图像，对江西南昌昌邑北垱遗址开展了水域淹没监测研究。通过不同时相遥感图像提取的水体范围与昌邑北垱遗址叠加分析，发现受长江及鄱阳湖汛期影响，昌邑北垱遗址在 2020 年 7—10 月，约有 4 个月处于受淹状态（图 3）。此例表明，基于遥感技术的不可移动文物洪涝灾害信息提取技术，可为文保单位提供第一手观测资料，为后期风险预警和应对提供技术支撑。

4.3 不可移动文物自然灾害应急响应示例：青海省玛多古建筑群

2021 年 5 月 22 日，青海省玛多县发生 7.4 级地震，波及 3 处全国重点文物保护单位。依据地震烈度空间分布区位初步判断，查朗寺位于地震烈度 5 度区域内。继而调取合成孔径雷达的干涉测量（Interferometric Synthetic Aperture Radar，InSAR）同震形变监测判断：查朗寺地表位移在 2.8—5.6 厘米（图 4），墙体可能出现开裂。通过现场实地调研和无人机航拍，证实地表位移与 InSAR 同震形变监测数据基本一致，且墙体出现多处裂缝（图 5）。实践证明，空、天、地协同观测不仅能精细刻画文物本体脆弱性及环境要素信息，还能反映文物环境及提供文保单位自然灾害应急响应背景等关联问题。

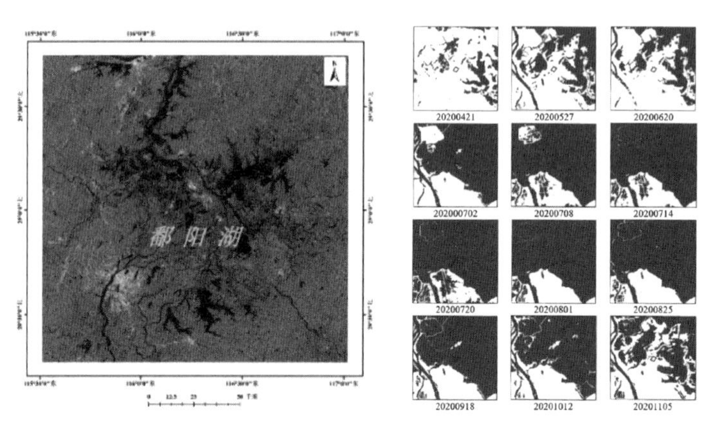

图 3　不同时相水体范围与江西昌邑北垱遗址范围叠加分析
（红框为昌邑北垱遗址范围，蓝色为遥感图像所提取的水域范围）

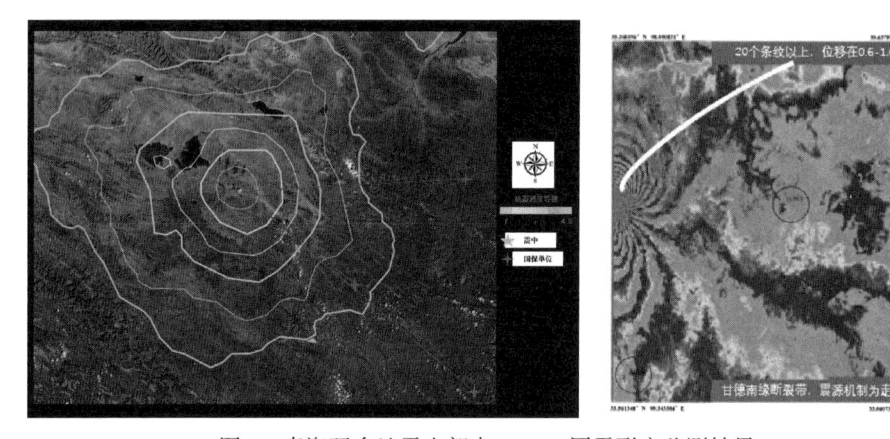

图 4　青海玛多地震查朗寺 InSAR 同震形变监测结果

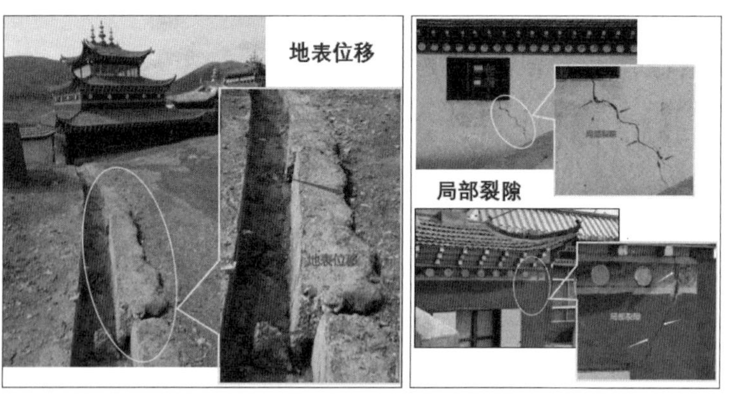

图 5　青海玛多地震查朗寺现场调研实拍图

5 展望

不可移动文物风险管理作为一项复杂的系统工程，在构建与实施应用中还需重视以下几点。

5.1 夯实文物灾害风险管理基础工作

各级政府、文物行政部门、文博单位必须把防灾减灾列为不可移动文物保护工作重点内容，增强基层文物管理部门防灾预警意识和能力，加强不可移动文物自然灾害监测体系建设；强化各级政府对自然灾害风险理论学习意识，提升基层文物管理部门对不可移动文物本体及周边环境自然灾害风险隐患的识别、分析和预判能力，针对典型自然灾害事件应及时开展灾后调查和灾害损失评估工作[16]。要有序推进将不可移动文物自然灾害风险监测评估与管理纳入世界文化遗产申报、国土空间规划管理、全国自然灾害综合风险普查、乡村振兴战略实施等长期性、宏观性工作布局中[17]。

5.2 强化文物灾害风险管理科技创新

结合各地特点，积极推进不可移动文物信息采集的“天－空－地”协同观测与表达方法、不可移动文物灾害风险图、不可移动文物自然灾害风险适宜性监测体系等自然灾害风险管理研究成果的应用实施。持续加大不可移动文物自然灾害风险管理研发资金投入，围绕灾害防范及预防性保护理论、方法等文物保护领域的迫切需求，力争解决关键科学与技术问题，实现创新性突破。

5.3 加强文物灾害风险管理保障工作

建立健全跨部门、跨地区的文物工作协调机制，加强不可移动文物日常养护和预防性保护工作。加强灾害应急处置，确保自然灾害突发事件发生时各相关部门快速响应、有效应对、妥善处置；加强人员调配、应急资金和物资保障储备管理[18]。

5.4 加大文物灾害风险管理人才培养与宣传力度

加快编制系统化、实用性的不可移动文物灾害应急抢险技术操作指南、技术规程、规范等，加强专业技术人员业务能力培养[19]。同时，加大保护宣传力度，及时向社会介绍不可移动文物保护和自然灾害防范的基本知识，拓宽公众参与渠道与文物守护意识。

5.5　建立健全不可移动文物防灾减灾应急管理法规体系

明确不可移动文物应对自然灾害的原则，建立健全不可移动文物防灾减灾应急管理法规体系。完善不可移动文物保护勘察设计规范标准，将不可移动文物防灾减灾作为文物保护规划、设计、施工方案等技术文件的强制性内容，确保防灾减灾措施与修缮工作同步考虑、同步设计、同步实施[20]。

6　结语

面向文物保护国家创新战略需求，开展不可移动文物自然灾害的风险管理研究，解决相关领域的科学与技术前沿问题，对减轻不可移动文物灾害风险、提升文化遗产预防性保护的“科学化、专业化、智能化、精细化”水平，具有十分重大的科学、文化和社会意义。通过多领域、跨学科协同创新，系统构建防灾减灾体系，应用新科技手段实现对不可移动文物自然灾害风险的科学、准确评估和有效管理，事关文物安全、历史传承、国家兴荣，文物部门及有关单位当全力以赴，共同做好这项工作。

参 考 文 献

[1] 习近平的文化情怀：“把老祖宗留下的文化遗产精心守护好”. http://www.81.cn/xx/2022-05/29_10158636.html.

[2] 习近平. 建设中国特色中国风格中国气派的考古学　更好认识源远流长博大精深的中华文明. 求是，2020（23）.

[3] 尚志海，刘希林. 自然灾害生态环境风险及其评价——以汶川地震极重灾区次生泥石流灾害为例. 中国安全科学学报，2010，20（9）：3-8.

[4] 史培军. 灾害风险科学. 北京：北京师范大学出版社，2016.

[5] Blaikie P, Caonnon T, Davis I, et al. *At risk: National Hazards, People's Vulnerability and Disasters*. London: Routledge, 1994; 史培军. 再论灾害研究的理论与实践. 自然灾害学报，1996，5（4）：6-17.

[6] Birkmann J. Measuring Vulnerability to Promote Disaster-resilient Societies: Conceptual Frameworks and Definitions//*Measuring Vulnerability to Natural Hazards: Towards disaster resilient societies*, To kyo: United Nations University 2006, 1: 9-54.

[7] Burton I, Kates R W, White G F. *The Environment as Hazard*. Oxford: Oxford University Press, 1978; Kates R W. The interaction of Climate and Society. *Climate impact assessment*, 1985, 27:3-36; Turner B L, Kasperson R E, Matson P A, et al. A Framework for Vulnerability Analysis in Sustainability Science. *PNAS*, 1981, 1(4): 396.

[8] Cutter S L, The Vulnerability of Science and the Science of Vulnerability. *Annals of the Association of American Geographers*, 2003, 93(1):1-12.

[9] Adger W N. Vulnerability. *Global Environmental Change*, 2006, 16(3): 268-281.
[10] 李宏松. 不可移动文物自然灾害风险管理体系研究. 自然与文化遗产研究，2021，6（2）：50-59.
[11] 李宏松. 不可移动文物自然灾害风险管理体系研究. 自然与文化遗产研究，2021，6（2）：50-59.
[12] 李宏松. 不可移动文物自然灾害风险管理体系研究. 自然与文化遗产研究，2021，6（2）：50-59.
[13] 李宏松. 不可移动文物自然灾害风险管理体系研究. 自然与文化遗产研究，2021，6（2）：50-59.
[14] 乔云飞. 面对自然灾害的不可移动文物保护. 中国文物报，2020-08-28.
[15] 梁龙，宫阿都，孙延忠，陈云浩. 不可移动文物季节性暴雨洪涝灾害风险评估方法研究——以福建省国保古遗址为例. 武汉大学学报（信息科学版）.https://doi.org/10.13203/ j.whugis20200600.
[16] 民进中央：把防灾减灾列为不可移动文物管护重点内容. 中国应急管理报，2021-03-13.
[17] 潘路委员：加强不可移动文物自然灾害风险评估与应急处置. 中国文物报，2021-03-09（002）.
[18] 民进中央：把防灾减灾列为不可移动文物管护重点内容. 中国应急管理报，2021-03-13.
[19] 民进中央：把防灾减灾列为不可移动文物管护重点内容. 中国应急管理报，2021-03-13.
[20] 民进中央：把防灾减灾列为不可移动文物管护重点内容. 中国应急管理报，2021-03-13.

（本文原载《中国文化遗产》2021 年第 4 期）

布达拉宫精细化测绘与预防性保护

查　群*

摘要：在精细化测绘前，针对布达拉宫建筑的特殊性，根据文物保护的具体需求，发现了布达拉宫所有的未知空间，解决了布达拉宫建筑形态长期认识不完整的问题，获取了具有文物保护特点的精细化测绘成果。通过精细化测绘建立的布达拉宫三维模型，可应用于布达拉宫文物保护综合管理平台，不仅可以实现布达拉宫保护管理工作的可视化，而且精细化的数据为文物建筑的保存状态评估、结构分析和监测工作的自动化统计分析创造可能，同时可提供建筑结构监测等相对独立专业系统平台的真实有效的数据支撑和可视化环境，为布达拉宫文物预防性保护及保护管理工作提供了坚实的基础数据。

关键词：布达拉宫；精细化测绘；地垄；建筑形态；预防性保护

1　引言

世界遗产布达拉宫坐落在拉萨河谷中心海拔3700米的红山之上，是集行政、宗教、宫殿于一体的综合性建筑，由白宫、红宫及其附属建筑组成。该建筑群始建于7世纪吐蕃王朝时期，现存主体建筑为17世纪由五世达赖喇嘛及其摄政王第司·桑结嘉措主持修建，之后经多次改扩建，至1935年十三世达赖喇嘛灵塔殿落成后，形成了今日的格局和规模。

布达拉宫是典型的汉藏结合的山地宫堡建筑形式，通过砌筑在山体之上纵横交错的地垄作为建筑基础，在其上修建庞大而稳固的主体建筑。地垄是藏式山地建筑一种独特的建筑基础形式，由纵横交错、高度依山势变化的墙体构成“井”字形基础结构体系。地垄一方面增加了山地建筑基础的底面积，另一方面将上部荷载传递给山体基岩，并有效防止上部建筑滑移。由于布达拉宫现存建筑系经过不同时期多次改、扩建而成，部分地垄被后期建造活动所占压，因此结构错综复杂，至精细化测绘前仍有相当部分地垄的分布情况未知。

经过1989—1994年的第一次大修和2001—2009年的第二次大修之后，布达拉宫大多数暴露在外的重大险情已经得到了很好的控制，文物建筑总体保存状态良好。但在布达拉宫保护工作中，一直存在未知空间不停被发现，以及墙体裂缝缺乏整体分布情况的

* 查群：中国文化遗产研究院，北京，邮编100029。

三维定位的问题，为了彻底解决这些影响布达拉宫保护工作的不确定因素，全面、真实、精确的测绘是最直接无损的方式。

2 布达拉宫精细化测绘的开展

2.1 布达拉宫精细化测绘工作缘起

对布达拉宫保护中的信息盲区包括几个关键问题。

一是精细化测绘前，因尚未发现的“地垄”，始终没有完成对布达拉宫完整建筑形态的整体认识（图 1）。

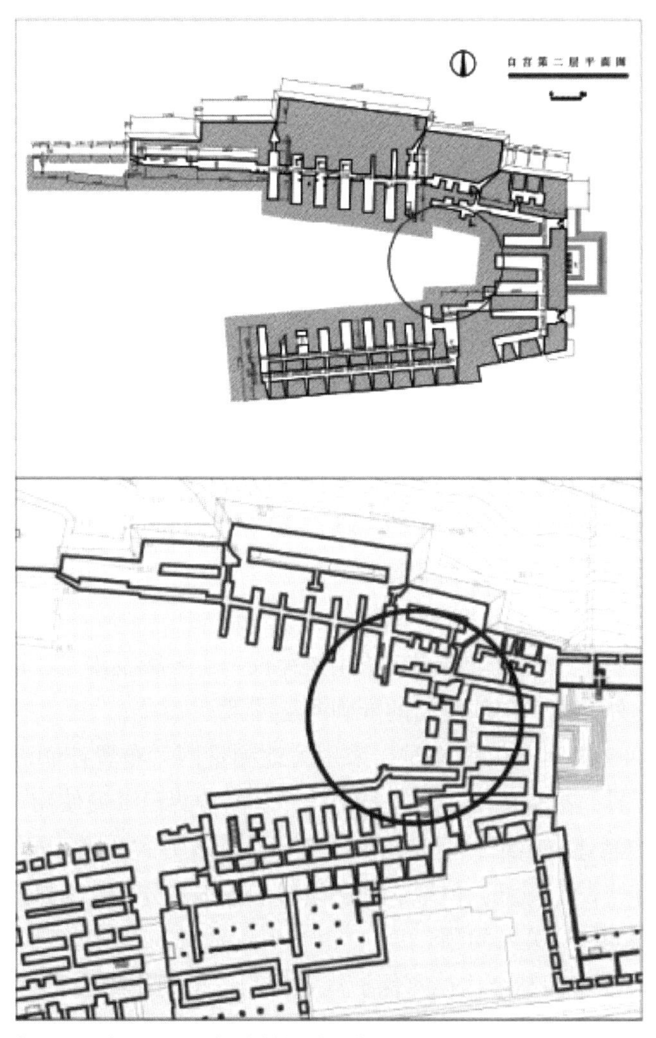

图 1 分别于 2002 年和 2008 年绘制的同一位置的地垄平面图，圈内是地垄的变化
（上图由中国文化遗产研究院布达拉宫第二期维修项目组绘制；下图由中国文化遗产研究院布达拉宫保护规划项目组绘制）

二是对这些未知地垄空间保存状态的勘察工作无法进行，因而无全面了解布达拉宫建筑的保存状态。

三是缺乏支撑建筑结构稳定性评估的分析数据。对于结构体系是墙砌体的布达拉宫建筑来说，完整的建筑形态和墙体保存状态是支撑建筑结构稳定性的核心要素。2012 年布达拉宫的结构监测系统开始采集数据，至今已持续 8 年，获得大量有效的结构分析数据，但由于无法获取未知空间保存状态资料，因此未能系统掌握布达拉宫所有墙体的裂缝整体分布情况。

四是尚未获得红山上山洞对建筑稳定性是否存在威胁的可靠分析数据。20 世纪 60 年代在红山上挖凿的三处山洞，有两处位于红山两侧山脚，进深较小，对山体和建筑危害不大，但另一处位于布达拉宫雪城西侧、“雪堆白”后的 2 号山洞，进深 100 余米，内部走向曲折，形态不规则，之前的测绘方式都无法获得其准确三维坐标，不能确定 2 号山洞对布达拉宫建筑是否存在危害。

解决上述几个问题的方法，在持续的保护工作中一直在探索，总结起来，主要有两种方式。

第一种是在实施保护工程中，出于保护措施需要，在揭露屋顶或地面时发现未知地垄。这种方式简单直接，但只有必须揭露的部位才能实施，存在较大的偶然性，不可能做到全覆盖。

第二种是通过测绘手段摸清山体和建筑之间的关系，通过已知的山体和建筑的留白部分，顺藤摸瓜找到未知地垄。尤其是通过测绘确定已知目标的三维坐标，再去寻找未知地垄的空间定位，是一种准确、无接触、不损坏文物，有计划且不会遗漏的方式，并具有很强的主动性。

由此可见，测绘是解决上述问题的主动且无损的方法。在以往对布达拉宫的保护工作中，测绘技术和手段分为以下几个阶段。

（1）1989—1994 年，对布达拉宫第一次大修过程中，采取当时先进的近景摄影方式获得布达拉宫精确的外立面二维图，采用经纬仪、小平板及皮尺、钢尺等传统方式获得布达拉宫完整的外立面和内部空间的准确测绘图纸。

（2）2000—2009 年第二次大修时，采用大地测量网、布置控制点以及全站仪、激光测距仪等测绘工具，配合传统方式进行测绘。彼时业界已普遍使用计算机辅助绘图软件（AutoCAD）绘制建筑图纸，但测绘方式依然是传统方式，因此虽然能获得 CAD 电子版建筑测绘及维修设计图纸，但形成的测绘成果基本是分建筑组群及分层绘制，没有解决建筑空间准确的相互关系问题。

（3）2006—2013 年编制布达拉宫保护规划期间，精细化测绘已经在布达拉宫展开，采用全站仪和三维激光扫描相结合的方式，通过全站仪对建筑外轮廓进行三维定位并建模，采用测光测距仪、激光水平仪通过联系测量、三角测绘等方法，获取建筑内部空间的三维数据，并运用 AutoCAD、Sketchup 等软件建立了布达拉宫建筑的三维电子模型，以此认识布达拉宫复杂空间的相互关系。考虑到布达拉宫的复杂性，当时还计划将 3D 模型纳入 GIS 系统进行数据管理，但限于客观条件尚未成熟并未实现。

上述几个阶段的保护及测绘工作，已经发现了布达拉宫建筑内部大部分隐藏空间和暴露出来的病害分布情况，针对布达拉宫建筑整体认识及保存状态评估做了大量基础工作，但由于尚有未知地垄，以上几个亟待解决的关键性问题依然存在。

那么需要什么样的测绘数据才能发现那些“隐藏很深”的地垄，又用什么方法获得这些测绘数据呢？

首先，要分析布达拉宫的建造特点及其复杂性。

（1）布达拉宫建造在红山之上，属于典型的山地建筑，同时也是一组庞大的、空间错综复杂、建筑形态组织完全不规则的“非标”建筑群。为保持建筑的稳定，建筑外部墙体收分大，建筑内部空间依山势变化而设计得百转千回，没有一面墙是直的，没有一块地面是平的，没有标高相同的室内空间地坪（图 2）。

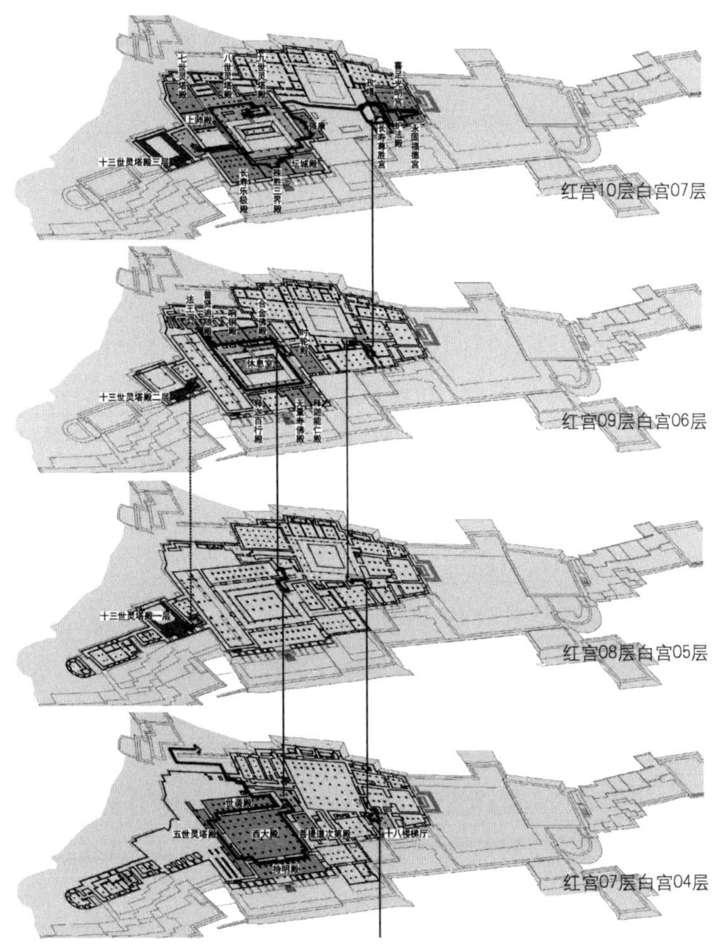

图 2　复杂的“非标”建筑——布达拉宫红宫与白宫平面关系图
（中国文化遗产研究院布达拉宫保护规划项目组绘制）

（2）布达拉宫的建造非一次性完成，主体建筑从 7 世纪始建（仅存法王洞）、17 世纪中期重建（白宫及基本建筑格局）、17 世纪后半期改扩建（拆改部分白宫建成红宫）、18—19 世纪各世达赖喇嘛不断拆改加扩建，直至 1935 年拆除部分扎夏建筑利用其基础建成十三世达赖喇嘛灵塔殿为止，方完成了整个建筑群的建设工作，形成现在的布达拉宫整体格局，各期建造痕迹互相叠压、犬牙交错。

（3）为了在山体上建造庞大的宫殿，砌筑依山而建、纵横交错的地垄，以增加上部建筑的面积，更重要的是将上部荷载传递给山体基岩，并有效防止上部建筑滑移。地垄是布达拉宫建筑结构支撑体系的关键部位，是布达拉宫建筑结构体系的基石。由于布达拉宫现存建筑系经过不同时期多次改、扩建而成，部分地垄被后期建造活动所占压、掩盖、隐藏，因此结构更为错综复杂。

对于这样的一座“非标”建筑群，目前获取准确测绘数据的办法就是建立建筑外轮廓、内部空间及其载体（红山）真实准确的三维坐标体系。

而之前的测绘技术和方法很难达到这一要求，直至 2015 年，在无人机倾斜摄影、三维激光扫描等技术日渐成熟并已经广泛应用于测绘和文物保护领域的背景下，布达拉宫精细化测绘项目适时启动。

2.2 布达拉宫精细化测绘

明确了要通过精细化测绘解决的关键性问题，布达拉宫的精细化测绘，从一开始就有了针对性。

归纳以上需要解决的四个关键问题：①建筑形态的整体认识；②建筑保存状态的全面了解；③建筑结构稳定性分析及评估的支撑数据；④ 2 号山洞是否存在对建筑的威胁，可以总结出以下应对措施。

（1）发现隐藏地垄，获取完整建筑形态，解决问题一和问题二。

（2）发现和定位裂缝，获取（以砌体结构体系为主体结构的）布达拉宫建筑结构分析的基础支撑数据，解决问题二和三。

（3）定位 2 号山洞，评估其对布达拉宫建筑的危害，解决问题二和四。

那么，如何发现隐藏的地垄呢？通过清晰了解红山山体的轮廓，可以反推建筑的底部形态，从而获得完整的建筑形态。因此，如何推拟出被建筑占压的山体轮廓是获得完整建筑形态的关键，也是发现隐藏地垄的契机。

2015 年，北京帝测科技股份有限公司（以下简称“帝测”）作为中国文化遗产研究院的合作单位承担了布达拉宫精细测绘项目，负责通过专业的测绘技术，解决布达拉宫的测绘技术难题。

我们提出的测绘成果目标是：建立布达拉宫（包括雪城、宗角禄康）、红山、药王山航摄正射影像图及外轮廓模型；获取布达拉宫及雪城所有建筑的三维模型；以及由模型生成的 AutoCAD 工程图件。

除此之外，根据以上布达拉宫存在的一些需要在测绘中解决的问题，我们重点强调了需要在测绘过程中完成的任务：①标注所有建筑内部的基岩；②标注所有墙体裂缝，并对裂缝进行更细化的目标测绘；③获取 2 号山洞的三维模型和坐标。

针对这些要求，帝测团队提出“采用控制测量和联系测量、无人机倾斜摄影、三维激光扫描以及多视角高清影像纹理采集等技术”的测绘方案。现场工作自 2016 年 11 月至 2018 年 2 月，转站 8000 多个点位，帝测自主研发内外空间导引设备，对建筑群及其周边环境进行了高精度三维信息采集和高清纹理信息采集工作，获得 2016—2018 年布达拉宫建筑真实而准确的原始数据。

同时帝测团队也非常认真地完成了前述三项特别要求，由此解决了长期困扰布达拉宫保护的几个关键性问题。

（1）标注所有建筑内部的基岩。

对地垄里露出的所有基岩部分进行标识（图 3），并根据三维坐标建立已知基岩的三维空间分布模型，根据这些标识的基岩碎片去推拟整个山体的轮廓。当所有测绘完成后，将推拟的山体轮廓模型与建筑模型进行套合（图 4），留白部分就可能是未被发现的地垄。

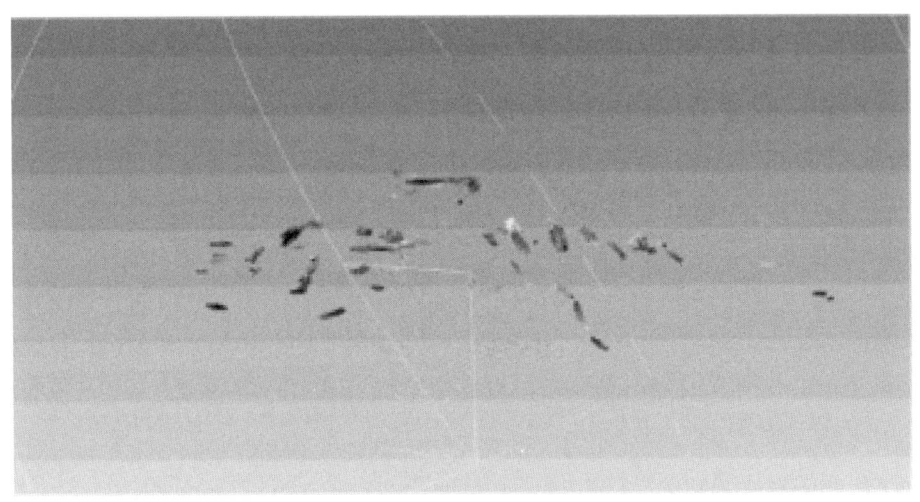

图 3 建筑内部所有暴露的基岩

（中国文化遗产研究院布达拉宫精细化测绘项目组、北京帝测科技股份有限公司绘制）

由此，通过精细化测绘过程中对片段基岩的分布情况的认识，廓清红山山体轮廓，进而摸清红山山体和布达拉宫建筑之间的交接面，从而发现隐藏地垄，完整认识布达拉宫建筑形态。

通过以上方式，2019 年底，在完成了布达拉宫整体三维模型建模工作后，又成功发现了 6 处疑似隐藏地垄（图 5），并将准确的位置提交给布达拉宫管理处。

图 4　通过暴露的基岩推拟的山体轮廓
（中国文化遗产研究院布达拉宫精细化测绘项目组、北京帝测科技股份有限公司绘制）

图 5　精细化测绘建立三维模型后发现的夏金窖隐藏地垄
（中国文化遗产研究院布达拉宫精细化测绘项目组、北京帝测科技股份有限公司绘制）

（2）标注所有墙体裂缝。

墙体是布达拉宫的主体结构，其保存状态直接决定布达拉宫的结构稳定性。因此在测绘过程中首先要标注墙体裂缝，并建立所有裂缝的三维分布模型；其次对裂缝进行毫米级的精细测绘，然后请专业的结构团队去分析裂缝的类型，由此获得为布达拉宫建筑结构稳定性分析和监测服务的可靠、有效支撑数据。

（3）获取 2 号山洞的三维模型和坐标。

经过三维激光扫描及三维坐标定位，确定了 2 号山洞与红山山体及布达拉宫建筑之间的空间关系：2 号山洞与山脊相距 45 米、距布达拉宫最近的建筑本体 95 米，经结构专家根据此组精确数据分析测算，推断 2 号山洞不会对山体及建筑形成较大危害。由此解决了一直困扰布达拉宫保护的一个安全隐患。

除了常规的精细化测绘，通过上述三项工作（廓清红山山体轮廓、摸清裂缝分布情况、明确山洞与建筑之间的关系），从而发现隐藏空间，获得布达拉宫完整的建筑形态及其保存状态资料；由结构专业团队建立布达拉宫结构裂缝整体分布情况模型，为分析和测算建筑结构安全稳定性以及结构监测工作提供了有效数据；排除了 2 号山洞危害布达拉宫建筑及载体（红山山体）的可能性。

至此，基本完成布达拉宫精细化测绘的预期目标，为之后的布达拉宫文物保护、展示、管理、研究工作提供了基础数据和条件。

需要说明的是，专业测绘技术进入文物保护领域是文物保护的客观需要，但也需要文物保护专业指导，才能更好发挥其在文物保护工作中的作用。

3 布达拉宫精细化测绘与预防性保护的关系

从 2006 年对布达拉宫实施三维激光扫描进行精细化测绘开始，到 2015 年精细化测绘项目正式启动，项目团队并未明确测绘工作与预防性保护的关系。但在整个项目实施过程中，所有测绘要求和预期获得的测绘成果，都围绕保护这个大方向，不论是获得建筑的整体形态，还是裂缝分布情况，都是希望通过线索发现问题和风险，防患于未然，最终达到保护文物安全的目的。所以回头来看，布达拉宫精细化测绘及测绘目标，都与预防性保护的目标不谋而合。

说到底，不论是保护还是预防性保护，其目标是一致的，都是为更好地保护文物。在这个目标驱使下，我们主动去发现隐藏的地垄，否则未知地垄一旦出现问题，可能就需要进行抢救性保护；如果我们不主动去发现裂缝，并提早建立结构模型，分析裂缝形成原因，那么裂缝出现一点突变，后果都不堪设想。所有这些工作计划，是基于对布达拉宫文物保护工作的了解而制定，基于对布达拉宫建筑的安全有准确、科学的认识。客观上，这些工作符合预防性保护的核心思想。

首先，获得在某一个时间节点的原始数据，是预防性保护的一个重要方面。阶段性的、以同样的方式获取的数据，就可以与历史上某一时间节点的数据进行比对，发现变化，分析原因，防患于未然。

其次，建立数据管理和分析系统，不仅可以对原始数据进行管理，而且有了原始数据作基础，后期获取的数据可以累计和叠压，从而积累各阶段分析统计数据，为保护工作源源不断地提供有效的依据。

最后，通过精细化测绘建立起来的三维模型，可以作为布达拉宫综合管理平台的基础模型，在此基础上拓展、链接更多的专业系统平台，如结构监测、世界遗产监测、电力、安防、消防、票务、办公等，还可以通过移动客户端，实现移动巡查、移动监测、移动办公等。

这些都是预防性保护所涉及的内容，也是文物保护的最终目标。而精细化测绘及测绘成果是实现这些功能和目标的基础。通过精细化测绘，获取布达拉宫建筑的完整形态、全面了解危害布达拉宫建筑安全稳定性的病害分布情况，可为制定有针对性的文物建筑保护策略和保护措施提供有效的科学依据，将潜在的危害消灭于萌芽阶段。

4 结语

不可移动文物涵盖极其复杂的类型和环境，因此，不同的文物对象所需要的测绘数据和关键节点都是不同的。

在做精细化测绘之前，对文物本身的认识越深刻，越能在测绘实施之前提出具有可操作性的具体目标和要求，不在测绘过程中丢掉可能忽视的细节数据，从而获得更理想的成果，才能为预防性文物保护及提供真实有效的数据支撑。

“专业事情由专业人员去做”，只有不同的专业做好自己分内的事情，跨学科的合作更能有针对性地解决问题。无论是精细化测绘，还是预防性保护，在文物保护行业，这些手段和概念最终的目的都指向文物保护。因此，时刻记住“保护”两个字，才不会偏离文物保护这个终极目标。

（本文原载《中国文化遗产》2020 年第 2 期）

白沙沱长江铁路大桥保护利用中的文物安全性评估

李建爽　吴婧姝 *

摘要：本文以白沙沱长江铁路大桥为例，阐述了桥梁遗产保护利用中的文物安全性评估，包括现状勘察、结构检测及计算评估，为老桥的文物保护利用提供数据支撑。

关键词：白沙沱铁路大桥；桥梁遗产；安全性评估

“遗产桥梁”概念是由国际古迹遗址保护协会及其国际工业遗产保护协会在《世界桥梁遗产报告》（1996 年）中率先提出的[1]，桥梁遗产的规划和保护是我国桥梁工程研究的一个新方向[2]。桥梁遗产根据使用状态分为静态和活态两大类别[3]，活态桥梁遗产是指那些仍然发挥桥梁原有或历史演进的功能并且具有突出的普遍价值的桥梁，静态桥梁遗产是指丧失或停止了原有功能并对其重新进行展示利用。桥梁遗产保护利用中的文物安全性评估应根据桥梁遗产的保护类别区别对待，有针对性地开展现状勘察及评估工作，为后续保护利用提供依据。

1　项目概况

白沙沱长江铁路大桥（以下简称“老桥”）始建于 1953 年，是重庆最早修建的长江大桥，也是万里长江第二桥，2009 年被重庆市人民政府公布为“市级文物保护单位”。老桥全长 820.3 米，共 16 孔，由主桥、北引桥、南引桥组成。主桥为 4 孔 80 米下承铆接连续钢桁架，北引桥 3 孔、南引桥 9 孔均为 40 米上承式钢板梁。大桥现状照片及桥梁总体布置如图 1、图 2 所示。

为满足线路运输、通航、行洪等方面的要求，2019 年 4 月 23 日服役了 59 年的川黔铁路第一桥——老桥从此正式“退役”[4]。退役后的老桥作为铁路遗产，已成为人们心中的一座丰碑，对于老桥的保护利用在推动长江文化带建设以及推行桥梁遗产保护与研究等方面具有重要的社会文化意义。本文根据桥梁现状及后续保护利用方案，有针对性地实施桥梁的安全性评估，评估流程如图 3 所示。

---

* 李建爽、吴婧姝：中冶检测认证有限公司，北京，邮编 100088。

图 1　老桥现状照片

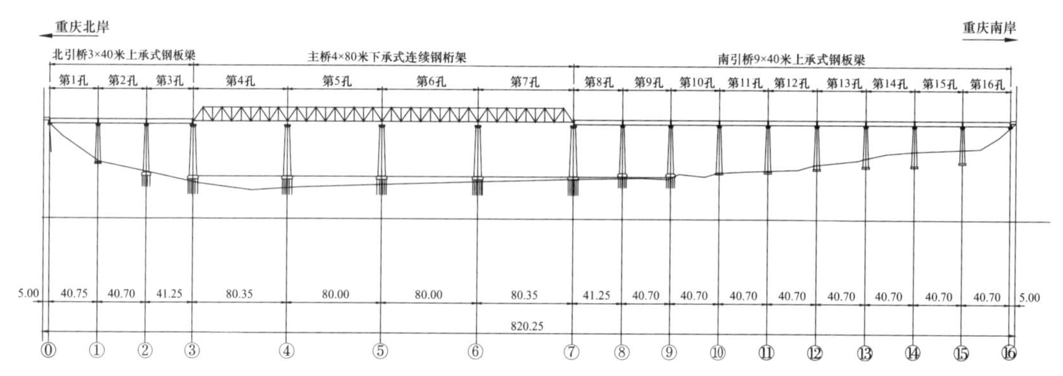

图 2　老桥总体布置图（单位：米）

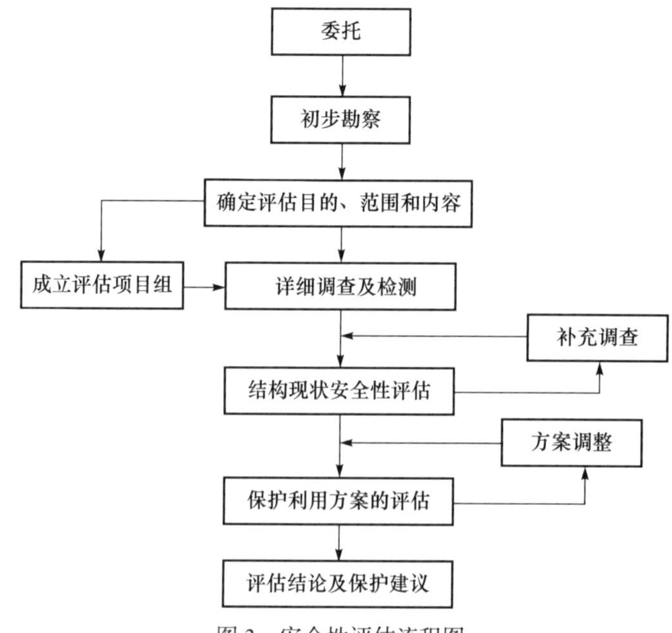

图 3　安全性评估流程图

2 现状调查

2.1 结构体系调查

对于结构体系，主要对桥梁的整体布置、桥梁墩台及基础、80米跨下承式连续钢桁架、40米跨上承式钢板梁及支座等进行调查。本文写作中可查阅到原始资料，调查主要对图纸进行复核，并重点关注桥梁的节点连接、历史改造增加或拆除的构件等信息。同时采用三维激光扫描对连续钢桁架、钢板梁等重点部位进行扫描记录（图4—图6），将老桥的三维信息永久保留，可为日后的保护利用提供点云数据。

图4 桥面整体点云模型

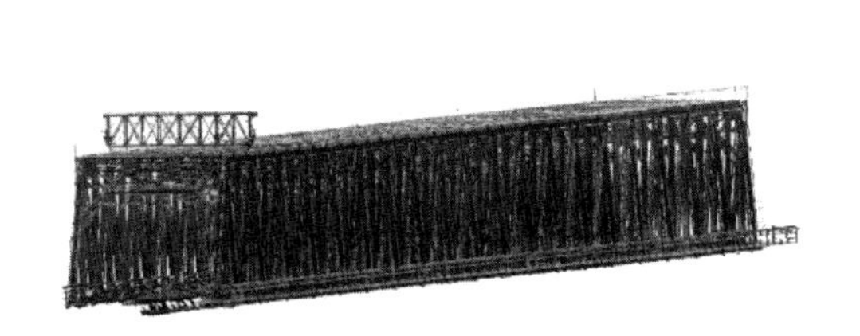

图5 80米跨钢桁架点云图

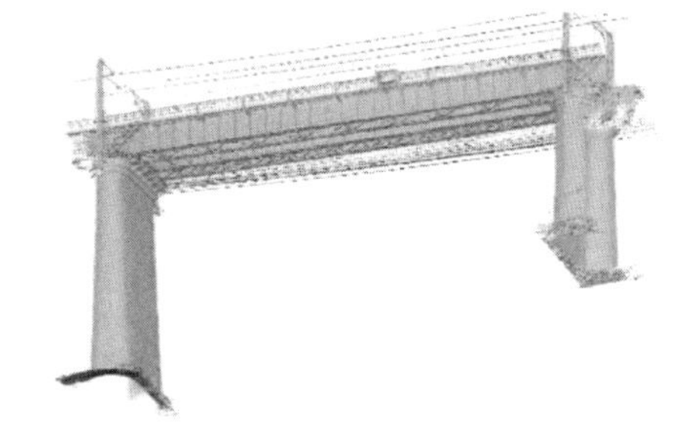

图6 40米跨钢板梁点云模型

2.2 现状缺陷调查

鉴于钢结构桥梁自身的特点，并结合后期保护利用需要，对桥墩、钢桁架、钢板梁、桥梁支座、桥面及附属构件等部位进行缺陷调查，调查结果如下：①桥墩未见明显开裂、倾斜等影响结构安全性的缺陷，使用状态正常；②桥梁支座未见明显错位、偏位等缺陷，使用状态正常；③钢桁架、钢板梁、横联及纵联等主要构件均存在涂层老化严重、涂层脱落、与枕木接触部位翼缘锈蚀较严重等问题；④桥面混凝土板钢支撑锈蚀严重，部分部位连接铆钉缺失；⑤桥面钢轨局部位置连接铆钉缺失，枕木及护木局部位置缺失、断裂、腐朽，人行砼板出现露筋、破损、铆钉缺失、晃动。典型病害如图7—图10所示。

图 7　钢桁架涂层老化、脱落、表面锈蚀

图 8　人行道板支撑钢构件锈蚀严重

图 9　桥面枕木、护木腐朽破损

图 10　人行道板露筋、破损严重

3　结构检测

结构检测主要包括材料强度、防腐涂层厚度、构件尺寸复核、变形检测等内容（表 1），为计算评估提供基础数据。

表 1　本项目检测结果

序号	检测内容	检测方法	检测结果	说明
1	钢材强度	里氏硬度仪	钢桁架钢材牌号满足设计三号钢要求	结构复核计算时，取原设计强度
2	涂层厚度	涂层测厚仪	所测区域（涂层外观完好位置）涂层厚度为 164—217 微米	涂层普遍老化严重、涂层脱落，严重影响桥梁耐久性
3	构件尺寸	超声测厚仪、游标卡尺	钢构件尺寸满足设计要求	结构复核计算时，取原设计尺寸
4	构件变形	三维激光扫描	钢板梁最大相对挠度为 L/1529、连续钢桁架最大相对挠度为 L/2716	结构复核计算时，可不考虑变形影响

4 计算评估

老桥保护利用后将作为静态保护对象不再发挥铁路桥功能。本次安全评估考虑桥梁承重构件实际现状，根据两种保护利用方案对后期保护利用工况下的桥梁进行复核计算，荷载作用主要考虑桥梁自重、风载及人行荷载，不再考虑铁路列车荷载。

方案一：将 4×80 米连续钢桁架梁改造为 2×160 米连续钢桁架梁。该方案主桥跨度增大一倍，改变了原桁架的结构体系。经计算（计算模型如图 11、计算结果如图 12），除部分杆件外（图 12 方框内），主桁架承载力满足要求。根据计算结果，在对部分上弦、下弦及斜杆进行加固的前提下，该方案具有实施的可行性。

图 11 保护利用方案一计算模型

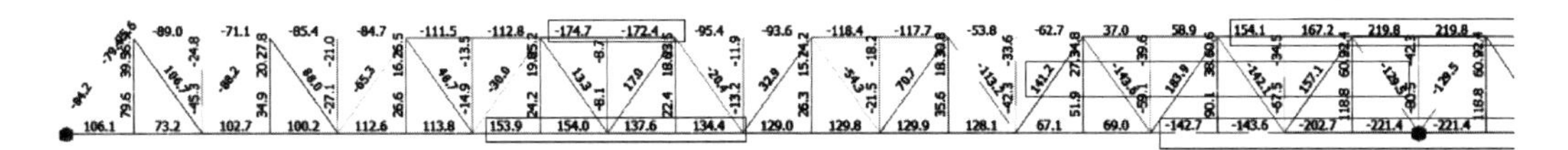

图 12 保护利用方案一主桁架计算结果（半跨）

方案二：将 4 组 80 米钢桁架梁拆分成两组，分别向两侧平移，可考虑局部悬挑。该方案对支座处主桁架杆件相当于缩小的跨度，但对悬挑端改变了原桁架的结构体系。经计算（计算模型如图 13、计算结果如图 14 所示），除悬挑端支座由于竖杆布置构造不合理导致承载力计算不满足外，主桁架杆件均满足要求，该方案（最大悬挑长度为 40 米）具有实施的可行性。

图 13 保护利用方案二计算模型

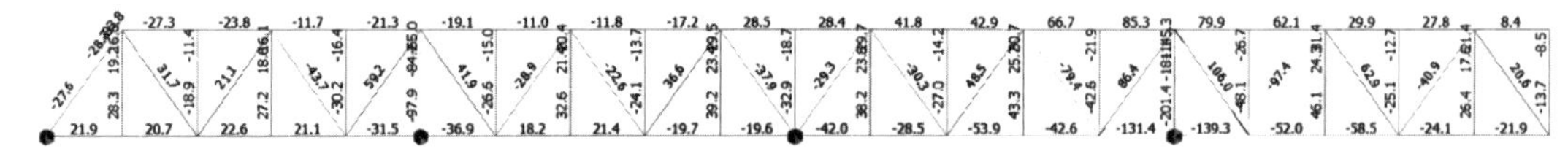

图 14　保护利用方案二主桁架计算结果（一侧）

5　结语

通过对老桥进行现状安全性评估，后期保护中应加强对人行道板、支撑等薄弱部位的修缮加固，并对缺陷部位进行处理；根据拟实施的保护利用方案，对构件进行补强及加固设计，并对保留的桥墩水下部分及基础进行专项检测。为最大限度地对铁路遗产进行保护，需采用原址保护这一基本原则。为满足目前通航、行洪等方面的需求，有必要时若改变原桥梁的结构体系（如加大跨度，需通过复核验算确认薄弱部位，并进行加固处理）。对桥梁遗产的保护中的安全性评估是开展桥梁遗产保护利用的前提，通过大桥本体病害调查、结构检测及计算评估，为老桥制定科学、合理的保护利用方法奠定基础，也为后期有针对性地保护修缮提供了基础数据。

参 考 文 献

［1］ Delony E. Context for world heritage bridges. ICOMOS and TICCIH. 1996.

［2］ 张方，张开权，邓捷超等 . 桥梁文化遗产的规划和保护 2019 年度研究进展 . 土木与环境工程学报（中英文），2020，（5）：205-216.

［3］ 万敏，黄雄，温义 . 活态桥梁遗产及其在我国的发展 . 中国园林，2014（2）：39-43.

［4］ 崔曜. 服役 59 年的白沙沱大桥，邓小平曾亲自过问选址情况——重庆首座长江大桥“退役”. 重庆日报，2019-4-24（6）.

当前石窟寺数字化值得关注的三个问题 *

李志荣　刁常宇　宁　波　高俊平 **

摘要：文章通过对中国二十余年石窟寺数字化历程回顾，提出当前石窟寺数字化工作值得重视的三个问题。一是与石窟寺考古的关系问题。指出石窟寺数字化缘起于石窟寺考古工作需求，却成为石窟寺工作的独立分支迅猛发展，石窟寺考古界当充分认识石窟寺数字化发展及其成果，尽快实现再度融合。二是石窟寺 3D 复制问题。首先详解石窟寺 3D 复制过程环节，指出石窟 3D 复制工作，是多学科合作的系统工程。指出石窟寺数字化标准建立应包括 3D 复制标准。三是石窟寺数字化与石窟寺流散文物数字回归问题。介绍了当前重要的海外石窟文物回归案例，强调数字化信息回归和在此基础上的龛像复原研究，应杜绝在实体文物上实施实体复原等不当行为。

关键词：石窟寺数字化；石窟寺考古；石窟 3D 复制；流散文物回归

1　石窟寺数字化和石窟寺考古

数字化技术引入石窟寺领域，即我们所说的石窟寺数字化工作，从 21 世纪初前后粗略算起来大约 20 年。纵观 20 年历程，既是数字化技术针对石窟寺这一特殊类型文物的需求不断进步的过程，又是石窟寺管理及研究者逐渐接受、认识数字化技术，与之逐渐融合并充分利用这一技术实现石窟寺管理、保护、研究、利用与时俱进目标的过程。石窟寺界因此成为中国文化遗产领域认识和应用数字化技术最列前沿的领域，数字化工作也日益成了各石窟寺保护研究机构越来越强大的业务分支。数字化技术成果已经超越了“学术圈”，随着“活起来”的石窟走向公众。

21 世纪前后，把数字化技术，即计算机三维建模技术，引入石窟寺领域，直接的目标是解决石窟寺考古中的洞窟测量问题。众所周知，石窟寺是中国文物中遗迹最为复杂的类型，洞窟测量不易，常会制约石窟寺考古工作进展。引入数字化技术首先进行洞窟三维建

---

* 本文的核心思想和部分内容曾在 2019 年 11 月 2 日在上海“第三届国际建筑遗产保护与修复博览会・石窟保护技术及新数字应用论坛”上宣读。之后又进行了较大修订增补。在修订过程中得到龙门石窟研究院考古中心焦建辉、大足石刻研究院考古中心黄能迁等诸位先生的大力支持。

** 李志荣、刁常宇：浙江大学文化遗产研究院，杭州，邮编 310028；宁波：云冈石窟研究院，大同，邮编 037034；高俊平：龙门石窟研究院，洛阳，邮编 471000。

模，把石窟寺“搬进”电脑，再根据石窟寺数字化三维模型，计算获得传统意义上要求的诸如洞窟平面、剖面、立面、各壁面测图的计算机测量图——正射影像图，作为传统石窟测量线图的底图，再清绘形成考古线图，实现替代手工完成复杂洞窟窟内外遗迹测量工作目标。这一阶段，可以看作石窟寺数字化的第一阶段，其最后的成果是借助数字化技术获得的石窟寺考古测图。敦煌、云冈、龙门、大足等石窟，在 21 世纪前后陆续开展的石窟寺考古工作中，均引入数字化技术解决全部或部分洞窟测量问题。2011 年 8 月出版的《敦煌石窟考古报告》第一卷的全部线图、2018 年 1 月 1 日出版的《龙门石窟考古报告——擂鼓台区》的部分线图和 2018 年 10 月出版、2019 年 9 月 6 日正式发布的《大足石刻全集》和 2019 年 10 月 17 日刊布的《云冈石窟全集》中的线图，都是借助数字化测量技术获得的。这批成果，可以看作石窟寺数字化第一阶段学术成果的集中体现（图 1—图 4）。

《敦煌石窟考古报告》的出版和 2004 年启动的龙门擂鼓台考古工作的开展，激励了各大石窟寺的考古工作。2012 年 4 月，宁夏考古研究所联合浙江大学文化遗产研究院，启动须弥山石窟第三次考古调查。浙江大学贡献了为须弥山石窟考古专门研发的 3D 数字技术，与宁夏考古研究所联合组织由考古工作者、数字化工程师、专业摄影师、线图绘制者组成的考古团队进场，进行第一期田野工作。当年，以须弥山石窟考古第一期工作为基础，联合申报 2012 年国家社科基金重大项目“石窟寺考古中 3D 数字技术的理论、方法和应用研究”（12&ZD232），联合各大石窟寺，系统探索数字化介入条件下石窟寺考古实践的方法论和数字化与考古学科及人才的融合之道。作为技术介入条件下的石窟寺考古，数字化在须弥山石窟考古中不再仅是能帮助完成石窟寺测量的一项技术，

图 1 《莫高窟第 266～275 窟考古报告》第二分册第 452 页第 275 窟横剖图

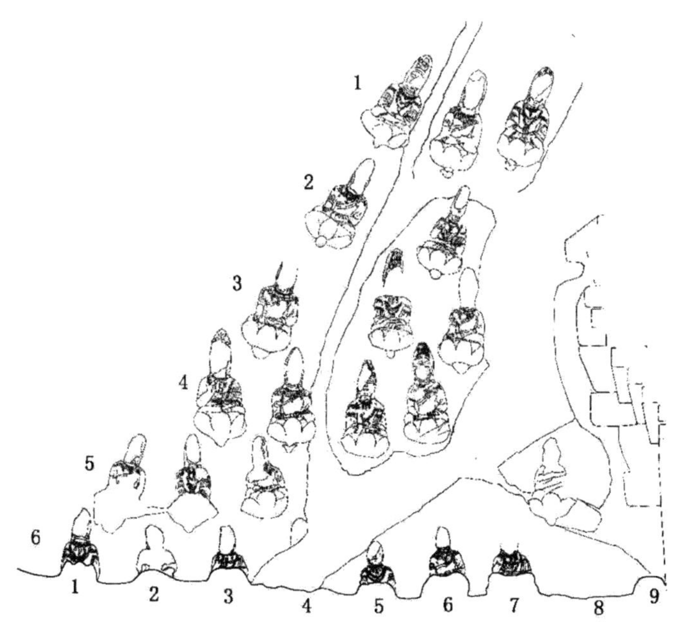

图2 擂鼓台南洞顶部线图局部
（龙门石窟研究院提供）

而是能够生成新技术条件下新形态的石窟考古田野记录成果的新手段，数字化测量成果正射影像图不再仅仅“充当”传统线图的底图，而是同时作为独立的石窟考古记录成果之一纳入石窟寺考古报告。也就是说，数字化介入石窟寺考古，从队伍组织、实施过程到工作成果形态都发生了变化，石窟寺考古报告编纂体例也随之发生改变。能够真实反映洞窟形制、尺寸、造像布局、妆銮、风化等石窟寺各类历史现状信息的正射影像图，正式纳入石窟寺考古报告，和文字、线图、图版一起出版。宿白先生跟踪和指导了这项工作的全程。宿白先生亲自确定体例的《须弥山石窟考古报告·圆光寺区》于近期出版[①]。与第一阶段相比，我们把须弥山石窟考古看作石窟寺数字化第二阶段的代表案例（图5—图7）。

石窟寺数字化的前两个阶段，主要是围绕石窟寺考古工作这一核心进行的。在这一过程中，石窟寺数字化技术得到长足的进步。为下一阶段石窟寺数字工作奠定了技术基础。

2017年12月16日，云冈第3窟西后室在青岛西海岸新区的青岛城市传媒广场复制再造成功，标志着石窟寺数字化进入为实现石窟寺文物“活起来”进行大规模3D复制的阶段。这可以看作当前石窟寺数字化的第三个阶段。这一阶段的石窟寺数字化，部分超越或“偏离”石窟寺考古目标，走上面向公众呈现的道路。敦煌进行了以壁画为主的洞窟重建，云冈进行了以圆雕石刻为主的超大型洞窟异地重建和可移动积木式重建，龙门石窟则进行了以古阳洞精细浮雕龛像为主的窟龛重建，都是走在世界前沿的大

① 《须弥山石窟考古报告·圆光寺区》已于2020年9月由文物出版社出版，2021年5月29日在浙江大学举行首发仪式。

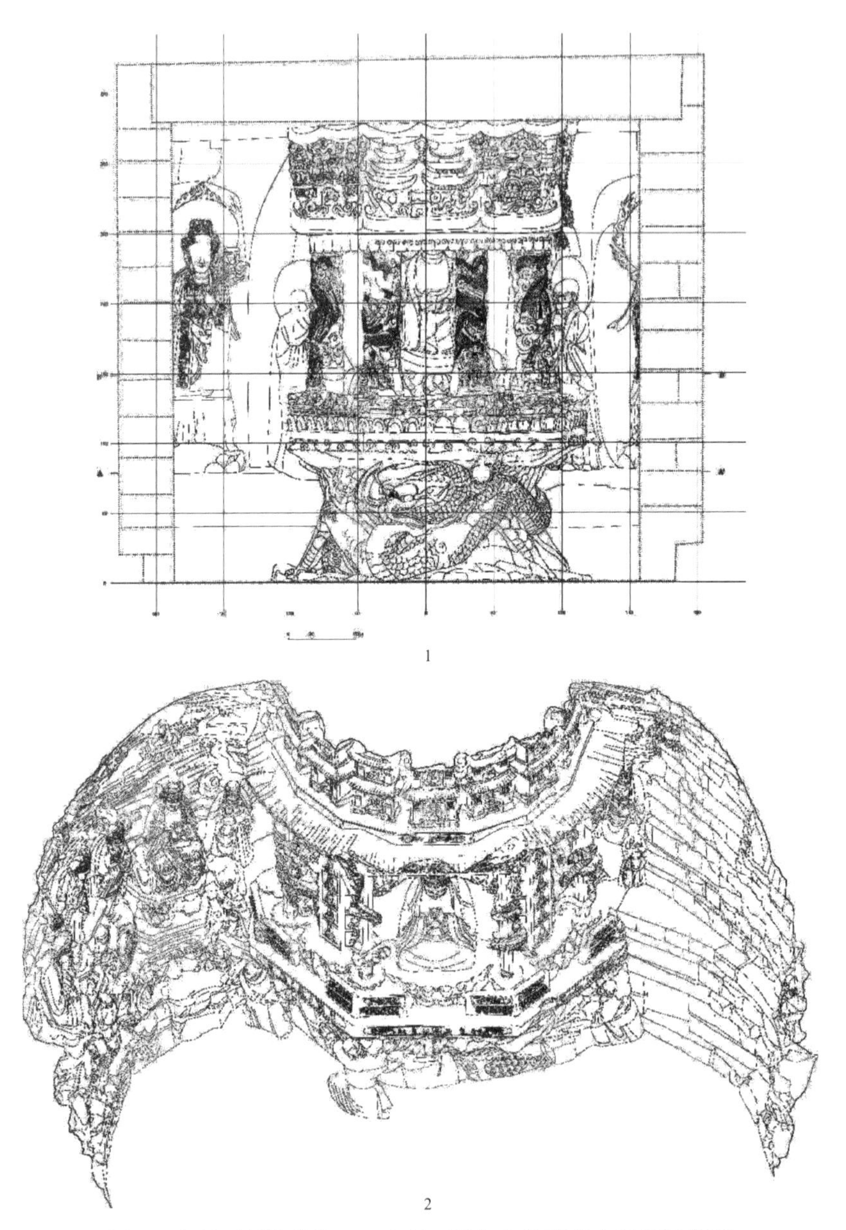

1

2

图 3　大足石刻北佛湾 136 窟剖面图与大佛湾毗卢洞透视线图

1. 北佛湾 136 窟剖面图　2. 大佛湾毗卢洞透视图

（大足石窟研究院提供）

图 4　云冈石窟洞窟全景立面

（云冈石窟研究院提供）

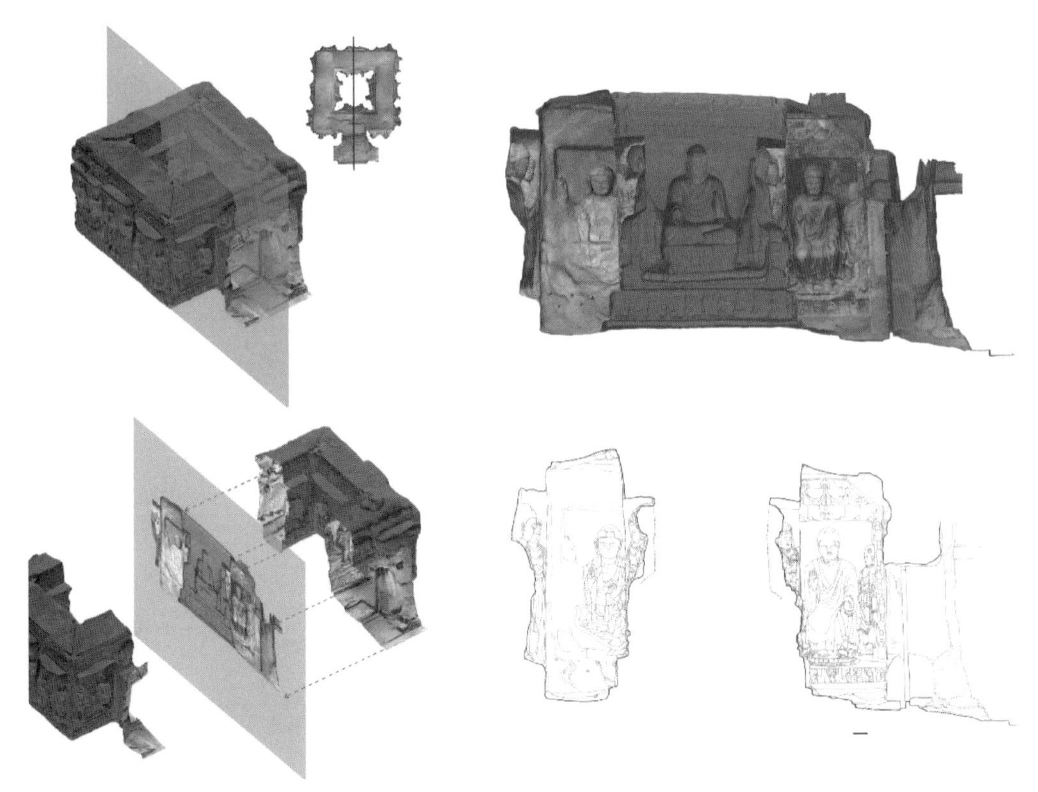

图 5　须弥山第 45 窟从三维模型到前后剖面正射影像图（向左看）输出图件示意图

图 6　须弥山石窟第 46 窟右壁正射影像图

型文物复制成功案例[①]（图 8—图 10）。这个阶段，石窟寺数字化工作的核心与受众突破

图 7　须弥山石窟第 46 窟右壁正壁线图

图 8　云冈第 3 窟西后室在青岛文化广场的原大复制重建

① 2019 年 10 月 31 日—11 月 2 日，龙门石窟古阳洞始平公龛的原大复制龛在上海第三届国际建筑遗产保护与修复博览会首设“石窟寺专区”展出。2019 年 11 月 4 日，云冈石窟研究院正式对外宣布可移动的分块拼接复制的云冈第 12 窟正式完成。这标志着世界上第一例可移动可拆解拼装、实现世界巡展的超大型文物再造工程成功！人民日报、新华社、中华人民共和国政府网站均进行了报道。

图9 云冈12窟积木式重建复制的洞窟前室后壁与原洞窟前室后壁比对

1

2

图10 龙门石窟古阳洞（第1443窟）
1. 北壁N134龛原大复制重建龛 2. 北壁N134龛原大复制重建龛局部

石窟寺考古的专业范围，走向社会和大众。其不再仅满足石窟寺考古的学术需求，而且同时满足大众日益高涨的学习、认识和传承传统文化的需求。石窟寺数字化与石窟寺考古的学术关系，部分转化为石窟寺数字化与石窟寺“文物活起来”的公众关系。

值得重视的是石窟洞窟3D复制重建的成功，从石窟寺考古的角度看，这标志着石窟的数字化测量记录已达到能复原的水平，而这正是石窟寺考古测量记录达到理想标准在数字化技术条件下的实现。达到可复制水平的数字化记录呈现出的石窟寺整体和局部细节，是此前其他的测量记录方式所无法达成的（图11—图17）。

图 11　云冈第 3 窟西后室激光扫描高精度正射影像图与全自动纹理映射正射影像图

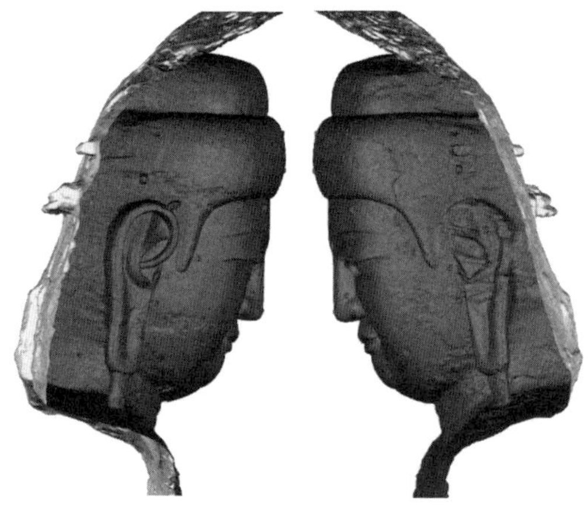

图 12　云冈第 3 窟西后室主尊头部正面、右侧左侧面正射影像图

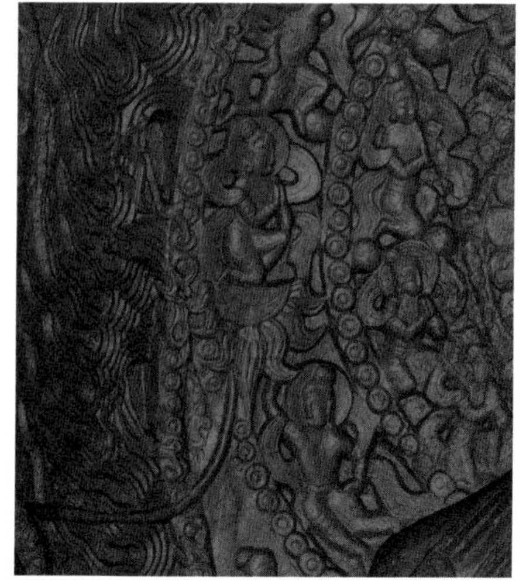

图 13　龙门石窟古阳洞北壁 N304 龛（始平公龛）正射影像图与主尊佛身光右侧细部

图 14　龙门石窟古阳洞北壁 N234 龛（魏灵藏龛）正射影像图与龛楣左侧细部

图 15　龙门石窟古阳洞北壁 N228（杨大眼龛）正射影像图与龛楣居中殿宇细部

图 16　龙门石窟古阳洞北壁 N134 龛正射影像图与龛楣右侧维摩诘变相佛菩萨飞天细部

图 17　龙门石窟古阳洞北壁 N81 龛（高树龛）正射影像图与右壁面上部佛龛细部

因此，在石窟寺数字化到了第三阶段，把达到可复制级别的石窟数字化成果转化呈现为最新的考古报告，就成了各石窟寺管理机构石窟寺数字化工作者和石窟寺考古工作者需深度融合、齐头并进承担的学术任务和责任。

事实上，不论石窟寺数字化技术发展到什么程度，石窟寺数字化工作进展到哪个阶段，石窟寺考古的全面完成都始终是各石窟寺核心的基础工作，也是作为文化遗产的石窟寺保护、研究和面向公众展示阐释的根本基础。凝结当代科技、面向公众传播展示的“活起来”的石窟，如果缺失了深入的石窟寺考古研究支撑，石窟寺“文物价值挖掘阐释”就很难落实，为大众的呈现会趋于表面化和娱乐化，保存和传承中华优秀传统文化目标就有可能成为缺乏扎实根基的凌空蹈虚。因此，就面向公众的意义讲，石窟寺数字化成果的考古学术回归也是当务之急。

现在云冈石窟研究院和龙门石窟研究院已经把编制反映最新的数字化成果的石窟考古报告纳入 2020 年工作计划，正在联合高校探索把科学建立的石窟寺三维信息，按照考古学的原则，“三维地”呈现给在读者的解决方案，以期形成纸本和数字出版结合的考古报告新形式。

2　石窟寺数字化与石窟 3D 复制

如前所述，当前各大石窟寺保护单位主持的基于 3D 数字记录成果进行的大型和超大型石窟再造，是石窟寺数字化第三阶段的标志。从前端到后端，从方法论角度观照这一新生事物是必要的。

3D 复制前后主要有三个环节：打印前，“形色”全息数据采集、数据模型建立；打印中，3D 打印机完成“形”的塑造；打印后，由考古和艺术家团队进行的“色”的赋予。前两个环节——数据采集和3D打印，从针对不同洞窟的数据精度控制到打印过程中的分块和拼合，技术上都已通过云冈、龙门的实践，走通了路径，实现了操作全程无人工干预。

第三环节，“色”——石窟文物遗存的颜色和质感——的原真实现，却要复杂得多，目前还不能实现与3D打印同步。也就是说，在前两个环节用先进的激光控制的0.05毫米级3D打印机打印出来的，是一个高精度测量级别的“科学素塑模”，而其“色”需要人工干预，这在一定意义上削弱了3D复制过程的科学性，其结果存在遭到质疑的风险。因此，管控这一“人为”环节，成了石窟寺研究机构、石窟寺数字化考古团队、石窟寺3D打印制作机构须联合攻关的课题。

目前实践案例中，石窟复制中的人工赋色有下面几项。

石窟石材质感的赋予。即石窟赋色的打底环节，目的是把素塑模转化为带有特定石材颜色质感的“石模”。例如，云冈石窟岩体是带一定黄色的表面颗粒较粗的砂岩，龙门石窟是带冷青色的材质细腻的石灰岩。这一步，通过调制针对性特殊喷涂料实现。涂料的调配，需要赋色团队对石窟岩体和风化状况进行专门调研，确认材质的基本颜色和色调，与专业涂料生产商研究调制，保证底色的“真实”和安全稳定（图18—图23）。

图18　云冈第3窟西后室喷砂赋色

图 19　云冈第 3 窟西后室喷砂、赋色之后的效果

图 20　龙门石窟古阳洞北壁 N234 龛（魏灵藏龛）素模

图 21　石窟古阳洞北壁 N234 龛（魏灵藏龛）喷砂后局部细部

图 22　龙门石窟古阳洞北壁 N134 龛喷砂涂色之后效果

图 23　龙门石窟古阳洞北壁 N228（杨大眼龛）正在涂色中

（1）石窟环境色的赋予。因石窟历经时间和环境的影响，故除岩石质感之外，还要赋予其因保存状况成因不同而特有的色调和质感。这一步，需要对洞窟整体环境色调有充分认识才能选择合适的颜色和材料。云冈石窟第 3 窟复制过程中的这个环节的赋色，是由最了解身处山西北部气候四时环境和风化状况的云冈石窟研究院专业美工团队完成的。对于长宽高超过 8 米的大型石窟寺而言，整体控制环境色使之还原统一并非易事（图 24）。

图 24　云冈第三窟西后室风化状况的赋色与赋色效果细部

（2）无妆銮或无妆銮遗存的洞窟造像色调的赋予。类同于前一环节，但因为造像造型体面的特殊性，其赋色除依靠美工涂色外，还需要特定光源的调试配合。如云冈第 3 窟西后室的三尊造像，为了使其符合洞窟原生环境在明窗天光照耀下的色调，专业美工完成涂色后，还请灯光师按早晨阳光升起时的明窗光照，选择安装了灯光来模拟完成（图 25 ）。

（3）石窟妆銮色彩的赋予。这是洞窟赋色最浩繁最复杂、“人工因素”最突出的环节。从事者需要有对石窟色彩现状的深入研究，需要对整体上色和局部颜色做出一系列的选择和决定，还需要研究石窟原妆銮赋彩的做法工序和材料，还要保证有足够的专业能力实施具体的赋色。甚至还要对是否保留诸如破坏痕迹、拓印痕迹、游客刻划、灰尘等现状的真实做出选择。云冈 12 窟的赋色，就做出在基本保持原洞窟色彩基础上，不保留煤灰导致的暗黑色调，复制洞窟色彩因此比现状稍微鲜亮；同时选择保留不同年代游客刻划破坏的痕迹（图 26、图 27）。而龙门古阳洞五座佛龛的复制中，则保留了龛窟

图 25　复制云冈第 3 窟西后室灯光设定及灯光设定与原洞窟的比对

上遗留的拓印墨迹，而且在实施环节，通过模拟“拓印”方式予以赋色，以呈现还原（图 28—图 30）。这是由当代人还原再造历史洞窟过程中最为惊心动魄、耗费时日的工程。云冈 12 窟的赋色，5 人团队工作 9 个月才最终完成。这一过程隐含着来自主持者对于“原真”的观察、探索、理解、管控和决定。也正因此，石窟寺的 3D 复制，不是一项单靠机器就能够完成的数据拷贝，而是在科学数据基础上的一次复原研究和“再造”，从而与传统的文物复制区别开来（图 31、图 32）。

图 26　云冈第 12 窟前室后壁复制窟赋色效果与原窟的比对

图 27　云冈 12 窟复制中对游人划痕的复原

图 28　龙门石窟古阳洞第 N81 龛（高树龛）通过墨拓方式复原的纹样、造像碑经墨拓遗迹

图 29 龙门石窟第古阳洞诸龛人工赋色工作中

图 30 龙门石窟古阳洞 N228 龛（杨大眼龛）墨拓赋色细部收尾

图 31　云冈第 12 窟赋色工作过程中

图 32　云冈第 12 窟复制过程赋色团队和复制打印安装团队合影

需要承认，由人工完成赋色环节，客观上使数字化获得的精确色彩信息未得到充分利用，在一定程度上被“浪费”了。因此如何能够把数据模型里准确的色彩信息用作人工上色的参考和一定程度的标准，需要进行流程、设备的研发。目前云冈、浙大和深圳美科公司已经投入研发自动上色设备。

必须看到，目前石窟3D复制要经过环环紧扣的复杂环节，对应的是当前3D复制中默认的“原真”标准，即尽量全面地再造文物形、色信息，实现文物活起来的目标。这是目前3D复制最高的级别。

除此外，3D复制还可以有别的目标用途，就需要有不同的复制级别，如面向公众的纪念品级别，面向学生的教学级别和面向文物比较研究的研究级别。不同级别对应的3D复制各环节中，技术、时间、人力和经费投入要求可以完全不同。即使“原真”级别的复制，还可以细分到更细的程度。因此，不论宏观还是微观，3D复制的标准问题都应该提到议事日程中。

因此，面对当前和未来，石窟寺管理机构、数字化打印机构、高等院校和文创企业等，应联合探讨3D复制的可能用途，研究制定相应标准，使3D复制工作从前端到后端都纳入有序科学化管理，并纳入涉及数字资源的知识产权管理范围。

3 石窟寺文物数字化与流失海外石窟文物的回归和复原

中国石窟寺在1949年之前，特别是1933年以前，民国政府的《古物保存法》正式颁布实施以前，罹经深重劫难，壁画、佛像被大量盗揭、盗凿而致外流。在实物回归不完全现实的情况下，石窟寺数字化，一定程度上使流失海外的石窟寺文物以“数字信息”形式汇聚成为可能。出于实现人类文化遗产信息完整性目标的数字信息回归研究和实践，使石窟残迹通过回归数字实现“虚拟复原”成了可能，也正在成为文化遗产领域国际合作的内容之一。这是石窟寺数字化方法和成果的又一智慧应用。但是，对于石窟流失文物数字回归和数字复原，该遵循怎样的方法原则，值得探讨。

第一步，当然首先是通过国际合作，联合设立专门研究课题，经过大量调查研究，追索清楚现有石窟盗劫文物的去向和明确馆藏情况，并实现严格甄别，确认流失海外信息和劫余遗迹的正确对应关系，以免张冠李戴。幸运的是，经过国家文物局和各石窟单位的积极努力，目前第一步工作已基本完成。

第二步，就是独立或联合海外研究机构谈判，在学术研究前提下，由中国进行流失文物数字化信息采集工作和共享流失海外石窟文物的信息回聚事务。

第三步，完成劫余遗存石窟寺遗迹的系统性全面数字化和基础调查，建立翔实档案，作为保护和各种利用回归数据进行虚拟复原研究的核心基础。

第四步，应用石窟寺数字技术，实现回归文物数字和劫余石窟遗迹之间的数字复原计算，完成其虚拟复原。复原完成的成果，可以用于教学研究和学术展陈。如有必要，在完善知识产权条款的基础上，实施出于学术研究目标的 3D 复制。

这里需要十分明确，根据流失回归的文物数字信息和劫余洞窟遗迹数字信息进行的石窟寺复原研究，并不能改变现存石窟遗迹已经不完整的历史事实。因此，必须强调，即使虚拟复原成果已经达到可以 3D 打印出完整原貌的程度，利用 3D 打印成果，在劫余洞窟遗迹实施真实的复原归安工程，也应当是流失海外石窟寺文物数字化信息回归和复原工作中不得触碰的红线。

其实，即使实物回归的文物，能否在劫余遗迹上直接实施归安修复也值得讨论，需要十分谨慎对待。2005 年 10 月 22 日，龙门古阳洞开凿于景明三年（502 年）的高树龛佛头回归，至今已 14 年。2019 年年初，龙门石窟实施高树龛高精度数字化工作，为其建立了高精度模型，同时为回归佛头做了同样精度的高精度模型，然后进行数字化拼合，实现了高树龛的数字复原，并且进行复原后的 3D 复制（图 33—图 38）。

图 33　龙门石窟古阳洞北壁 N81 龛高树龛回归佛头，现藏龙门石窟研究院

图 34　龙门石窟古阳洞 N81 龛（高树龛）回归佛头的正射影像图

当前，随着中国国力提升，国际合作广泛开展，相信会有越来越多流失海外的文物回归，特别是数字信息回归。如何对待流失海外回归的实物、数字信息与劫余本体的关系，是个值得引起国家文物管理部门高度关注的大是大非问题。劫余石窟寺数字化信息因具有大地坐标，关涉中国信息安全，在与流失海外文物进行数字化回归合作中，稍有不慎，便可能造成信息安全事故，而如果在劫余石窟遗迹实施数字回归文物经过 3D 复

制件的归安，则可能使劫余遗迹遭遇再次不可逆转的劫难。认识和研究“劫余残迹”，理性对待数字技术成果，划出一条石窟文物复原的红线，看来需要未雨绸缪。

图 35　龙门石窟古阳洞北壁 N81 龛（高树龛）回归佛头与原龛数字复原后激光模型的正立面正射影像图

图 36　龙门石窟古阳洞北壁 N81 龛（高树龛）回归佛头与原龛数字复原后 3D 打印实施人工赋色

图 37　龙门石窟古阳洞北壁 N81 龛（高树龛）现场照片

图 38　龙门石窟古阳洞北壁 N81 龛（高树龛）3D 打印人工赋色后的局部，形虽复原，沧桑仍在

［本文转载自《石窟寺研究》2022 年第 13 辑］

文物保护中微量有机物的化学与免疫检测技术

张秉坚*

摘要： 在文物检测中，往往需要从大量无机材料中鉴别微量有机成分，如在古建灰浆和三合土中检测有机添加物，在彩绘颜料层中分辨胶结物，在考古遗存物中鉴定有机残留物等。由于文物中有机成分含量少，杂质多，使用现代谱学仪器方法通常较为困难。本工作根据文物有机物成分的化学和生物特点，开发出一系列针对特定有机成分的分析鉴定方法，包括对糯米、桐油、蛋清、血料、糖类等的化学分析法，以及对动物胶、蛋清、鱼胶、酪素、大漆、桃胶、松香等的免疫分析法。这些方法已经成功应用于包括故宫灰浆、"华光礁 1 号"艌料、长城灰浆、秦兵马俑彩绘、麦积山泥塑、须弥山壁画、跨湖桥漆器、江苏萧后冠和西安裴氏冠等数十处遗址的数百个样品的分析鉴定。

关键词： 文物；微量有机成分；灰浆；彩绘；残留物；胶结物

1 引言

在文物保护中，探明文物材质和成分是了解文物价值和开展保护修复的基础性工作。其中，从大量无机材料中鉴别出微量的有机成分经常是最困难的工作之一。常用分析检测仪器往往难以胜任。而实际工作中，这类检测的需求不少。

1.1 古建灰浆和三合土中的微量有机物检测

中国古建筑是世界三大古建筑体系之一，许多建筑灰浆的性能胜过今天的水泥。例如，2017 年英国电视台第 4 频道制作了一部故宫专题纪录片《紫禁城的秘密（2017）》。其中一段"故宫模型在 10 级地震中岿然不倒"的视频在网上火爆。但是，纪录片没有提到，在过去 600 年里经历了约 200 次大小地震，紫禁城的城墙、院墙、瓦顶都基本保存完好。其中，中国古代建筑灰浆功不可没。故宫的瓦顶灰浆有很多层，从护板灰、泥背、灰背、底瓦泥、盖瓦泥到夹垄灰等；还有故宫的红墙，有靠骨灰、罩面灰、红浆

* 张秉坚：浙江大学文物保护材料实验室，杭州，邮编 310058。

等，这些不同功能的灰浆是什么成分？

与欧洲等国家不同，中国火山不多，没有普遍利用火山灰制作水硬性灰浆的条件。为了改进灰浆的性能，中国古人更多地尝试了有机添加物，如糯米、桐油、蛋清、血料、糖、树汁等，成为有机 / 无机复合灰浆。已经发现，这类有机 / 无机复合材料的韧性和自修复能力比欧洲的水硬性灰浆要好，它们更适应中国木构建筑的特点。但是，由于灰浆中有机物含量少，相对容易降解，此前还没有系统的方法来检测它，尤其是难以通过仪器分析来检测。

1.2 彩绘颜料层中胶结物的检测

从古代壁画、彩画和彩绘残迹中检出胶结物种类对于了解当时工艺和指导保护修复具有重要意义。例如，秦俑彩绘，了解胶结物种类对于已掉落彩绘的回贴具有重要价值。同时，了解彩绘胶结物种类也是研究当时艺术和信仰传播发展的重要实物证据。例如，四川甲扎尔甲山洞窟壁画，其彩绘颜料胶结物种类是解读其工艺渊源的重要证物之一。

1.3 考古残留和残存物检测

残留和残存物检测是考古学认知文物的重要工具。例如，2013 年，扬州萧后墓出土了部分泥化的萧后冠，几克土样寄到了浙江大学实验室，希望分析黏结萧后冠上宝石的胶结材料。经过 2 年多的研究，检测结果已经出来。再如，杭州萧山跨湖桥遗址出土的一块陶片，上面有少量胶黏剂痕迹，研究人员希望分析胶黏剂成分，这是 8000 年前的胶，是中国发现的最早的胶黏剂之一，鉴别出胶黏成分具有重要考古学价值。

以上的共同问题和关键技术是从泥土等大量无机物中检出微量残存的天然有机物。难点是：①含量极少，大约都在 1% 以下；②样品量极少，因文物珍贵，许多仅有 1 颗芝麻大小的样品；③泥土等杂质干扰严重，如灰浆中的蛋清成分可用红外光谱检测，但含土灰浆中的蛋清成分就无法用红外光谱检测；④保护材料等干扰，如取来的壁画颜料层大多用聚醋酸乙烯酯或聚丙烯酸酯加固过，出土竹木漆器大多用聚乙二醇等填充脱水处理过等，保护材料会干扰红外光谱、GC/MS、Py-GC/MS 等的检测结果。

1.4 解决问题的思路

以往的检测大多是利用仪器分析的谱学方法，获取文物成分的谱图。这样文物样品各种成分的图谱都会出来，往往把很多微小的信息掩盖了，尤其是泥土成分复杂，导致微量目标成分难以鉴别。在这种情况下，能否换一种思路？只对某几种可能的目标成分进行检测。因为古代有机胶结物的种类是有限的，大概 10 多种，最多不会超过 20 种。从这个思路出发，我们就可以用化学分析的方法，快速、简便地完成许多有机添加物的检测，如使用碘试剂法，能够很轻易地把万分之四的淀粉含量检测出来。再有，我们可以使用免疫分析的方法，其具有高度选择性能十分灵敏地鉴别壁画颜料层或考古遗存物中的胶结物。

在国家“973课题”和“科技支撑计划课题”的支持下，经过几年的努力，浙江大学文物保护材料实验室已经把这套化学分析和免疫分析系统给研发出来了。

2 化学分析技术——以灰浆中有机添加物为例

运用一些基本的化学原理，只要0.6克的灰浆样品，就能够检测出灰浆中的主要有机添加物成分。用碘试剂法检测淀粉，用酚酞法检测血料，用皂化法检测油脂，用考马斯亮蓝法检测蛋白质，用班氏试剂法检测糖类。它们的检测限都非常低，在千分之几以下。我们已建立起一套便捷、可靠、易操作的灰浆分析程序。相关原理和全套技术已发表在 *Journal of Cultural Heritage* 上[1]。

化学分析法也有一些问题，如浙江天妃宫炮台三合土的检测，土的黄色会干扰碘试剂法检测结果对颜色的判断。为此，我们进行了改进，提出了一种超滤-分光光度法。即先用微孔滤膜过滤待测溶液，脱去颜色，再用分光光度计制作标准曲线，然后就可以鉴别样品的淀粉含量，由此成功检测了20个炮台三合土样品。该方法已发表在 *Archaeometry* 上[2]，论文得到了评审者的充分肯定，认为可以推广到其他出土文物的检测中。

再看一些实例。

实例1：故宫灰浆检测。故宫古建部的同行已取得了7处建筑的49个灰浆样品，包括背里灰、罩面灰、夹垄灰、盖瓦泥、底瓦泥、灰背、泥背、靠骨灰等。我们对这些样品进行了物理性能检测、强度性能检测、材料配比检测；包括石灰、砂和泥的比例，泥和砂的粒径分布，有机添加物的种类和含量，以及纤维的种类等都进行了检测。检测结果发现，含淀粉的有14个样品，含糖的3个样品，含油脂的5个样品，含蛋清的3个样品，含动物胶的13个样品，含植物胶的21个样品。另外，还在故宫的抹灰灰浆里检出了棉花、动物毛、竹纤维，在瓦顶灰浆中检出了亚麻、黄麻、苎麻等。这些有机添加物对于故宫灰浆的牢固、防裂和抗震显然是有作用的，故宫灰浆的传统工艺研究还刚刚开始。其中燕喜堂部分灰浆的检测结果已在 *Archaeometry* 上发表[3]。

实例2：“华光礁1号”古船舱料分析。有两个“华光礁1号”舱料的样品送到了浙江大学文物保护材料实验室。除了电镜等仪器检测，我们进行了化学分析。为什么中国人能比欧洲人早600年航海到世界各大洋呢？舱料的成分很关键。检测发现其主要成分是桐油、石灰和苎麻，还特别发现，桐油和石灰的混合有化学反应，生成了羧酸钙，存在桥联配位和螯合配位两种结构，这应该是舱料具有良好强度和密封性的微观基础。结果发表在了 *Thermochimica Acta* 上[4]。

实例 3：古城墙砌筑灰浆的分析研究。该工作由浙江省考古所的崔彪带队，他与博士生一起把浙江 8 处古城墙的灰浆取来，然后在实验室中进行了一系列的分析。相关结果发表在《光谱学与光谱分析》上[5]。另外，也检测了全国 7 处古城墙的灰浆，结果发表在 *International Journal of Conservation Science* 上[6]。

经过五年多的时间，浙江大学文物保护材料实验室对全国 155 处遗址的 370 个灰浆样品进行了分析。有古城墙、古墓葬、古塔、古民居、古水利工程、寺庙等的灰浆，以及炮台三合土和沉船舱料等。共在 52 处遗址的 112 个样品中检出了淀粉，52 处遗址的 87 个样品中检出了油脂，30 处遗址的 59 个样品中检出了蛋白质，8 处遗址的 14 个样品中检出了糖，5 处遗址的 5 个样品中检出了血料。同时含有两种有机物的有 47 个，同时含有三种有机物的有 5 个样品。根据检测结果，已经画出各有机添加物灰浆在全国区域的位置分布和不同时代的分布。可以发现宋代和明代是有机 / 无机复合灰浆使用的两个高峰。此外，我们检出灰浆中添加有机物的样品年代比最早文献记载的时间都要早，淀粉早 200—500 年，油脂早 800—1300 年，蛋白质早 1200—1700 年，糖早 400—600 年，血料早 100—200 年。

在我们检测的样品里面将近 1/2 是含有有机物的，中国古代建筑灰浆的特色是有机 / 无机复合灰浆。以上相关结果已发表在 *Journal of Archaeological Method and Theory* 上[7]，相关系列研究可参见《中国传统复合灰浆》一书[8]。

3 免疫分析技术 A——以彩绘胶结物检测为例

免疫分析是利用抗体与抗原的特定结合关系来进行检测的技术。

酶联免疫吸附法（ELISA）是利用抗体与抗原加上酶标抗体、发色剂产生颜色变化，颜色深浅与受检物质含量呈比例关系，该方法十分灵敏。

免疫荧光法（IFM）是把样品包埋起来，使其露出截面，再滴加一抗、二抗、荧光素标记物等，然后在显微镜下就可以清晰地识别出待测成分所在的位置。与 ELISA 方法配合使用，既灵敏又能确定层位关系。

免疫法的优势是：①方法非常灵敏，只需要一颗芝麻大小的样品；②层位准确，能够知道待测物所在的具体位置；③检测结果受生物降解影响较小，因为它检测的是分子链上的某个表位，只要表位存在抗体就会黏附上去并检测出来；④高分子保护材料对检测结果影响小，我们的实验发现，B-72、硅丙、纯丙、聚醋酸乙烯酯等保护材料对蛋清、动物胶、血料等的检测结果几乎没有影响，干扰很小。相关结果已发表在 *Microscopy and Microanalysis* 上[9]。我们已完成许多免疫法检测的实例。

实例 1：秦始皇兵马俑彩绘胶结物检测。2005 年，秦俑课题组用微化学分析法推测彩绘胶结物可能为动物胶；2008 年 Bonaduce 等采用 GC-MS 测得胶结物为蛋清。究竟是什么胶结物？ 2014 年我们与秦始皇兵马俑博物馆合作，使用免疫荧光法（IFM）确定秦兵马俑彩绘胶结物为蛋清。文章发表在 *Journal of Cultural Heritage* 上[10]。

实例 2：麦积山泥塑和壁画胶结物检测。一共检测了 10 个样品，从中检出动物胶 5 个，蛋清 4 个，两者都有的有 3 个样品。有的样品是多层的，有的层含有蛋清，有的层含动物胶，免疫荧光法能够精确地鉴别各层的胶结物种类，相关结果发表在 *Microscopy and Microanalysis* 上[11]。

实例 3：须弥山石窟泥塑和壁画胶结物检测。采用荧光免疫法，共检测了 7 个样品，检出动物胶 4 个，蛋清 2 个，两者都有的 1 个。结果发表在 *International Journal of Conservation Science* 上[12]。

实例 4：四川广汉龙居寺壁画胶结物检测。这是与四川省文物考古研究院合作，一共 10 个颜料样品，发现 5 个含动物胶，2 个含蛋清，1 个含酪素，其结果发表在 *Heritage Science* 上[13]。

实例 5：四川马尔康甲扎尔甲山洞窟壁画胶结物检测。这也是四川省文物考古研究院寄来的样品，共 12 个典型样品，发现其中 2 个含有动物胶，1 个含有酪素。目前国内只在四川的颜料中检测出了酪素。结果发表在 *Microscopy and Microanalysis* 上[14]。

实例 6：故宫养心殿彩画颜料和胶结物检测。这是与故宫古建部杨红老师合作，在养心殿取了 7 个典型彩画样品。其颜料和胶结物的检测结果发表在《光谱学与光谱分析》上[15]。

到 2018 年，实验室已对 17 处遗址的 145 个古代颜料样品进行了检测，共检出胶结物成分 83 个。其中动物胶 58 个，蛋清 19 个，鱼胶没检出来，酪素检出 6 个样品。相关检测数据结果发表在 *Journal of Cultural Heritage* 上[16]。免疫分析方法发表在《自然杂志》上[17]。

4 免疫分析技术 B——以考古残留 / 残存物检测为例

最后讲考古残留 / 残存物的检测。考古残留 / 残存的胶类物质种类较多，有动物类，也有植物类。对于动物类胶结物，如动物胶、蛋清、鱼胶、酪素等，我们可以把这些动物系列蛋白注射到兔子体内，让它产生抗体，然后就能够采用免疫法进行检测了。前面我们检测的主要是动物胶黏剂，在故宫样品的检测中出现了一个难题，发现大部分为植物胶，对植物胶是否能够通过免疫技术产生抗体呢？目前国内外都没有这类商品抗体，如大漆、桃胶、白芨、松香、杨桃藤汁等。这些蛋白注射到动物体内可能会被完全吸收，不产生抗体。针对这一情况，我们又开展了一系列的研究。

植物胶的蛋白抗体有两种办法获取，其一是把植物胶中的蛋白提取出来。如大漆含有约 1% 的蛋白，提纯后得到漆酶蛋白，将其注射到兔子体内，让它产生抗体。检测发现漆酶蛋白抗体非常敏感，百万分之几的漆痕都能被特征性地鉴别。我们用一系列含漆或对照样品，包括河姆渡时期到清代的各种含漆样品，进行 ELISA 检测，以验证方法的可靠性，结果发表在 *New Journal of Chemistry* 上[18]。以此为基础，利用漆酶抗体来检测 8000 年前跨湖桥遗址中的胶类。疑似胶黏剂的痕迹有 3 处，其一是独木舟上修补过的树洞，其二是跨湖桥遗址出土的桑木弓，还有是一块粘有胶状物的陶片。我们同时进行了检测，结果只有这三个样品大漆含量很高，其他对照组都很低。说明在 8000 年前，跨湖桥地区的古人已经能够熟练地用漆做涂层，也能熟练地用漆做黏接剂，修补船只和陶器等。相关检测验证过程已发表在国际考古学的顶级杂志 *Journal of Archaeological Science* 上[19]。目前我们正在继续使用该方法寻找更早的人类利用大漆的证据。

还有一些植物胶，如松香等，不具有抗原性，注射到动物体内马上就被消化掉了。我们的办法是，将蓝血蛋白接到松香的分子上面，再打到动物体内，就会产生抗体，利用这种抗体就能检测出松香。正是采用这种方法，我们检测泥化的江苏萧后冠，以及差不多同时代的西安裴氏墓的冠饰，发现其黏接剂的主要成分是松香。相关成果已发表在 *Microchemical Journal* 上[20]。

5 结语

（1）从大量无机物中鉴别出微量有机物是文物保护和科技考古中经常遇到的问题之一。化学分析和免疫分析往往能够取得非常好的检测效果。

（2）化学分析和免疫分析都需要根据被检物质的具体特征进行设计。特别是免疫分析方法鉴别力强，精度高，耗样品量少，将成为未来考古和文保领域最重要的检测方法之一。

（3）欢迎有相关检测需求的单位或个人与我们联系，合作开展研究。

参 考 文 献

[1] Shi Qiang Fang, Hui Zhang, Bingjian Zhang, et al. The Identification of Organic Additives in Traditional Lime Mortar; *Journal of Cultural Heritage*, 2014 15: 144-150.

[2] Ye Zheng, Hui Zhang, Bingjian Zhang, et al. A new method in detecting the sticky rice component in Chinese traditional tabia, *Archaeometry*, 2016, 58, Suppl.1, 218-229.

[3] Xu Li, Ma Xiao, Zhang Bingjian, et al. Multi-analytical studies of the lime mortars from the yanxi hall in the yangxin palace of the palace museum. *Archaeometry,* 2018, 61(2): 309-326.

[4] Shiqiang Fang, Hui Zhang, Bingjian Zhang, et al. A study of the Chinese organic-inorganic hybrid sealing material used in” Huaguang No.1” ancient wooden ship, *Thermochimica Acta*, 2013, 551, 20-26.

[5] 刘效彬，崔彪，张秉坚，浙江古城墙传统灰浆材料的分析研究 . 光谱学与光谱分析，2016，36（1）：237-242.

[6] Luyao Liu, Wei Shen, Bingjian Zhang, et al. Determination of proteinaceous binders for polychrome relics of xumi mountain grottoes by using enzyme-linked immunosorbent assay and

immunofluorescence microscopy. *International Journal of Conservation Science*,2016, 7(1): 3-14.

[7] Jiajia Li, Bingjian Zhang. Why Ancient Chinese People Like to Use Organic-Inorganic Composite Mortars?-Application History and Reasons of Organic-Inorganic Mortars in Ancient Chinese Buildings. *Journal of Archaeological Method and Theory,* 2019, 29(2): 502-536.

[8] 张秉坚，方世强，李佳佳，等，中国传统复合灰浆 . 北京：中国建材工业出版社，2020.

[9] Wenjing Hu, Hui Zhang and Bingjian Zhang. Identification of Organic Binders in Ancient Chinese Paintings by Immunological Techniques. *Microscopy and Microanalysis*, 2015, 21(5): 1278-1287.

[10] Wenjing Hu, Kun Zhang, Hui Zhang, et al. Analysis of polychromy binder on Qin Shihuang's Terracotta Warriors by immunofluorescence microscopy. *Journal of Cultural Heritage*, 2015,16(2): 244-248.

[11] Luyao Liu, Wei Shen, Bingjian Zhang, et al. Complementary microchemical study of pigments and binders in polychrome relics from Maiji Mountain Grottoes, northwestern China. *Microscopy and Microanalysis*, 2016, 22(4): 845-856.

[12] Luyao Liu, Wei Shen, Bingjian Zhang, Youcheng Han. Determination of proteinaceous binders for polychrome relics of xumi mountain grottoes by using enzyme-linked immunosorbent assay and immunofluorescence microscopy. *International Journal of Conservation Science*,2016, 7(1): 3-14.

[13] Erxin Chen, Bingjian Zhang, Fan Zhao, et al. Pigments and binding media of polychrome relics from the central hall of Longju temple in Sichuan, China. *Heritage Science,* 2019, 7(1): 45-53.

[14] Meng Wu, Xinhui Zou, Bingjian Zhang, et al. Immunological Methods for the Detection of Binders in Ancient Tibetan Murals. *Microscopy and Microanalysis,* 2019, 25(3): 822-829.

[15] 刘璐瑶，张秉坚，杨红，等. 北京故宫养心殿燕喜堂及西围房建筑彩画的分析研究——一种检测颜料和胶结物的集成检测方法. 光谱学与光谱分析，2018，38（7）：2054-2063.

[16] Jiajia Li, Bingjian Zhang. Study of identification results of proteinous binding agents in Chinese painted cultural relics. *Journal of Cultural Heritage*, 2020, 43: 73-79.

[17] 胡文静，张秉坚. 古代彩绘文物胶结材料免疫分析技术. 自然杂志，2015，37（5）：332-340.

[18] Meng Wu, Bingjian Zhang, Guopin Sun, Leping Jiang, Determination of lacquer contained in samples of cultural relics by enzyme-linked immunosorbent assay. *New Journal oF Chemistry*, 2017: 41(14): 6226-6231.

[19] Meng Wu, Bingjian Zhang, Leping Jiang, et al. Natural lacquer was used as a coating and an adhesive roov years ago, by early humans at Kuahuqiao, determined by ELISA. *Journal of Archaeological Science*, 2018, 100, 80-87,

[20] Meng Wu, Bingjian Zhang, Junchang Yang. Detection of millennial Rosin in Empress Xiao's Crown by ELISA. *Microchemical Journal*. 2020, 154.

遗产管理与活化利用

新时期符合国情文物保护利用之路有关问题及应对之策*

曹兵武**

摘要：将文物保护好、利用好，让文物活起来，探索新时期符合国情的文物保护利用之路，既是国家的要求和人民的需求，也应该成为行业的自觉追求。其关键是要进一步提升对于文物本体及其价值作用的认识，理顺文物和利益相关者及社会大众的关系，构建权利—义务—责任—能力相匹配的现代管理和治理体系，切实落实文物保护利用的主体责任，营造全社会参与文物保护利用的氛围和体制机制，同时要加快文物行业自身的改革发展，加强文物保护和利用的能力建设，以及理论、方法、信息、科技、法规、标准等的供给、保障与服务、支撑，尤其是政府部门、文物专业机构以及重要国有文物如世界遗产地、国保单位等要率先垂范，发挥示范与引领作用。

关键词：符合国情的文物保护利用之路；四梁八柱；让文物活起来；物人关系

习近平总书记明确要求让文物活起来[①]，要努力走出一条符合国情的文物保护利用之路[②]，既突出了文物古迹和文化遗产作为可持续发展宝贵资源在建设中国特色社会主义和中华民族伟大复兴事业中的重要地位与作用，也对文物工作提出了与时俱进的新时代的新要求。做好文物保护利用、让文物活起来，至少可以涵盖以下两个层面：一是要尽可能将文物本体保护好利用好，二是文物中蕴含的历史科学艺术社会等信息与价值应尽可能准确系统地挖掘和阐释，并展示出来、传播起来、传承下去，实现社会共享，促进人的素质及社会文化与经济等健康持续发展。也就是说，文物作为文化的物化，文明的证体，历史记忆的载体，和人们的生活尤其是精神文化生活息息相关，文物保护利用、文物活起来不仅有物的层面的操作，更重要的是在精神层面，要充分挖掘和认识文物的

---

* 本文为国家社科基金特别委托项目“符合国情的文物保护利用之路研究”（编号 17@ZH018）成果之一。笔者为课题组首席专家。课题名子课题负责人刘爱河、余建立、赵夏、郑子良、燕海鸣、于冰和何流等对有关资料和观点均有不同角度的贡献。

** 曹兵武：中国文化遗产研究院，北京，邮编 100029。

① 习近平在中共中央政治局第十二次集体学习时强调：建设社会主义文化强国 着力提高国家文化软实力，新华社北京 2013 年 12 月 31 日电。

② 习近平：努力走出一条符合国情的文物保护利用之路，新华社 2016 年 4 月 12 日电。

丰富价值内涵，与新时代现代人的合理需求和可持续科学发展实现对接，让传统与现代实现对接，从而助推中华民族的伟大复兴和时代的进步。

让文物活起来与文物的保护利用，是同一事业的两个面相。让文物活起来，先要让文物能够健康地活下去，并尽可能融入社会与生活，让更多的让人看到、感到、用到、想到，通过其所蕴含的丰富的信息、知识和价值，与其相关的人和事建立链接、互动；文物的活起来，和保护它、利用它、管理它的人其实是密不可分的，只有让人对文物的认识提升了，相关的社会实践活动与文物结合了、改进了、完善了，走出了符合国情的保护利用之路，将文物保护好、利用好了，文物的价值与作用发挥出来了，文物背后的历史科学审美等价值才能得以很好地传承，文物才算是真正地活起来了。

由此可以看出，让文物活起来并非一件容易的、一哄而上的、一蹴而就的事情，而是需要深入研究、系统谋划、科学实施的大文章；探索符合国情的文物保护利用之路，既需要顶层设计，也需要筑路者与行路者形成共识，携手努力，条条大路通罗马，条条小路汇集成历史前行的康庄大道[1]。因此，如何将文物保护好、利用好，让文物活起来，发挥好文物与文化遗产对可持续发展的支撑作用，仍然有进一步提高认识的巨大空间，以及探索作为的巨大潜力。

1 如何认识新时期文物保护利用的关键问题

让文物活起来，将文物用起来，应当是在扎扎实实做好保护等基础工作的前提下，不断创新体制机制，将文物作为可持续发展的宝贵资源，通过充分发现其价值，发挥其作用，探索其与百姓的日常生活实现全面链接之道，探索在复杂多样的社会现实中让历史文物重新脉络化的安身立命之道。走出这样一条符合国情的文物保护利用之路，需要党的领导、政府的主导、专家的指导，更需要与文物遗产相关各方及社会公众的广泛共识和积极参与。这一领域的探路与行路，是一场关涉从传统走向现代和未来的深刻系统的社会变革与实践。

文物行业应该清醒地认识到，让文物活起来、将文物用起来、走出符合国情的文物保护利用之路不仅仅是当下的国家的要求，也是当今的人民群众的需求——正如党的十九大报告明确提出的，当前我国社会主要矛盾已经转化为人民日益增长的美好生活需要和不平衡不充分的发展之间的矛盾。随着经济社会发展，文化消费与需求日益增长，文物古迹相关旅游、文化产品与精神方面的需求正呈现几何级增长。因此，把文物用起来，让文物活起来，实乃时代趋势，在我们所说的文化自觉和自信中，其实是应该有一个遗产自觉作为基础的，在我们所努力追求的民族复兴中，其实也应该有一个传统文化复兴或者中国式的文艺复兴作为前提[2]。

上百万年的人类演化和中国历史为我们留下了丰富的经验教训、文物古迹和文化遗产，能够正确认识到它们的存在、价值、作用，则是一个伴随社会进步的不断发展的历史过程。作为现代学科范式的历史学、考古学、博物馆学等，都是文明社会甚至近现代以后的新兴事物。文物古迹等文化遗产中包含丰富的古往今来人们的行为事迹、经验教训、价值观念以及历史科学艺术等信息，它们从人类历史的实物见证，到达官贵人喜好把玩的古董文玩，到成为文物考古的科学发现与研究资料，再到现在保护与利用的全社会吁求，实际上意味着人类已经步入了一个全民性的文化遗产时代，全社会都开始自觉地将文物古迹等历史遗存作为发展的资源来加以合理保用和传承创新，以实现继往开来的可持续发展[3]。但是，相对于其他遗产而言，文化遗产能否保护利用传承好，和我们后人的认知水平、价值判断、主观能动性、社会关系特征以及实践能力等密切相关。

中国是文物古迹和文化遗产极其丰富、历史悠久、文化文明连绵不断的大国，今天我们要实现民族复兴，就必须首先对自己的历史遗产进行全面盘点，科学挖掘保护，合理利用传承，在继承优秀传统文化、借鉴域外先进文化、探索科学发展文化的基础上，去探索民族复兴之路和中国特色社会主义道路。同时，我们也应该充分地意识到，伴随当下由经贸交通等开辟的空间上的全球化，历史文物考古等学科也已经从人类的起源、演变、发展角度达成了人类物种与历史在时间上的一体化——我们人类有着共同的生物起源、心理基础和命运追求，尽管为适应不同时空环境而形成了丰富多彩的地域性文化和文物遗存，但其实仍然是四海一家，寰球同此凉热，只能携起手来，从人类命运共同体的层面和生态文明的视野去处理历史、现在与未来，我们、你们和他们的关系，以及人与自然、与世界包括与历史遗产的关系，探索和衷共济、科学可持续协调发展的康庄大道。

因此，将文物用起来，让文物活起来，走出符合中国国情的文物保护利用之路，是一个宏大的时代命题。它需要我们站在时代高度，科学认识文物包含的信息与价值，并以现代科技、现代制度，正确处理文物本体及其与人的关系。它首先是应该让与文物有直接责任和利益关系的人行动起来，要在提高对文物与遗产的价值、它们与人尤其是与广大社会公众的关系和利益联系等认识的前提下进行一场以保护利用为中心的紧密而理性的重构。我们常常说文物是民族的、国家的甚至是全人类共同的遗产，诚如《保护世界文化与自然遗产公约》指出的，一些重要遗产对于整个人类都具有突出的、普遍的、不可替代的价值，但是具体到一处遗址或一件物品，对其保护和利用的具体事项该由谁来行使？如何行使？到底谁对它拥有保用的主体责任、关联责任等法律责任？它和其他利益相关者乃至社会公众有什么关系？很多方面都尚需要从学理与法理上予以系统研究，在政策法规与体制机制上予以妥善安排，落到实处。

一件物品或者一处遗址被定性为文物，尽管它仍然还是之前的那个客观存在，也许还延续着其原有的功能，但是从社会与文化价值层面，它已经实现了脱胎换骨的转变，完成了向文化符号、历史信息载体的主要功能的嬗变，或者是价值与作用的拓展。用博物馆学对待入藏品的术语来说，它要完成去脉络化——与原来的语境、功能、作用等进行一次剥离或切割，并再脉络化——按照博物馆工作的要求展开编号、信息采集、登录、研究、典藏、保护、诠释、展示、文创、信息与价值传播等一系列新的工作。尽管在再脉络化过程中，会尽量保存和记录其原有状况、功能、历史经历及相关背景、相关人员等信息，但它之后将主要是以信息载体、文化符号的形式存在并示人。它和人和事的关系也将随之发生根本性变化。不仅是博物馆的藏品与展品如此，博物馆以外的文物古迹，包括不可移动文物的活化利用，也包括文物旅游等，实际上都有一个在现代社会、不同语境之下实现价值转换，与现代人的生活有机结合和再脉络化的问题。我们通常所说的用文物讲出好故事，即是这种脉络化的典型体现之一，也是文物所含历史、科学、艺术等信息和文化模因传承及实现与公众对接的途径之一。

因此，让文物活起来，将文物用起来，走出符合国情的文物保护利用之路，就需要在新时期、新形势下分析它们和谁有关、有什么关系？对谁有用、有什么用？这些方面和人的世界观、人生观，和价值认知及精神文化的需求，和具体的社会环境、制度安排等是密切相连的。所以，对文物古迹和文化遗产有效的保护和利用，就是要让其在现代社会中实现合理的再脉络化，让文物古迹融入百姓生活，这里既包括对其本体与信息、价值的发现、保存、整理、研究等，也包括分析研究它们在现代乃至未来可以发挥什么样的作用，并积极探索在藏品体系、文化谱系、展厅、旅游活动、文创产业以及保用实践和社会文化等具体的社会语境中为其建构科学合理的物物和物人关联。这里也必然会涉及对与其相关的人及其需求的认识、分析与关系调整。

2　如何构建新时期文物遗产与人的合理关系

我们通常将与文物和文化遗产相关者分为专家和大众，前者是保护者和诠释者，是业内；后者是看客、游客，是业外。这种划分很有意义但却相当粗浅，并具有强烈的行业本位色彩，而且主要是基于文物和遗产国有、公有的管理者主位视角。其实抛开现代产权等问题，文物和文化遗产有着远比一般物品复杂得多的社会属性和社会关联，然而，无论是保用实践还是价值实现，最终都是通过一个一个具体的个体和群体、通过操作链和价值链来实现的。如果我们将文物的保护利用能力视为遗产领域的生产力，将文物与文化遗产视为工作对象、生产资料和发展资源，那么科学、合理、合法、全面、完善的物人关系就是这个领域对保用能力起决定性作用的生产关系，只有在良好的物人关系的基础上，遗产的公共属性，抽象价值，以及专家所拥有的专业知识、科学技术、先进设备等才能合理应用，发挥更好的作用。因此，动员全社会广泛参与文物保护利用不仅仅是一个时髦的口号，是文保志愿者的良心奉献，或者是简单地将文物交给旅游企业去经营运作，而是要全面建构文化遗产领域科学合理合规的物人关系或者责任权利义务体系，这不仅是提升文物保用能力的前提条件，也将是文物工作和遗产领域影响深远的一场革命，是一个历史大国从传统迈向现代的必经之路。

传统上专业人士或者文博行业内的人习惯于将文物作为物以证史的学术研究资料，

习惯于讨论和开展保护与研究工作。这当然是重要的基础性工作。但是，其他丰富多样科学合理的利用形式，包括文物旅游的发展等，就需要在公众行为与心理需求以及社会实践中去创造，就得发动其他人，尤其是让利益相关者也成为保与用的实践主体，才能达成。因此，文物研究既要研究物，也要研究人，既要透物见人研究古人，也要研究今人尤其是利益相关方，综合地研究物人关系，包括开展游客研究、博物馆观众研究、文物社会学研究等；既要研究保护，也要研究利用，研究管理，研究信息传播和价值分享，发展既分科又协作的文化遗产相关学科体系。

新时代人民群众升级换代的新要求和新需求，以及改革开放不断向纵深发展等，都为此提供了契机。但是，应该强调的是，文物具有远超一般物品的复杂属性和公共性、公益性要求，诚如法国文豪雨果所说："文物可以属于某人，文物所包含的美则属于所有人。"[4]这就是在文物保护与利用实践中关于文物所有权、保管权、使用权、收益权、保护责任等权利义务等基本理念长期存在较大争议的深层原因[5]。即便对具体的文物可以明确上述权益与责任人，但是所有文物无论公私，都拥有无可争辩的公共性和公益性质，所有时代所有人对文物都只能拥有有限的处置权利（或受限的权利），并对公众和子孙后代担负着守护传承的无限责任，用周人在青铜器铭文中常用的告诫之语，就是要"子子孙孙永宝用"。因此，应该在学理、法理上对上述各项权益和相关实践予以廓清，并以现代的法律与制度安排予以落实，以充分调动更多相关者参与文物保护利用的积极性，将全民所有的国家文物、将人类共同的宝贵遗产的保用责任具体化，将私人拥有的文物的公私权责明确化。同时，要积极完善与文物本体有关的信息、资料、价值体系以及保用实践包括开展文物维护、展示、阐释、旅游等的行业标准，为公众参与文物保用和遗产传承提供专业的支持和指导。

由于文物的特性，让文物活起来，将文物用起来，必须以文物本体的妥善存在为前提，以原真性为第一原则，保护利用都应该尊重文物特性和文物工作的基本规律与要求，不仅应充分保证文物本体的原真性，也应力所能及地保存文物相关信息的真实性和完整系统性，在此基础上挖掘和传播共享其科学、历史、审美及其衍生的情感认同、文化交流、社会经济等方面的价值。包括开展与文物、文化遗产有关的展示、传播、文创，开展文物旅游，同样也需要遵循文物本体、信息和价值的属性与规律要求。因为这正是文化传承、社会发展中建基于科学之真、历史之善和艺术之美的重要源泉[6]。因此，应该高度警惕文物古迹展示传播利用、文物旅游以及文创中的迪士尼化或者漫画化现象，尤其要警惕具有高度欺骗性的文物造假与相关信息造假。否则，传播传承的将无疑是混乱视听和价值判断的文化之癌，必将引发广大公众的低级趣味甚至引起广大公众价值观和世界观的错位、混乱。

因此，将文物用起来、让文物活起来，是一篇需要各方面共同探讨和书写的大文章，探索符合国情的文物保护利用之路，是需要全社会共同参与和践行的盛举。这里尝试就建设全社会参与文物保护利用体系、走出符合国情的文物保护利用之路提出以下一些不成熟、不系统的思考和建议，或可参考。

首先，应加强文物相关的考古、博物馆、文保、管理等相关学科研究，建立中国特色、中国风格、中国气派的文物价值认知和文化遗产学科体系，全面把握时代和社会对文物与文化不断发展的新的合理需求，强化文物相关的基础工作。

其次，建立适应现代社会的文物相关责任权利义务体系与制度安排，尤其是明确国有文物保护与利用的主体责任，避免公地悲剧[7]，做到每一处或者每一件文物都有具体的责任人（无论是法人还是自然人），全面推行国有文物资源确责确权和五纳入制度[8]，并参考自然资源的离任审计制度，要用好不动产权确权、固定资产管理、国家公园、生态补偿、国土空间多规合一、公益诉讼等现有政策工具，包括借鉴矿产、农地、林地、草地、湿地等自然资源确权以及河长制、湖长制[9]等其他行业行之有效的实践经验。

再次，应探索新的政策机制，包括全面推行文物登录制度[10]，努力做到文物相关信息动态——包括保护利用的相关指导性或约束性要求——的更新与开放管理，为保护利用和规划管理等提供准确信息与科技支撑，尤其是为全面推行基本建设工程项目考古勘察和发掘前置、不可移动文物保护利用纳入地区性多规合一等国家需求提供支撑。

复次，进一步优化文物保护利用的财税政策与投入保障机制，探索建立责任权利义务能力科学匹配、面向文物本体及其责任主体的文物保护利用正负面清单制度和财税补偿制度[11]，在更加科学合理地使用国家投入的同时，扩大保用的社会力量参与度与利益覆盖面，提高保护利用的社会与经济效益。

最后，要进一步加快行业改革，合理配置放管服举措，增强自身能力建设与服务供给，包括加强科研、政策、法律法规、行业标准和体制机制研究，加强文物保护利用理论、方法、价值评估、科技手段、实践标准、服务平台等软实力建设以及专业人才的培养与供给。

上述诸项提升文物保护利用的举措，都要以进一步强化监管、加强问责、改善治理和全面实施依法管理、科学管理作为保障。

3　新时期文物保用之路的主要内涵与框架体系

在文物事业的改革发展中，文博界要率先解放思想，转变观念，与时俱进，强基开放，改革创新，才能在其间发挥积极的引领与支撑作用，尤其是文博部门和专业机构直接管理的可移动与不可移动文物，更应积极探索，发挥示范引导效应。

可以说，当下的文物工作已经被中央和各级政府摆在突出的重要位置上，学界、业界对于文物保护利用的重要性也已经讨论得非常深入，相关理论与方法的探讨包括一些探索性实践也取得了相当成就，现在应该是真正启动改革促进发展，包括改革自我、从我做起，突出专业和行业以及国有重点文物在文物保用方面的示范引领效果，关键是要在以下方面重点努力，突出作为。

一是要充分认识利用也是文物工作的重要目标与内容，合理适度地用在某种程度上正是一种积极的保护，尤其是文物管理部门要转变观念，实现从面向物的管理到包括物与人关系之事的治理的转变，鼓励探索在利用中保护，在保护过程中利用，保用并举，既强化自身的用，也鼓励社会的用，引进社会的保，打破某些传统思维定式和工作模式，包括某些既得局部利益。

二是要推动建立综合性全覆盖的文物保用管责任体系，坚决捍卫国有文物产权，防止国有资产流失、损耗，强化有关保用责任，做到能保尽保，能用尽用，全面保用，科学保用，依法保用。

三是以建立全面和谐合理合法的物人关系为目标，着力理顺业内与业外、管理者—专家—公众的关系，以及行业内部考古—文保—博物馆等具体职业职能关系，系统梳理与完善文物的名义所有者、实际拥有者、具体使用者、直接或间接受益者相互之间的责任权利和义务关系，按照守土有责的原则，推行谁管理、谁使用、谁受益、谁负责的涵盖保用管的责任制和业主制，构建文物遗产与人的适应新时期社会发展需求的新型关系，形成保用合力和全社会参与保用的体制机制。

四是在充分尊重民间文物私有产权的基础上，强化其公共性底线，引导其公益性职能，对其保护利用进行切实的指导帮助扶持，负起真正的监督管理之责，让已公开和已登录文物所有者负起切实的保用之责，让潜在的文物及其所有者尽快提升其价值认知和实践水平。

五是结合文物确定、确权和确责，尽快启动和完善文物登录制度与信息公开制度，建设面向全社会的资源库与服务平台。行业内机构与专家应强化文物本体、信息以及与保用实践相关的理论、方法、技术、标准、法规等的研究与供给，通过建立完善的认定、登录制度为相关各方和社会各界提供动态的管理和服务支撑。

六是国有文博单位对自己实际保有和拥有的文物尤其是高等级文物，要积极探索保用新途径，优化保用成效，发挥保与用的示范和引领作用。

如果说，我们可以将上述各项概括为提升文物的价值认知、落实文物保护利用的责任义务、创新文物保用管的体制机制、严格依法依规科学管理文物保用的社会实践，并视之为重构新时期文物遗产与利益相关者关系、架设新时期符合国情的文物保护利用之路的四根桁梁，要以此来架通专业与公众、行业与社会，以及理顺与文物保用密切相关的利益相关者及参与主体的各种关系，整合宝贵的保用资源和力量，那么，以下几项基础性业务工作则可以视为支撑新时期文物保护利用之路的坚强支柱，需要行业内外共同努力来予以落实。

（1）加强文物调查、考古发掘与研究、文物资源（包括档案资料等）的信息挖掘、价值阐释、科学管理与共享传播。

（2）加强安排对濒危文物的抢救保护，无论文物所有权属、级别，努力做到能保尽保，能用尽用，科学保用。

（3）发展博物馆事业，完善博物馆体系，加强可移动文物的征集抢救、保护研究、展示传播及其他创造性转化利用，扩大文物保用受益的社会覆盖面。

（4）启动文物登录制度，无论可移动与不可移动文物，无论公私，对其所有权、使用者、本体状态、历史变化、保用要求和其他基础信息予以及时必要的登录更新和公开共享，服务文物科研以及保用管的规划与实施。

（5）加强人才培养与合理使用，完善文物和文化遗产相关学科体系、培训体系、行业资质体系，加强相关机构和队伍建设。

（6）加强信息化等新技术新材料在文物保用管中的应用。

（7）完善法规体系、行业标准、体制机制，支持全社会参与文物保护利用，既激发参与活力，又严格规范保用实践。

（8）加大投入，探索多元化投入补偿机制，在责权利合理明晰的基础上，进一步提升保用效益。

如此的“八柱”与“四梁”，加上前述的以文博行业自身的改革发展作为中枢，大致上可以理解为新时期符合国情的文物保护利用之路的基本内容与框架体系，简称为“四梁八柱一枢纽”。其中，加快文物行业改革发展是决定符合国情的文物保护利用之路能否走得通的关键环节，而逐项工作中最重要也最紧迫的，应是将以确物、确权、确责为核心内容的文物登录制度作为适应新时期法治化、信息化、服务型文物治理体系的基础性制度，以文物登录关联文物本体与实践主体的动态信息和保用的规范性要求及相关的社会服务与监督监管，以登录制和责任制、业主制为核心，让全面建立新时期和社会发展状况相适应的物人关系与保用责任体系并纳入经济社会发展的规划真正落地、管用。这方面，文物主管部门不仅应该在机构改革过程中大力推进国家和地方的登录机构与信息中心的建设，也应该充分认识到文博行业自身的枢纽性地位和示范引导作用，率先垂范，由内及外将责任制尽快建立并推行起来。

4　余言

要走出一条符合国情的文物保护利用的新路，真正把文物保护好、利用好、传承好，让文物活起来，融入民族复兴与人类可持续发展命运共同体建构的伟业中去，就必须认真学习领会一系列新的中央精神和战略部署，尤其是习近平同志一系列重要讲话、指示精神及中共中央办公厅国务院办公厅《关于加强文物保护利用改革的若干意见》（2018），统筹协调推进文物保护利用传承工作，切实增强中华优秀传统文化的生命力影响力，更好地促进经济社会发展，不断满足人民日益增长的美好生活需求；就必须加快行业改革，立足全局，谋划文物保用和优秀传统文化遗产传承事业；就必须加强面向公众的宣传引导，加强依法依规管理和体制机制创新，大力促进新技术新媒体等在文物保护利用和管理中的探索和运用；就必须给予文物利用以更高的地位，认识到加强文物利用是领导要求，群众需求，时代呼声，认识到加强文物利用对于文物行业来说既是挑战也是机遇。

只有将文物与人的关系理顺了，文物保用的具体责任落实了，相关方面的积极性调动起来了，继之以加快推动科学保用的理论方法的推广运用，管理与社会服务水平的不断提升，以及效果的不断优化和完善，形成全社会参与文物保护利用的良性循环和反馈，文物事业的改革发展才能算是大功告成。

总之，新时期走出符合国情的文物保护利用之路的关键是，以文物的价值认知为核心，以文物本体及其相关信息为本位，以完善文物与人的关系、理顺文物保护利用的权利义务、落实文物保用的主体责任为抓手，以实现文物与人状况的双改善为目的，建立起党委领导、政府主导、行业指导、专家引导、社会广泛参与的科学化、法治化的文物工作新体制。

最后还想再次强调的是，在机构调整与改革过程中，应加紧探索在中央和省市县分级设置文物登录与保护利用监管中心，将有限的编制和资源用在刀刃上，加快完善和强化各级尤其是基层文物管理所的定位和职能，将其作为相关责任主体缺位、错配时的文物实物与档案资料的归集与管理中心，以及为社会和公众提供规范有序的文物保用支持的公共文化服务中心，地方性博物馆的输血或孵化中心（相当于各地文物资源的国资委、监管中心），同时依法有序开放文保、考古与博物馆等文物保用业务实施机构的设置（包括编制）和规范化、社会化运作，全面推行面向行业与社会的资质化、专业化、法治化、责任化管理，为相关方面参与文物保护利用提供政策引导、法律规范以及工作标准等支持保障，才有可能形成全社会参与文物保护利用和监管的良好局面，做好让文物活起来的大文章，真正走出符合国情的文物保护利用之路[12]。这条路既是一条保用结合之路，一条继承创新之路，一条开放共享之路，更是一条符合可持续发展的生态文明建设要求的具有中国特色的科学发展和永续保用之路，是中华民族实现伟大复兴的前导之路。

参考文献

[1] 曹兵武，何流，于冰主编 . 析情探路：符合国情文物保护利用与改革发展 . 北京：文物出版社，2020.

[2] 曹兵武 . 我们需要一场以遗产自觉为核心的中国式文艺复兴 . 中国文物报，2020-8-21.

[3] 文社选编 . 古玩·文物·遗产：为了未来 保护过去 . 北京：北京燕山出版社，2001.

[4] 转引自〔墨西哥〕豪尔赫·A·桑切斯·科尔德罗著，常世儒等译 . 文化遗产：文化与法律文集 . 北京：文物出版社，2014.

[5] 陆建松 . 论国有文物的国家所有权——对文物单位所有权与经营权分离现象的质疑 . 中国博物馆，2002（3）：10-14；毛少莹 . 探索建立文物所有权 监护权 经营权“三权分置”管理制度的

思考 // 荣跃明，黄昌勇，主编 .“一带一路”：城市空间新格局，文化发展新动力（世界城市文化上海论坛 · 2017）. 上海：上海书店出版社，2018.

［6］ 曹兵武 . 为历史、科学与艺术塑像——博物馆空间及展览论 . 东南文化，2013（4）.

［7］ 陆宇荣 . 公地悲剧治理视角下中国世界遗产地的治理——以武陵源为例 . 华中师范大学硕士学位论文，2009.

［8］ 国务院《关于加强和改善文物工作的通知》（国发〔1997〕13 号）明确要求各地、各部门将文物保护纳入经济和社会发展计划，纳入城乡建设规划，纳入财政预算，纳入体制改革，纳入各级领导责任制。

［9］ 王灿发 . 地方人民政府对辖区内水环境质量负责的具体形式——“河长制”的法律解读 . 环境保护，2009（9）：2.

［10］ 张松 . 国外文物登录制度的特征与意义 . 新建筑，1999（1）：5.

［11］ 李维安 . 负面清单制度建设：规则、合规与问责 . 南开管理评论，2015，18（6）：1.

［12］ 曹兵武 . 完善文物登录制度 落实文物保用管主体责任 . 中国文物报，2021-1-15.

文物维修保护工程实施中应注意把握的几个问题

白雪冰*

摘要：文物承载重要的历史记忆，保留有厚重的时代信息，是不可再生的宝贵资源。开展文物维修保护工程是做好文物资源保护传承的重要举措，更是解读其携带信息的重要过程。加强文物保护工程，注重设计、施工、监理各环节的管理，正确处理文物保护工程实施中遇到的问题，将研究保护贯穿工程实施的全过程，是保障文物保护工程质量、实现文物保护技术有效传承的关键所在。从勘察设计到施工过程检查，从病害认知到工程措施选定，从工匠技艺传承到施工环节把关，从工程性质定性到工程造价控制，从工序资料收集到工程资料建档，等等，每一步都要需要精准研判，精细分析，精确把控，才能使文物保护工程更加科学规范，实现文物保护工程保护管理水平的有效提升。

关键词：文物维修；保护工程；工程管理

文物维修保护工程是一项科学的专业工程。从设计、施工、监理到质量监管的各个环节都需要科学实施。尽管国家出台了文物保护工程勘察设计、施工、监理资质管理办法，提出了设计方案的深度要求，但在具体的一些行业规范、预算定额方面，一直还没有完善的标准体系。文物保护工程应当满足那些要求，也就是专家常说的“深度”字眼，具有一定的弹性，加上每个人对维修保护技术认知方面的偏差，往往直接影响到了文物维修保护的效果。

随着文物维修保护工程设计方案中要求内容的不断完善，一些急需解决而又不容忽视的问题摆在我们面前，尤其是修缮工程中结构的安全性问题，关系到文物建筑维修工程的质量。回看古人维修的历程，我们都发现很多文物建筑经历几十年，甚至几百年，好多构件还是原构，是什么原因能让这些建筑的生命长久维持？更多的是每一次工程维修的质量。当前，我们文物建筑维修的周期在缩短、次数有所增多。有的建筑因设计时勘察不细，不能针对性地提出保护措施，致使施工中一些文物构件的历史信息、彩绘遭到保护性破坏；有的对构件承载能力不进行科学分析、测算，使维修后出现梁架折断或翼角塌陷的现象。加强对文物保护工程各个环节的管理，制定切实可行的规范标准，无

* 白雪冰：山西省文物局，太原，邮编 030001。

疑会对每一项保护工程起到积极的作用。

1 严把设计深度

当前国家文物局出台了《文物保护工程设计文件编制深度要求（试行）》，维修设计方案从设计说明到图纸表述增加了很多内容，但勘察单位在方案设计中经常出现的通病就是只对柱根糟朽、梁架走闪等进行勘察，文物保护工程修缮的具体做法，不能因地制宜，详尽表述，用“传统工艺”几个字代替，就连文物保护工程中保护性设施以及地基加固等分项工程，也没有明确说明护坡砌筑砂浆标号，仅用“水泥砂浆砌筑护坡”表述，这些没有明确标号的做法，直接导致不能有效指导施工。此外也有一些修缮方案对地基、基础的勘察分析不够，设计方案中往往关注地表建筑多，而忽视地下基础问题，待地表建筑维修后，地基稳定性出了问题，修缮后出现措手不及的现象。如 20 世纪四五十年代，对文物建筑周围开挖地道、防空洞等，给今天文物建筑的生存构成隐患，但我们在勘察设计方案时常常忽视这方面的内容。另一方面，大木构件铁件加固中对原构件的承载力不进行科学估算，有的加固做法不符合原结构的受力特点，导致在施工中构件加固的方法千姿百态，加固的结果就是铁件成为装饰。这就要求在勘察单位编制设计文本时，设计人员能够找准病害问题，认真分析导致建筑结构发生变形、局部或整体失稳等问题的病因；对建筑风格、形制方面发生的变化，复原依据等都要做充分准确的评估分析。而不是单纯注重表面及外观出现构件脱落、残损等表面现象，使维修内容、维修对象、做法要求等要更具有针对性，使受力构件加固方法更具有科学性。此外，市、县文物部门在方案监管方面也需要进一步加强，一些方案批复后，需进一步完善修改后核准的，有时会存在设计单位不修改，或修改后不上报审核的问题，就直接用于工程的招标实施，使工程不能正常并顺利推进。特别是对附属文物存量较少的一些建筑，因设计方案没有对现存的附属文物做好勘察，无专项保护内容，导致工程中途停工；或是施工单位按照经验对小型悬塑、栱眼壁画等进行揭取，施工后拆卸的塑像、壁画不能及时恢复原位，破坏了附属文物与文物建筑同体相连的依存关系。

2 做好二次勘察

文物保护工程从方案批准到经费下拨后的工程实施，一般经历一个年度或几个年度的工作周期。工程正式开工前，需设计、施工单位结合原批准的设计方案，对现场各建筑病害进行二次勘察，并在图纸会审时进行研究，出具洽商意见指导施工。如不开展二次勘察，许多施工中出现的问题与实际不符时，施工人员要么停工影响进度，要么擅作主张，施工过程中任何一点不小心，对修缮中的文物建筑来讲都是保护性破坏。做好施工现场的二次勘察，就是对下一步构件补配、材料统计、工程量签证等，做好原始的工地记录资料。二次勘察后如有的问题关系到技术线路或技术措施的调整，可有足够时间组织专家进行指导论证，以更好地保证工程质量。因此，开展开工前二次勘察，是设计、施工、监理单位现场人员对文物建筑进一步的认知和解读，是保证工程质量的重要基础工作。

3 遵循保护原则

文物保护工程的保护效果和质量，代表这代人传承保护的水平。工程中如何坚持和把握保护原则，不仅仅是设计、施工队伍中一线操作人员的理念，更多的还是设计技术变更时应遵循的工作原则。文物维修保护工程往往在施工过程或拆卸构建中会发现文物建筑构件存有一些难得的历史信息。这些构件记录着每个时代维修的印记，工程项目实施中是全部换新，还是保留部分，保留多少，评估分析不到位，往往出现要不干预过大，要不干预过少，仅采取局部加固或添补不能有效解决好原结构受力，导致几年后，一些构建出现折断、弯曲等。因此针对工程实施中出现的问题，我们必须认真研究，客观分析，科学把握保护原则，真正将少干预、不改变文物原状等保护原则落实到位。少干预不是不干预，干预度如何把握，涉及影响文物结构安全的，在对实物评估后，通过加固仍不能满足要求，构件应当该更换更换，不能为保持原貌不干预。屋面瓦件、椽望及椽飞等是否有卷刹等当地做法，有多少历代维修保留的构件，这些也是要通过一定的分类统计进行分析研究。因此，文物保护维修工程必须将研究贯穿始终，保护维修工作中每个环节，都要认真对待，严格管理。

4 健全施工资料

“十一五”以来，文物保护工程施工过程中资料收集、整理提上了议程。国家文物局在山西南部早期建筑保护工程和四川灾后抢救维修工程中推行了工程施工过程中资料记录的规定。资料记录与工程进度同步进行收集，为工程施工研究和竣工后报告编制出版奠定基础。目前，整个文物保护工程资料建档，全国还没有形成规范，各地在管理方面也参差不齐。哪些是必须完成记录的资料，哪些资料必须由几方签证，应当明确并规范推行。文物维修保护工程对文物建筑来讲，就是每一次的手术，其病例档案应当真实、全面、经得起检验。施工中不仅仅是要按照现代建筑工程填写一些自检的表格，最为重要的是对整个施工工序进行记录，对每个原构件勘察进行解读，这才是资料收集的真正目的，才能让维修过程、维修手术全程成为一个历史性的回顾和展示。从目前资料收集过程可以看出，大家对资料收集是重视了，但资料收集的水平还有待于提高。

5 加强过程检查

文物保护工程实施中各地管理程序不一样，有的地方开工不办理开工审批手续，随着工程管理的逐步规范和逐步完善，工程从开工到竣工，应有一个标准化的程序和模式。填什么表、审核什么应当全部规范。此外，由于文物保护工程实施中存在诸多的不可预见性因素，不像新建工程其内容可以全部量化，技术要求也已成为了国标。文物保护工程施工的工艺、做法与当地传统文化、传统材料、区域特点紧密联系，稍有不慎就会好心办成坏事，出现保护性破坏。加强施工过程中检查，一方面是督促程序的合规性，另一方面是把控工程的质量，使工程施工中遇到的一些技术问题，第一时间得到专家的指导，问题及时处理在施工现场。因此，加强施工过程中专家指导，组织做好专项检查，应当是保证工程质量，加强事中管理的重要手段。山西南部工程从管理到质量稳步提升，得益于国家文物局专家组的工地检查。

6　强化人员培训

一个好的施工队伍，不仅需要懂文物保护方面的法律法规，更主要是懂文物维修保护的传统工艺。当前培训力度不断加大，施工人员的法规意识有了很大提高，但由于当前取得资质的单位多为个体注册的私营公司，工程项目进入市场化运作后，公司专业技术人员较少，多数是聘用兼职人员做技术指导，公司总体技术力量还相对薄弱。一些公司存在用工人员没有文物保护工程的从业经历，就直接进入保护工程领域，使工程质量总存在这样或那样的问题。尤其是部分项目实施中施工一线人员的水平参差不齐。一方面由于不懂传统技术，好心办了坏事。前些年一些队伍在瓦面施工时，没经过科学分析，在屋面基层中引用新材料或铺设油毡，原本想保护好古建筑，灰背出现问题时不让屋面再出现漏雨，但导致完工数月后发生瓦面大面积下滑脱落的工程质量事故。另一方面过于注重文物维修的观感效果，施工中过度创新。为达到做旧效果，施工中也发现应用现代材料防锈漆或自制红铁矿粉涂料，以涂刷木构件，看起来是朱红色，但用手一摸就掉。可以说加强对从业人员的培训，提高传统工艺技术认知方面的保护理念，改变施工人员对文物工程维修观感与质量之间认识上的误区，是保证工程质量的先决条件。

7　抓好安全管理

文物保护工程开工进场后，施工、监理单位应将文物构件安全、文物现场设备及人员安全、文物保护单位安全以及碑碣等附属文物安全作为工作重点。檐部脱垄的猫头、滴水等瓦当是否存在坠落的隐患；附属文物碑碣是否影响施工，是集中保管还是采取保护措施遮挡；附着梁架的彩画、墙体的壁画等如何遮盖；彩塑如何支护并完成保护棚；施工现场材料运输是否会触碰到柱础、门窗装修等文物构件，应采取什么保护措施；施工脚手架搭设，是否考虑到材料运输通道，建筑地面与脚手架杆能否直接接触；施工设备用电安全及施工现场操作能否有足够的操作空间，留设的安全距离能否保障文物安全，还是存有安全隐患，等等，这些工作内容都应当结合施工组织设计完善，都应当作为工程内容来对待。工地采取的保护措施，既要保障文物不在施工中受损，又要考虑文物在施工工期内不会因通风不畅、温湿度变化等，而出现其他加大文物病害侵蚀等问题。同时，要抓好施工现场人员进场安全培训，提高安全意识，包括设备操作、安全生产、防疫管理等，都应该作为工地管理的内容。要时刻保持警惕，处处将责任落实到人，要按照文明工地施工标准抓好文物及人员管理，保障工程的顺利推进。

8 规范验收环节

根据文物保护工程管理办法的规定，工程竣工后，由业主单位会同设计、施工、监理单位对工程质量进行验评，并提交工程总结报告、竣工报告、竣工图纸、财务决算书及说明等资料，经原申报机关初验合格后报审批机关。项目的审批机关视工程项目的实际情况成立验收小组或者委托有关单位，组织竣工验收。目前，随着文物保护单位方案审批权下放后，其工程竣工验收主要由地方文物主管部门承担，验收专家的选定，验收程序、内容规范和过程把关，仍需要进一步完善制度设计。工程验收如不规范、不严谨，导致的结果就是施工人员、监理人员工程质量意识不能进一步提高，不能更好地保护好古建筑。工程竣工验收一方面是实体观感的质量，另一方面更主要的是施工过程中工序资料的验收。资料反映的内容和其具有的价值应当与实物同等重要。各地专业人员较少，工作任务重，标准也不尽统一，导致有的验收往往流于形式，没有很好地促进质量提升，并发挥应有的作用。为此，要进一步细化工程的验收制度，要由不同领域的专家组成验收组；验收所提交材料和资料，其内容和格式也要统一。

9 做好工程研究

文物保护工程面向市场化运作中，不加强工程研究，施工过程不注重传统工艺，工程质量是很难保证的。工程施工的每个工序，每个环节都应当遵循文物保护的法律及行业规范，采用科学的技术措施，更为完整地保留每个构件携带的历史信息，使每一个传统工艺更好地应用和延续。文物建筑的重要价值，在于每一个构件凝聚了不同时代的历史信息与工艺，这与现代建筑的维修不一样。尤其是对构件加工工艺及做法的配比，都值得去比较，去结合地域进行分析研究。当前由于新型材料的广泛应用，施工常采用“简便”的施工方法，使用现代材料进行施工，完全脱离古代工艺的做法。如我们经常对柱子的油饰采用白布缠裹做地仗，完工验收时感觉效果不错，但经不起自然界的考验，没几年便会起甲、卷皮；有的采用107胶及滑石粉作腻子，这些都比不上传统的猪血腻子地仗；有的柱根也不做防腐，直接进行柱子墩接，新墩接材料表面也不刷桐油。南禅寺大殿的柱子虽经几百年的沧桑，但只是表面碳化，质地非常坚硬，这与当年表面桐油封护有直接关系。悬空寺立柱施工时经过防腐工艺后才被委以大任。如何在保护好文物本体的历史信息基础上，将传统材料、技术与科学方法、手段有效结合，跟进工程实施，解决好建筑结构承载等问题，使其延年益寿。目前，由于维修保护任务繁重，受专业人员所限，科学技术研究工作方面还存有很多不足，研究成果数量较少。因此，研究课题仍需完善激励机制，形成广泛参与的良好氛围。

10　合理评估造价

工程造价是工程管理控制的主要内容。过高或过低都可能影响工程质量，出现该换的构件不换，或是不该换的构件给全换，不能科学把握和界定“干预度”。同时，工程造价高低也会波及文物保护工程市场及从业人员，从而影响文物事业的健康发展。制定合理、科学的造价管理指标，是保障文物维修保护工程健康有序发展的重要基础工作。实际工作中，由于维修工作不可预见因素较多，有的加固构件要遵循修旧如旧的原则，拆卸并完全卸荷后才能全面检查，工程设计方案中对构件残损量及补配量不能明确界定，导致设计方案预算估价不准，需结合工程进度动态化补充完善设计内容，并做好施工的洽商签证。为此，文物保护工程造价控制，一方面要规范和完善定额的标准，要定期对各地定额指导价做动态指导，并尝试将文物建筑材料预算价格并入当地建筑市场的定额指导价中进行信息发布，为借用当地仿古园林和修缮定额及 1995 年全国修缮定额的子目预算调整提供权威依据。另一方面还要动态做好古建筑的定额修订和完善。由于各地区市场实情的差异，推行文物建筑维修工程开展清单计价，做好共性和个性维修内容的认定，严格规范和执行签证程序，完善签证资料，应当更有利于对工程造价的评估和控制。

长城国家文化公园（北京段）建设保护实施中的制度机制研究*

朱宇华　陈　凯**

摘要：长城文化公园（北京段）已经进入建设实施阶段，不同于传统意义上以自然资源为主的国家公园，长城国家文化公园在承担国家公园的既有功能的前提下，在遗产保护、文化传承、社会参与等方面均需要承担更多的使命，甚至在乡村振兴等国家战略中也需要承担一定的角色。因此，完善长城国家文化公园建设管理体制机制建设，做好顶层设计，加强统筹协调，健全工作协调与信息共享机制，充分履行长城文化公园的社会责任，是其高效、良性可持续发展的重要任务。

关键词：长城国家文化公园；北京；法规制度，协调机制

1　引言

2021年8月，北京市审议通过《长城国家文化公园（北京段）建设保护规划》，按照规划要求，长城国家文化公园（北京段）建设开始进入落地实施阶段。

北京段长城所处区位环境十分复杂，其跨越北京市北部六区，是明代拱卫京师的重要防线，同时仍有少量北齐长城遗存至今。除依山绵延的长城墙体以外，分布在长城内外的关堡、敌台、烽火台、挡马墙等附属设施将长城文化带外扩至城墙内外的广大地区。

长城文化带涉及由不同机构公布的世界文化遗产、各级文物保护单位、非物质文化遗产、历史文化街区、历史文化名镇名村、传统村落、历史建筑等多级多类文化资源。同时也包括自然保护区、风景名胜区、森林公园、湿地公园、地质公园、矿山公园、重要水源区等自然资源，足可见长城国家文化公园建设保护实施并非单一部门、单一机构和单一主体能够完成，只有通过创新体制机制，在政府、市场、社会和公众等多元主体的共同参与、通力合作、协调推进下，在才有可能实现。

因此，厘清长城国家公园建设涉及哪些管理部门，哪些利益相关者，从制度建设、

---

*　基金项目：北京社科基金“首都历史文化资源内涵挖掘研究”专项项目“长城国家文化公园（北京段）建设保护实施路径研究”。

**　朱宇华、陈凯：北京建筑大学，北京，邮编100044。

责权分配、协调机制等层面高位设计和统筹，才能够保障长城国家文化公园建设保护工作的落地实施。

2 “国家公园”制度的实施现状

国家公园制度起源较早，在欧美国家已十分成熟，亚洲地区的日本也有较为完善的国家公园制度。各国根据自身国情，制定管理、监督、运行的制度体系，形成了各有特点的管理模式。美国是最早设立国家公园的国家，在管理制度方面建设最早，运行时间最长。其采用政府机构直接管理的制度模式，由内政部设立国家公园管理局，负责统筹管理所有国家公园的各类事务，包括制定专项法律法规和管理政策、公布国家公园名录、划定国家公园范围、实施国家公园规划以及负责国家公园日常运行和管理等事务。

德国实行地方自治的管理模式，德国环保部及联邦自然保护局仅负责指导性管理，国家公园的划定以及制定管理制度则由各州政府根据实际情况自行决定。具体来说，联邦机构主要负责较为宏观的框架性工作，包括制定国家公园的标准、引导地方划定并公布名录以及在后续管理中服务地方管理，并不对国家公园实施直接管理。各州政府在国家公园的建立、运行、管理方面拥有高度自主权，一般会根据资源条件和社会需要自行决定，专项法律和管理制度也由各州自己制定。州政府指定州一级的国家公园主管部门，由该主管部门依法组建国家公园管理机构，并负责国家公园规划审批。

日本与美国相类似，采用政府主导的模式，但不同于美国设置专职机构直接管理，日本采用垂直并协同管理的制度模式。具体为由中央环境省统一国家公园管理，自然保护局国立公园课负责制定国家公园相关法律，确定规划安排。自然保护（环境）事务所负责国家公园的资金保障、管理规划设计、项目发展等事项。自然保护环境事务所下设自然保护官事务所，负责管理国家公园的基础设施建设、野生动物保护等具体的管理事务，形成了“环境省—自然保护（环境）事务所—自然保护官事务所”三级垂直管理体制。

英国国家公园采用协同管理模式。政府设有专职管理部门，负责制定相关法律，并给予稳定的资金支持，但土地并不属国家所有，而是由多方共同参与形成“合作伙伴”管理模式，形成了政府为主导，非政府主体共同参与的多元共治模式。

我国国家公园制度起步较晚，党的十九大报告中指出：“统筹山水林田湖草系统治理，实行最严格的生态环境保护制度，形成绿色发展方式和生活方式，坚定走生产发展、生活富裕、生态良好的文明发展道路，建设美丽中国，为人民创造良好生产生活环境，为全球生态安全作出贡献。”[①] 为国家公园的发展定下了总基调。2017 年，中共中央

---

① 习近平 . 决胜全面建成小康社会　夺取新时代中国特色社会主义伟大胜利——在中国共产党第十九次全国代表大会上的报告 . 中国政府网，http://www.gov.cn/zhuanti/2017-10/27/content_5234876.htm,2017-10-27.

办公厅、国务院办公厅联合印发了《建立国家公园体制总体方案》，提出国家公园“统一事权、分级管理”的体制框架，明确要求建立统一管理机构、分级行使所有权、构建协同管理机制以及建立健全监管机制。2021 年 10 月，我国正式公布了首批五家国家公园，分别是三江源国家公园、大熊猫国家公园、东北虎豹国家公园、海南热带雨林国家公园、武夷山国家公园，由国家林业和草原局（国家公园管理局）统筹管理。国家林草局与第一批国家公园涉及的 10 个省份建立了局省联席会议机制，在全面系统分析我国自然地理格局、生态功能格局的基础上，研究编制了《国家公园空间布局方案》，并相继发布五项国家标准，在宏观管理制度上，构建了完整框架、奠定了基础。

3 建立长城国家文化公园（北京段）的挑战

相较各国国家公园的现行管理模式以及我国现有国家公园的管理制度建设，长城国家文化公园的统筹管理更为复杂。现行国家公园基本是以生态资源为主，公园区域内无大规模生活生产区，人类活动对国家公园管理并无过多影响，属于环境相对封闭的自然地理生态公园。在日常管理上来看，无论是中央垂直管理还是和地方政府联合管理，均集中于生态保护、监测以及对游客的管理、引导和安全工作。长城作为历史发展中人类创造的物质财富，其本身已经承载了重要的历史、艺术、科学价值，有浓厚的人文主义内涵。长城文化公园辐射的广大区域也是人类活动交汇点和当地居民赖以生存的家园。这一客观因素即要求在长城文化公园的建设中，除自然生态资源管理之外，还涉及“长城遗产”“长城文化”的保护、传承、利用、宣传、发展等一系列新的管理要求。

在部门协调方面，长城国家文化公园建设与运营涉及国土、文旅、文物、交通、林草、城建、农村、财政等很多部门。在北京市层面，长城国家文化公园的建设也涉及市规划自然资源委、市住房和城乡建设委、市交通委、市文化和旅游局、市生态环境局，市水务局，还有市财政局等十几个部门，特别还有长城沿线区、镇、村多级政府管理机构。在如何建设北京长城国家文化公园的这一大题目下，怎样构建多部门、多机构的协调机制，怎样实现与长城沿线各区、镇政府工作的衔接，是一个需要研究和探索的问题。

自 20 世纪包括八达岭长城、居庸关长城、慕田峪长城等点段作为对外开放景区以来，北京长城旅游已经成为叫响国际的金名片，在全国乃至世界都具有广泛的知名度。长城相关旅游涉及景区运营机构、运营体制，也涉及周边众多相关产业的利益相关者。围绕长城景区所带来的餐饮、住宿、研学等旅游业已经是北京郊区经济发展的重要动力和吸纳市民就业的重要窗口。因此，长城国家文化公园的建设，在制度设计层面不仅仅要考虑政府部门之间、上下层级之间的衔接，也要考虑各部门专项制度之间及其与市场运营之间的衔接，探索管理制度与社会可持续发展相适应的模式，这同样是一个亟待研究和解决的问题。

此外，北京段长城总长度达 520.77 千米，横贯北京北部地区的平谷、密云、怀柔、延庆、昌平和门头沟六区的 42 个乡镇，785 个行政村，涉及户籍人口约 68 万人，这一数量级的人口规模占到六郊区总人口的 30%，且大部分位于乡村环境中，因此，北京段长城国家文化公园建设一定与长城沿线乡村振兴、民生发展有着密不可分的关系。借力于长城国家文化公园建设提升地方居民生活品质，完善基础设施，美化环境，是地方政府和居住者的愿望。因此，结合国家乡村振兴战略，建立良性运转的制度体系，制定清晰可依的法规制度是保证长城国家文化公园健康运营和长久发展的基石。

4 思考

长城国家文化公园的建设在文化传承、生态保护、乡村振兴、遗产保护、环境治理等方面均面临诸多的因素和复杂的问题。因此，在保护自然和文化资源的前提下，制定行之有效的法规制度，构建快速高效协调机制是长城文化公园面临的首要问题。在制度与机制设计上，重点应该关注以下几点。

（1）关注北京长城国家文化公园在制度建设、监督管理、日常运营等方面涉及的管理机构相互关系及协调机制。梳理涉及各相关管理的部门之间的职能信息，分析相互关系和衔接关系、协调机制、运行效率。

（2）关注各已有的与国家文化公园北京段建设运营相关法规制度，结合北京长城文化公园建设运营需求，分析现有法规制的主要问题和缺环，并提出行之有效的建议。

（3）在技术方法上，注重重叠性和空白点的研究，特别是结合未来长城国家文化公园建设运行需求，提出填补机制协调与法规制度空白点的建议。

良好的管理不仅是长城国家文化公园建设的重要基础，也是未来公园运行的重要保障。长城国家文化公园的管理制度不是凭空臆造，也不能另起炉灶，需要坚持从实际出发，以各部门现有的协调机制和法规制度作为基础，以保障公园建设与未来良性运行为目标导向，形成部门之间、法规制度之间的有效衔接与完善，推动长城遗产保护、林水湖田生态保护以及沿线居民生活改善，实现文化传承、社会振兴的全面协调发展。总的来说，探索并创新一套具有中国特色的长城国家文化公园治理体系是一项重要而艰巨的任务。

参 考 文 献

北京市政府文件 . 长城国家文化公园（北京）建设保护规划 . 2021.

贺艳，殷丽娜 . 美国国家公园管理政策 . 上海：上海远东出版社，2015.

蔚东英 . 国家公园管理体制的国别比较研究——以美国、加拿大、德国、英国、新西兰、南非、法国、俄罗斯、韩国、日本 10 个国家为例 . 南京林业大学学报（人文社会科学版），2017（3）：89-97.

徐缘，侯丽艳 . 长城国家文化公园管理体制研究 . 河北地质大学学报，2021，44（4）：5.

赵凌冰 . 基于公众参与的日本国家公园管理体制研究 . 现代日本经济，2019（3）：84-94.

赵人镜，尚琴琴，李雄 . 日本国家公园的生态规划理念、管理体制及其借鉴 . 中国城市林业，2018，16（4）：71-74.

关于文化遗产地保护规划三个问题的思考

李宏松*

摘要：基于目前文化遗产地保护规划编制工作现状，笔者结合国内外城镇发展与文化遗产保护的案例，对规划的出发点、规划的目标及规划的主体三个基本问题进行了讨论。提出了立足于建设，定位于发展，以人与文化遗产地共生环境作为规划对象的规划理念。

关键词：文化遗产；保护规划；城镇发展

1　引言

进入21世纪，随着中国经济的持续发展，当前我国城市化进程已步入加速发展阶段，基础建设项目日益增多，城乡建设规模日益扩大，“开发”“改造”成为新闻媒体使用最为频繁的名词。在这一形势下，文化遗产地及其环境的保护必将面临更加严峻的挑战。这种挑战具体表现在两个方面，首先是保护工作任务量将不断加重，在基本建设和城市建设中的调查、考古、保护项目已应接不暇。其次，原有的文物保护理论在这场城镇建设的变革中将面临新的问题，其中一些综合性、复杂性的问题是以往工作中从未遇到的。

2005年12月6日，在湖南长沙召开的全国考古工作汇报会议上，国家文物局局长单霁翔提出的“树立保护规划先行的理念”，是中国文物保护决策层在这一新形势下提出的战略方向。因此，如何科学、合理地编制文化遗产地的保护规划，使遗产地的管理者、使用者及遗产地周边的原住民在城镇建设与遗产地保护的有机协调中获得更多的回报，将直接关系到文化遗产地保护规划的实施成效。笔者结合国内外城镇发展与文化遗产保护的案例，对其中的三个基本问题进行了思考，在此发表几点看法，希望能与大家交流和讨论。

2　出发点——限制还是建设

由于我国文物保护管理体制的特点，绝大多数文化遗产地的最终管理权往往在市、

---

* 李宏松：中国文化遗产研究院，北京，邮编100029。

县一级的行政管理部门，因此，文化遗产地的最终命运决定于这一级行政管理部门最高管理层的决策，而这种决策直接与他们对文化遗产地保护的认识紧密相连。多年来，我们不断听到基层文物保护管理机构反映，为了实现城镇现代化建设的需求，获得城镇改造的便利，市、县一级的行政管理部门往往不愿意将更多的文化遗迹认定为相应级别的文物保护单位。产生这一问题的根源是，在大多数市、县一级的行政管理者认识中，文物保护单位的确认，就意味着城镇现代化建设在一定区域内必将受到限制。

其实，这一问题的存在由来已久，无法得到解决的原因是我们长期以来人为地将保护与建设二者对立，片面将保护与限制等同，其中有两个误区。

首先，城镇化建设是否就意味着"现代化"？一个无法回避的事实是，我们大多数的城镇都是历史进程中发展过来的，它必将打上历史的痕迹，一个城市的历史沿革有其自然的规律，因此在城镇化建设中尊重历史就是尊重未来。而目前，一些城镇的管理者和建设者，一味追求"现代化"，一味地模仿西方某些现代化城市的模式，采取"推倒重来"的做法，实际上是对城镇化建设的片面理解。《建设部关于加强小城镇建设的指导意见（讨论稿）》中明确指出："小城镇建设必须紧紧围绕发展经济和提高人民生活质量，与调整经济结构相结合，完善城镇功能，增强小城镇的吸引力，形成以经济建设促进城镇建设，以城镇建设拉动经济建设的良性循环。"而文化遗产作为一个城镇的积淀，是增强城镇综合吸引力的重要指标，是建设人居环境的重要组成部分，更是带动一个有历史氛围区域经济发展的原动力。日本的京都、奈良和意大利的罗马、威尼斯的发展历程和倡导的建设理念——尊重历史，将城市建设和文化遗产保护有机融合，应给我们很好的启迪。我们应该倡导建立有中国文化特色"现代化"城镇的建设模式。

其次，文化遗产地的建设控制地带是否与"限制"等同？在文化遗产地的规划和保护过程中，在重点保护范围周边设置建筑控制地带，作为历史风貌区与现代城市的缓冲区域，这已经成为世界范围内普遍共识的遗产地保护的有效手段。在建设控制地带内，为了更好地保护城市的肌理，对道路的宽度、建筑的体量、高度、风格都会做出严格控制。这种控制对那些倡导大刀阔斧地进行城市改造和更新的决策者和建设者来说，的确是一种他们很难接受的"限制"。但是，建筑控制地带内并不意味着不建设，最关键的是如何建设。多年以来，我们制定的文化遗产地保护规划的主导思想往往以控制为主，在具体的建设方面往往缺乏符合当地实际情况和具可操作性的实施方案，这样给城镇的建设者，尤其是决策者造成了"控制"便意味着"限制"的错误印象。日本京都的清水寺建设控制地带内的清水坂、三年坂、产宁坂三条历史街区的保护，在总体计划的指导下，融合了政府、建筑师、园艺师、文化财保护人员等各方力量，通过细心地梳理、整治和建设，以清水寺为中心的文化遗产地成为京都最著名的历史风貌区，并成为京都最具影响力的观光胜地。这一实例告诉我们，文化遗产地的建设控制地带内需要科学、合理的建设，以达到重现历史风貌的目的，为文化遗产地的保护主体创造更为合理的人文环境。

3 目标——维持还是发展

社会的发展是不以人的意志为转移的，但是人的需求决定其发展方向。今天中国的广大人民需要改善自己的生存环境，提高自己的生活质量，在农村、在乡镇这种需求的强烈程度要远远高于中心城市。在这一形势下，党中央、国务院做出的“小城镇、大战略”和“积极稳妥地推进城镇化”的重大战略决策，以促进新形势下农村经济社会的全面发展。在我国有大量的遗址类文化遗产地分布在广大的农村，长期以来由于缺乏正确的引导，随着农村人口的增加，农村宅基地需求的迅速膨胀，遗址屡遭破坏，如河南偃师尸乡沟商城遗址发掘之初，现代建筑只叠压城址总面积的5%左右，而如今城址的30%已被不断扩大的农村新居所覆盖。因此，如何采取行之有效的措施，缓解这一矛盾的进一步尖锐已成当务之急。而国家推行的小城镇战略对于分布在广大农村的文化遗产地保护而言，既是机遇又是挑战，其中最关键的问题是如何有效地发挥文化遗产地在城镇建设中的作用。

古老的文化遗产是古代文明的遗物，它代表了过去的辉煌，是我们回忆、追溯和研究历史的依据。但是人类的进程是不断发展的，历史的车轮不可能倒转，任何事物在这一过程中停滞就意味着灭亡，因此，对于文化遗产地而言，如果仅靠“维持”的理念去保护必将走入死胡同，只有在这一过程中与人类文明和需求共同发展，才能在真正意义上发挥其应有的作用。这便是文化遗产地保护的目标，也是在当前城镇建设战略中我们应思考的问题。

而这一问题的症结就在于我们如何认识文化遗产地的“发展”，如何以客观、科学的态度实施文化遗产地的“发展”。2005年11月，我们赴日本访问奈良国立文化财研究所，该所所长田边征夫先生在介绍奈良平城宫遗址保护时提到，日本在平城宫遗址保护中着力做了两方面的工作，一是采取科学的保护手段，有效控制平城宫遗址的破坏，尽可能地维持其现有的保存现状，二是采取多种展示手段，让更多的国民，尤其是年轻人了解遗址的过去，了解自己所生活城市的历史。

而我国目前在区域大型遗址的保护中，往往重“控制”，轻“展示”，轻“设计”，因此，许多当地原住民大都缺乏对其周边文化遗产全面而形象的认识，自觉维护更无从谈起。

因此，要充分发挥文化遗产地在城镇建设中的作用，首要任务是用发展的观点来面对遗址的未来，其中的“发展”大体可包括以下两层内涵。

3.1 重现遗产地的全貌

文化遗产地作为古老文明的遗迹，经过自然和人为的历代破坏呈现在我们面前的景象往往残缺不全和支离破碎，甚至已无法清晰地辨识。所以对于文化遗产地的保护首先应以重现其完整性为目的，如城市遗址的构架，古代建筑群的总体布局，应让世人了解和感受遗产地的全貌。由于任何文化遗产地从建造那天起，就经历着世代的变迁，在其身上会留下各个时代的痕迹，这也是一个不断积淀和发展的过程，所以这种全貌还应包括历史的沿革。

对于城市遗址的构架，古代建筑群的总体布局及沿革过程等有关“全貌”的学术问题是考古学、建筑学研究的范畴，但是如何将这些研究成果通过合理的规划、科学的技术手段和普通民众能够理解的表达方式诠释和展现给世人，应是遗产地保护规划编制者和实施者着力研究的方向，也是关系到文化遗产地今后以何种状态和形式延续其生命的核心问题。

3.2 共筑文化家园

从全球来说，一个拥有世界文化遗产地的区域，就意味着该区域的文化得到了全球更大范围的认知，也成为世界的一个文化中心被高度重视，而这个区域人民的生活状态也将引起全球的关注，如云南丽江古城、山西平遥古城便是典型的实例。因此，一个区域如果拥有一处世界或者全国知名的文化遗产地的话，对提高这个区域的对外吸引力和综合竞争力是相当重要的。

但是，我们也必须面对一个现实，拥有全国乃至世界知名的文化遗产地并不意味着我们已拥有了荣光和财富，因为它们所拥有的辉煌都已经属于过去，而今天我们面对的文化遗产地是经过了上百年，甚至上千年风雨历程后保留下来的，其主体往往已满目疮痍，无法再现其昔日的辉煌。

同时其原有的周边人文环境也发生了天翻地覆的变化，当地原住民的文化情感和遗产地间的关联性也日趋淡漠。诚然，我们可以通过工程技术手段控制遗产地的进一步破坏，甚至可以在有依据的前提下逐步展示遗址的全貌乃至结构，但是如果其周边人文环境不复存在，那么当地人民与遗产地间的关系将逐渐疏远，这种距离感的加大将有碍于遗产地健康、永续地保存。所以，一处文化遗产地要自主良性发展，要在一个地区发展中发挥其得天独厚的优势的话，必须将人文环境的规划和建设纳入遗产地保护的范畴中。应倡导在宏观战略指导下由政府行为引领、原住民共同参与建设文化园区的理念。同时以文化遗产地为依托发展起来的文化园区要达到推动一个地区发展的目标，还必须建立宣传、教育的长效机制，使原住民在建设中不断加强对文化遗产的了解，增强对文化遗产的自觉保护意识，进而影响、吸引和带动周边乃至更多的世人来关注园区的建设、参与园区的建设。

4 规划主体——人与物

如果我们将文化遗产地的保护立足于建设理念，定位于发展目标的话，那么目前我们必须对文化遗产地保护规划的一些基本问题进行重新思考，其中的首要问题是重新审视文化遗产地保护规划的主体对象。

首先，让我们回顾一下我国文化遗产地保护规划的发展历程。20 世纪 50 年代，当时在北京、西安、洛阳、沈阳、杭州等城市的规划编制中，已提出了关于保护局部区域内名胜古迹周围环境和历史风貌的控制措施，如在北京总体规划中明确了故宫、皇城、天坛、颐和园等历史风貌区周边建筑的控制高度和建筑形式要求。但这个阶段的规划主体是以城市为对象，文化遗产地只作为其中的一个组成部分，因此还不能认为是针对文化遗产地保护实施的规划行为。1978 年后，我国文物保护工作逐渐步入正轨，鉴于“文化大革命”时期城市中历史建筑风貌受到严重破坏，又考虑到对于历史风貌的保护不能仅限于重点文物保护单位，应将区域整体风貌保护作为重点，1982 年经国务院批准，国家决定设立国家历史文化名城制度。经过调查评估，当年公布了第一批 24 座城市作为国家级历史文化名城，随后的 1986 年、1994 年又相继公布了第二、三批共 75 座国家历史文化名城，名城总数达到 99 座。从此，文化遗产地的保护规划以历史文化名城为主体对象进入了一个发展的阶段。保护规划在开始阶段，是以制定总体规划中的专项规划——历史文化名城保护规划为中心展开的，主要任务是文物调查与评估研究及确定保护项目。该项工作持续开展至 20 世纪 90 年代中期，各地历史文化名城和非历史文化名城，都编制了历史文化保护规划，在实施中也取得了一定成果，如西安的历史名城保护规划提出要保护汉唐时期长安城的整体格局，并以保护重要遗址区、城墙、城门及历史街区和建筑群为重点，同时将 20 处历史建筑和民居有机地组织在市中心地区。至 20 世纪 90 年代后期，根据历史文化名城保护规划实施的成功经验，由国家文物局倡导开始着手组织全国重点文物保护单位专项保护规划的编制工作，开始产生了以文物保护单位为主体的专项规划，如早期的《西夏陵保护总体规划》《湖南澧县城头山古文化遗址总体保护规划》。在这一阶段，无论从数量还是规划体例方面都有了长足的发展。同时也产生了如《吐鲁番地区文物保护与旅游发展总体规划》这样的区域性规划成果。

我国文化遗产地保护规划在 50 年的实践过程中，逐渐从城市规划中衍生并发展，又由于所面对问题的特殊性，规划的主体对象也在发生着相应的变化，从城市的组成部分到历史文化名城，再到文物保护单位，甚至扩展至区域性的文物群落。但是我们可以明显地发现，在这一变化中唯一没有发生变化的是规划的主体对象一致围绕着有形实体的范畴，如作为城市组成部分的古代建筑，历史文化名城中的历史街区，文物保护单位和文物群落中的遗迹实体。诚然，作为文化遗产地保护的首要目标是控制有形实体及其相关环境的进一步破坏，但是随着人们对文化遗产地认识程度的不断提高，在全球范围内越来越多的学者开始呼吁应关注和保护文化遗产地内及周边原住民的生活状态，这也是城镇发展和社会发展的迫切需求。

以北京胡同和四合院为例。胡同和四合院作为老北京人世代居住的主要建筑形式，成为北京文化的一个重要标志。据中国城市规划学会常务理事赵知敬先生调查，1949

年北京市内的胡同共有 3050 条，至 1990 年保存下来的有 2250 条，到 2003 年仅剩 1600 条，目前在重点保护范围内的有 600 条，还有 900 多条胡同处于重点保护区外。同样，中华人民共和国成立初期北京市内四合院的面积为 1700 万平方米，到 1990 年尚存 400 万平方米，而目前仅存 300 万平方米①。以上数据充分说明，在城市建设中文化遗产地面临着巨大压力。另外，中华人民共和国成立以后，四合院的使用发生了根本变化，大多数私产成为公产，昔日作为皇族、贵族住宅的四合院成为国家机关、学校、医院等单位的公用房。独门独户的居住形式，由于历史原因目前大多数成为多户居住的大杂院。由于院内人口密集，为了增加居住面积，搭建现象极为普遍，因此即使保留下来的四合院，其内部格局也遭到了严重的破坏。同时，由于基础设施的严重匮乏，生活在胡同和四合院内的原住民的生活条件苦不堪言，给排水、冬季采暖、燃气等一系列问题不仅直接关系到老百姓的生活质量，也长期影响着保护区内建筑的安全性。因此，如果不切实地考虑保护区内原住民生活现状的改善，而一味地强调控制和维持，则最终的结果是经济收入高的群体逐渐通过各种方式离开这些保护区，而最后留在保护区内的居民逐渐趋于贫穷化，这难道是我们所倡导保护的历史风貌吗？

大量的事实表明，在中国，靠近工业文明发达的地区，古老文化传统和遗迹的保护难度大，文化遗产地所承受的外部破坏因素越多，其消亡的速度也越快。因此，目前我们大多是靠法律和规划文件去限制这些破坏力的发展，同时使大批人群远离遗产地，为有形实体的保护创造一个可以赖以生存的、干净的环境。但是，文化遗产是人类文明的产物，人与文化遗产地之间有着无法割裂的共生关系，如北京四合院与老北京人的生活习俗、丽江古城与纳西古音、平遥古城与晋商文化。这些人类的活动不仅是文化遗产地的有机组成部分，也是文化遗产地发展的原动力。无法想象如果以老北京人搬出他们祖祖辈辈生活的胡同和四合院为代价，去换取这些保护区内的安静和整洁，或者将其打造为商业旅游“产品”，或者成为高价房地产项目，让大批新贵入住，那时保留下来的北京四合院是怎样的一个场景？

所以，作为一个文化遗产保护工作者，我们必须站在发展的角度上，建立为当地人民服务的宗旨，去面对文化遗产地的保护。我们不仅要有效地确保遗产地有形实体的长治久安，而且要让原住民在保护的园区内有尊严地、舒适地、尽量传统地生活下去，使城镇的发展和人文环境的保护有机地结合。鉴于以上目标，文化遗产地保护规划的主体对象就不应只局限在有形实体的范畴，而应将人与文化遗产地共生环境作为我们规划的对象，即由以“物”为中心的规划理念转变为以“人与物共生体”为中心的规划理念。

2005 年 10 月份国际古迹遗址理事会（ICOMOS）第 15 届大会暨科学研讨会在我国西安召开。这届大会的主题是“文化遗产与背景环境——不断变化的城镇景观中的

---

① 数据来自“北京胡同保护规划”课题组。

文化遗产保护”。通过充分地研讨，与会学者认为，对文化遗产地的价值构成影响的自然、人文、社会、经济环境都应作为文化遗产地的有机组成部分而被保护，这正是全球范围内对“人与物共生环境”的普遍认识，而随后形成的《西安宣言》也充分体现了这一宗旨。

5 结语

我国文化遗产地保护规划，50 年来从城市规划中衍生并发展，目前已形成了具有行业特点的规划体系。但是由于缺少必要的后评估机制，所以大部分保护规划的实施效果和问题缺少必要分析和研究。因此，理论研究还无法支撑保护规划的编制工作，一些瓶颈问题亟待突破。故建议业内同仁，能围绕以上三个问题，共同开展文化遗产地保护规划的理论命题研究。

广东文物建筑利用策略与实践探索

王成晖　何　斌*

摘要：在“保护为主、抢救第一、合理利用、加强管理”的文物工作方针下，广东各级政府、社会团体、企业、居民、科研机构等积极参与文物建筑利用。近年，广东各社会层面形成以线性文化遗产的宏观引导、文物密集区的微改造、文物认养托管的基层探索、社区居民参与和商业运作等策略，为文物建筑利用提供了一些典型案例。通过分析广东文物建筑利用案例，总结困难与经验，并提出思考与建议。

关键词：广东；文物建筑；利用策略

1　引言

广东是岭南文化中心地，海上丝绸之路发祥地，中国民主革命策源地，改革开放的前沿地，保存的文化遗产资源十分丰富。经过第三次全国不可移动文物普查，基本摸清了广东省不可移动文物资源的状况，截至 2021 年 12 月，广东省核定公布不可移动文物的 2.5 万余处，其中，含世界文化遗产 1 处，全国重点文物保护单位 131 处，省级文物保护单位 755 处，省级水下文物保护区 2 处，市县级文物保护单位 5000 余处。此外，广东还拥有国家历史文化名城 8 座，省级历史文化名城 15 座，中国历史文化街区 1 片，省级历史文化街区 104 片，中国历史文化名镇 15 个，省级历史文化名镇 19 个，中国历史文化名村 25 条，省级历史文化名村 56 条，中国传统村落 160 条，省级传统村落 186 条，认定公布历史建筑 4003 余处。广东省文化遗产保护形成了“不可移动文物 / 历史建筑—历史文化保护区（街区 / 名镇 / 名村 / 传统村落）—历史文化名城”的整体空间格局。

文物建筑，是指依法核定公布为文物保护单位或尚未公布为文物保护单位的不可移动文物中的古建筑、近代现代表性建筑、近现代重要史迹中的建筑部分和其他建筑，包括单体建筑及建筑组群。文物建筑占广东省不可移动文物的约 83%，是不可移动文物的重要组成部分，也是较易于实现利用的主要载体。本文就广东文物建筑利用情况进行介绍。

---

*　王成晖、何斌：广东省文物局文物保护与考古处，广州，邮编 510062。

2 现实背景

2.1 文物建筑特点

广东文物建筑由广府、潮汕、客家三大民系的典型代表性建筑组成，以祠堂、民居、寺庙为主，因与海外交流较多，吸收外来建筑特色，形成别具一格的岭南建筑风貌。秦汉时期，广东重要的建筑遗存为广州南越国宫署遗址、五华狮雄山遗址等，三国两晋南北朝时期，佛教兴盛，广州光孝寺、华林寺，韶关南华寺等均创建于这一时期；隋唐时期，广州怀圣寺光塔和南海神庙、潮阳大颠祖师塔、湛江雷祖祠是这一时期的遗存，怀圣寺光塔是我国现存最早的伊斯兰建筑，也是广东仅存唐代最高建筑；五代时期，以广州药洲园林遗址为代表；宋代，广东保留有肇庆古城墙、梅庵，光孝寺大雄宝殿、南雄三影塔等；元代建筑广东少有遗存，仅存有肇庆德庆学宫、南雄珠玑塔等；明清时期，广东经济逐步发展，建筑种类逐渐丰富，形式多样，保留至今的包括了寺观塔幢、园林楼阙、学宫书院、祠堂民宅、桥梁、牌坊、教堂洋楼、城墙门楼、军事防御设施等；到近现代，广东留下许多代表性建筑和华侨建筑，如江门汀江圩建筑群、汕头陈慈黉故居、梅州张弼士故居等，此外，工业遗产、老字号、水利遗产等都是广东建筑遗产的组成部分。丰富的文化遗存，为广东文物建筑合理利用提供了重要载体。

2.2 法律法规特色

为深入贯彻落实中共中央办公厅、国务院办公厅《关于加强文物保护利用改革的若干意见》的部署和要求，结合广东省文物利用实际情况，2019 年广东省文物局出台了《广东省文物建筑合理利用指引》，鼓励对文物建筑利用进行分级分类管理。广东省文物局还推动出台了《广东省革命遗址保护条例》《广东省民宿管理暂行办法》等涉及文物建筑利用的有关法规文件。广东省持续加大对文物保护资金的投入，省文物保护经费每年投入已超 1 亿元，“十三五”期间省级财政累计投入达到约 5.6 亿元。各地市也结合自身实际，不断完善文物保护法律法规，广州市出台了《广州市文物保护管理规定》和《广州市历史建筑和历史风貌区保护办法》，惠州市出台了《惠州市文化遗产保护申报工作扶持办法》，佛山市出台了《佛山市历史文化街区和历史建筑保护条例》等。此外，广东省正推进《广东省国土空间规划——文物保护专项规划》编制工作。法律法规和规范性文件的不断完善，为文物建筑利用提供了法律保障和资金支持。

2.3 社会关注较高

随着经济社会发展，广东公众对文物建筑保护利用关注度不断提高，广州、汕头、佛山、东莞、湛江等地相继出现了许多关注文物保护的民间组织或团体，特别是新媒体的发展，为文物建筑保护利用提供新的舆论监督平台。在“政府主导，社会参与”的思路下，广东省各地鼓励社会公众参与文物建筑保护利用工作，其中，2003 年广州广裕祠获得“联合国教科文组织亚太地区文化遗产保护奖”杰出项目奖、2014 年佛山祖庙修缮工程获首届文物保护十佳工程；2015 年江门“仓东计划”获“联合国教科文组织亚太地区文化遗产保护奖”；2017 年佛山乐从陈氏大宗祠修缮工程获第三届全国优秀文物维修工程；2021 年河源仙坑村荣封第 2020 年度优秀古迹遗址保护项目宣传推介四个优秀项目之一；2020 年，广东文物部门开展了广东省文物古迹活化利用典型案例宣传推介活动，最终评选出 15 项活化利用典型案例。社会公众的关注，有利于制止文物建筑破坏和不合理利用，也有利于传播广东文物建筑的保护利用典型案例（表 1）。

表 1　广东省文物建筑利用部分典型案例一览表

项目名称	文物建筑名称	级别	初建功能	现状功能	备注
广州广裕祠活化利用项目	广裕祠	国保	宗祠	村史展示	2003 年“联合国教科文组织亚太地区文化遗产保护奖”杰出项目奖
佛山岭南新天地	东华里古建筑群、简氏别墅等	国保、省保、市县保	民居	商业、展示场所	入选 2013 年《海峡两岸及港澳地区建筑遗产再利用研讨会论文集及案例汇编》
江门开平碉楼活化利用民众参与保护项目	开平碉楼与村落	世界文化遗产	民居	旅游景区	入选 2013 年《海峡两岸及港澳地区建筑遗产再利用研讨会论文集及案例汇编》
广州万木草堂活化利用项目	万木草堂	国保	邱氏书室	文化场所陈列馆	入选 2013 年《海峡两岸及港澳地区建筑遗产再利用研讨会论文集及案例汇编》；入选 2015 年《广东省建筑遗产合理利用研讨会论文集及案例汇编》；入选 2019 年《文物建筑开放利用案例指南》
佛山祖庙活化利用项目	佛山祖庙	国保	道教建筑	佛山祖庙博物馆	2014 年首届文物保护十佳工程
江门“仓东计划”	焕业楼等	“三普”登记点	宗祠民居	教育基地	2015 年联合国教科文组织亚太地区文化遗产保护奖
珠海陈芳家宅保护利用项目	陈芳家宅	国保	民居	旅游景点	入选 2015 年《广东省建筑遗产合理利用研讨会论文集及案例汇编》
韶关广州会馆活化利用项目	广州会馆	省保	会馆	文化场所	入选 2015 年《广东省建筑遗产合理利用研讨会论文集及案例汇编》
广州东平大押活化利用项目	东平大押	省保	典当	博物馆	入选 2015 年《广东省建筑遗产合理利用研讨会论文集及案例汇编》；2020 年度广东省文物古迹活化利用典型案例

续表

项目名称	文物建筑名称	级别	初建功能	现状功能	备注
云浮兰寨南江创意文化基地	兰寨古建筑群	省保	民居	教育基地	入选2015年《广东省建筑遗产合理利用研讨会论文集及案例汇编》;2020年度广东省文物古迹活化利用典型案例
佛山乐从陈氏大宗祠活化利用项目	乐从陈氏大宗祠	省保	宗祠	村史展示	2017年第三届全国优秀文物维修工程
广州黄埔文化遗产监督保育员工作站	—	文化遗产工作站	技术单位	监督保育	荣获2018年第十届“薪火相传——文化遗产筑梦者杰出团队”
广州卧云庐活化利用该项目	卧云庐	市保	藏修精舍（道教建筑）	金沙社区艺术馆	入选2019年《文物建筑开放利用案例指南》
广州陈家祠堂活化利用项目	陈家祠	国保	宗祠书院	广东民间工艺博物馆项目	入选2019年《文物建筑开放利用案例指南》
广州永庆坊片区危（旧）房修缮和活化利用项目	李小龙祖居等	市保、一般不可移动文物	民居	创客小镇	入选2019年《文物建筑开放利用案例指南》
广州杨匏安旧居活化利用项目	杨匏安旧居	省保	民居	博物馆	2020年度广东省文物古迹活化利用典型案例
广州邓村石屋活化利用项目	邓村石屋	一般不可移动文物	宗祠民居炮楼	酒店	2020年度广东省文物古迹活化利用典型案例
深圳大鹏所城活化利用项目	大鹏所城	国保	宗祠民居	旅游景区	2020年度广东省文物古迹活化利用典型案例
珠海会同祠及古建筑群活化利用项目	会同祠及古建筑群	市保	宗祠	文创产业村史展示	2020年度广东省文物古迹活化利用典型案例
汕头中央红色交通线旧址活化利用项目	中央红色交通线旧址	国保	民居	陈列馆	2020年度广东省文物古迹活化利用典型案例
佛山碧江古建筑群活化利用项目	碧江古建筑群	省保	民居	旅游景区	2020年度广东省文物古迹活化利用典型案例
韶关华南教育历史研学基地项目	华南教育历史研学基地	一般不可移动文物	民居	研学游	2020年度广东省文物古迹活化利用典型案例
韶关乳源西京古道活化利用项目	乳源西京古道	国保	驿道	定向越野	2020年度广东省文物古迹活化利用典型案例
东莞寒溪水村古民居活化利用项目	寒溪水村古民居	市保	民居	村史展示	2020年度广东省文物古迹活化利用典型案例
广东省科技考古基地（江门陈白沙祠）项目	陈白沙祠	国保	宗祠	考古研学	2020年度广东省文物古迹活化利用典型案例
潮州广济桥活化利用项目	广济桥	国保	桥梁	旅游景区	2020年度广东省文物古迹活化利用典型案例

续表

项目名称	文物建筑名称	级别	初建功能	现状功能	备注
河源仙坑村荣封第活化利用项目	仙坑村荣封第	省保	民居	村史展示	2020 年度优秀古迹遗址保护项目宣传推介优秀项目；2020 年度广东省文物古迹活化利用典型案例
惠州东湖旅店活化利用项目	东湖旅店	市保	旅店	博物馆	2020 年全国革命文物保护利用十佳案例；2020 年度广东省文物古迹活化利用典型案例

3　利用策略与实践探索

广东各级文物部门深入挖掘和科学阐释文物资源承载的文化价值，坚持社会效益优先、合理适度利用的原则，探索文物保护利用新模式，大力推进文物建筑分类分级利用。同时，各地积极利用文物建筑设立公园、博物馆、参观旅游场所、文化创意园区、客栈民宿等，拓展产业发展空间，充分发挥文物建筑资源对提高国民素质和社会文明程度、推动经济社会发展的重要作用，并逐步形成宏观引导、微观改造、基层探索、社会参与和商业运作等五种策略及其实践。

3.1　宏观引导：以线性遗产保护，带动乡村振兴

近年，广东重点推进南粤古驿道保护利用工作，深入挖掘了中央秘密交通线、文化名人大营救等革命历史，重点推进长征文化公园（广东段）、华南教育历史研学基地建设等建设项目，形成了红色旅游线路、华南教育历史研学游、“左联”文化之旅、广东粤港澳大湾区文化遗产游径、广东历史文化游径等文旅融合品牌。“十三五”期间，南粤古驿道的保护修复推进了 1200 多千米重点线路、建设了 588 个重要节点，以南粤古驿道保护利用为基础，出台《广东省推进粤港澳大湾区世界级旅游目的地建设行动方案》，发布广东省粤港澳大湾区文化遗产游径 8 大主题共计 44 条，涉及省级以上文物保护单位超过 100 处，广东省历史文化遗产游径共计 70 条，涉及相关历史文化和旅游资源点合计 533 个。其次，以广州牵头的海上丝绸之路申遗，带动潮州、惠州等沿海城市积极参加，完成了一批申遗点保护利用提升与周边环境改造。此外，广东以线性文化遗产保护为契机，用小切口投入，完成项目建设，强化文物保护利用工作，增加配套设施建设，完成周边环境整治，并通过开展定向越野大赛、文化创意大赛、研学游、少儿绘画大赛等特色体验活动，推进城乡融合，带动乡村振兴。

3.2　微观改造：用乡愁唤醒记忆，树立文化自信

文物建筑及其周边环境的微改造，通过不改变文物原状，不改变街巷肌理，不破坏

环境要素，注重突出地方特色，注重人居环境改善，采用“绣花”功夫，尽量延续文物建筑功能，做到“见人、见物、见生活”。如东莞寒溪水村古建筑群活化利用和潮州老城“百家修百厝”等项目都是采用微改造方式进行。政府部门提供政策支持，充分咨询公众意见，精准使用社会资金，展现“老建筑，新活力”，让城市留下记忆，让人们记住乡愁，唤醒居民记忆，强化社会凝聚力。

寒溪水村位于东莞市茶山镇，是具有红色革命背景的传统村落，寒溪水村古建筑群也是东莞市文物保护单位。在对寒溪水村文物维修和展览策划过程中，寒溪水村充分发动党员和村民代表共同参与，搜集整理罗氏族人的各类实物、历史文献、往来书信、族谱、照片等资料，依托古民居建设寒溪水罗氏革命史迹陈列馆，建立“革命文物＋党建”模式，让村民特别是年轻人深受触动，产生了强烈的自豪感和认同感。

潮州“百家修百厝（祠）”首期启动了海阳县儒学宫、黄尚书府等15处文物建筑修缮工程，并对大量传统建筑进行修缮。政府资金主要投入文物建筑修缮，老城内各宗祠、民居修缮资金则通过宣传，向宗族、乡贤华侨、社会团体募集，通过“老建筑＋”，形成民宿酒店、酒楼茶馆、创客空间、博物馆等多种利用形式，盘活潮州古城，带动文化旅游，实现“凝侨心、聚民心”。通过精心打造，古城魅力焕发，让游客享受到了“潮式精致慢生活”。

3.3 基层探索：从托管认养机制，探索整体保护

开平市、始兴县分别自2010年、2012年起开展了开平碉楼、始兴围楼托管、认养工作。开平市、始兴县通过制定一系列认养工作方案、办法、协议完成了一批碉楼、围楼维修利用工作，有效保护了一批文物建筑。对于经济欠发达地区，大多数文物建筑缺乏维护资金，托管认养策略是对文物建筑利用的积极探索，但也面临产权归属争议，托管人对认养政策的分歧，以及认养人对文物建筑义务多、权利少等问题。2012年，郁南县在托管认养策略的基础上，探索了让农民以闲置的土地、古屋入股的形式，完成以群众营运为主体的文物建筑利用形式。郁南县兰寨村保存完好的古建筑48座，其中，省级文物保护单位1座，县级文物保护单位12座。郁南县委县政府协调多个职能部门，在与镇政府、当地村委充分沟通的前提下，由县文物主管部门与业权所有者达成协议，业主拥有古建筑的业权，文化主管部门则拥有使用权，可对兰寨古建筑群进行合理开发利用，双方科学管理共同保护。同时，引入文化机构，打造“兰寨南江创意文化基地”，制订部门职责和管理制度，遴选和培训12名文物协管员，加强日常巡查和监督管理。此外，经文化文物部门积极谋划，筹办了文化节、艺术节等系列活动，实现与广州美术学院、华南理工大学、广西师范大学等20多间院校共建教学实践基地或写生创作基地。通过将文物建筑作为展示场所，保护村落整体风貌格局与田园风光，将村民住房改造为住宿、餐厅等配套服务空间，吸引优质项目、民间资本落户兰寨，既实现文物建筑保护

利用，又增加居民收入，不断探索和完善既有利于文物与村落保护，又有利于发挥其价值的循环发展模式，吸引更多的优质项目、民间资本落户郁南，实现资源和资金的良性循环。

郁南兰寨文物建筑利用的探索为粤北欠发达地区提供了一条路径，总结出“全局规划，层级沟通，科学管护，合理补偿，循环发展”的利用策略。

3.4 社区参与：将意愿转译修缮，保育乡土建筑

广东各地文物利用在推进公众参与机制，其中业主参与是文物建筑合理利用的重要保障与支持，尤其重视社区居民、乡民的意见。修缮设计人员通过与业主、居民的充分沟通，将其意愿反映在修缮的全过程。业主、居民享有设计的权利，也通过沟通使其了解文物修缮的原则和意义，并赋予修缮后的文物建筑新的使用功能和内涵。广东具有典型意义社区参与修缮利用的项目有广州广裕祠修缮和开平“仓东计划”。

广裕祠位于广州市从化区太平镇钱岗村，该保护利用项目资金由乡民自愿捐款筹资和政府出资两部分组成，其中村民集资得到的资金作为“陆氏广裕祠维修保养管理基金”，由村民选出代表组织成立“村民资金使用管理小组”，设立开放式专用基金账户。由设计师通过与政府、村民之间的沟通，制定修缮利用方案，得到各方的支持与认可，钱岗村的村民给修复工程带来各种帮助，提供了各种施工辅助场地，在交通道路和水电也给予方便。有关部门和村委会还规定，不能在古村落中擅自拆除、改建旧房，更不能新建房屋，以保证广裕祠周边的文化生态环境。广州广裕祠项目在 2003 年联合国教科文组织亚太地区文化遗产保护竞赛中，获得“联合国教科文组织亚太地区文化遗产保护杰出项目奖第一名”，这也是中国的文物保护利用首次获得这一荣誉。

仓东村位于开平塘口镇北义乡，位于世界文化遗产开平碉楼与村落核心区内，是塘口谢姓的始居地，19 世纪末 20 世纪初华侨开始返乡建设，在村中建造融合中西建筑风格的民居、碉楼、祠堂等。仓东教育基地，又称“仓东计划”，该计划旨在推广文化遗产的保育理念，通过进行建筑修复和社区营造，借鉴海内外文化遗产的发展经验，探索中国古村落及本土文化的发展新道路。仓东计划团队努力与仓东村及周边村民、城市居民、华侨、高校、学者、学生、媒体、运营商、当地政府、市场、公益团体等不同利益主体合作，构建一个多元合作平台，其中村民全程参与了仓东建筑的修复和教育活动。计划实施以来，不仅修复了文物、改善了村容村貌，还增强了村民的社区凝聚力及文化认同，使得村中传统的生活方式、历史文化得到传承。2016 年，该计划获得“联合国教科文组织亚太区文化遗产保护奖优秀奖”。

3.5 商业运作：让历史融入生活，实现文旅融合

通过精挑细选引入企业资金，改善文物使用功能并面向社会公众开放，是各地推

动文物建筑利用的重要路径。广州市东平大押活化利用、珠海市会同村会同祠活化利用均以不改变文物原状为底线，严格筛选参与企业，严格按照文物保护法要求进行修缮利用，建成典当主题博物馆和书店，使文物建筑延续原有价值，得到良性利用；广州市增城区邓村石屋精品酒店利用项目，由政府牵头整合流转的石屋古村闲置文物建筑和传统建筑，通过文物保护、风貌继承、新建筑融合，建设了广州邓村石屋精品酒店，丰富了广东文物建筑利用的业态；深圳大鹏所城是全国重点文物保护单位，2017年成立大鹏所城文化旅游区运营管理主体——深圳华侨城鹏城发展有限公司，使用空间分级分类活化利用方式，将21处重点国保文物本体建筑作为文博展示空间，未定级不可移动文物建筑主要作为特色文化产业培育空间，非文物类建筑主要用于一般商业、公共服务设施。通过立面提升、管线下地、灯光亮化等提升景区风貌，推出方知书院、刘起龙将军第海防文化体验馆、《南海风云》光影秀、刘黑仔纪念馆等多项文旅业态。立足"商业＋生活＋景观"的运营模式，推出消费体验式、复合文化型、网红潮流类等多元业态，为600万游客与1万常住居民营造出一个开放文物保护利用片区。

4 总结与展望

文物建筑保护利用需要政府、公众、媒体、企业、高校等各方积极参与，无论是成功案例还是实践中遇到的问题和挫折，都具有现实和时代意义，并对未来有所启发。目前，广东省文物建筑合理利用仍然存在一些问题，如对于分级分类利用的法律依据不充分，文物建筑利用与现代消防、安防、防雷等相关安全技术规范未有效衔接，利用方案的审核审批程序不完善等问题。通过梳理广东省文物建筑合理利用案例及策略，总结以下三方面的启示，以及对未来的展望。

4.1 政府重视，社会参与

政府对文物的重视，特别是文物部门介入是不可或缺的，底线思维和创新思维必须共存。政府部门参与文物建筑的利用，无论是从法律层面给予政策支持，对实施方案的合法性审查，还是从实施层面的本体修缮到整体环境整治都具有不可替代的重要作用。如惠州市通过文物部门主导，由政府投入对文物及其周边环境进行整治，使周边环境与文物修缮、利用相协调，打造以文物保护利用为核心的惠民工程。但是，政府的投入是有限的，业主、社区居民、企业是重要的参与主体，倾听社会声音，吸纳社会资金，实现成果共享，并通过媒体进行宣传推广，对保留城乡历史，守护居民记忆，营造文物建筑保护利用的良好氛围具有重要的意义。因此，加快完善法律法规，提供更多鼓励社会参与的途径，是对文物建筑合理利用的重要支撑。

4.2　建立机制，沟通协调

利用文物建筑的前提是保护。因此，在每一座文物建筑修缮、利用前，建立完善合理的工作机制，对于文物建筑利用项目能否落地、可持续至关重要。以规划设计作为桥梁，将利用的意图、保护的理念在政府与业主之间不断沟通、相互协调，将各方语境“转译”至文物建筑的修缮利用过程中，最终达到“保护为主，合理利用”的目标。同时，文物部门也将根据文物保护法的规定，对使用单位日后运维中将会出现的各种风险进行不同程度的评估。因此，无论是延续原建筑功能，还是赋予新使用功能如选择文化创意或展示展览项目入驻，对各方都更具吸引力，也更具可操作性。文物建筑的分级分类管理，建立长效合理利用机制是未来很长的一段时间内需要解决和诠释的内容。通过分级分类管理，细化利用项目、利用方式、修缮内容、改造部分，将给予各方更明确的指引，并减少沟通之间的矛盾，提高沟通效率，更有利于推进项目的实施。

4.3　因地施策，合理规划

广东各地经济发展水平不尽相同，导致了广东粤港澳大湾区与粤东西北的文物建筑利用策略也有所不同，但在本质上实则异曲同工。各地因地制宜，根据复杂的产权情况、较大的经济差异、不同的文物建筑类型，通过合理规划，选择不同的破解方式。一种是整体环境规划，深入挖掘文物价值，对文物建筑及其环境风貌、人文风情进行保护，将周边环境整治纳入整体利用规划；另一种是文物建筑本体空间功能规划，为了使新功能与文物建筑本身相适应，是具有挑战性的课题。如提供无障碍设施、卫生设施等现代服务内容，以及消防、科技展示等手段都需要进行审慎的研究设计。随着经济不断发展，技术水平不断提高，观念也不断转变，对文物建筑的合理利用极具挑战，但与此同时，机遇也相伴而来，只有不断加大对文物人才的培养力度，吸纳各方智慧，才有利于实现文物建筑合理利用的实践与创新发展。

文物建筑的合理利用，可持续利用，不是一蹴而就，也非一成不变。每一处文物建筑的利用，都需要各方的共同努力，从策划、勘察、规划设计，到施工监察、展示利用、保养维护等各个环节都紧密衔接。文物建筑的利用，不仅是一个文物修缮利用工程，更是一个系统性的研究项目。不同文物建筑的利用经验、方式都是可以得到借鉴、启发的，但又不能照本宣科。在经济发展、社会参与、科技进步的背景下，文物建筑合理利用之路必将不断探索向前，日渐明朗。

参 考 文 献

广东省文物局 . 广东省建筑遗产合理利用研讨会论文集及案例汇编 . 广州：岭南美术出版社，2015.

广东省文物局关于印发《广东省文物建筑合理利用指引》的通知 .http://www.gd.gov.cn/zwgk/zdlyxxgkzl/whjg/content/post_2387343.html. 2019.

国家文物局 . 海峡两岸及港澳地区建筑遗产再利用研讨会论文集及案例汇编 . 北京：文物出版社，2013.

国家文物局《文物建筑开放利用案例指南》课题组 . 文物建筑开放利用案例指南 . 北京：中国建筑工业出版社，2019.

陆元鼎，廖志 . 广东从化广裕祠修复工程为何获联合国文化遗产保护大奖 . 亚州民族建筑保护与发展学术研讨会论文集 . 2004.

王成晖，刘业，周庆 . 广东省城市总体规划中文化遗产保护规划的模块化思考 . 南方建筑，2016（4）：86-92.

徐敏，王成晖 . 基于多源数据的历史文化街区更新评估体系研究——以广东省历史文化街区为例 . 城市发展研究，2019，26（2）：74-83.

白沙沱长江大桥价值评估及保护利用初探

滕　磊　缴艳华*

摘要：川黔铁路白沙沱长江铁路大桥位于重庆西南郊的白沙沱和江津区珞璜镇之间，1959年建成通车。渝黔铁路新白沙沱长江铁路特大桥与其相隔约140米，2018年1月建成通车。新桥建成通车后，老桥的去留问题引发了激烈的讨论。如何解决老桥面对的诸多问题，也成为市政府和文物工作者面临的挑战。本文从川黔铁路白沙沱长江铁路大桥铁路遗产属性与桥梁遗产属性出发，系统梳理了老桥的文物价值，探讨了保护利用的思路，为老桥的可持续发展提供参考依据。

关键词：川黔铁路；铁路桥梁；工业遗产

川黔铁路白沙沱长江铁路大桥（以下简称为“老桥”）（图1），位于重庆西南郊的白沙沱和江津区珞璜镇之间，是一座双线铁路桥，北接成渝铁路，南接川黔铁路，全长820.3米，1959年竣工。随着地区经济发展、航道升级，2009年底，重庆市政府确定了建设新白沙沱长江铁路特大桥（以下简称为“新桥”）的方案，以满足环保、通航和行洪要求。新桥通车后，老桥不再承担铁路干线运输职能，客运、货物运输通道转移至新桥，至此，老桥的去留问题提上日程。如何解决老桥面临的诸多问题，也成为市政府和文物工作者面临的挑战。本文从老桥铁路遗产属性与桥梁遗产属性出发，系统梳理了老桥的文物价值，探讨了保护利用的思路，为老桥的可持续发展提供参考依据。作者水平有限，文中不当之处，敬请指正。

1　白沙沱长江铁路大桥遗产构成

川黔铁路全长423.6千米，1956年4月开工建设，1965年7月8日全线通车。该铁路北接成渝、襄渝，南通黔桂、贵昆、湘黔等铁路，是西南地区路网骨架的重要组成部分。老桥北接成渝铁路，南接川黔铁路，解决了长江天堑的阻隔，使两岸交通不再靠车船转运，大大提高了西南和西北地区的物资运输效率，促进了经济社会发展。

---

* 滕磊，中国文物保护技术协会，北京，邮编100009；缴艳华，上海建为历保科技股份有限公司，上海，邮编201315。

老桥是重庆最早修建的长江大桥，也是万里长江第二桥，已经成为人们心中的一座丰碑，具有重要的文物价值，于2009年被重庆市人民政府公布为市级文物保护单位。老桥作为成渝铁路和川黔铁路交会的重要交通枢纽，管理和运营的各种附属机构、相关设施等也较为完整地得到了保存，与老桥本身形成了完整的铁路交通遗产体系。

经过现场调查认定，我们认为现存老桥铁路遗产保护对象的主要构成应包括老桥文物本体、相关铁路遗产、老桥管理运营附属设施及周边相关遗产等（表1）。

珞璜立交桥紧接老桥南岸的引桥，上跨江津区的东西向道路，桥墩两侧上部有石狮子的装饰，具有一定的艺术价值（图2）。

小南海铁路枢纽包括老桥北岸引桥和环山上桥路（环线），全长4.5千米，桥路一体，整体保存完整，采用“螺旋环山法”延长成渝线路程以减缓连接川黔线的坡度，巧妙利用环山上桥，克服了北桥头白沙沱附近高落差地势环境的困难，使两条铁路线相互联通。具有较高的科学艺术价值（图3）。

小南海火车站建于1952年，原为成渝铁路客货两运标准站，具有一定的历史价值（图4）。

兵工署第二十一兵工厂工具车间防空洞为重庆大渡口区级文物保护单位。1937年，金陵兵工厂利用猫儿峡周边沿江山洞开凿抗战生产洞，1939年二十一兵工厂陆续合并接手十一兵工厂、轻机枪厂等，该防空洞作为兵工署第二十一兵工厂工具车间。1950年，为修筑成渝铁路，其曾作为筑路工人的驻地，1970年改建为备战、备荒防空洞。具有较高的历史价值（图5）。

武警守桥部队营房旧址为1959年12月白沙沱长江铁路大桥建成通车后，由54军在原兵工署第二十一兵工厂火工所房屋地基上建立营房驻守，1983年，改为武警部队八中队，守卫大桥安全。具有较高的历史价值（图6）。

兵工署第二十一兵工厂火工所建于1941年8月，原名军政部兵工署废品整理工厂，1945年4月，归并到兵工署第二十一兵工厂，更名火工所。后作为成都铁路局办公场地。2019年2月，被公布为第三批重庆市级文物保护单位。对研究抗战时期火工生产单位、解放后成渝铁路的管理办公都具有较高的文物价值（图7）。

表1　老桥铁路遗产保护对象构成

类型	名称	保护级别（截至2021年4月）	照片	备注
文物本体	白沙沱长江铁路大桥	重庆市文物保护单位		图1

续表

类型	名称	保护级别（截至 2021 年 4 月）	照片	备注
相关铁路遗产	珞璜立交桥	暂未认定		图 2
	小南海铁路枢纽	暂未认定		图 3
	小南海火车站	暂未认定		图 4
	兵工署第二十一兵工厂工具车间防空洞	重庆大渡口区级文物保护单位		图 5

续表

类型	名称	保护级别（截至2021年4月）	照片	备注
管理附属设施	武警守桥部队营房旧址	暂未认定		图6
	兵工署第二十一兵工厂火工所	重庆市级文物保护单位		图7
其他相关遗产	白沙沱老街	暂未认定		图8
	白沙沱渡口	暂未认定		图9
	小南海航道信号台台房	暂未认定		图10

续表

类型	名称	保护级别（截至2021 年 4 月）	照片	备注
其他相关遗产	红胜电影院	暂未认定		图 11

除上述遗产外，老桥周边还保留有不同时期修建的白沙沱老街、白沙沱渡口、小南海航道信号台台房、红胜电影院等其他相关遗产（图 8—图 11）。这些不同历史和时代的实物见证，极大地丰富了老桥的展示利用内涵。

2　价值评估

毋庸置疑，老桥是铁路遗产与桥梁遗产的结合体。按照这样的双重属性，结合文物自身具有的历史、科学、艺术以及社会文化价值，我们形成了对老桥的价值评估思路（图 12）。

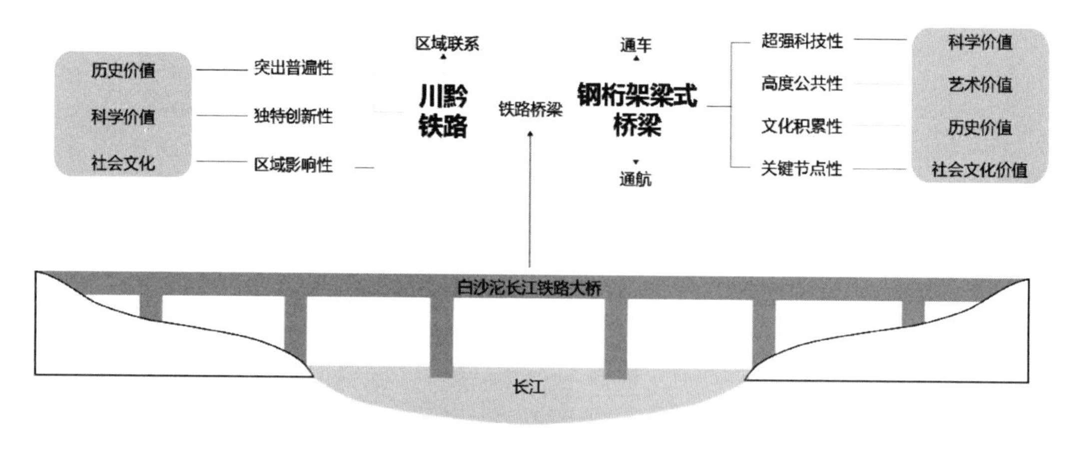

图 12　价值评估思路

作为铁路遗产，老桥首先是川黔铁路的重要组成部分，对川黔铁路的规划、建造技术、景观等都产生了较大的影响，代表了川黔铁路的突出价值，体现其历史文物价值。其次，老桥的建设技术以及桥路一体的建设模式具有独特创新性，体现其科学价值。最后，老桥是连接与传播的工具，对沿途区域的经济社会发展有巨大的推进作用，具有区域影响性[1]，体现其社会文化价值。

作为桥梁遗产，老桥首先具有较强的文化累积性，一方面桥梁是真正的公共财产，又与人们生活息息相关，人们更容易与桥梁发生接触；另一方面桥梁本身所具有的标志性使得人们有更多机会与其发生联系，而所谓的文化就在人与桥的互动中产生了，其历史价值由此体现。其次，老桥具有极强的科技性，相对于同时代的建筑、园林或者是墓地等纪念物而言，桥梁一般都有较高的科技价值，尤其是大型桥梁，甚至代表了当时工程建造技术的最高水平，是其科学价值的体现。再次，老桥具有高度公共性，世界遗产体系中历史建筑、园林、石窟和雕刻等文物类型的文化遗产基本上都不曾是真正的公共财产，只有桥梁从建造开始就是真正的公共财产，任何人都可以使用它，它与人们的生活息息相关。所以桥梁在一个地区中比大多数建筑都有知名度，并且世界各地都有许多以桥命名的地名。桥梁能够加强人们的地域认同感，代表了这个地区的个性和精神，高度公共性体现其艺术价值。最后，老桥还具有关键节点性，桥梁不像建筑、园林或者石窟等遗产具有孤立性，桥梁是道路的关键节点，所以桥梁的意义往往不仅仅局限于桥梁本身，它与所联系的河流和道路密切相关。道路延伸的区域越大，桥梁的节点重要性就越大[2]，关键节点性体现其社会文化价值。

2.1 从川黔铁路角度挖掘的价值

2.1.1 历史价值

作为中国长江沿线交通史的重要组成部分，老桥具有文化层面的、超越所在地区的、对当代以及未来的世代都有相同重要性的特殊意义。其真实地承载了川黔铁路的建设、运营、发展的历史过程，反映出中华人民共和国成立初期以来铁路工程的运营体系、技术特点以及科技含量等内容，同时也见证了桥梁建设和铁路发展对于重庆地区现代化发展的历史作用。

这是继武汉长江大桥后的第二座长江大桥，也是重庆市最早修建的长江大桥，同时也是长江上第一座铁路专用的大桥。由此可见，老桥作为万里长江第二桥具有重要的历史价值和纪念意义。

2.1.2 科学价值

在科学技术上，老桥作为重庆市最早修建的长江大桥，具有独特创新性。它完全是由我国技术人员自己设计施工建造的，即由铁道部大桥工程局第四桥梁工程处承担的施工任务。这也从侧面见证了我国独立建造桥梁的技术发展水平。同时，老桥不仅展现了工程建造技术的进步，也是中国桥梁工程技术发展历史的见证，同样具有很高的遗产价值。此外，老桥北岸引桥和环山上桥路（环线）位于重庆市大渡口区跳磴镇，全长 4.5 千米，桥路一体，桥墩为石砌结构，整体保存完整，称“小南海铁路枢纽”，该枢纽的选址、构造特征为中华人民共和国成立初期我国山地铁路修建工程的典型代表，具有稀缺性和代表性。

2.1.3 社会文化价值

老桥作为沟通大渡口区白沙沱和江津区珞璜镇的重要通道，具有区域影响性，其对两地居民的传统交通结构和生产生活方式也产生了巨大影响，客观上影响了重庆地区的区域经济发展和两岸城镇化发展的布局结构，记录了大桥两侧城镇发展的历史变迁过程，也是重庆市城市发展的重要载体和历史见证。

2.2 从桥梁角度挖掘的价值

2.2.1 历史价值

老桥的文化累积性体现着其历史价值。老桥不仅为我们记录了 20 世纪 50 年代国家在桥梁技术方面的发展历程、建筑材料、制造工艺等技术历史信息，同时与桥梁一同保留下来的还有各种附属配套机构的设施与建筑，这些物质遗存为我们再现了中华人民共和国成立初期国家工业化时代的技术和生产的场景，也为我们提供了包括工人居住、生产、生活方式等在内的相关社会历史信息。

作为我国第二个“五年计划”的重要工业建设成果，老桥在修建技术和工艺营建上都采用了当时最先进的技术和成果，专家和工人们日夜奋战，先后实现了一万多件技术革新，比计划提前完工，从侧面见证了中华人民共和国成立初期国家在交通建设和工业建设上的巨大力量，同时修建老桥也真实地记录和反映了当时人民在极为困难艰苦的条件下，不畏艰难，迎难而上的伟大奋斗精神。

2.2.2 科学价值

老桥的极强科技性体现着其科学价值。在修建技术上，桥墩采用水下大型管柱钻孔灌注法施工；用加长钢桩靴和用小钻头钻大孔的方法，使管柱顺利地通过了从未遇到过的孤石难关；徐贤业带领潜水工采用木塞子和水下切割桩靴堵漏的办法，解决了管柱内流沙现象；焦其义所领导的装吊工班，首先试验成功用两台高压水泵带动水力吸石筒的办法，把阻碍管柱下沉的大卵石吸了出来；桥墩出水以后，工程技术人员又用苏式康拜因吊装船吊拼桁梁，用钢挑梁架设桁梁；用龙门吊平行移动、架梁时经常检查钢丝绳和卷扬机刹车等方法，成功地把几百片大型混凝土梁架上了高高的桥墩。

在工艺技术上，白沙沱长江铁路大桥主跨为 4 孔 80 米一联下承铆接连续钢桁梁，北 3 孔、南 9 孔均为 40 米上承式钢板梁。大桥施工采用的是铆钉工艺，大桥跨江主桥长度为 802.2 米，两岸引桥和环山上桥路（环线）有 4.5 千米之长，采用“螺旋环山法”

延长成渝线路程以减缓连接川黔线的坡度，巧妙利用环山上桥克服了北桥头白沙沱附近高落差地势环境的困难，这在当时都是修建铁路桥的创举。许多情况表明，修桥职工的技术操作水平比在武汉长江大桥时期有了很大提高。

2.2.3 艺术价值

老桥的高度公共性体现着其艺术价值。首先，老桥是中华人民共和国成立初期建筑艺术风格和特征代表；其次，该桥桥墩的基础工程是采用当时世界上最新的“管柱钻孔法”，这种方法由苏联专家创意，中苏桥梁工作者共同研究，凝结了中苏两国建筑设计的劳动智慧；最后，老桥所表现出来的大型结构建筑的力与美的结合，具有很高的艺术表现力、感染力和审美价值。其优美的钢桁架现已成为重庆市地标建筑物。

2.2.4 社会文化价值

老桥作为桥梁遗产的关键节点性体现着其社会文化价值。它与两岸城镇发展关系密切，是大渡口区白沙沱和江津区珞璜镇的重要组成部分。大桥为两岸地区尤其是白沙沱社区留下了丰富的建筑遗迹和附属设施，如此丰富且珍贵的历史建筑资源以及工业遗存同大桥一起作为“钢铁见证”，诉说着重庆市工业文明的辉煌与历程。同时对大桥进行有效的保护和合理的利用可以减少拆除大桥所耗费的巨大人力物力成本，将这些设施有效保护和合理利用，既符合现代社会的需要，也能够满足重庆市民想要将此桥保留下来的美好愿景。作为重庆市的第一座大桥，老桥曾是这座城市的经济与文化发展的重要纽带，已成为重庆市的重要地标建筑。对于重庆市民来说，大桥早已成为这个城市不可或缺的一部分，融入了他们的日常生活当中。且对于老桥的保护和合理利用在推动长江文化带建设以及推行工业遗产保护与研究等方面具有重要意义。

综上所述，老桥首先是川黔铁路的组成部分，见证了我国在长江交通方面巨大的建设力量。老桥作为连接川黔的重要交通枢纽，在整个长江交通发展史上发挥着不可替代的重要作用，所以老桥自身体现着川黔铁路的诸多价值。同时老桥也是一座 20 世纪 50 年代建成的钢桁架梁式桥梁，承载着长江通航、川黔铁路通车的责任与使命，是我国桥梁技术发展历程的重要见证物之一，是考察重庆地区城市化进程、长江沿岸建筑技术演进情况的珍贵实证，反映着中华人民共和国成立初期桥梁建设工程的面貌，所以老桥具备着作为特定历史时期桥梁所应有的历史、科学、艺术价值。同时老桥作为重庆市的第一座大桥，已经成为人们心中的一座丰碑。且对于老桥的保护和合理利用在推动长江文化带建设以及推行工业遗产保护与研究等方面具有重要的社会文化意义。

3 白沙沱长江铁路大桥保护思路

根据老桥的遗产构成和价值评估，老桥具有铁路遗产与桥梁遗产的双重属性。因此除必须保护桥梁本体和铁路线路以外，其铁路运营、维护设施都是其重要价值的承载体，体现着铁路工业时代的各项价值，应将铁路相关遗产纳入整体保护。同时，桥梁的交通通行功能也应尽可能地延续。此外，还应将白沙沱长江铁路大桥从决策、筹备、准备、施工、到建成通车，几十年运营这些经历、记忆等加以真实并完整的记录和总结，最大程度延续遗产价值。

对于老桥本体的保护思路一：加固钢桁架梁，加以适当改造以满足未来的通航净宽要求。

依据现场结构检测结果，老桥现状为 40 米跨上承式钢板梁、80 米跨下承式连续钢桁架主体承重构件未发现明显锈蚀，主体结构保存基本完好。若不再发挥铁路桥功能，判定现状主体构件承载力可满足游客观赏及两岸人员步行通行的要求。但目前老桥对未来长江航道升级有较大阻碍，鉴于此原因，同时对比国内诸多铁路桥，依据与长江、黄河上诸多钢架铁路桥梁的比较发现，这些桥梁主跨基本在 128—160 米，桥下通航净空高度为设计最高通航水位以上 18—24 米。以武汉长江大桥为例，主跨为 128 米，通航净空为设计最高水位以上 18 米。所以在不改变形式与保留通行功能的前提下，局部拆除 4#、6# 桥墩，通航净宽即可达到 160 米。老桥目前的通航净空为 14.65 米，将主跨提升 4 米，可满足 18 米通航净空要求。主跨与引桥之间的高差做台阶或坡道处理，如图 13 所示。保护思路一的主旨是在最大程度适应长江航道升级的要求下，尽量不改变老桥的形式与通行功能，将老桥作为铁路遗产以及桥梁遗产的价值得到继续且全面地发挥。

对于老桥本体的保护思路二：平移钢桁架梁，部分拆除桥墩，通行功能以索道等形式保留。

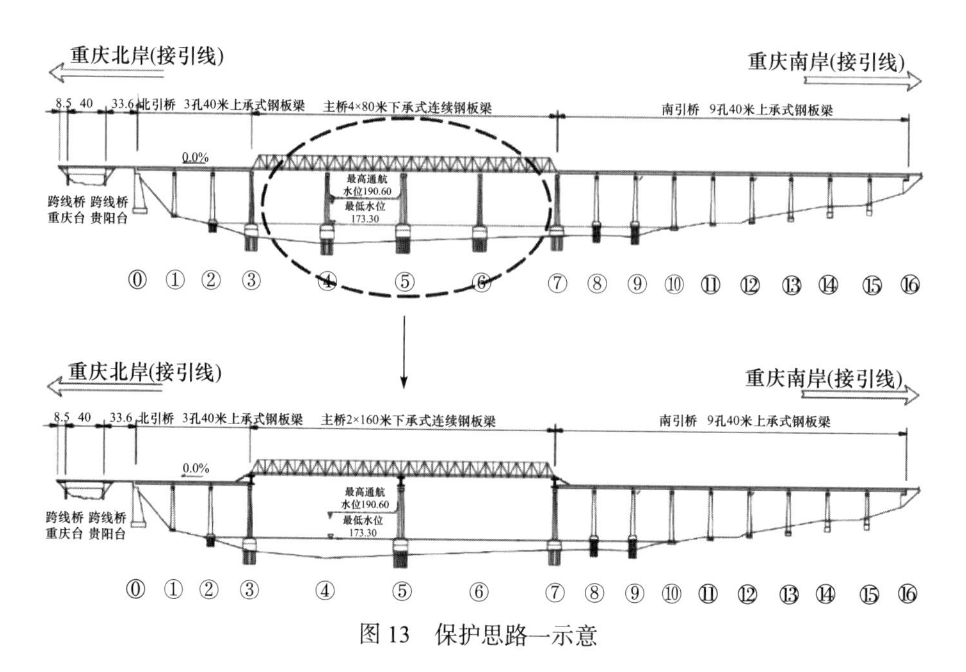

图 13　保护思路一示意

老桥作为成渝铁路和川黔铁路交会的重要交通枢纽，应最大限度保留大桥本体重要的价值载体，包括桥墩及基础、钢桁架、桥面系、南北引桥、铁轨。同时为满足未来长江航道省级要求，按其价值等级，考虑局部拆除桥墩，平行移动钢桁架梁。局部拆除4#、5#、6# 桥墩，这三处桥墩所呈现的材料特征及工艺流程、生产技能在保留的 3#、7# 桥墩上仍可见。为满足通航净高要求，将 4 组 80 米钢桁架梁拆分成两组，分别向两侧平移。经结构计算后，可做局部悬挑，以示意桁架平移趋势。中间断开部分以索道方式连接，保持通行功能的同时，满足后期观光等需求，如图 14 所示。保护思路二的主旨，即最大程度适应长江航道升级的要求下，局部改变桥梁形式，不改变其通行功能，使老桥作为铁路遗产的价值可追溯，作为桥梁遗产的价值继续发挥。

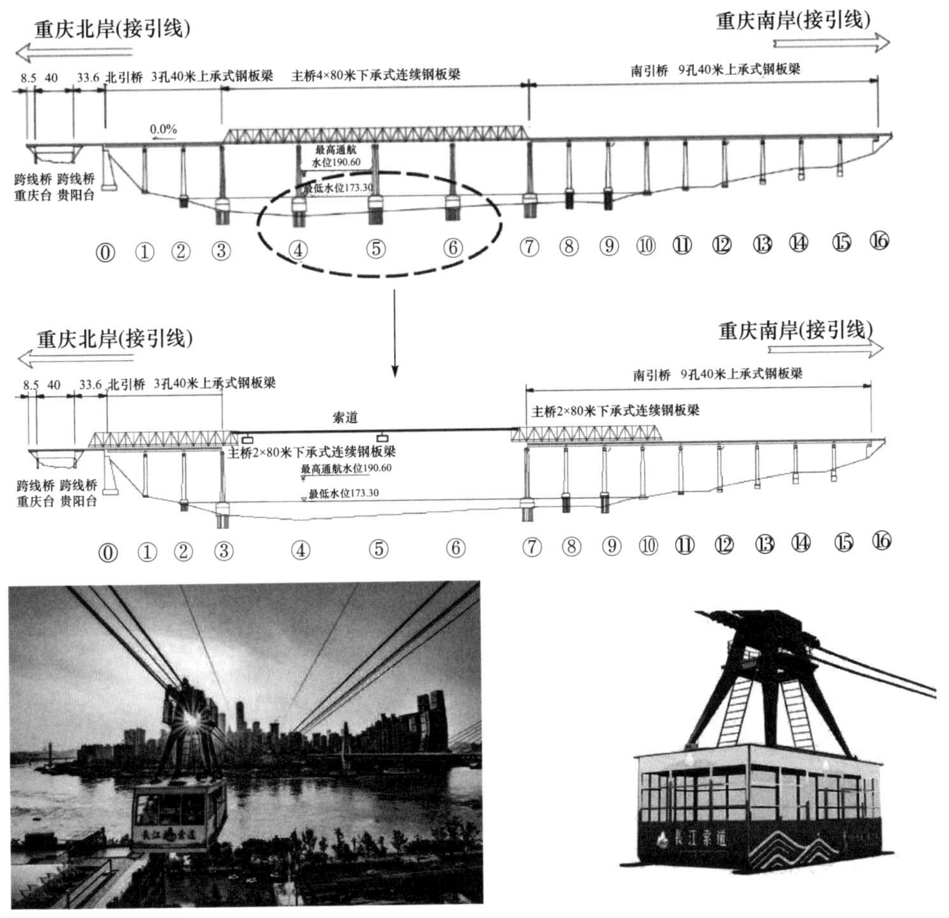

图 14 保护思路二示意

4 白沙沱长江铁路大桥展示利用思路

《下塔吉尔宪章》指出，工业遗产保护有赖于对功能完整性的保存，因此对一个工业遗址的改动应尽可能地着眼于维护。如果机器或构件被移走，或者组成遗址整体的辅助构件遭到破坏，那么工业遗产的价值和真实性会被严重削弱。因此，建立专门的工业和技术博物馆以及保护工业遗址都是保护和阐释工业遗产的重要途径[3]。

老桥无论采用何种方式保护利用，都应将其桥梁遗产和铁路遗产的相关材料工艺、运营维护等设备设施视为一个整体，进行整体规划设计。将老桥保护与景观设计相结合，运用保护、修复、创新等一系列手法，对周边的历史人文资源进行重新整合、再生，既充分挖掘周边区域历史文化内涵，体现区域文脉的延续性，又能满足现代文化生活的需要。

结合老桥价值评估及遗产属性构成，我们提出了铁路桥梁遗产公园的整体展示利用模式。“铁路桥梁”是其主题，“公园”是其形态。合理地将老桥原址纳入当下老桥所处的特定地域和空间，并与周边环境形成统一体系（图 15）。

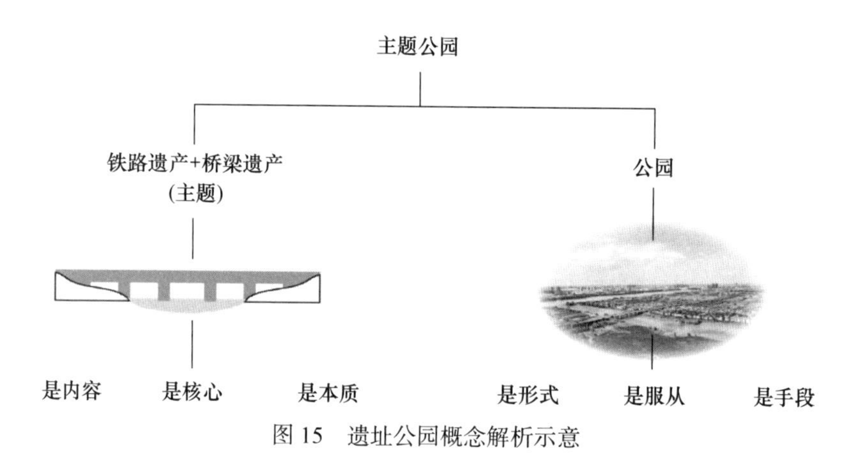

图 15　遗址公园概念解析示意

老桥展示利用主题即老桥原址和川黔铁路两个主题。形态上，可采取老桥南北两岸两个主题公园的形式。形成以老桥原址、川黔铁路相关遗存为核心的，集合研究、教育、休憩功能的公园，构筑老桥独特的“一桥两公园”展示结构（图 16）。

作为主题城市休闲公园，以停车场为节点，南北两岸均设置停车场，作为与城市道路的连接。内部的游线为白沙沱老街—小南海枢纽—武警守桥部队营房—兵工署第二十一兵工厂火工所—红胜电影院—铁路主题公园—白沙沱长江铁路大桥及长江观光—珞璜立交桥—武警守桥部队营房（图 17）。

老桥的保护与利用，是铁路遗产与桥梁遗产的结合研究。作为文化遗产的一个重要组成部分，铁路遗产保护近年来引起了学术界的广泛关注，铁路从设计到建设再到运行，无不体现出当时社会的科技水平，它是人类文明发展的重要证据。桥梁文化遗产的规划和保护是桥梁研究的一个新方向，我国拥有数量众多的古代桥梁遗址及近现代工业桥梁遗产，在从桥梁大国向桥梁强国迈进的进程中，桥梁文化遗产的研究和宣传工作不可或缺，也刻不容缓。

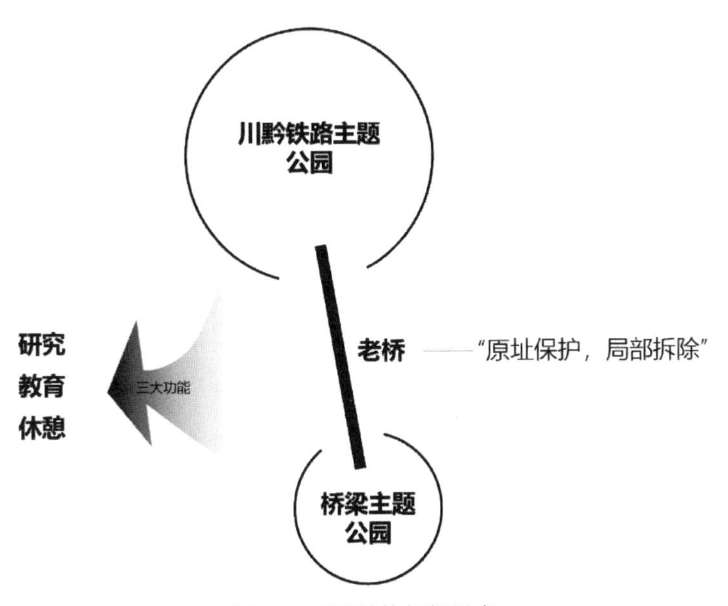

图 16　展示结构解析示意

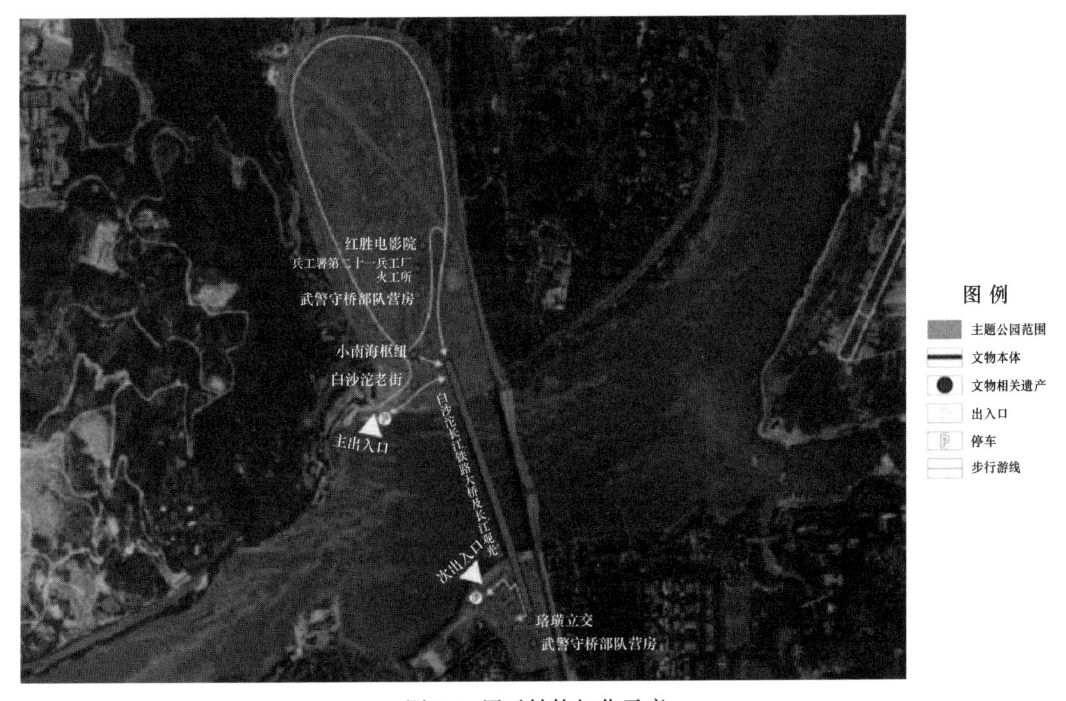

图 17　展示结构细化示意

本次对川黔铁路白沙陀长江铁路大桥系统地进行了铁路遗产价值与桥梁遗产价值的研究，并且把其历史研究从单纯的技术研究深入和扩展到涉及交通、景观、规划、人文、建筑、历史等多方位的文化层面，梳理出具有鲜明区域特色的长江铁路桥梁遗产群，进而提出主题公园的原址展示利用模式。在此模式基础之上，可逐步探讨建立长江相关铁路桥梁文化遗产体系。

参 考 文 献

[1] 张冬宁．世界铁路遗产研究及其对我国铁路遗产保护的启示．郑州轻工业学院学报（社会科学版），2012（4）．

[2] 黄雄，万敏．世界遗产视野下的桥梁遗产解读与思考 // 中国城市规划学会，贵阳市人民政府．新常态：传承与变革——2015 中国城市规划年会论文集．北京：中国建筑工业出版社，2015：10.

[3]《下塔吉尔宪章》（*Nizhny Tagil Charter*）（2003 年）．

讲好长征故事：长征国家文化公园的正确打开方式

——兼论长征文物的整体保护展示*

杜凡丁　杨　戈　刘占清**

摘要：长征国家文化公园是我国“十四五”时期深入推进的重大文化工程，其核心在于弘扬长征精神、传承红色基因、树立中华文明重要标识。针对长征相关资源小而散、产权复杂、展示同质化、传播缺乏吸引力、沿线发展基础薄弱等问题，借鉴文化线路理念建立系统性的保护体系，以长征故事为核心构建整体展示格局，通过贯通的长征历史步道提供沉浸式体验，利用创新科技手段开启新时代传播推广等措施，或可为深入开展长征国家文化公园建设保护工作提供解决思路和工作方法。

关键词：长征；国家文化公园；文化线路；革命文物；红培体系

1　什么是长征国家文化公园

长征是中国共产党和红军谱写的壮丽史诗，是中华民族伟大复兴历史进程中的巍峨丰碑。2019 年 7 月 24 日，中共中央总书记、国家主席、中央军委主席习近平主持召开中央全面深化改革委员会会议，审议通过了《长城、大运河、长征国家文化公园建设方案》。党的十八大以来，习近平总书记在地方考察时多次踏上红色革命圣地，就长征精神做出一系列重要论述。总书记的指示，为长征文物和文化资源相关工作指明了方向，提供了根本遵循；长征国家文化公园的建设，为长征文物和文化资源保护传承工作提供了新的机遇，也提出了更高的要求。

---

* 本文内容使用了“长征国家文化公园建设保护规划”项目成果，该规划编制单位为北京清华同衡规划设计研究院有限公司，项目总负责人霍晓卫，技术负责人杜凡丁，项目组主要成员包括张谨、毕毅、杨戈、李王锋、万勇山、李葆琨、黄小映、刘占清、王浩然、解扬、崔亚楠、曹曼青、陈腾、管玉超、吴亚超、孟泽林、张明明、周扬、常雪松、刘音希等。

** 杜凡丁、杨戈、刘占清：北京清华同衡规划设计研究院有限公司，北京，邮编 100085。

1.1　长征国家文化公园的提出

“十三五”时期，我国首次提出“规划建设一批国家文化公园，形成中华文化重要标识”[①]。2019 年 7 月 24 日中央全面深化改革委员会第九次会议审议通过了《长城、大运河、长征国家文化公园建设方案》(以下简称《建设方案》)，指出：“建设长城、大运河、长征国家文化公园，对坚定文化自信，彰显中华优秀传统文化的持久影响力、革命文化的强大感召力具有重要意义。”2020 年，国家文化公园建设工作领导小组发布《长征国家文化公园建设实施方案》(以下简称《实施方案》)，统筹部署了具体建设任务。

大众通常认知中的“公园”是以休憩娱乐为主的场所，而作为国家战略的长征国家文化公园建设则肩负着塑造国家形象，彰显文化自信，传承弘扬伟大长征精神，探索新时代革命文物保护利用新路，助力社会主义文化强国建设的神圣使命，具有革命教育、保护传承、文化传播、公共服务、产业带动等多重功能，是一项重大的政治工程、文化工程、民生工程、党建工程。

1.2　长征国家文化公园的建设愿景

根据《建设方案》要求，长征国家文化公园应该成为弘扬长征精神、凝聚中国力量的精神家园，构建国家形象、彰显中华文化的重要标志，以此激励人们继续走好新时代长征路、为实现中华民族伟大复兴中国梦努力奋斗。还应通过相关建设保护工作的开展，带动长征沿线经济社会建设，促进生态修复与环境综合治理，探索管理机制体制创新。

因此，长征国家文化公园的建设保护，不仅应着力于系统的文物保护展示、体系化的空间布局、统一的形象标识、完备的基础设施、优质的环境廊道等“硬件”内容。知名的文化品牌、鲜明的文化主题、标准化的文旅服务、多样化的传播手段、科学化的管理机制等“软件”建设也不可或缺。只有“软硬兼施”，双管齐下，才能实现“保护好长征文物、讲好长征故事、传承好长征精神、利用好长征资源、带动好长征沿线发展”的总体建设目标。

2　长征国家文化公园的特点

2.1　长征文物数量庞大，类型多样，内涵丰富

据初步统计，长征沿线现有长征文物超过 2000 处，包括了建筑及建筑群、战场遗

① 原文为：“依托长城、大运河、黄帝陵、孔府、卢沟桥等重大历史文化遗产，规划建设一批国家文化公园，形成中华文化重要标识。”参见：中共中央办公厅、国务院办公厅印发《国家“十三五”时期文化发展改革规划纲要》.［2017-5-7］http://www.gov.cn/gongbao/content/2017/content_5194886.htm.

址、交通设施、标语及宣传画、纪念设施、烈士墓及墓园等，涵盖了革命文物的各个主要类型。而且，由于行军战斗的客观需求，它们大部分并非红军建造，而是就地利用原有建（构）筑物，这就使得长征文物在建造年代、物质形态和文化内涵方面具有很强的多样性。其中既有古老的明清祠堂宅院，也有近现代中西合璧建筑风格的府邸教堂，更有中华人民共和国成立后设计建设的纪念碑和雕塑。例如，长征路上的"红军桥"就包括了传统的石拱桥、铁索桥和近代的公路桥，更有充满民族特色的风雨桥、伸臂桥等，可谓不一而足。长征文物与沿线各民族、各地区、各类型、各时代的历史遗迹、乡土遗产、文化景观及文化线路的结合，既拓展了它的文化内涵，也增加了保护工作的复杂性。

2.2 以传承长征精神为核心，具有突出的精神意义

当前四大国家文化公园中，唯有长征国家文化公园以弘扬革命精神，讲述中国共产党的故事为核心建设内容。[1] 习近平总书记曾说："长征这一人类历史上的伟大壮举，留给我们最可宝贵的精神财富，就是中国共产党人和红军将士用生命和热血铸就的伟大长征精神。"① 长征国家文化公园最突出的特点，在于以传承弘扬长征精神为核心。经初步统计，长征沿线分布有长征主题纪念场馆约 70 处，国家级烈士纪念设施 30 余处、全国爱国主义教育示范基地超过 80 处，在培育社会主义核心价值观、以史鉴今、资政育人方面发挥了重要作用[2]。

2.3 跨越广大人文地理区域，文化和自然资源丰富多元

红军长征路线跨越了大半个中国，特别是穿行于中西部地貌阶梯转换处，经过了湖湘、江汉、南岭、滇中、大小凉山、巴蜀、青藏高原、陕甘黄土高原等十余个人文地理区域和苗、侗、瑶、彝、藏、羌、回等十余个少数民族聚居区或杂居区，沿线有世界文化遗产 13 处、地质公园 102 处、森林公园 412 处、中国重要农业文化遗产 11 处，还有国家级历史文化名城十余座、历史文化名镇名村超过百个。在文化多样性、生物多样性、地质多样性及景观多样性等方面具有无可比拟的优势，实际形成了从东南至西北串联 15 个省、自治区和直辖市的自然和文化遗产巨型廊道。

古人说"而世之奇伟、瑰怪、非常之观，常在于险远"，又说"行万里路，读万卷书"。从某种意义上讲，中国共产党正是通过长征，全面地了解了广袤中国大地上的地

① 习近平总书记在长征胜利 80 周年大会上指出："伟大长征精神，就是把全国人民和中华民族的根本利益看得高于一切，坚定革命的理想和信念，坚信正义事业必然胜利的精神；就是为了救国救民，不怕任何艰难险阻，不惜付出一切牺牲的精神；就是坚持独立自主、实事求是，一切从实际出发的精神；就是顾全大局、严守纪律、紧密团结的精神；就是紧紧依靠人民群众，同人民群众生死相依、患难与共、艰苦奋斗的精神。"参见：习近平在纪念红军长征胜利 80 周年大会上的讲话 .（2016-10-22）[2016-10-21] http://jhsjk.people.cn/article/28798737.

理气候、历史文化和民风民俗，从而对国情有了更加深刻的认知。

由图 1 吴起镇切尾巴战役遗址可见长征国家文化公园范围之巨大以及红军长征走过的大地之广袤。

图 1　吴起镇切尾巴战役遗址

（摄影：杨戈）

2.4　贴近时代与情感，具有强大的感召力

长城、大运河、黄河[①] 等国家文化公园传承了中华上下五千年的厚重历史和悠久文化，长征发生的时间相对晚近，却是 20 世纪最能影响世界格局的重要事件之一。现当代遗产保护有一个重要理念是“遗产即记忆”[3]，强调遗产对于保存延续个人和集体记忆的重要意义。长征的历史并不久远，它承载的记忆及情感依然鲜活，一些亲历者仍然在世，很多红军后代还在不断讲述着父辈的故事。这些记忆和情感的传承使得“长征”这一文化符号具有强大的时代感召力。从烈士追思瞻仰，到“重走长征路”步行体验，再到长征主题的各类文学艺术作品，都不断将“长征”带入当下的文化和教育场景中来。长征已然从一个特定群体经历的历史事件，升华为国家记忆的重要组成部分，激励着“每一代人都要走好自己的长征路”。

① 十九届五中全会提出的“十四五”规划中提出建设长城、大运河、长征、黄河等国家文化公园。

图 2　松潘红军长征总碑
（摄影：杜凡丁）

3　长征国家文化公园建设保护的问题与挑战

3.1　单体小而散保护难度大

经过多年的艰苦工作，目前高级别的长征文物保存状况已得到了全面提升，其中近 80% 的国保单位和超过半数的省保单位的保存状况达到了“好”和“较好”水平[①]。但是，大量低级别长征文物散落在十五个省、自治区、直辖市的巨大地理尺度内，给保护和管理者们设下了难题。特别是其中一些特殊类型的文物如战场遗址、标语宣传画等还存在保护技术方面的难点。另外，约半数的长征文物属于集体或私人产权，也大大增加了保护管理工作的复杂性。

3.2　展示同质化吸引力不足

与极具视觉震撼力的长城、运河和黄河相比，大部分长征文物和文化资源很难凭借外观获得理想的展示效果，再加上革命文物展示在内容上的严格要求，使得一些长征文物的展示严肃性有余、创新性不足，同质化现象严重。在展示内容方面，以传统图文展示为主，缺少对历史细节和人物的深入挖掘；在场景复原方面，研究深度和广度不足，往往是“一桌一椅一张床，所有房间一个样”；在景观塑造方面，较少运用当代设计理

① 数据根据 2017 年《长征文化线路总体规划》调研评估部分统计得出，下同。

念和手法，往往简单沿用纪念广场、纪念馆、纪念碑的“三件套组合”。在传播路径和手段方面，过度依赖国家机关、企事业单位和培训机构组织的集体学习，“团体参观结束便大门一锁”的情况仍然存在。

3.3 沿线建设保护基础薄弱

长征沿线很多是少数民族聚居地区、欠发达地区和革命老区，这些地方受历史、自然和交通条件所限，缺乏大型城市群的资源支撑，产业基础薄弱、公共文化服务欠账相对较多，人才保障水平较低。再加上长征文物和文化资源的保护管理和展示利用因涉及意识形态领域，过去主要依靠政府推动执行，资金渠道单一，社会参与度低，更增加了这些地区建设长征国家文化公园的难度。

3.4 公园建设存在认识误区

建设国家文化公园是一项极具创新性的文化战略工程，要正确认识其意义、内涵、目标、功能和建设逻辑，需要深入的研究和分析。因为时间紧、任务重，一些地方在开展设计和建设工作时往往没有对相关政策和规划进行深入解读，仍沿用一般公园、景区的建设思路，从而造成了一些认识上的误区，如“重开发、轻保护”“重纪念性、轻真实性”“重单体项目、轻整体统筹”“重实体工程、轻文化建设”等。这些认识上的偏差和概念上的混淆，为长征国家文化公园的建设带来了隐患。

4 长征国家文化公园的正确打开方式

4.1 借鉴文化线路保护理念，开展长征文物资源系统性保护

4.1.1 如何认识——长征文化线路

长征文物和文化资源分布范围广、跨度大且呈现线性特征，那么它是否符合“文化线路”的定义，可以借鉴“文化线路”的思路开展保护利用呢？2008 年，国际古迹遗址理事会在《文化线路宪章》中提出作为世界文化遗产类型之一的文化线路“必须来自并反映人类的互动，和跨越较长历史时期的民族、国家、地区或大陆间的多维、持续、互惠的货物、思想、知识和价值观的交流”[4]。而长征作为一次军事行动，前后仅有两年，并没有伴随发生大规模持续性的商业贸易和文化交流，从技术角度看并不符合宪章定义。但如果将视角放宽，我们不难发现，很多国家或地区都根据自身特点及社会文化需求对文化线路的概念进行了不同阐释，并推动了一系列相关的文化项目。例如，作为“文化线路”概念源头的欧洲文化线路（European Cultural Routes）项目，其创立背景是

欧洲一体化，因而线路的选择以承载着共同记忆的欧洲空间，克服距离、边界和隔阂为宗旨，已公布的32条线路中有相当一部分与宪章中的标准定义颇有差距，体现出了很强的灵活性和多样性："拿破仑之路"是类似于长征的军事远征线路，"莫扎特之路"是以人物生平和艺术创作轨迹形成的路线，甚至还有"唐吉诃德之路"（The Route of Don Quxote）这样并不真实存在于历史，而是作为文化概念存在的线路。可见，文化线路不仅是世界文化遗产的一种类型，作为一种系统性认知和保护遗产的方式，可以有着更为多样化的认识和更为广泛的应用途径。长征文物数量巨大且带有明显的线性分布特征，文化主题鲜明，相关人文和自然资源丰富，完全可以视为一条具有典型中国特色的革命历史题材文化线路[5]。

"文化线路"概念的引入为我们提供了更为全面、系统的视角来认识长征文物和文化资源，将零散的文物以主题引领、以事件联系、以线路组织，将所有体现长征精神的元素纳入一个完整的体系中，从而建立整体性的保护利用框架，达到"1+1 > 2"的效果。在这一整体视角下，一些规模很小、结构简单的长征文物的价值可以得到突显。如亚克夏山红军烈士墓，虽然只有一人多高，墓体砌筑方式简易，却有力地证实了红军长征翻越雪山的历史路线，且其海拔4800米，是我国海拔最高的红军烈士墓。又如红军长征中很多重要的渡口滩头，虽然已无明显的文物遗存，但从文化线路的视角看仍是红军长征路线不可或缺的组成部分[6]。

同样，从"文化线路"的保护理念来看，现有的长征文物清单还不够完整，一些重要的长征史实和路段仍缺乏文物支撑，难以串联形成长征故事的完整讲述，一些长征文物的级别认定也仅从单体价值出发，没有充分考虑其在线路整体中的定位。下一阶段应有针对性地开展调查寻访①,并对长征文物特别是有文物价值的长征历史路段进行系统性价值评估和级别调整，形成更加科学完整的文物清单。例如，第八批国保对湘江战役旧址的增补内容中，除了悲壮的红十八团古岭头阻击战战斗旧址外，还包括了龙胜县红军楼、审敌堂和资源县中革军委驻地旧址，从而对红军突破湘江后进入苗、侗少数民族地区，挫败国民党挑动民族矛盾的阴谋，向湘南进军的长征历程形成了更加完整的讲述。

4.1.2 如何保护——分类施策

如前文所述，长征文物的建造年代、类型和历史功能丰富多样，面临的情况千差万别，在保护中需要分类施策。针对不同类型长征文物在保护措施上的难点开展技术攻关，选择具有代表性的项目实施研究性保护，积累经验，形成具有示范性、推广性的工程样板，整体提升长征文物保护的理论和技术水平[7]。

① 《长征国家文化公园建设保护规划》中提出："重点针对中央红军突破三道封锁线，红军过雪山草地，红四方面军嘉陵江战役，红二十五军转战鄂豫陕，红二、红六军团乌蒙山回旋战和抢渡金沙江等史实开展遗址遗迹补充调查，摸清资源家底。"

图 3　新圩阻击战战地救护所
（摄影：杨戈）

以长征文物中比较独特的标语和宣传画为例，长征途中红军边行军、边战斗、边宣传，留下了大量标语、宣传画。但是它们既没有精心配置的颜料，也没有预先制作的地仗，而是广泛留存在沿途的墙体、板壁、梁柱和山石上。由于缺乏成熟的保护技术，标语和宣传画褪色、碎裂脱落甚至灭失，还有相当一部分赋存于非文物建筑上，更加难以进行有效管理而未被纳入保护体系。在标语和宣传画的保护过程中，首先应开展全面调查，摸清家底，开展分类认定工作；充分借鉴、吸收石刻、泥塑、壁画、彩绘等相关文物类型的保护成果，针对其不同的做法（石刻、灰浆、墨书等）、赋存材质（石壁、土墙、木材等）等提出合理的保护修复技术和方法，并对相关的保护性设施建设、揭取及切割保护的判断标准和工艺技术等编制相关导则或技术手册，建立西北干燥环境和南方潮湿环境下标语保护展示技术研究实践基地；针对依附在不可移动文物上、依附在非文物建筑（构）筑物上和已入馆藏等不同情况制定相应的保护展示管理细则。值得高兴的是，目前各地已逐渐开始重视对标语和宣传画的保护工作，如江西省近年来先后印发《关于全面加强红色标语保护利用工作的通知》《江西省红色标语保护利用工作规范（试行）》等文件，全面摸清红色标语家底、推进红色标语分类认定、建立红色标语数据库、编制了江西省红色标语保护行动计划。目前，一些保护试点项目已初见成效并开始向更大范围铺开。

4.1.3　如何实施——分区连片推进

《建设方案》中提出国家文化公园建设要体现“中央统筹、省负总责、分级管理、分段负责”，《国家文物局　财政部关于加强革命文物工作的通知》中则提出按照整体规

图 4　标语和宣传画保护修复

（来源：江西省文物局提供）

划、连片保护、统筹展示、示范引领的原则，依托革命文物保护利用片区，以在党和国家、军队历史上具有重大意义的革命文物为引领，高起点规划同一区域、同一主题的革命文物保护单位集中连片保护项目和整体陈列展示项目，强化片区工作规划的科学布局。因此，长征文物和文化资源的整体保护利用工作应采取分区连片推进的策略。在全国层面，协调长征国家文化公园主体建设范围和国家文物局公布的“革命文物保护利用片区”名单中的长征片区[①]，对主体建设范围内有一定长征文物和文化资源，但尚未列入长征片区的县（区、市）提出增补。在省级层面，应建立健全多级联动、多部门联合的沟通协调机制，并根据长征文物和文化资源分布的密集程度，长征国家文化公园重点展示园和集中展示带的布局，结合行政区划边界将长征片区整体分解为若干区段，制定有针对性的规划或工作方案，强化长征文物集中连片保护和展示的统筹。鼓励编制跨区域长征文物和文化资源总体保护规划，促进同主题地区联动发展。在市、县层面，应分段落实建设保护和管理运营工作，充分发挥属地职能。鼓励赣州、桂林、遵义、阿坝、延安、信阳、陇南等资源丰富、建设任务集中的市州成立市级建设保护管理机构，统筹各县区相关工作。目前桂林市已成立桂林红军长征湘江战役文化保护传承中心，协调和指导桂北各县做好长征文物和文化资源的研究挖掘和保护利用等工作，取得了良好的效果。同时，根据《长征国家文化公园建设保护规划》（以下简称《长征总规》）要求，大力推动长征国家文化公园文物保护利用示范县创建，发挥示范引领作用。在重点项目组

---

① 《长征国家文化公园建设保护规划》中，已确定 30 个县（市、区）开展首批长征国家文化公园文物保护利用示范县创建工作，发挥示范引领作用。

织方面，应改变过去以单个文物点为工作对象的传统模式，积极尝试在主题引领下，以示范县牵头，以国保长征文物为重点，串联整合较低级别文保单位，组织集中连片保护工程及整体展示工程，作为保护传承工作的主要抓手。

4.2 走读党史、沉浸体验——贯通的长征历史步道

4.2.1 如何定位——长征历史步道

四大国家文化公园都应有各自不同的体验方式，不同于“望长城”“游运河”，“重走长征路”是长征国家文化公园最恰当的体验方式。步行体验是学习长征历史、传承长征精神的最重要且最直接的途径——通过“走读”党史，才能够沉浸式地体验红军在面对极端严酷的挑战时所体现出来的坚定理想信念和革命精神[8]。而且红军长征路往往与茶马古道、蜀道、川盐古道、湘桂古道等历史道路和文化线路重合，途经两广丘陵、云贵高原、青藏高原、黄土高原、四川盆地、南阳盆地等各类代表性自然景观，因此在重走长征路的同时，不仅能够体验革命精神，还能领略祖国大好河山、学习地方历史文化、感受沿途风土人情。因此，建设贯通全国的长征历史步道，形成以“走读党史”为核心的全程沉浸式游览体验模式是长征国家文化公园建设的关键性内容。

图 5　黄土高原上的长征历史步道

（摄影：杨戈）

长征历史步道并非一条简单的步行道路，而是由红军路、串联步道和连接线组成的完整体系。红军路是经党史部门确认为红军长征行军路线，且沿线长征遗址遗迹、历史环境保存比较完整的历史道路；串联步道为保证步道体系的连续贯通，依托符合红军长征历史走向的旅游公路、城市绿道、省县乡道等而设置的，用于串联红军路及重要长征

文物和文化资源的步行道路；连接线指将红军路、串联步道与高速、国道、高铁等快速交通网络进行连接或沟通较为偏远的展示节点的车行道路。而红军长征期间曾经驻扎，留有长征遗迹和长征故事，且历史环境和红色文化氛围保存较好，具备一定旅游发展潜力的“红军长征村”，则是开展长征历史步道体系建设不可或缺的重要节点和驿站。以长征历史步道串联集革命文化传承、特色产业发展为一体的红军长征村，就可以形成“万里红路、千村串联”的格局，突出“二万五千里长征”整体辨识度。

4.2.2 如何贯通——步行体验，增强互动

实现长征历史步道的全线贯通，进一步突显长征国家文化公园的线性特征，强化长征故事的连贯性，需要达到线路贯通、标识贯通、活动贯通、时代贯通四方面的目标。线路贯通是要从实体层面强化步道的整体性和连续性，基于翔实的调查研究，以符合行军路线、串联重要节点、便于建设实施为原则，选择适合的线路作为长征历史步道主线。应特别鼓励建设跨省、跨区域的长征历史步道。目前，云、贵、川三省已正式签署《加快推进川滇黔长征国家文化公园建设战略合作协议》，共同推出“四渡赤水长征历史步道示范段”。

标识贯通是指在国家文化公园整体形象LOGO的引领下，设计长征国家文化公园标识系统，线上线下统一使用，尤以历史步道标识为工作重点，包括步道的路径引导标识、指向标识、解说标识、导览定位标识等。同时建立包括文创产品、宣传材料、多媒体界面、交通设施、村镇整体形象等在内的视觉形象识别系统，强化长征国家文化公园的整体性和辨识度。

活动贯通则是以重走长征路步行体验为基础，通过与其他产业跨界融合，推出一系列契合长征主题特色的复合型体验活动。重点开发长征研学旅游、长征乡村旅游、长征体育旅游、长征自驾游和徒步探险游，打造主题突出且内容多样的长征文化旅游体验。重点构建以“长征 + 体育赛事 + 户外运动 + 户外探险”为核心的体育活动，将“全民健身”与红色教育充分融合。

最后，还需要强化长征精神与井冈山精神、苏区精神、延安精神、西柏坡精神、“两弹一星”精神等其他革命精神的联合展示，完整展现中国共产党的精神谱系；强化长征历史与新时代长征路的联合展示，将跨越天堑的赤水河大桥、大小凉山的脱贫攻坚成果等中华人民共和国建设成就有机融入长征国家文化公园的展示体系，讲好长征故事，讲好革命故事，讲好共产党的故事，讲好中国故事，形成长征历史步道的时代贯通。

4.3 讲好长征故事，发挥红色教育功能

4.3.1 如何讲述——划分故事篇章，构建差异化展示格局

“讲好长征故事，弘扬长征精神”是建设国家文化公园的重要目标，因此，公园建

设保护工作开展应始终以长征故事作为主要线索。《长征总规》根据红军长征历程和行军线路，提出了以中央红军（红一方面军）长征路线为轴，以红四方面军、红二、红六军团（红二方面军）、红二十五军长征路线和三军会师路线为四线的“一轴四线”总体空间框架。在此基础上，以重要长征故事及史实为线索，整体划分为 14 个主题篇章，形成差异化的展示主题布局①。各省则在“一轴四线十四篇”的总体格局下再划分故事单元，如四川省将长征四川段划分为 10 个区段，重点讲述红军长征在四川的史实。同时在市、县一级也要根据其长征故事特点及资源分布等组织故事片区。

以长征故事为主要线索的各篇章、区段不仅是落在图面上的规划语言，更是指导各地、各部门开展建设保护工作的重要纲领。各故事单元应重点围绕主题组织展示内容，聚焦代表性历史事件和人物，形成全面完整、层次分明、特色突出、内容深入的叙事体系。《长征总规》以 14 篇章为总体框架确定了长征国家文化公园主题展示区的布局，划定 52 个国家级重点展示园作为核心展示节点，35 条集中展示带作为主要展示廊道，避免各区域展示主题和内容的同质化。

4.3.2　如何传承——构建以长征文物为核心的红培体系

习近平总书记曾强调：“要把红色资源作为坚定理想信念、加强党性修养的生动教材，讲好党的故事、革命的故事、根据地的故事、英雄和烈士的故事，加强革命传统教育、爱国主义教育、青少年思想道德教育，把红色基因传承好，确保红色江山永不变色。”[9] 这就要求长征国家文化公园的建设保护应实现广泛、持久、深入的革命教育与文化传播，使公众能够真正走近长征、了解故事、获得感悟。为此，需要重点做好以下两方面工作。

一是实施一系列以文物为核心的展陈提升工程，创建一批长征主题革命文物展示示范基地，积极运用现代科技手段，增强陈列展览的互动性和体验性，实现政治性、思想性、艺术性的统一，做到有址可寻、有物可看、有史可讲、有事可说。同时，鼓励地方政府、企事业单位及社会力量协同建设不同类型、面向不同社会群体的长征红培基地、长征训练营、研学旅游示范基地等项目，形成丰富多元的长征精神主题红色教育体系。

二是以开展红色教育、传承红色基因为核心，依托长征重大历史事件及长征故事，组织一系列长征特色教育培训活动。广泛开展馆校共建、部队共建、社区共建、单位共建等，推动长征精神进企业、进农村、进学校、进社区、进军营。针对青少年组织党史学习教育、爱国主义教育、国防教育等系列研学体验课程，对长征沿线历史遗迹、重要

---

① 以中央红军（红一方面军）长征为例，划分为“长征出发，撤离苏区”“突破封锁，血战湘江”“伟大转折，突出重围”“彝海结盟，强渡飞夺”“征服雪山、穿越草地”“坚持北上，落脚陕甘”“奠基西北，开创新局”等 7 个主题篇章。

事件发生地等开展实地探访、研学考察。支持有条件的高校将长征精神教育课程和研学活动等纳入思想政治教育、军事教育和社会实践课程并计算学分，鼓励有条件的教育、研究机构开设革命文物保护利用、红色旅游管理等相关课程、培训班。

图6 古蔺县重走长征路文化活动

（来源：古蔺县文化旅游局提供）

4.3.3 如何推广——数字再现助力长征精神传播推广

在《建设方案》要求中，数字再现工程是长征国家文化公园建设六大工程之一，其目的在于打造永不落幕的网上展示空间以及不受地域限制的爱国主义教育空间。数字技术的发展和互联网思维的广泛应用，是解决以往长征文物和文化资源展示内容同质化以及传播推广缺乏吸引力的有效方式。这首先需要加强主体建设范围内信息基础设施建设，实现主题展示区内部无线网络和第五代移动通信网络（5G）的全面覆盖。在此基础上，通过采集长征文物和文化资源的数字信息，建设长征云数字云平台，对内实现长征国家文化公园的数字化和动态化管理，对外形成官方网站。在此基础上，通过推出符合年轻人欣赏形式、内容精良、品质优良的宣传片、影视节目、互动直播等丰富多元的产品，推动长征主题红色教育的社交化、立体化和可视化，从而实现长征精神在新时代的传播推广。

2019年，国家文物局“互联网＋长征”示范项目选址四川省雅安市石棉县红军强渡大渡河遗址建设实施。该项目由北京清华同衡规划设计研究院，中国联通、北京电影学院、中国地图出版社等共同完成，内容包括：通过“长征文物地图”手机小程序实现长征文物地理信息的可视化展示，让使用者在“时空地图”中清晰地掌握长征历史与文物载体之间的对应关系；通过“强渡天险”App将5G通信技术、AR云和3D数字内容相结合，实现强渡大渡河遗址现场与虚拟历史场景的“无缝集成”，提升展示的直观性和吸引力，获得与现场参观或网上浏览截然不同的体验（图7）。结合线上体验内容，项目还设计并组织了当地小学生教育研学活动，通过长征历史步道模拟行军、手机导览

图 7 “强渡天险”App 实现遗址现场与虚拟历史场景的结合
（制图：陈丹枫、蒋静文）

和现场教学，让学生们身体力行地了解长征历史、学习军事知识和文物保护知识、感悟长征精神。该项目可以视为数字再现助力长征精神传播推广的一次有益尝试。

5 结语

“人无精神则不立，国无精神则不强”，作为我国“十四五”时期深入推进的重大文化工程，长征国家文化公园在弘扬长征精神、传承红色基因、树立中华文明重要标识等方面肩负着时代重任。尽管由于长征文物和文化资源所具有的特殊性和复杂性，长征国家文化的建设保护工作面临着不少困难和挑战，但借鉴文化线路遗产保护理念建立系统性的保护体系，以讲述长征故事为核心构建整体展示格局，通过贯通的长征历史步道提供沉浸式体验，利用创新科技手段开启新时代传播推广等措施，或许可以提供一些解决路径和工作方法，为国家文化建设找到一种正确的打开方式，并由此探索出一条具有中国特色的文物保护利用传承道路。

参考文献

[1] 韩子勇 . 黄河、长城、大运河、长征论纲 . 北京：文化艺术出版社，2021.
[2] 陆地 . Monument 的纪念碑含义及其对不可移动文化遗产保护的影响 . 中国文化遗产，2021（3）.
[3] ISC20C.20 世纪建筑遗产保护办法的马德里文件（2011）. Madrid，2011
[4] 丁援 . 国际古迹理事会（ICOMOS）文化线路宪章 . 中国名城，2009（5）.
[5] 王强，奉鼎哲 . 红军遗产研究——关于弘扬长征精神与长征路线申遗的思考与探索 . 成都：四川人民出版社，2015.
[6] 杜凡丁，杨戈，张依政 . 长征文化线路保护策略初探 · 北京规划建设，2018（5）.
[7] 毕毅，杜凡丁，杨戈 . 加强长征文物保护利用，筑牢长征国家文化公园建设基础 . 中国文物报，

2021-07-16（5）.
［8］ 石仲泉.“走走党史”系列——长征行.北京：中共党史出版社，2007.
［9］ 习近平.用好红色资源，传承好红色基因，把红色江山世世代代传下去.求是，2021（10）.

（本文原载《中国文化遗产》2021年第4期，
本次出版做了精简并增加了副标题）

后　记

时光荏苒，白驹过隙，转眼新冠肺炎疫情肆虐已近三年。在科学出版社文物考古分社编辑团队的辛勤付出下，《保护与发展——文化遗产学术论丛》第1辑即将付梓。

为赶上中国文物保护技术协会即将召开的年会，我又一次电话王时伟理事长再次确认了年会的准确时间，即刻与本文集的执行编辑吴书雷同志沟通，我们又一次掐着指头倒算编校、印刷、出库、邮寄等环节的时间，在商议解决编辑中最后的一些细枝末节工作后，已是9月1日子时。处暑节气，渐浓的秋意本应助眠，我却辗转反侧起来！回顾这两年来，从策划、组稿，到编辑、排版、校对的点点滴滴，虽算不上轰轰烈烈，但作为一名文物工作者，能够为新时代的文物保护事业做些工作，尤其是带有学术研究的工作，内心还是由衷地感到光荣！

这一辑的作者有大学教授，有保护专家，有行业新锐，也有资深的管理者……有师长、有同仁、也有后辈，绝大多数都是文物一线的从业者，他们在各自的专业领域勤勤恳恳、耕耘不辍，与行业携手成长，与时代共同进步。当我把丛书的策划理念抛出，希望共同搭建一个探索和研讨文物保护与发展的学术平台，搭建一座保护中发展、发展中保护的和谐之桥的时候，引起的共鸣自然而亲切，获得的支持质朴而实在，为我平添了信心。感谢所有作者的无私奉献，对编辑细致入微，甚至有些偏执的理解和支持；感谢傅熹年先生为本书题写书名，这是您对后辈最大、最深情的支持；感谢中建院历史研究所刘剑、中国古迹遗址保护协会燕海鸣、中冶集团国检中心张文革等老师对编辑工作的支持；感谢中国文物保护技术协会和上海建为历保科技股份有限公司各位领导同仁对本书出版的大力支持；感谢各位编辑小伙伴的辛勤劳动；还有很多为本书付出心血的朋友，我想在此一并致谢！尽管因篇幅和我的精力所限，橄榄枝无法传至行业内所有的专家、学者，留有遗憾的同时，也激励我们继续坚持下去，邀请更多的师长同仁参与进来！是为记！

壬寅年处暑　于京华北苑